中国激光史录

雷仕湛 邵兰星 闫海生 薛慧彬／编著

復旦大學出版社

内容提要

本书详实记录了我国激光科学技术发展的历史概貌，介绍了我国科学家在激光器件、激光技术、激光应用各个领域率先提出的设想，以及实验装置和实验观察结果。全书分4章，第一章中国激光史第一页，第二章拓展激光器，第三章开拓激光新技术，第四章开发激光应用。本书供广大激光科学技术工作者、科学史研究者、大专院校师生以及科普爱好者阅读。

本书记载了我国激光科学工作者的智慧、创新能力、艰苦创业精神以及获得的成就，让大众了解我国激光技术的历史，在享受激光技术给生产建设、科学技术发展和生活带来财富、便利的时候，不忘前人曾经的付出，并接过他们的接力棒继续科技创新，进一步发展我国的激光事业。

谨以此书祝贺中国激光器问世55周年

序 言

激光技术是20世纪最重大的发明之一，它为经典的光学技术注入了全新的活力，开拓了一系列新技术和新学科，创造了新的产业，提高了生产力，为人类创造了巨大财富，丰富了人类的物质文明生活，促进了全球经济发展。

这本书记载了我国激光科学工作者的智慧、创新能力、艰苦创业精神以及获得的成就。本书让大众了解激光发展的历史，不忘前人曾经的付出，并接过他们的接力棒，继续科技创新，进一步发展我国激光事业。我国曾经出版过两本激光史书，一本是在1991年科学出版社出版的《中国激光史概要》，另外一本是2013年国防工业出版社出版的《激光发展史概论》。本书更加完整记录了国内激光发展的历史。

这本书也将是一本内容比较丰富的激光科普著作，表述了激光技术领域各个方向的科学知识，包括基本原理、主要技术、经济效益和社会效益，给予我们整体的清晰认识。

这本书也将是一本科学创新教育教材。本书记载了科学工作者每项激光技术开发研究的设想和实验，向青少年揭示：科学创新来源于实践，来源于科学知识的积累。这本书也记载了科学工作者不畏困难，敢于冲破旧观念，摒弃旧技术，敢于采用新技术的勇气；向科技工作者特别是青少年科学工作者提示：创新还需要勇气，敢冒风险。

这本书也将是激光技术创新项目指南。这本书罗列了各种已经成功的激光器、激光技术和激光应用项目，通过纵向和横向对比，可以从中找到那些还没有实现的、可以研究开发的内容，构想自己的创新项目。

希望这本书获得大众喜欢。

原上海交通大学校长
原上海市激光学会理事长
上海市科协副主席
谢绳武
二〇一六年六月卅日

前　言

2015年上海激光学会召开激光先进工作者表彰大会上，有些学会理事提议写一本我国激光史，记载我国激光科学工作者在激光技术发展历程中的工作和成就，让大众了解我国激光发展的历史，不忘前人曾经的付出，并接过他们的接力棒，继续科技创新，进一步发展我国激光事业。在后来召开的理事会上，大家认为写这本书很有意义，上海作为我国激光发展的一个重要基地，有条件，也有责任做好这项工作。经过一年多时间的努力，这本书今天终于与读者见面了。

这本书的出版得到了各方面的支持和协助。上海市科学技术协会、上海市激光学会给予了出版资助；上海市激光学会理事长钱列加、中国科学院上海光学精密机械研究所所办主任屈炜和科学传媒主管沈力、福建师范大学谢树森教授等对本书内容选择提出了宝贵意见和建议；中国科学院上海光学精密机械研究所王晓峰、梁鑫、张敏和陶玲等为本书提供了有价值的资料、图片，并对一些图片进行了加工处理；复旦大学出版社对本书的出版提供了很多帮助和支持，使得本书能够顺利出版。在此向他们表示衷心感谢！同时也特别感谢上海交通大学谢绳武教授为本书作序！

目　录

第一章　中国激光史第一页 …… 1
1－1　激光器基本要求 …… 2
一、能级粒子数布居反转 …… 3
二、光学共振腔 …… 6
三、泵浦光源和光学照明系统 …… 11
四、激光工作物质 …… 11
1－2　我国第一台激光器 …… 24
一、实验装置 …… 24
二、实验观察和分析 …… 28
三、命名“激光” …… 32

第二章　拓展激光器 …… 33
2－1　新型晶体激光器 …… 33
一、掺铀氟化钙（CaF_2：U^{3+}）激光器 …… 34
二、掺镝氟化钙（CaF_2：Dy^{2+}）晶体激光器 …… 41
三、掺钕钨酸钙（$CaWO_4$：Nd^{3+}）晶体激光器 …… 43
四、掺钕钇铝石榴石（YAG：Nd^{3+}）晶体激光器 …… 47
2－2　玻璃激光器 …… 56
一、玻璃工作物质 …… 56
二、钕玻璃激光器 …… 58
三、铒玻璃激光器 …… 72

2-3 气体激光器 …… 75
一、气体工作物质的特点 …… 75
二、激光发射机制 …… 75
三、第一台气体激光器 …… 76
四、发现激光新谱线 …… 80
五、分子气体激光器 …… 82
六、离子气体激光器 …… 103
七、金属铜蒸气原子激光器 …… 112
2-4 半导体激光器 …… 119
一、半导体工作物质的特点 …… 119
二、实现受激光发射的可能方案 …… 120
三、砷化镓(GaAs)半导体激光器 …… 122
四、异质结半导体激光器 …… 124
五、量子阱半导体激光器 …… 131
六、垂直腔面发射激光器(VCSEL) …… 134
2-5 化学激光器 …… 137
一、光解 CH_3I 化学激光器 …… 139
二、氯化氢(HCl)化学激光器 …… 140
三、氟化氢(HF)化学激光器 …… 142
四、氧碘化学激光器 …… 145
2-6 自由电子激光器 …… 154
一、工作原理 …… 154
二、拉曼型自由电子激光器 …… 155
三、康普顿型自由电子激光器 …… 158
2-7 光纤激光器 …… 161
一、主要特点 …… 162
二、激光器结构 …… 162
三、激光器实验 …… 169

第三章 开拓激光新技术 …… 175
3-1 高激光功率(能量)技术 …… 175

一、共振腔 Q 突变技术 …… 175
二、激光锁模技术 …… 188
三、激光脉冲压缩技术 …… 194
3-2 激光放大技术 …… 200
一、激光放大器 …… 200
二、激光放大实验 …… 201
三、激光放大器技术性能指标 …… 202
四、多程激光放大 …… 208
五、再生激光放大器 …… 210
六、啁啾激光脉冲放大 …… 211
3-3 激光频率稳定技术 …… 214
一、频率的稳定性和复现性 …… 216
二、稳频方法 …… 220
三、稳频激光器 …… 222
3-4 非线性光学技术 …… 232
一、光学倍频 …… 233
二、受激散射 …… 249
三、光学非常吸收 …… 264
3-5 激光束控制技术 …… 283
一、激光脉冲整形 …… 283
二、激光焦斑光强均匀化 …… 290
三、激光束调制 …… 292
四、激光选模 …… 302

第四章 开发激光应用 …… 307
4-1 机械工业应用 …… 307
一、激光打孔 …… 307
二、激光切割 …… 311
三、激光焊接 …… 319
四、激光表面强化处理 …… 325
五、激光成形 …… 345

4-2 化学工业应用 …… 358
一、激光提纯化学原料 …… 358
二、浓缩铀-235 …… 360
三、制造纳米材料 …… 362
4-3 通信新应用 …… 366
一、大气光通信 …… 366
二、空间激光通信 …… 370
三、光纤通信 …… 372
4-4 医疗诊断应用 …… 380
一、激光治疗眼科疾病 …… 380
二、激光矫正视力缺陷 …… 386
三、激光手术刀 …… 388
四、激光针灸 …… 391
五、激光光动力学治疗(PDT) …… 394
六、激光诊断 …… 397
4-5 检测计量应用 …… 403
一、激光测距 …… 403
二、激光准直 …… 411
4-6 信息存贮应用 …… 417
一、激光全息信息存贮技术 …… 417
二、光盘信息存贮 …… 420
4-7 开创学科新领域 …… 426
一、激光惯性约束核反应 …… 426
二、激光深冷原子 …… 431
三、激光推进 …… 435
四、激光加速粒子 …… 438
五、激光光谱学 …… 443

附录 激光技术和应用交流 …… 450

第一章　中国激光史第一页

电光源自 1879 年发明后便获得了迅速发展，先后制造出的电光源有 5 万多个品种，最小的灯泡比谷粒还小，功率只有零点几瓦；大的电灯灯管有几米长，发光功率几百千瓦。有色温很低的灯泡，如远红外灯泡的色温只有约 650 K；也有色温很高的灯泡，如紫外线灯泡，它的色温就有几万度；有发射单种色光色性的灯泡，也有显色指数接近太阳光的灯泡。不过，尽管种类繁多，但它们的亮度、相干性都不够好，而生产发展、科学实验和国防建设则需要高亮度、高相干性光源。要制造出高亮度、高相干性光源，还得再次变革光源的发光机制。

爱因斯坦在 1917 年发表的“关于辐射的量子理论”的论文中指出，原子吸收外来能量后会从基态或者较低能态跃迁到激发态，这个过程称为激发，或者受激吸收跃迁；激发态的原子可以自行回到能量较低的能态或者基态，并发射光子，这个过程称为自发发射跃迁，发射的光辐射称自发辐射；在激发态的原子也可以在别的光子引诱下返回较低的能态或者基态，并发射光子，这个过程称为受激辐射跃迁，发射的光辐射称受激辐射。受激辐射跃迁发射的光子，与诱导这一跃迁行动的光子性能完全相同。比如，两者的光频率相同，传播方向相同，光电场位相相同。

光源发射的光辐射实际上并不是单个原子提供的，而是大量原子集体提供的。激发态原子做自发辐射跃迁时，每一个在激发态的原子彼此独立地发射光辐射，发射的光波相位没有关联，即发射的光波没有相干性;每个激发态原子发射的光波频率以及其传播方向可以完全不相同,因此,光源所发射光辐射的亮度和相干性都不会好。如果光源的发光过程是以受激跃迁过程为主,各个原子的辐射行动受到了约束,它们将同步发射,并且朝一个方向发射相同波长的电磁波辐射,显然,这将成为亮度和相干性都很好的光源。

美国科学家汤斯(Charies Townes)在1957年7月提出研究光学波段的受激发射放大器 light amplification by stimulated emission of radiation,简称 laser(激光)。他与同在贝尔实验室的研究员肖洛(Arthur Schawlow)合作,对光激射器工作条件和性能进行细致的研究分析,1958年,他们把研究结果发表在《物理学评论》(*The Phys. Rev.*)杂志上,该论文论证了激光器的可行性,给出了光学振荡条件以及理论计算结果。论文发表后,科学家们便着手研制激光器,经过两年时间的努力,1960年7月美国科学家梅曼(T. Maiman)终于获得成功。

中国科学家也很关注现代光学的发展。1958年汤斯和肖洛的论文发表后,中国科学家随即也积极开展研究这种新型光源,并终于在1961年9月份在中国科学院长春光学精密机械研究所(简称长春光机所)研制成功,开创了中国的激光技术历史。① 1964年,中国科学院上海光学精密机械研究所在上海市成立,这是中国第一所激光专业研究所。

1-1 激光器基本要求

1961年,中国科学院上海光学精密机械研究所**王之江**院士发表论文,论述了能级粒子数布居反转和容易到达能级粒子数布居反转的原子体系,即激光工作物质;输入能量将原子体系激发到高能态的方法;保持光子不散失而形成振荡(共振腔和感应辐射的发生);输出

① 王之江,光量子放大器的实验方案[J],中国科学院光学精密机械研究所集刊,第一集,1963,1—8。

光功率的性质以及应用等。

王之江(1930—　),1930年10月15日出生于江苏常州,1952年毕业于大连大学工学院物理系。中国科学院上海光学精密机械研究所研究员,1991年当选为中国科学院院士(学部委员)。发展了像差理论和像质评价理论,形成了新的理论体系,完成了大批光学系统设计,如照相物镜系统、平面光栅单色仪、长工作距反射显微镜、非球面特大视场目镜、105# 大型电影经纬仪物镜等。领导研制成中国第一台激光器,在技术和原理上有创新。20世纪70年代领导完成了高能量、高亮度钕玻璃激光系统,在这项工作中解决了一系列理论、技术及工艺问题。其关于某些激光重大应用对亮度要求的判断,使激光器研究工作避免了盲目性,对于中国激光科学技术起了积极作用。倡议并具体领导了中国“七五”攻关中激光浓缩铀项目;倡导中国光信息处理和光计算。

一、能级粒子数布居反转

1. 自发辐射和受激辐射

激光器运转的必要条件是分子(或原子,统称为粒子)能级布居处于反转状态,或者说是建立了负温度状态。光源发射的光辐射实际上不是单个原子、分子提供的,而是大量原子、分子集体提供的。在通常状态下,集体中的每一个“成员”都是彼此独立地发射光辐射,它们发射的光波频率、传播方向完全不相同。因此,光源所发射的光辐射不是单一波长,而是混杂着许多许多不同的波长,即光辐射的单色性很差;其次,输出的光辐射是朝四面八方传播,没有定向发射性能。1917年,著名科学家爱因斯坦(Albert Einstein)在研究光辐射与原子、分子相互作用时指出,处于激发态的原子、分子可以有两种方式返回能量较低的能态或者基态,并同时以辐射的形式释放出能态变化的能量,如图1-1-1所示。一种是由于原子、分子内部原因自发地返回，即自发辐射过程，在能级 E_2 的原子自发跃迁到能级 E_1，发射能量为 $h\nu$ 的光子；另外一种方式是在外来的辐射诱导下发生的，即受激辐射过程，在能级 E_2 的原子受能量为 $h\nu$ 的光子诱导跃迁到能级 E_1，并发射能量相同的光子。

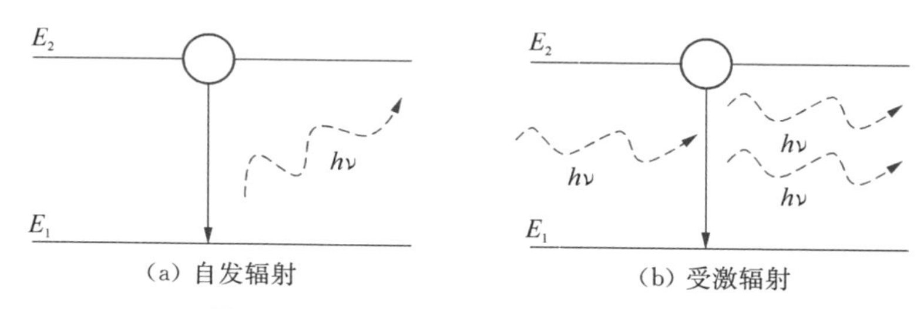

(a) 自发辐射　　(b) 受激辐射

图 1-1-1　自发辐射跃迁和受激辐射跃迁

受激辐射有一个显著的特点，它的频率、传播方向都与诱导其发生跃迁的光子相同。显然，如果粒子集体内每个处于激发态的"成员"都做受激辐射，便等同于把众多粒子的发射行动联合成整体，此时的光源便可以输出单一波长、朝一个方向传播的光波，这种光源便是激光器。在实际光源里，属于受激辐射的成分的确太少，实际得到的几乎全是自发辐射。光辐射在通过原子或者分子集体时，其能量总是减少而不是增强。因为光辐射与物质相互作用时，除了发生自发辐射、受激辐射这两个过程外，还同时发生第三种过程，即受激吸收过程：粒子吸收在其中通过的光辐射能量，并从基态或者能量较低的能态跃迁到高能态。正是这个受激吸收过程，使得光辐射总是被物质吸收而导致其强度下降。不过，根据爱因斯坦的辐射理论，粒子发生受激发射和受激吸收的几率是相同的。如果处于高能态的粒子数比处于低能态或者基态的数量多，这种状态称为能级粒子数布居反转，那么粒子系统内发生受激发射过程的几率将胜过受激吸收过程，光辐射通过粒子系统时便被放大。

2. 能级粒子数布居反转

图 1-1-2 所示是原子的 4 个能级，其中 E_b 是基态，其余 3 个是激发态。E_1、E_2、E_a 和 E_b 分别代表它们所处能态的能量，而且

$E_a > E_2 > E_1$。外来的能量把原子从基态 E_b 激发到能级 E_a，然后原子从这个能级转移到能级 E_2。假如能级 E_b 与能级 E_a 之间的光学跃迁几率很大，使得能级 E_a 能够获得很高的激发速率；同时假定能级 E_a 向能级 E_2 的弛豫（自发辐射及无辐射跃迁）速率比能级 E_a 向能级 E_b 的弛豫速率大，再假定能级 E_2 与能级 E_1 之间的光学跃迁几率比较小（即能级 E_2 是亚稳态）。那么，这就保证了能级 E_2 有比较高的增长速率。原子在满足这些要求时，在能级 E_2 与能级 E_1 之间便可以实现能级粒子数布居反转状态。

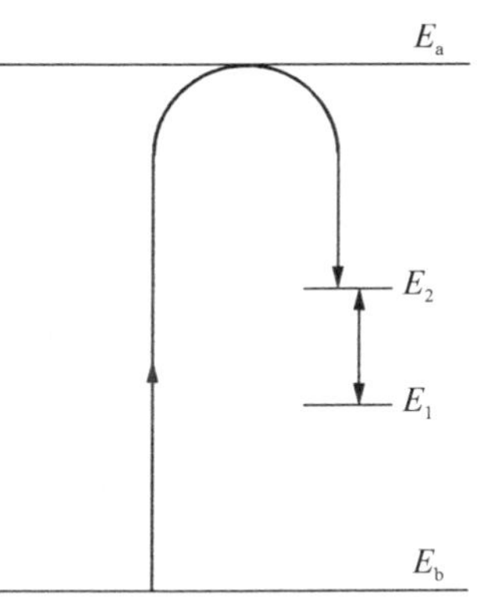

图 1-1-2　建立原子能级粒子数分布反转的分析简图

若能级 E_1 与能级 E_b 重合（这就是三能级系统），这种情况也可以实现能级粒子数布层反转；若能级 E_1 与能级 E_b 不重合，而能级 E_a 与能级 E_2 重合，那么获得能级粒子数布层反转状态的可能性很小。因为能级 E_a 与能级 E_1 之间的光学跃迁几率小，在能级 E_a 的粒子将通过其他途径转移出去，如向能级 E_b 转移。而如果能级 E_a 与能级 E_1 的光学跃迁几率大，要维持在这个能态很高的粒子数流出率，便必须给予它很高的泵浦功率。假如能级 E_a 与能级 E_2 重合，能级 E_1 与能级 E_b 重合，即二能级系统，则不大可能实现能级粒子数布居反转状态，起码使用光学泵浦的方式是这样。

因此，使用光学泵浦方法实现能级粒子数布居反转状态，对激光工作物质的基本要求是：首先能够尽可能多地吸收泵浦光源所发出的光功率，即应该有宽的光谱吸收带，因为光源发射的光功率总是分布在较宽的光谱带；其次是要有亚稳态，因为在光频区域，非亚稳态的自发辐射几率很高，使得高能态粒子数不易积累、增加；第三是吸收带的粒子能以尽可能高的效率转移到亚稳态，很少通过自发辐射回到基态。最好在基态和亚稳态之间具有另外一个底部能级，由亚稳态到此能态的跃迁几率和到基态的几率相近。由于在常温或低温时底部能级的粒子数远小于基态粒子数，所以亚稳态与底部能级间的粒子数布居反转状态很容易形成。在上面叙述中，实际上假定了所有能级都是最靠近基态的，尽可能减少其他跃迁的可能性。

3. 能级粒子数布居反转密度

激光器运转要求原子能级粒子数分布反转，并且反转的粒子数密度需要达到一定数值。光谱线是洛伦兹线型的原子系统，粒子数反转密度 Δn 的要求是

$$\Delta n \geqslant (h(1-\alpha)Ac/16\pi^2\mu^2)(\Delta\nu/\nu); \qquad (1-1-1)$$

光谱线是多普勒效应展宽的原子系统，粒子数反转密度 Δn 的要求是

$$\Delta n \geqslant (h(1-\alpha)A/16\pi^2\mu^2)(2kT/\pi m)^{1/2}。 \qquad (1-1-2)$$

式中，α 是共振腔壁面的反射系数；A 是共振腔的壁面积；μ 是原子偶极子跃迁矩阵元；m 是原子(分子)的质量；T 是温度。(1-1-2)式显示，要求的粒子数反转密度 Δn 与光波频率无关，解除了先前光学波段因为光频率高而难以满足高粒子数布居反转密度的担心。而且实际上要求的粒子数布居反转密度 Δn 的数值并不很高，是可以实现的。假定共振腔是边长 1 cm 的立方体，壁面的反射系数 α 是 0.98，所用的原子的质量 m 是 100 原子质量单位，偶极子跃迁矩阵元 μ 是 5×10^{-18} 静电单位，温度 T 是 400 K，那么由(1-1-2)式算得的 Δn 是 5×10^{18} 。

二、光学共振腔

在微波波段使用的闭合式共振腔并不适合光频范围，因为宏观物体的尺寸几乎都大于光波长。也就是说，共振腔尺寸线度肯定是比腔内的光波波长大得多，于是在腔内可能存在的模式数量肯定是巨大的。从光的波动观点看，模式是电磁波动的一种类型，实际上是空腔内可以容许存在的驻波数。从光辐射的粒子观点看，模式代表可以相互区分的光子态。不管从哪种观点看，每一种模式是相应一种电磁波频率，如果腔内可以容许存在模式数目众多，就意味着制造

出来的激光器将会发射许多不同频率的光辐射，或者说输出的光辐射相干性将很差，单色性也很差。

1. 共振腔模式

在封闭共振腔内，单位体积的模式数目 N 为

$$N=(8\pi\nu^2\Delta\nu)/c^3。\qquad(1-1-3)$$

式中，ν 是辐射频率；c 是光速；$\Delta\nu$ 是辐射频率范围。在光学波段，频率 ν 大约为 10^{14} Hz，$\Delta\nu$ 为 10^{10} Hz。把有关参数代进上面的式子，可以算出在 1 cm^3 体积内的模式数目将高达 10^8。数量如此巨大的模式，分散了受激辐射的能量，无法在一个频率上获得很强的辐射能量。Fox Li 及 Boyd Gordon 讨论过由一对反射面组成的腔中的波型分类，如图 1－1－3 所示，在第一反射面上的场分布函数 u，形成的第二面上的场分布函数为 u'，按惠更斯原理可以得到它们的关系是

$$\begin{aligned}u'&=\frac{\mathrm{i}k}{4\pi}\int_A u\,\frac{\mathrm{e}^{-\mathrm{i}kR}}{R}(1+\cos\theta)\,\mathrm{d}s\\&\approx\frac{\mathrm{i}\mathrm{e}^{-\mathrm{i}kb}}{\lambda b}\int_A u\,\mathrm{e}^{-\mathrm{i}k(R-b)}\,\mathrm{d}s。\end{aligned}\qquad(1-1-4)$$

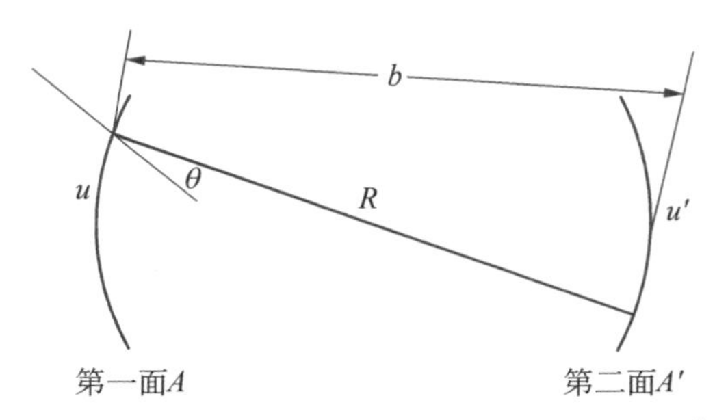

图 1－1－3　两个反射面上的场分布函数 u 和 u'

如果在第二个反射面上的场分布函数 u' 与第一面上的场分布函数 u 除了一个常数因子外是相同时，即为共振波型，且 $u'=ru$ 为共振波型，这里的 r 是衍射衰减率。但仅在第一块反射面的球心是在第二块反射面正中，而且反射面为长方形时，上面的齐次积分方程

(1-1-4)的解才能表示为特殊函数，而这种函数尚未被仔细研究过，所以难以一般性讨论特征值 r 的数值分布，即衰减率相近的波型数难以得出。不但如此，这种对问题的陈述也是不完全的。显然，当 u' 和 u 不同，而 u' 形成的 u'' 和 u 相同时，这种波型仍然是腔中的共振波型。更广泛地说，只要 u 和 n 次衍射后的 $u^{(n)}$ 相同，即为腔内的共振波型。这就是说，方程(1-1-4)的解虽是正交的，但并不一定是完全的。上述结果的另一不完善之处，在于未考虑边界介质的影响。

由实际计算可预见，衍射损失比反射损失小得多，用上述方式决定实际衰减率相近的波型数似乎不现实。

用其他标志将共振腔中的场分类和定数更粗略，但在光频范围内已足够。将场分解为平面波时，单位频率范围、单位立体角、单位体积内的状态数为 $2\nu^2/c^3$。当光线方向和表面近似垂直，表面线度远大于波长时，即可认为经反射的状态不变，由几何光学容易确定衰减率相近的立体角的大小。

2. 平行平面共振腔

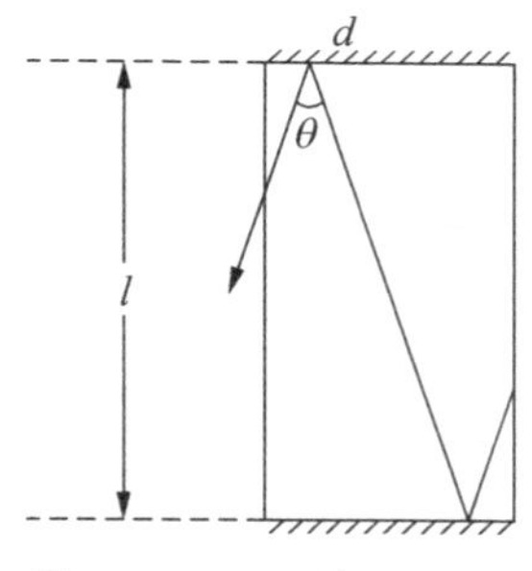

图 1-1-4　平行平面反射镜组成的共振腔

图 1-1-4 所示由平行平面反射镜组成的共振腔，设长为 l，直径为 d，则和平面法线夹角为 θ 的光线，在腔内行经长度 l 后，必将走出平板所限的腔，所经时间为 t_1，则有

$$l = \frac{d}{2\theta},\ t_1 = \frac{l}{c} = \frac{d}{2\theta c}。 \tag{1-1-5}$$

当 $d = 0.6\ \text{cm}$ 时，光线方向 θ 和在腔内的停留时间 t_1 的关系见表 1-1-1。经时间 $(e-1)t_1/e$ 时，衰减剩 $\frac{1}{e}$。

表 1-1-1　θ 和 t_1 的对应关系

θ	0	0.001	0.01	0.02	0.05	0.1
t_1	10	10^{-8}	10^{-9}	5×10^{-10}	2×10^{-10}	10^{-10}

当 $\theta = 0$ 时，光线在腔内也并不能经时间 $t = \infty$ 而不衰减，在每次反射时均将因部分透过、散射和吸收而减弱，并因工作物质的散射、吸收而减弱，后者或因激光工作物质不完善而很大。设经过一次往返剩下的能量为 $1-\alpha$，则衰减为 e^{-1} 经历的时间 t_2 为

$$1/t_2 = c\alpha/l, \tag{1-1-6}$$

则生存期间 t_2 和 α 与腔长 l 的关系见表 1-1-2。

表 1-1-2　t_2、α 和 l 的关系

t_2 \ α l/cm	0.003	0.01	0.03	0.1	0.3
1	10^{-8}	3×10^{-9}	10^{-9}	3×10^{-10}	10^{-10}
3	3×10^{-8}	10^{-8}	3×10^{-9}	10^{-9}	3×10^{-10}
10	10^{-7}	3×10^{-8}	10^{-8}	3×10^{-9}	10^{-9}
30	3×10^{-7}	10^{-8}	3×10^{-8}	10^{-9}	3×10^{-9}

可以认为，由 $t_2 = t_1$，或者 $10t_2 = t_1$ 所决定的立体角范围内各波型具有同一衰减率，这个立体角由角 θ^2 决定，由(1-1-5)式和(1-1-6)式可以得到

$$\theta = \frac{\alpha d}{2l} \text{或} \theta = \frac{\alpha d}{20l}。 \tag{1-1-7}$$

当然，(1-1-7)式决定的角度 θ 小于衍射角 $\theta^* = \lambda/d$ 时，角度 θ 应由 θ^* 代替，这时衍射损失不能忽略，上述波型须作修正。当 $\alpha = 0.1$ 和 $d/l = 0.1$ 时，$\theta \approx 0.01$ 或更小。

实际上，两个平面反射面当然不会完全平行，设它们的夹角为 Δ，原来与一表面垂直的光束 n 次反射后与表面夹角为 $2^n\Delta$，并且光束入射位置偏移到距原处 $2^{n+2}l\Delta$ 处。为使平行度不影响到光束强度衰减，应使光束在所定次数内不离开反射面，应满足的条件为

$$\Delta < d/2^{n+2}l。 \tag{1-1-8}$$

而按(1－1－6)式，强度衰减为 $1/e$ 所需要的反射次数 n 为

$$n=1/\alpha \quad (\text{准确为 } n=-\ln(1-\alpha))。\qquad (1-1-9)$$

即共振腔内吸收、散射等损耗率愈小，腔体愈细长，则面平行度亦应愈好。表面的不平行度，可看作是局部产生的不平行。

3. 球面共振腔

即是由反射球面组成的共振腔。球心相互重合时，可用球面波代替平行平面腔中的平面波作为基本波型，显而易见，在两者之间存在一一对应关系。因为将平行平面腔所有结果"转译"过来，当腔长度和腔体积相同时，波型数亦相同。

若工作物质尺寸不够大，用图 1－1－5 所示的球面和平面，可组成一等价长度倍增的共振腔。通过球心的光束对应于平行板时垂直入射的光束，为此时的主波型。

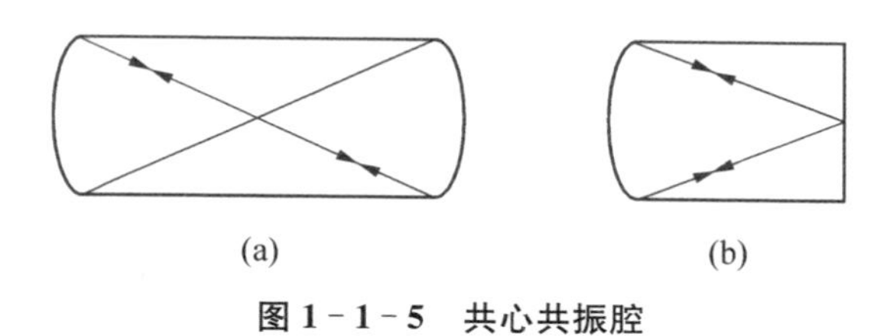

图 1－1－5　共心共振腔

若这两个球面的球心不重合，一个球面的球心处在另一面上(两球面半径需相等)，由图 1－1－6 所示的物像关系可见，大量波型具有与同心球面时的主波型同一衰减率。这是由于光束经过一次反射仍然成像为其本身。当线度远大于波长，以致衍射损失不重要时，光管内部各波型具有完全相同的衰减率。此时决定波型数的立体角不由(1－1－7)式决定，而直接是由 $\theta=d/l$ 决定，波型数大大增加。

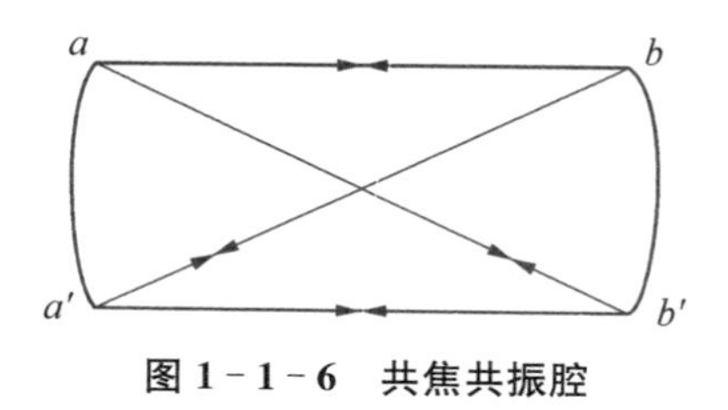

图 1－1－6　共焦共振腔

这种共振腔几乎没有几何精度要求，在达到自振状态后，光管内部的波型一经产生，即可在腔内无限地长久存在。平面反射面可以用全反射棱镜代替，反射损耗可减少。

三、泵浦光源和光学照明系统

为使激光工作物质得到尽可能高的光泵功率，以便达到需要的能级粒子数布居反转密度，可采用脉冲氙灯做泵浦光源。这种闪光灯的亮度可达 10^7 sb(熙提)，光谱分布的峰波长值在 500 nm 附近。红宝石晶体处在其吸收带(0.45—0.60 μm)内的光功率可达 10^6 W/cm^2(设 4π 立体角均被利用)。当工作物质受光表面积为 4 cm^2 时，输入光子速率可达 10^{25}/s(每秒 10^{25} 个光子)。

为了充分利用泵浦光源输出的光功率，应采用适当的光学系统，并使光源有适当的形状和尺寸。光学系统并不能使亮度增大，为使工作物质获得尽可能大的照度(单位时间通过单位面积的有效光子数)，应使照明光束充满尽可能大的立体角。另外，工作物质处在折射率为 n 的介质中，可使照度增大 n 倍。

按照这种考虑，将泵浦氙灯做成直管状，发光部分与激光晶体通光部分均为圆柱形，直径和长度均较激光晶体大(应大 n 倍以上)，并将两者平行置于球壳中的共轭位置(相对球心相称)，如图 1-1-7 所示。激光晶体处于玻璃球中心，这样不但照度大 n^2 倍，而且大角度入射光束能进入激光晶体，减少耗损。晶体共振腔的共振波型数减少，自发辐射不被柱形壁全反射而停留在共振腔中。

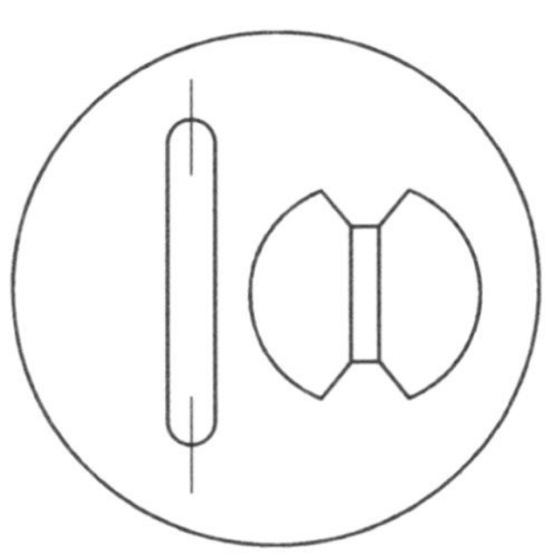

图 1-1-7　泵浦光源和激光晶体在球壳的安排

四、激光工作物质

激光器对工作物质的基本要求是容易实现能级粒子数布居反转状态。中国科学院上海光学精密机械研究所刘颂豪院士在 1960 年报告了激光器对工作物质的要求、选择工作物质的途径，以及对几种可以选择的激光工作物质的分析。①

刘颂豪，光学、激光物理和激光光谱学家，1930 年 11 月出生于广州市，原籍广东顺德，1951 年毕业于广东文理学院物理系。曾任中国科学院安徽光学精密机械研究所所长、中科院合肥分院院长、华南师范大学校长，全国政协委员。现为中国科协全国委员、广东省科协副主席、中国光学学会常务理事。1995 年当选为美国光学学会会士(Fellow)，1999 年当选为中国科学院院士。

1950 年参与建立我国光学玻璃研究基地，系统研究稀土玻璃的成分与性质，发明稀土光学玻璃新品种，获国家科委发明奖和中科院优秀奖。1960 年初研究成功高功率红外连续固体激光器，是我国激光领域的主要开拓者之一。1970 年在激光远距离打靶和激光靶材破坏机理研究中，取得重要成果。1980 年建立第一个激光光谱学开放实验室，在非线性光谱学和光敏治癌机理研究中，取得多项国际领先的科研成果，获得国家、中国科学院和军队科技进步奖。创建我国第一个激光生命科学实验室和光孤子实验室，在若干前沿领域中取得创造性成果。近年来，在广东建成了激光与光电子产学研三结合的高新技术基地，科研成果卓著，多次获得广东省自然科学奖。

说得更一般些，激光器对工作物质的要求就是：输入的泵浦光能量能高效率形成高能态粒子数，高能态粒子的损失率(弛豫过程)很小，低能级最好是空的。

1. 选择工作物质

激光器工作物质的作用实质上就是光与物质相互作用，产生受激辐射是物质从吸收到发射的能量转移和发光的过程。激光器是在

① 刘颂豪，光量子放大器的固体工作物质[J]，中国科学院光学精密机械研究所集刊第一集，1963，23—33。

微波量子放大器研究的基础上提出来的，在理论上两者有共同基础，仅由于能量不同，实现的途径和实验技术有较明显的差别。因此，在选择工作物质时，有必要从下列 3 个方面着手考虑。

（1）总结国外已成功的或正在探索研究的工作物质

从能级性质和发光机制分析其具备上述条件的原因及实现的可能途径，并注意微波量子放大器的各种机制及其使用的工作物质。

（2）从现有发光材料出发

以上述条件作对比衡量，从中寻找具备上述条件的工作物质，并探讨实现光频感应辐射的各种可能的发光机制。

（3）综合利用各种光学、磁共振、电学和物理化学等方法

系统研究各种物质的光谱能级及其在不同晶格场中能级的改变，总结规律并在实际应用中考验和修改，进一步提出各种新的方案及提高现有工作物质效能的途径。

可作为激光器工作物质的有：气体（气体分子、混合气体、金属蒸气等）、线状发光晶体（红宝石、铀和钐激活的氟化钙荧光晶体等）、半导体、长余辉发光的有机晶体，以及利用化学反应获取粒子数布居反转状态反应物等。

发光现象可分为分立中心发光（第一类型的发光）和复合过程发光（第二类型），在两者之间还可分出另一类型——不借助电荷运动的能量转移发光，即敏化发光（第三类型）。从国外发表的论文来看，实验方案大部分属于分立中心发光的类型。第一类型的发光机制比较简单，有可能根据过去已有的实验结果找到符合要求的工作物质，红宝石以及掺铀和钐激活离子的氟化钙荧光晶体即为一例。

激活荧光晶体工作物质的特点是具有高的发光功率，但光谱线较宽，晶体缺陷的影响较为严重，对发光机制等问题的处理较为复杂。

按线状发光这一基本要求来衡量，在激活荧光晶体中能用作光量子放大器工作物质的不多。激活离子中，仅 3d 族、4f 和 5f 族的部分离子能产生线状发光光谱；从激活离子和基质晶体的相互关系，以及单晶生长的可能性和晶体的性质来看，能用作基质的晶体也是有限的。虽然这一类型的发光机理比较简单，但有若干问题，诸如基质

与激活粒子的相互作用、非辐射跃迁的机理等仍有待进一步研究。

复合过程的发光比较复杂，它的特点是，吸收与发射没有直接联系，能量的传输过程比较复杂，但具有多样化的能级结构，可利用电场激发，量子效率很高。这一类型工作物质有可能用作红外、远红外和毫米波等波段的量子振荡器和放大器，也可能是由于这一类型工作物质的发光机制较为复杂，因此到目前为止，还没有得到成功的实验结果。但从已发表的文献看，国外非常重视这一类型的工作物质，也提出了许多实现光量子振荡和放大的方案。

第三类型发光比分立中心发光更复杂，能量传输是关键问题，它与第一和第二类型发光有着非常密切的联系，国外在此领域内正进行着大量的研究工作。

2. 激活荧光晶体

人们很早就在某些荧光晶体中观察到光学吸收饱和现象，原因还不十分清楚。现在所知的仅是：原子内部不满壳层的元素，如过渡元素或稀土元素，在晶体中受晶体场干扰，外层电子状态类似分子轨道，形成宽带。内层不满壳层受外部屏蔽，能级仍然是分立的，层内跃迁属二极禁戒跃迁，故为亚稳态；而由基态到宽带的跃迁属二极跃迁，故有高的光学吸收率。

在激活荧光晶体中，激活离子对晶体光谱特性起着主要作用，从能量的吸收、贮存、转移以至发射的整个过程，都是在激活离子及其周围所构成的发光中心内进行的。

(1) 激活离子

能作为激活离子的元素可归纳为下列 4 类：①重金属离子，如 Gu^{+}、Ag^{+}、Au^{+}、Te^{+}、Pb^{2+}、Bi^{3+} 等；②4d 和 5d 族即 Pd(钯)和 Pt(铂)族离子，如 Nb、W、Pt 等；③3d 族离子，如 V、Cr、Mn、Fe、Co、Ni 等；④4f 和 5f 镧系和锕系离子。第一类重金属离子常作为碱卤化合物和碱土硫化物晶态磷光体的激活剂，它的发光光谱是宽的连续谱带。在晶体中，此类激活离子受晶格中阴离子的强烈干扰，很难得到线状发光。第二类 4f 和 5d 族离子与晶格场有非常强烈的作用，几乎与库伦作用力有相同的数量级。这类离子一般具有带状的发光光谱。第三类 3d 族离子虽与 4d 族离子具有相似的电子位型，但其与晶格场的相互作用较弱，约在库伦作用与自旋-轨道耦合之间。因此，在 3d 族中的某些离子具有线状发光谱且其二极跃迁禁戒，故存在亚稳态能级，初步具备作为光量子放大物质所必须的条件。第四类 4f 和 5f 镧系和锕系离子，晶格场的作用比自旋-轨道耦合还弱，这是最外电子壳层屏蔽作用的结果。由于电子跃迁是在受屏蔽的壳层内进行的，因而呈线状发光谱。但也有宽的吸收带和发射带，这是 4f 或 5f 壳层中的分立项与外层项之间跃迁的结果。这类型的跃迁对提高稀土离子的光学吸收能力是很重要的。锕系的 5f 电子外壳层的屏蔽作用较差，与晶格的耦合比镧系的 4f 电子为强，因而有较强的光学吸收能力。

可见，在 4 类激活离子中，仅部分 3d 族离子和部分 4f 及 5f 离子能产生线状发光谱，其中以 4f 镧系离子为数最多。

（2）基质

① 基质晶体的作用。基质在整个发光过程中的作用可归纳为下列 4 个方面：

a. 激活离子置换基质晶体的阳离子而处于晶格中（也可能处于晶格中的间隙位置），从而将激活离子分隔开来，能减少激活离子间的相互作用，避免引起发光谱线的加宽。在许多情况下，只有将这些激活粒子分隔开来，才能避免猝灭从而发光。

b. 基质晶体的晶格场作用会使激活离子的能级产生位移或分裂，而使谱线位置移动，或使谱线宽度和谱线强度的分布发生改变（破坏选择规则，改变各能级间的跃迁几率）。也就是说，晶格场的作用会干扰激活离子的能级，避免了一些禁戒跃迁，从而使能量得以转移。

c. 激活离子置换基质晶体的阳离子后，两者在价态上和离子半径或晶体结构上的不一致，会引起晶格变形和对称性改变（也可能改变激活粒子在基质晶体中所处的状态，如处于晶格中的间隙位置）或形成不同类型的缺陷，因而影响能级的结构和发光的量子效率。

d. 在整个能量转移过程中，由于光子与晶格的碰撞或由于非辐射跃迁而引起的热能应尽可能地迅速散掉，避免造成弛豫机制和辐射能量的损耗，因此要求基质晶体具有良好的热导率。从实用的角度来看，基质晶体在化学性质上和光化性质上应是较稳定的，且能生长成大块而光学均匀的单晶。

由基质作用可知，应选择离子键晶体，或具有一定成分共价键、离子键与共价键的混合键晶体作为基质晶体（其中共价键的成分不宜过高）。

离子键晶体主要有卤化物和氧化物两类，应具有 AB、AB_2、A_2B_3 和 AB_3 等 4 种晶型。卤化物中氟化物的结构具有最大的离子键倾向。随着极化的增加，从氟化物过渡到氯、溴、碘化物共价键的成分相应增加，还出现键合较弱的层状结构（如 $CdGl_2$、$FeCl_2$、$CdBr_2$、CdI_2 等）和链状结构（如 $PdCl_2$）。因此在 4 种晶型中，值得考虑的仅有 AB 型（如 LiF、NaF、KF 等）和 AB_2 型（如 CaF_2、BaF_2、MgF_2 等）两类。从这两类晶体的键合和物理性质来看，又以 AB_2 型较为优越。在氧化物晶体中（具有离子键或与共价键组成的混合键晶体），除考虑键合和物理性质外，还需考虑单晶生长的可能性，因此值得研究的主要晶体类型有 AB 型（如 MgO、CaO 等）、AB_2 型（如 TiO_2、ThO_2）和 A_2B_3 型（如 Al_2O_3、Ga_2O_3、TiO_3 等）。此外，还必须注意具有复杂结构的氧化物 ABO_3 型（如 $BaTiO_3$、$SrTiO_3$ 等）、AB_2O_4 型（如 $BeAl_2O_4$、$MgAl_2O_4$ 等）和 ABO_4 型（如 $CaWO_4$、$BaWO_4$、$PbWO_4$ 等）。

② 可选择的基质。在上述各类型晶体中，选择具有强的结合能的晶体作为基质，此类晶体按性能粗略分为下列 4 类：

a. 高晶格能（$>$200 千卡/克分子）晶体。在较大温度范围内，结构和性质均较稳定，热导率较高，宜用作激光器工作物质的基质晶体。因此，高温生长晶体工艺显得非常重要。

b. 较大部分的碱卤化合物晶体。经短波辐射辐照后容易着色，化学稳定性较差，这可能是到目前为止仍没有被采纳做基质的原因之一。但是，利用此类型中成分和结构较简单的晶体，研究各种发光机制容易发现规律。

c. 非常不稳定和容易潮解的以及不易生长成单晶的晶体，缺乏实用价值。

d. 纯晶态发光的晶体，如稀土盐类。某些氧化物（如 ZnO、CaO 等）、钨酸盐、钼酸盐等，有可能作为第三类型发光的基质晶体。

3. 激活离子与基质的配置

从前述的粗略分析来看，激活离子同基质晶体的合理配置非常重要。它不仅决定能否得到受激辐射，影响产生受激辐射的机制（同一激活离子在不同基质晶体中可能形成不同受激辐射结构，如三能级或四能级结构），还将改变输出的受激辐射波长，改变发光的量子效率和产生受激辐射需要的泵浦功率。在安排激活离子同基质晶体的配置时，有必要考虑下列因素（同晶格场有较弱相互作用的激活离子，基质晶体也存在上述的影响，但较微弱）。

（1）激活离子化合物同基质晶体的晶格结构之间的差异

这将影响激活离子在基质晶体中所处的状态（如代替阳离子的晶格位置，或处于晶格的间隙位置等），引起基质晶体中激活离子周围晶格结构畸变，因而影响激活离子中某些能级跃迁几率及非辐射跃迁机制等。一般来说，激活离子化合物同基质晶体的晶格结构或两者的离子半径近似时，有利于提高发光量子效率。

（2）激活离子与基质阳离子的价态

激活离子价态的改变非常灵敏地反映在能级结构及光谱特征上，激活离子仅在某一价态下才能产生受激辐射（也可能在不同价态下均能产生受激辐射）。根据激活离子的电子排布（可能存在的价态）及结构特点来选择合适的基质晶体或选用合适的补偿方式，可能得到稳定的发光中心和提高发光效率的能级结构。

（3）发光中心的对称性

激活离子与基质晶体在结构上和价态上的差异，会改变发光中心的对称性，影响晶体的光谱能级结构。

总地来说，除激活剂的性质、基质晶体的结构、激活离子与基质晶体的配置和激活剂浓度等因素外，晶体生长条件（如生长速度，氧化、还原条件，降温速度等）、热处理条件（生长后在不同条件下热处理）以及辐照处理（用 X 射线、γ 射线照射）等均对荧光晶体的光谱结构和发光效率有不同程度的影响。

4. 红宝石荧光晶体

红宝石晶体是在刚玉中掺进少量铬离子(Cr^{+3})做成的。红宝石晶体在绿光区有一条宽吸收带，称为Y带，中心波长0.55 μm，带宽大约100 nm；在紫外区也有一个吸收带，称为U带，中心波长0.42 μm，带宽也大约100 nm。用对应吸收带波长的光辐射激发时，晶体发射出几条深红色的窄带谱线(波长大约700 nm)和两条最强的谱线R_1线(波长694.3 nm)和R_2线(波长692.8 nm)，后面这两个辐射波长对应的跃迁终态是基态。在通常状态下，基态的原子数量总是较多，要用基态建立能级粒子数布居反转状态十分困难。但是，根据红宝石晶体的光学数据和光谱数据，对其建立能级粒子数布居反转状态的条件进行计算分析，在满足一些基本要求时似乎还是有可能的。

图1-1-8所示是红宝石晶体的3个能级，即能级E_3($^4F_1$和$^4F_2$)、E_2(^2E)和E_1($^4A_2$)，其能量关系是$E_3>E_2>E_1$，能量间隔比热运动能量kT大(这里k是波尔兹曼常数，T是温度)。其中，能级E_1($^4A_2$)是基态；能级E_2(^2E)包含两个能级$2\overline{A}$和$\overline{E}$，这两个能级

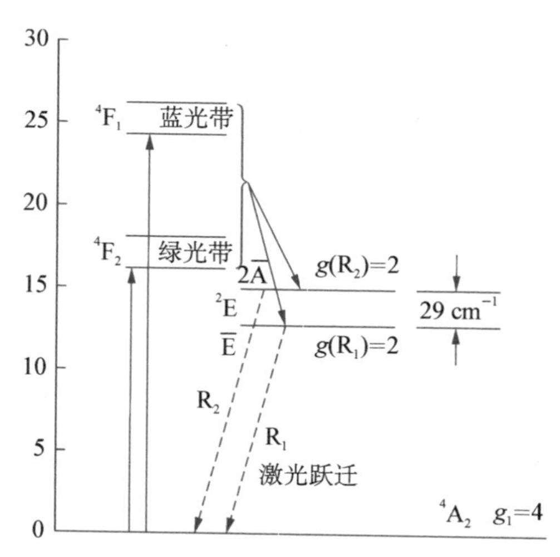

图1-1-8 红宝石晶体中铬离子部分能级

的间隔只有 29 cm^{-1}，可以认为是处于热力学平衡状态，平均寿命为 5×10^{-3} s，属于亚稳态。记这 3 个能级的粒子数分别为 N_3、N_2、N_1，它们随时间的变化规律由下面的方程描述，即

$$\mathrm{d}N_3/\mathrm{d}t = W_{13}N_1 - (W_{31} + A_{31} + S_{32})N_3, \quad (1-1-10)$$

$$\mathrm{d}N_2/\mathrm{d}t = W_{12}N_1 - (A_{21} + W_{21})N_2 + S_{32}N_3, \quad (1-1-11)$$

$$N_3 + N_2 + N_1 = N_0。 \quad (1-1-12)$$

式中，W_{ij} 是在频率 ν_{ij} 的光辐射作用下粒子从能级 i 向能级 j 作受激辐射跃迁的几率；A_{ij} 是粒子从能级 i 向能级 j 作自发辐射跃迁几率；S_{32} 是粒子从能级 3 向能级 2 的弛豫速率。达到稳定时，$\mathrm{d}N_3/\mathrm{d}t = \mathrm{d}N_2/\mathrm{d}t = 0$。从上面的方程可以得到

$$N_2/N_1 = [W_{13}(S_{32}/W_{21} + A_{31} + S_{32}) + W_{12}]/(A_{21} + W_{21})。 \quad (1-1-13)$$

考虑到弛豫速率 S_{32} 比能级 E_3 向能级 E_1 的自发辐射跃迁几率 A_{31} 大得多，也比从能级 E_2 向能级 E_1 的自发辐射跃迁几率 A_{21} 大得多，即

$$S_{32} \gg A_{31}、A_{21}, \quad (1-1-14)$$

则上面式子可以简化为

$$N_2/N_1 \cong (W_{13} + W_{12})/(A_{21} + W_{21}), \quad (1-1-15a)$$

或者写成

$$(N_2 - N_1)/N_0 \cong (W_{13} - A_{21})/(W_{13} + A_{12} + 2W_{12})。 \quad (1-1-15b)$$

显然，如果 $W_{13} > A_{21}$，就可以在能级 E_2 与能级 E_1 之间建立粒子数布居反转状态，这个条件并不苛刻，是可以满足的。假定用黑体光源对红宝石晶体作各向同性照射，晶体尺寸在光学上很薄，整个体积获得均匀照射的光辐射密度，而且受激辐射吸收跃迁几率 W_{13} 与

自发辐射跃迁几率 A_{31} 之间的关系为

$$W_{13} = A_{31}/e^{h\nu/kT-1}。 \quad (1-1-16)$$

自发辐射跃迁 A_{31} 大约是 $3\times10^5/s$，只要照射红宝石晶体的黑体光源温度足够高，便可以实现能级粒子数布居反转状态。黑体光源的辐射功率主要由温度决定，从条件 $W_{13}=A_{21}$ 可以获得所需要的黑体光源温度临界值为

$$T_s = h\nu_{13}/k\ln(1+A_{31}/A_{21})。 \quad (1-1-17)$$

把红宝石晶体有关参数代进上式可知，用临界温度为大约 4 000 K 的黑体光源照射红宝石晶体时，就能够在红宝石晶体内实现能级粒子数布居反转。通常使用的氙灯是辐射功率最高的黑体光源，它的黑体温度可以高达 8 000 K。也就是说，使用氙灯做泵浦光源就能让红宝晶体实现能级粒子数布居反转。

5. 铀和钐激活的氟化钙荧光晶体

镧系和锕系激活离子对激光器工作物质的研究占有非常重要的地位，而适宜作其激活离子的基质晶体为数不多，氟化钙类型的晶体是较好的基质之一。

(1) $CaF_2:U^{3+}$ 和 $CaF_2:Sm^{2+}$ 的晶体发光性质和能级

稀土激活和铀激活氟化钙荧光晶体的发光中心的性质及其光谱特性，已有了较全面的研究。特别值得提出的是，利用荧光偏振方法可研究稀土激活荧光晶体的定向问题，通过研究发射体各向导性来了解发射体的性质、行为及其与周围介质的相互作用。此外，观察稀土激活和铀激活氟化钙荧光晶体的顺磁共振谱，来研究激活离子的价态及其对称性的改变，可获得激活离子在晶格场中精细结构的资料。

据初步估计，宽激发带主要来源于 4f→5d 及 5f→6d 间的跃迁；亚稳态是在 4f 或 5f 层内跃迁产生的；终态能级可能是在晶格场内基态能级分裂的结果。就 U^{3+} 与 Sm^{2+} 能级比较可见，U^{3+} 能级的分裂大于 Sm^{2+}，U^{3+} 终态与基态能级间的距离为 515 cm^{-1}，而 Sm^{2+} 则为 263 cm^{-1}(或 369 cm^{-1})。U^{3+} 的弛豫时间比 Sm^{2+} 长，其中(U^{3+} 约

10^{-3} s、Sm^{2+} 约 1.3×10^{-6} s。这说明了，U^{3+} 与晶格的作用大于 Sm^{2+}。就 Sm^{2+} 能级图来看，激发态与亚稳态间隔、终态与基态间隔非常接近，前者仅 116 cm^{-1}，后者为 263 cm^{-1}，估计非辐射跃迁容易转移，能量散失较小。这样的结构对实现低激发功率和连续操作的固体激光器是有利的。

但还存在不少悬而未决的问题，首先是 CaF_2 ∶ Sm^{2+}、CaF_2 ∶ U^{3+} 的能级结构尚无定论。对 GaF_2 ∶ Sm^{2+} 的能级结构，14 497 cm^{-1} 线是共振线的，因此认为 14 479 cm^{-1} 吸收线的终态应与 14 118 cm^{-1} 发射的始态相同，从而得出发射线的终态位于基态上 369 cm^{-1} 的结论，如图 1-1-9 所示。而根据低温实验结果，认为 14 497 cm^{-1} 并不是共振线，发射线的终态应位于基态上 263 cm^{-1} 处，如图 1-1-10 所示。亚稳态的性质和非辐射跃迁的机制等问题仍不够清楚。此外，不同生长条件和不同置换方式对价态、缺陷和发光中心性质的影响，以及弛豫光谱、浓度效应等问题仍有待进一步研究。

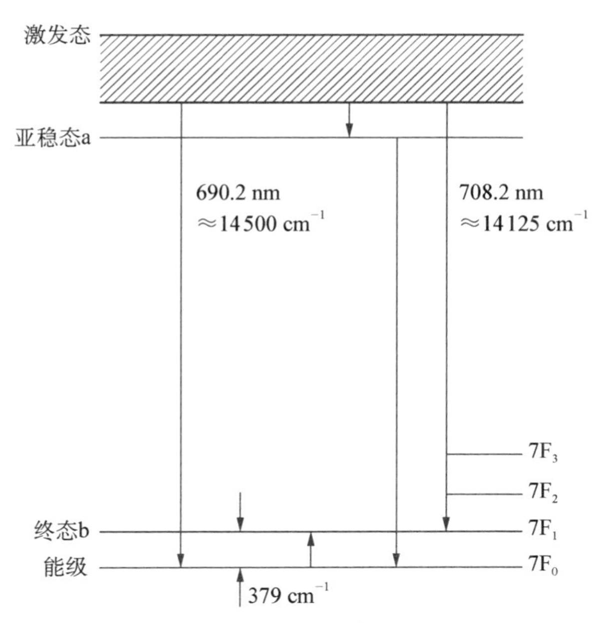

图 1-1-9 GaF_2 ∶ Sm^{2+} 的能级结构

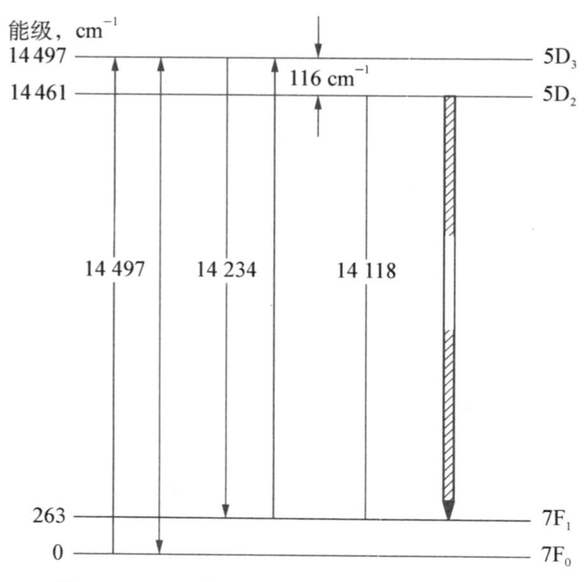

图 1-1-10 低温下 GaF_2：Sm^{2+} 的能级结构

(2) CaF_2：U^{3+} 和 CaF_2：Sm^{2+} 的晶体缺陷

① 晶体结构。氟化钙属等轴晶系 AB_2 型的面心立方晶体，其配位数分别为 8 和 4，有较高的熔点(1 360℃)，良好的透明度(0.15—9 μm)，不导电，化学性质稳定，硬度中等(莫氏 4 度)，膨胀系数约 19.5×10^6，折射率 $n_D = 1.433\,8$。

钙离子、三价铀离子和二价钐离子的离子半径非常接近，分别为 1.05、1.04、1.02。铀离子和钐离子可代替晶格中的钙离子形成同晶置换的混合晶体。钐和钙离子均属二价，故可等价置换；而铀离子为三价，要同晶置换必须以补偿方式来维持结构中的静电平衡。实际上，钐离子也很难得到完全的二价状态，很大一部分仍属三价，因此也需补偿。补偿方式很多，主要通过生长工艺、热处理和加入外来原子等方法实现，一般选择能量变化最小的方式。三价铀可通过下述方式补偿：铀离子最邻近有 8 个氟离子(F^-)，用一个氧离子(O^-)来代替其中一个氟离子。由于 F^- 和 O^- 的离子半径非常接近(分别为 1.33 和 1.36)，因而同晶置换成为可能。此外，也可使一个 F^- 离子挤在 U^{3+} 离子最近邻的间隙位置上，或加入一个一价阳离子，用一个铀离子和一个一价阳离子来代替两个钙离子以达到静电平衡。

② 主要缺陷。CaF_2：U^{3+}、Sm^{2+} 的缺陷可大致分为两类。一是宏观不均匀性。成分的不均匀是其主要形式，是在生长过程中(也可能在热处理过程中或在原料中)引入的。最显著的是由于原料不够干燥或生长时真空度不良等原因，致使 CaF_2 水解为 GaO 或 $Ca(OH)_2$。由于 CaF_2 和 CaO 的折射率有较大的差别(分别为 1.433 8 和 1.837)，造成较强烈的光学散射，大大影响晶体的透明度。此等散射颗粒对使用性能的影响，视颗粒大小和数量而有所不同。此外，由于高真空下的分解致使 F^- 挥发而造成化学成分比例的改变，或由于原料中引入外来杂质等引起成分的不均匀，或在生长过程中会引起杂质分布的不均匀。以上主要是化学上的不均匀性，此外还有物理上的不均匀性，这是由于应力或由于在生长过程中形成的局部多晶或位错而引起的，这些缺陷也会引起进入光线的散射或其他缺陷。这一类型的不均匀性和缺陷对激光器量子效率的影响非常显著，它影响工作物质对光泵能量的吸收，使已产生的受激辐射离开共振腔，大大降低量子效率和输出功率。这一类型的缺陷从工艺上努力是可能得到较满意的结果的，这也是当前迫切要解决的问题。解决的途径一般为：在高温熔融和生长过程中导入惰性气氛(在低温过程中保持高真空)，以解决 CaF_2 水解和高温分解的矛盾；掌握引上和区域提纯的生长方法，以解决杂质分布不均匀和容易长成多晶的缺点；对已生长的晶体进行热处理或在特殊条件下(如强还原气氛、钠蒸气或高能辐射等)处理，以控制激活离子的价态，改变补偿方式并消除热应力；使用高纯度的人工合成原料。

另一类型缺陷属原子缺陷或点缺陷。它也是在生长过程和热处理过程中引起的(如由于温度分布不均匀性而致的热激动和热应力，由于不能维持正常的成分化学比或经受高能辐射的作用等而引起原子缺陷)，并同前一类型缺陷有密切联系。从晶体结构角度来看，补偿方式和价态的不一致可能增加这类型缺陷的数量，但无论以任何一种方式补偿，总会引起晶格的变形，增加缺位或间隙离子的数量，甚至等价置换的情况下也不可避免。这类缺陷可能引起晶格场的改变，引起发光中心结构的改变，影响能级的位置或改变能级的结构，以致引起输出辐射谱线宽度的增加，或影响谱线的稳定程度和非辐射跃迁机制。此外，价态的不均匀或不稳定（由激活离子和基质晶体本身的性质、生长条件和热处理等引起）对量子效率和光谱能级有很大的影响。由于价态的改变必然引起补偿方式和离子半径的改变，因而引起晶格的变形或原子缺陷的增加。这样，基质与激活剂的相互作用也发生改变从而引起能级结构的改变，于是产生不同的吸收光谱和发射光谱，并相对地减小实际使用的激活离子数量，影响发光的量子效率。在 $CaF_2:Sm^{2+}$ 中 Sm^{2+} 仅占 20%，其余均为 Sm^{3+}，粗略看来这是一个很值得注意的问题。这一类型缺陷（可认为是发光中心结构的问题）对光量子放大器工作物质的能级结构有着本质的影响。

1－2　我国第一台激光器

我国第一台激光器，即红宝石激光器，是王之江领导设计，邓锡铭、汤星里、杜继禄等人共同实验研制成的，仅仅比梅曼发明激光器晚了一年。①②③

一、实验装置

1. 装置结构

图 1－2－1 所示是中国第一台激光器的实验装置，采用两个反射半球面将氙灯成像在红宝石晶体棒上，氙灯和红宝石晶体棒平行

① 王之江，红宝石光量子放大器[J]，中国科学院光学精密机械研究所集刊第一集，1963，9—15。

② 王之江，浅谈中国第一台激光器的诞生[J]，中国激光，2010，37(9)：2188—2189。

③ 楼祺洪，汤星里，中国第一台激光器的诞生[J]，光电产品与资讯，2013，第 5 期，43—45。

放置在球形反射外壳的共轭位置(相对于球心对称)。球面的半径60 mm,红宝石晶体棒长30 mm、直径5 mm,氙灯直径和长度均比红宝石晶体棒略大。所用的红宝石晶体,是由中国科学院电子学研究所供给的。

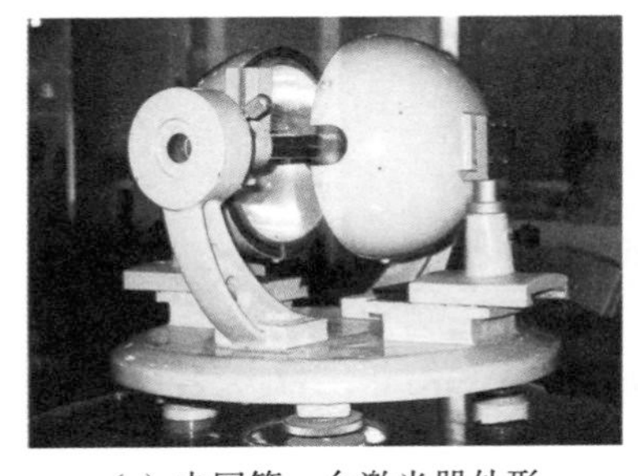

(a) 中国第一台激光器外形

(b) 除去一个反射半球后所见的结构

图 1-2-1　中国第一台激光器

2. 工作物质

选用红宝石晶体作为激光工作物质的原因主要有两个:第一,红宝石的能级结构在当时已经研究得比较清楚,它有U和Y两个光学吸收带,可以以很高的量子效率把泵浦能量转移到R谱线的上能级;第二,由于当时工业基础薄弱,国内能够提供的现成激光材料很少,而红宝石晶体材料相对容易获得。不过得到红宝石晶体并不符合光学要求,在两端面平度误差均小于1/10波长时,观察到的干涉图形如图1-2-2所示,在较小区域中是均匀的,但大区域内则有较大光程差,其基本误差使平面波成为柱面波,这就使一般平行平板共振腔理论中将波型作平面波分解的考虑不完全适用。在误差大到这样程度时,若以几何光学观点考虑,就能得到合理结

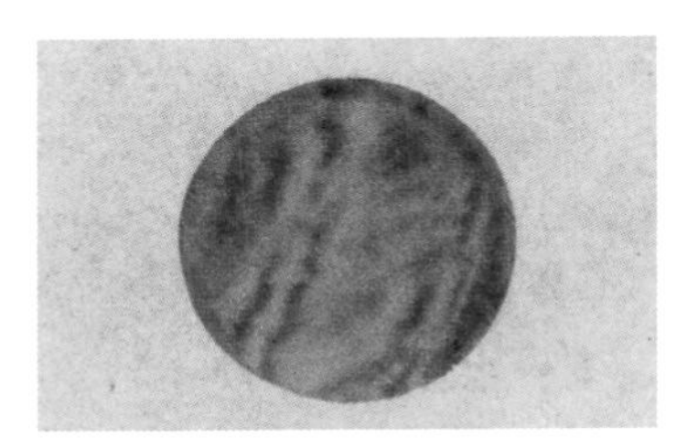

图 1-2-2　红宝石晶体折射率不均匀所形成的干涉图

果。由于沿垂直端面传播的光束因折射率不均匀而偏离原方向，光束的边缘因而具有高衰减率，光束中心则也因之而散开，但由边缘散向中心而补充。这种情况就和大光源用很不完善的聚光镜成像时中心的照度仍然会符合理论数字一样，这就使中心部分强度远大于边缘。这种现象虽然和 Fox 和 Li 的计算结果一致，但原因完全不同。在这种情况下，衍射损失是不重要的。

折射率不均匀的原因可能在于光轴错乱和应力未消除，实验所用晶轴和几何轴线夹角约 57°。

晶体不完善的另一方面是透过率很低，这大概是因为晶体内部的其他杂质吸收和晶体缺陷形成的散射。实际测定 R 线附近的透过率表明，光束透过厚度 30 mm 损失 30%，光子在腔内的生存时间仅 10^{-10} s。按照这个生存时间，光子平均只在共振腔内往返不到一次即消失。因而似乎不均匀性造成的影响无累积作用，但实际上激光在达到振荡后折射率不均匀性的影响是累积的，因此激光振荡时间愈长则折射率不均匀性的影响愈大。实际上，激光振荡时间长达 10^{-3} s，光子在内部将往返 10^7 次，这才使光辐射能量愈来愈集中于光轴中心。

实验所用的红宝石中铬的含量用化学方法测定为 0.04%，晶体内的 Cr^{3+} 基态粒子数为 10^{19}。在初始振荡时，虽然共振腔内等衰减率的波型数由于腔的不完善性而达 10^7，甚至更大，而衰减率又达 10^{10}，粒子数也远大于振荡条件需要的值(约 10^{14})，使得为达到饱和而需的光泵功率大大增加。用铬含量更低的红宝石晶体本来可以改善这种情况，但是由于红宝石晶体内铬含量为 0.04%时波长 560 nm 的光线通过 1.5 mm 后被吸收约 32%，而在含量 0.004%时，宝石棒能充分吸收光泵功率的厚度需为 40 mm，不易实现。但原则上可使光泵功率降低，可达到连续运转。

红宝石棒之一两端平行度小于 5″，另一根棒一端平度则很差，约为半径 1 m 多的不规则球面。由于红宝石晶体本身的光学不均匀性造成的光程差亦达同一数量级，因此两者所需的泵浦功率并不因此而有显著差别。

红宝石晶体棒的一端面镀全反射银膜，另外一端面镀的银膜透过率在2%—15%之间，按实验要求变动。为了降低红宝石晶体因为受氙灯光辐射照射而温度上升，使用了滤光系统把属于红宝石晶体吸收带之外的辐射过滤掉。

3. 泵浦光源

梅曼研制的世界第一台激光器选择螺旋状氙灯作为泵浦光源，其他研究小组也纷纷仿效。在设计脉冲氙灯时，我国没有采用当时国外流行的螺旋状，而是把氙灯设计成直管状。使用螺旋状氙灯的目的是保证光射到红宝石激光晶体棒中去，实际上，氙灯发出的光只有很少能照射到红宝石晶体棒中。因为用尺寸不能超过红宝石棒、螺旋状结构的玻璃管，光能量分散比较严重，能量不够集中；另外还有一个重要的原因，当时螺旋管灯需要的供电电压高，电容量要求也高，而我们的设备还达不到这样的要求，所以需要对结构作进一步的改进，制作成直管状的脉冲氙灯，这一直管状氙灯设计后来得到全世界的认可。固体激光器发展的历史证明，用直管氙灯泵浦的固体激光器成为发展的主流。

我国第一台激光器使用的氙灯，其熔石英管内径大约 8 mm，电极间距大约 40 mm，放电用的电容量为 2 660 μF，使用的电压可以在 350—550 V 间调整。

我国当时还没有合适的氙灯产品，需要自己动手制作，遇到不少困难。比如，为了解决石英玻璃与钨电极的封接，制造氙灯的师傅选择了几种玻璃。把上海中央商场弄来的硬质玻璃盘砸碎，混合成十几种过渡玻璃，终于制造成功我国第一支高功率石英管壁钨电极脉冲氙灯，这种金属-玻璃封接工艺一直沿用到今天。

当时，我国还没有氙气产品，也无法从国外进口，是一位采购员走遍半个中国，最后在上海一家灯泡厂的库房找到解放前留下来仅存的几瓶氙气，这才解决了氙灯制造问题。

用光度法测定氙灯发光的结果表明，消耗的电功率中约有 1/4 转变为波长 400—600 nm 之间的光功率。按估计，在放电电位降为 100 V/cm 时，输入红宝石晶体棒的光子速度大约为 10^{23}/s，达到阈值泵浦状态时需要的光子输入速度大约为每秒 10^{22}。若考虑到种种光学耗损，如光能由于照明方法限制不能全到达红宝石晶体棒内而造成的损失，又如在红宝石晶体棒内存在的其他杂质和缺陷形成的光学吸收和光学散射等，但估计比这个数字大得不多。

这里强调的是光源功率而非光源的能量，能量大而功率低仍然不足以形成激光振荡。因为，电容量只是在维持较大的光源输出功率的时间长短方面有作用，电容过小时虽然电位降的峰值超过 100 V/cm，也会因持续时间过短而不能达到激光振荡；另外，氙灯的发光效率也因之降低。

4. 照明系统

光源照明的亮度是激光工作物质内实现能级粒子数布居反转的重要条件，采取何种照明系统对激光实验能否成功有着举足轻重的影响。梅曼采用的是椭圆漫射照明器，这种照明方式在国外非常流行。我国科学家认为，成像照明系统的效率比漫射照明方式更高。对于不太长的红宝石激光晶体棒和氙灯而言，球形照明系统比椭圆照明系统效率更好，当时国外还流行多灯、多椭圆柱的照明方式。我们认为，当激光工作物质和泵浦灯的直径一样大时，采用多次光学成像方法提高光源亮度，比采用光源重叠的方法更有效，多灯照明并不比单灯照明有任何好处。因此，我国在世界上首先采用了球形照明器，实验证实了这种设计获得的泵浦效率比梅曼的方式高。

5. 共振腔的设计

由于红宝石激光晶体的光学均匀性比较差、透射率低，以及存在散射颗粒等问题，共振腔的光子损耗率与按照平行平板共振腔理论估计值有较大差异，共振腔中的波形数估计值因此误差很大。我国科学家从几何光学的原理出发，设计了内有聚焦装置的共振腔，控制了波形数。将红宝石晶体棒的端面加工成不平行的不规则形状，以补偿其内部相应的光学不均匀性，满足共振腔内部等光程的要求。

二、实验观察和分析

第一次激光振荡尝试没有感性经验，当时对受激光发射振荡阈值实验上的理解也不清楚，不知道荧光强度曲线产生什么变化才是达到临界振荡的标志。甚至已经出现激光输出，也仍然半信半疑。当时是根据实验装置输出光辐射过程的转变，以及观察泵浦光强度在不断增加时装置输出的光辐射性质，判断红宝石晶体棒内是否出现能级粒子数布居反转状态，以及得到的光辐射是否就是激光。

当泵浦光源功率逐渐增大时，红宝石晶体的发光将由一般荧光增加以至达到饱和，即由自发辐射过渡到受激辐射。过渡的主要标志是光能量由分散于各个方向转变为集中于共振腔几何尺寸所定的狭窄方向；发光强度衰减过程由指数形式转变为雪崩式后，再有一段指数式衰减。因此，用目视和照相观察发光方向变化，加以示波器观察光强衰减过程，以确定是否发生激光振荡，输出的是否主要为受激辐射。

当输入氙灯的电压超过 400 V 时，在毛玻璃屏上观察到了光束范围，由弥散转为集中于一小区域。图 1-2-3 所示是当放电电压为 550 V 时，在焦距为 750 mm 的透镜焦点上摄得的远场衍射图形。

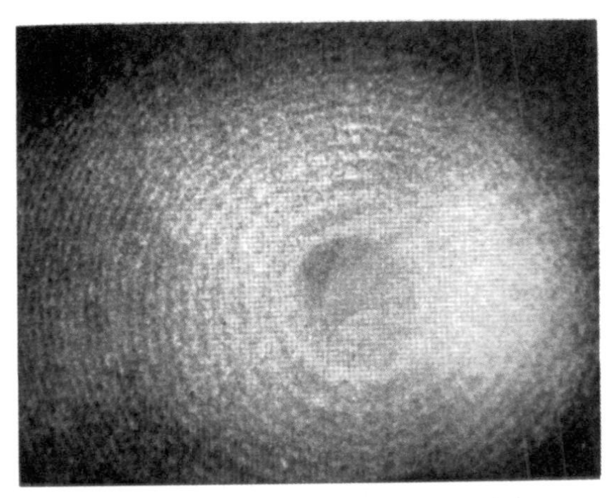

图 1-2-3　输出光束的能量空间分布

拍摄了输出光束的法布里干涉条纹。假若，条纹宽度是由谱线宽度单独造成的，由此得到的 $\Delta\lambda/\lambda = 10^{-5}$，即谱线宽度在 0.01 nm

以下。假如条纹还因其他原因而加宽，则谱线宽度还小于此数，即远小于室温下的自发辐射线宽度。这表明振荡过程中能量向跃迁几率较大的能级集中，或因在晶格振动的影响下某一能态的几率最大，能量向此能态集中。

从干涉条纹足可看出红宝石晶体的 R_1、R_2 谱线的跃迁几率不同，或因坡耳兹曼几率分布不同，振荡过程使其中之一消失。

按照能量角分布形成的观点，一定波长的光线的定向性可能已非常好(小于 0.01 rad，0.01 rad 纯粹由非单色而形成)，可能已符合由夫琅和费衍射确定的值。

从放置在装置输出光路上的毛玻璃屏后面观察，发现随着泵浦光强度增加，输出的光束范围逐步由分散集中于一个小区域。红宝石晶体端面镀的银膜蒸发，也显示辐射能量向晶体棒中心集中，因为银膜被蒸发显然是吸收了光辐射能量引起的。在泵浦速率超过了预计的阈值之后，只要几个输出光脉冲就出现银膜明显蒸发的现象，蒸发的区域直径大约为 0.3 mm，如图 1-2-4 所示。

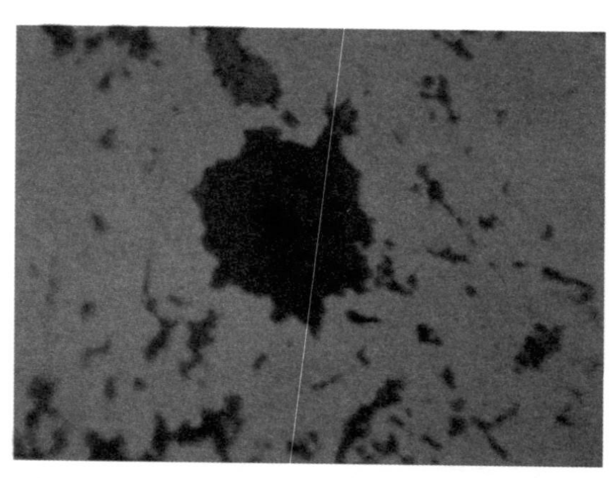

图 1-2-4 红宝石晶体棒端面银膜被光辐射蒸发

银层蒸发后，激光振荡阈值功率显著增加，这从共振腔品质因子容易理解。光束边缘部分强度因晶体存在缺陷而降低，而中心部分的强度则因端面的低反射率而降低。国外某些实验在银层中心留小孔，以耦合输出共振腔内的受激辐射能量，这种激光器还有能量输出，主要是由于晶体缺陷使其他部分或其他波型的能量通过小孔，激光晶体愈完整用这种小孔耦合输出方法法愈不可行。

用光电管将光信号转变为电信号，可以在示波器上显示发光过程，即输出的光功率随时间变化的规律，图 1－2－5 所示是氙灯在不同充电电压时拍摄到的示波器荧光屏照片。当泵浦光强度不高时，输出的光辐射强度指数式衰减；当泵浦光强度到一定程度时，在原先的衰减曲线上出现一个附加的峰；泵浦强度再增加，这个附加峰更明显，也变得更尖锐。按照肖洛和汤斯关于激光器的理论，此时实验装置内发生了激光振荡，输出的光辐射成分已经主要是受激辐射。

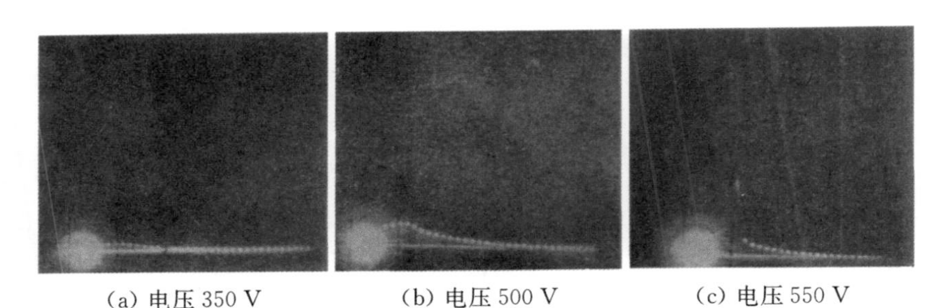

(a) 电压 350 V　　(b) 电压 500 V　　(c) 电压 550 V

图 1－2－5　氙灯在不同充电电压时得到的光辐射示波器荧光屏图

用冲击检流计量度总光电量，测得输出的总光能量约为 0.003 J，与国外发表的最好数字相比较小，主要是因为用的红宝石激光晶体质量低的缘故。虽然能量的角分布和辐射时间与晶体端面透过率关系不大，但输出的光辐射能量则与它有直接关系。由于晶体本身的光学透过率过低，端面的银层透过率低时，受激辐射中绝大部分将在腔内损失而无法输出，而且端面的银层反射率过低时不能达到激光振荡阈值。以达到激光振荡为先决条件，则端面银层透过率愈低愈好。端面银层反射率不恰当或红宝石晶体温度升高，均可使输出的光辐射能量降低，可达数百倍。

三、命名“激光”

起初，在我国这种新式光源没有统一的名称，有按英文 Laser 的发音称“莱塞”；有按它的发光机制称光量子放大器和受激光辐射器；或因为是从微波波段转到光学波段的微波激射，称它为光激射器；等等。1964 年，在上海召开第三届光受激发射学术报告会前夕，《光受激辐射》杂志编辑部（即现在的《激光与光电子学》编辑部）给钱学森教授写了封信，请他给这种新光源起一个中国名字，钱教授很快给编辑部回信：

《光受激辐射》杂志编辑部：

我有一个小建议，光受激发射这个名称似乎太长，说起来费事，能不能就称“激光”？

钱学森

钱教授的建议在这次会议上获得代表们的一致赞同，此后，在中国的新闻、期刊的报道上便统一使用“激光”“激光器”，从此科学技术词典也多了“激光”和“激光器”这两个词。

第二章　拓展激光器

激光是一种光子简并度大于 1 的相干光源，激光器的问世必将引起光学技术的新革命，意义非同凡响。科学家们，特别是光学学家大受鼓舞，认识到这是一块大有可为的新科学技术领域，积极开展激光器研究。至 1962 年末，大约两年时间内，仅在美国便有四百多家机构、二千多名科学工作者及工程师投入激光领域研究；苏联政府和军事部门也非常注重激光器研究，1961 年，苏联科学家巴索夫在全苏科学工作者会议上强调激光的重要性，要求设立专门机构，协调其研究发展工作，吸收更多的单位，并培养人才参加到激光领域的研究工作中来。激光研究项目也成为当时学术会议最活跃的论题之一，激光技术因此获得快速发展，相继出现许多新类型激光器。在激光器问世后不到两年的时间里，便先后报道了大约 30 多种不同类型激光器，如新型晶体激光器、气体激光器、玻璃激光器、半导体激光器、自由电子激光器、化学激光器、光纤激光器等，激光器家族迅速扩大，其中一些的激光性能比红宝石激光器更好。

2－1　新型晶体激光器

能够做激光工作物质基质的晶体大体上分成 3 类：①氟化物晶体，如氟化钙（CaF_2）晶体、氟化钡（BaF_2）晶体、氟化锶（SrF_2）晶体、氟化镁（MgF_2）晶体；②金属盐类晶体，如钨酸钙（$CaWO_4$）晶体、钒酸钇（YVO_4）晶体、铝酸钇（YAP）晶体、五磷酸钕（NdP_5O_{14}）晶体、四磷酸锂钕($LiNdP_5O_{12}$)晶体；③氧化物晶体，如钇铝石榴石(YAG)晶体、钇镓石榴石(YGaG)晶体、钆镓石榴石(GdGag)晶体。在晶体内的掺杂离子除前面介绍的铬离子(Cr^{3+})外，还有如稀土离子 Sm^{2+}(钐离子)、Dy^{2+}(镝离子)、Tm^{2+}(铥离子)、Nd^{3+}(钕离子)、Pr^{3+}(镨离子)、Sm^{3+}、Eu^{3+}(铕离子)、Sm^{3+}、Ho^{3+}(钬离子)、Er^{3+}(铒离子)、Tm^{3+}、Yb^{3+}(镱离子)和锕系的三价离子 U^{3+}(铀离子)。

一、掺铀氟化钙(CaF_2：U^{3+})激光器

这是第二个问世的激光器，特点是阈值振荡的光泵功率大大降低(约为红宝石激光器的 1/500)。输出激光在近红外区(波长 2.5 μm)，而且有可能制成连续输出激光。采用适当的光辐射照射这种晶体，能够让晶体内的铀离子实现能级粒子数布居反转状态，由此获得激光。

中国科学院长春光学精密机械研究所沃新能、刘颂豪等在 1962 年研制成功这种激光器，其实验装置、实验分析和结果如下。①

图 2-1-1　激光实验装置

1. 激光实验装置

(1) 装置结构

如图 2-1-1 所示，工作物质掺铀氟化钙(CaF_2：U^{3+})晶体放置在盛满液氮的杜瓦瓶中央，用脉冲氙灯作为泵浦光源。两个半球状反射镜，将脉冲氙灯成像在 GaF_2：U^{3+} 晶体棒上，用 PbS 光敏电阻作深侧器，放置在激光器装置输出光信号的输出口处。

在探测器前放置红外滤光片，滤去波长小于 1.3 μm 的光辐射，以便将红外受激发射与氙灯的背景辐射分开。用 CN-1 型脉冲示波器显示

① 沃新能，刘颂豪等，GaF_2：U^{3+} 荧光晶体的红外受激发射[J]，科学通报，1964，9(1)：57—58。

输出激光器输出光信号波形。

(2) 激光工作物质

激光工作物质 $GaF_2:U^{3+}$ 单晶是用 Stockbarger 法，在真空室(约 10^{-4} mmHg)、高温(约 1 360℃)装置内，用光谱钝石墨坩埚于强还原条件下(加石墨粉)生长而成，U^{3+} 离子百分比含量是 0.06 克分子。做成的晶体棒直径 5 mm、长 25 mm，两端面光学研磨至光洁度为1/4 干涉环左右(对钠光)，两端面平行度小于 10″。一端面全镀银膜，另一端面的反射率为 90%(对白光而言)。

① $CaF_2:U^{3+}$ 的能级图。图 2-1-2 所示是 $CaF_2:U^{3+}$ 的能级图，U^{3+} 终态与基态能级间的距离为 515 cm^{-1}，具有四能级结构特性。

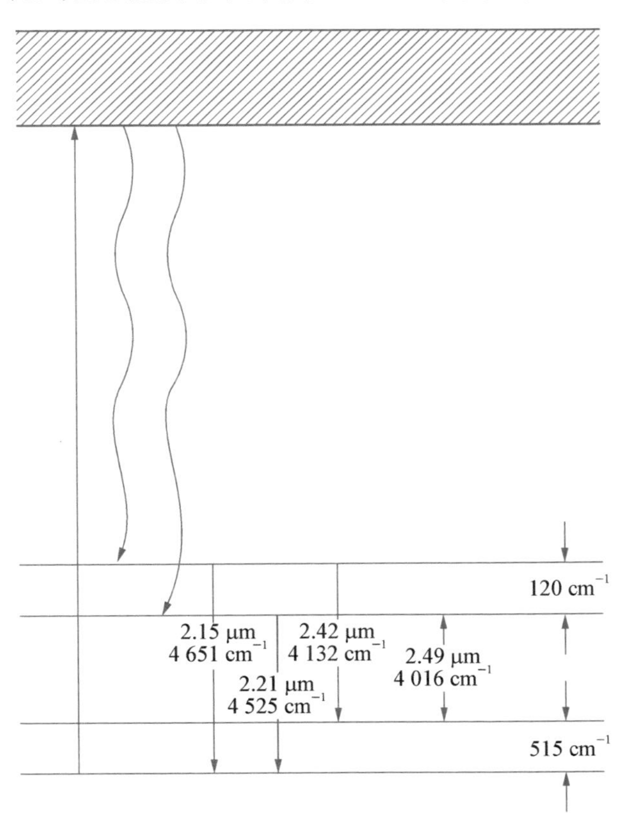

图 2-1-2　$CaF_2:U^{3+}$ 的能级图

② $CaF_2:U^{3+}$ 的价态。$CaF_2:U^{3+}$ 晶体中的铀离子可以不同形式的价态存在，常见的有三、四、五、六价，不同价态铀离子具有明显不同的光谱特征。CaF_2 晶体内铀离子价态不同，晶体呈现的颜色也不同。铀离子主要为三价态时，晶体呈深红色或者红色，六价态时的晶体呈绿色，而铀离子主要是过渡价态时，晶体呈橙黄色或者棕黄色。反过来，从晶体的颜色也可以大体上知道掺杂的铀离子在晶体内的价态。①

晶体生长和热处理对 $CaF_2:U^{3+}$ 的铀离子价态会有影响，在还原条件不足或真空度不良的情况下可能生长成橙黄色或棕黄色的晶体，其中的铀离子呈过渡价态；在真空度严重不足时，常生成不透明的乳白色晶体，铀离子呈六价。三价态铀离子的 $CaF_2:U^{3+}$ 晶体经过高温(1 000—1 200℃)处理后，即得到橙黄色的过渡价态晶体。价态转变的可能机制是在不同生长条件下或者受热处理时，氧离子取代一个氟离子，或氧离子处于铀离子的最邻近间隙位置，夺取铀离子中的电子，使之转变为高价态。

③ $CaF_2:U^{3+}$ 的光谱。与红宝石晶体相类似，$CaF_2:U^{3+}$ 晶体在相应吸收带的光辐射作用下，可以观察到波长在 2.0—2.6 μm 范围的强荧光发射，在室温条件下的荧光光谱有 4 个峰。其中，两个短波长的峰与吸收峰位置一致，表明它们是共振吸收谱线；另外两个长波长的荧光，则是从亚稳态能级向位于基态上方 515 cm^{-1} 的能级跃迁发射的。

铀离子(U^{3+})在 CaF_2 晶体中呈不同价态，显示出明显不同的光谱特性。六价铀离子晶体在可见光波段有很强的荧光带，过渡价态铀离子没有特征光谱。含三价态铀离子晶体在可见光波段和近红外波段有强吸收带，图 2-1-3 所示是 $CaF_2:U^{3+}$ 晶体中三价态铀离子的吸收光谱。其中，图(a)是可见光波段的吸收谱，曲线 1 和 2 是样品直径分别为 2.76 mm、7.10 mm 的数据；图(b)是近红外波段的

① 刘颂豪，沃新能等，$GaF_2:U^{+3}$ 荧光晶体价态的初步研究[J]，中国科学院光学精密机械研究所集刊第一集，1963，97—103。

吸收光谱，其曲线 1、2、3 分别是样品直径为 10 mm、20 mm 和30 mm 的数据。

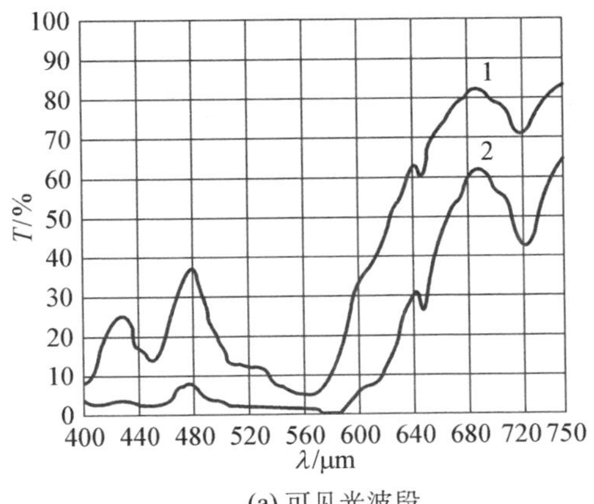

(a) 可见光波段

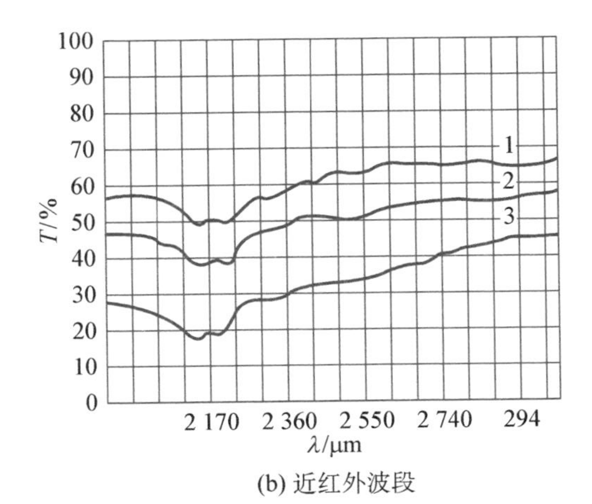

(b) 近红外波段

图 2-1-3　三价态铀离子 CaF_2 : U^{3+} 晶体的吸收光谱

三价态铀离子 CaF_2 : U^{3+} 晶体在室温下有绿色连续荧光带，在液氮温度 77 K 时在近红外波段出现一些明锐线状荧光光谱线，波长分别是 2.24、2.41、2.51、2.54、2.57、2.61 μm。发射波长 2.61 μm

荧光的能级平均寿命比较长，大约 140 μs。图 2－1－4 所示是三价态铀离子 CaF_2 ∶ U^{3+} 晶体在室温和 77 K 的荧光光谱。

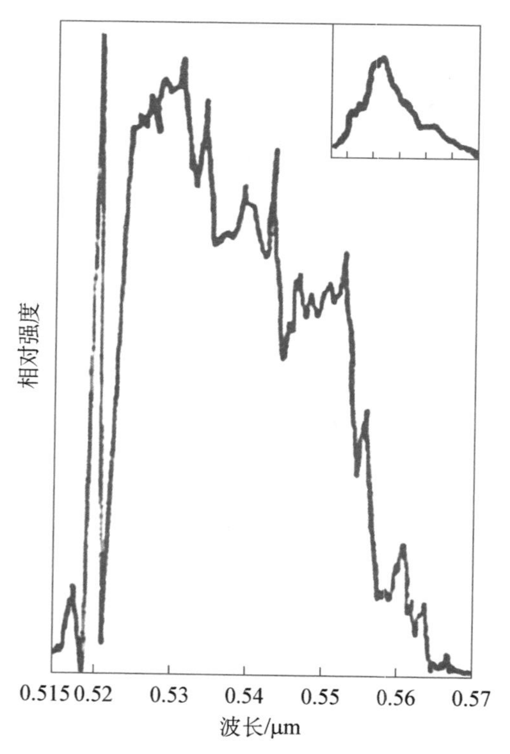

图 2－1－4　三价态铀离子 CaF_2 ∶ U^{3+} 晶体在温度 77 K 的荧光光谱(右上角的曲线是在室温下的荧光光谱)

④ γ 射线照射对 CaF_2 ∶ U^{3+} 吸收光谱的影响。铀离子不同价态的 CaF_2 ∶ U^{3+} 晶体(由热处理而得)经 γ 射线辐照后，会产生不同的效应。三价态铀的 GaF_2 ∶ U^{+3} 晶体最为稳定，辐照后晶体颜色并无显著改变，不出现新的吸收带，仅仅是原吸收带有所下降和稍有加宽。图 2－1－5 所示是其受 γ 射线照射前后的吸收光谱，其中曲线 1 是照射前的吸收谱，曲线 2 是经 48 h 照射后的吸收谱。过渡价态铀

和六价态铀的 GaF_2 ∶ U^{+3} 晶体辐照后剧烈变色，经 48 h 的辐照则在可见光波段全不透明；辐照前六价铀离子的 GaF_2 ∶ U^{+3} 具有强的绿色荧光，而辐照后荧光强度锐减。图 2 - 1 - 6 所示是其受 γ 射线照射前后的吸收光谱，其中曲线 1 是照射前的吸收谱，曲线 2 是经 48 h 照射后的吸收谱。

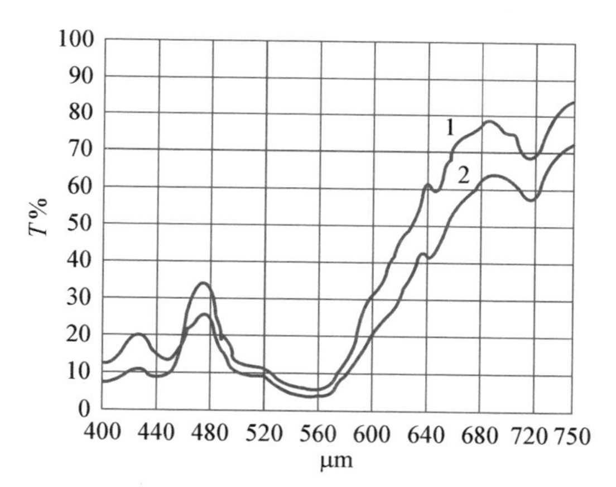

图 2 - 1 - 5　三价态铀 GaF_2 ∶ U^{+3} 晶体受 γ 射线照射前后的吸收光谱

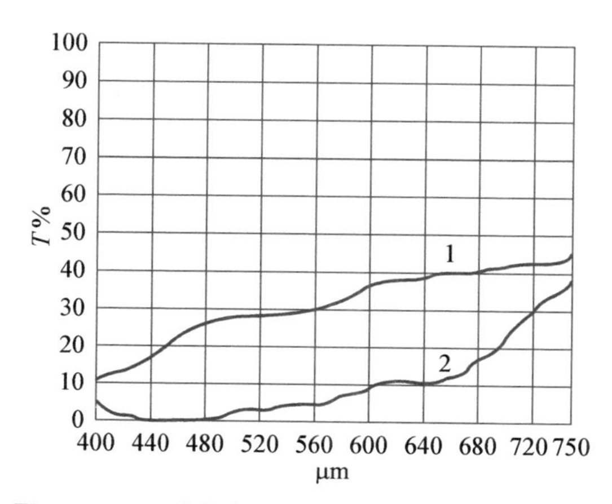

图 2 - 1 - 6　过渡价态铀离子的 GaF_2 ∶ U^{+3} 晶体受 γ 射线照射前后的吸收光谱

2. 实验结果

图 2-1-7 所示是荧光和受激光发射信号经探测器接收后，在示波器上显示的信号轨迹。其中，图(a)为泵浦光源输入能量为390 J时的光信号轨迹，这一泵浦能量高于激光振荡阈值能量，因此明显地看到张弛振荡。图(b)是泵浦能量为 160 J 时的光信号轨迹，这一泵浦能量已接近激光振荡阈值，但还高于阈值，这时还能清楚地看到驼峰状轨迹。由于工作物质(GaF_2 : U^{+3}晶体)被浸没在液氮中，无法避免液气蒸发发泡的散射影响，因此可以预见振荡阈值泵浦能量应远小于该值。图(c)为示波器上所展示的荧光信号轨迹，扫描速度均为分格 4 μs。根据它所测得的荧光寿命 $\tau = 140 \pm 20\ \mu$s。

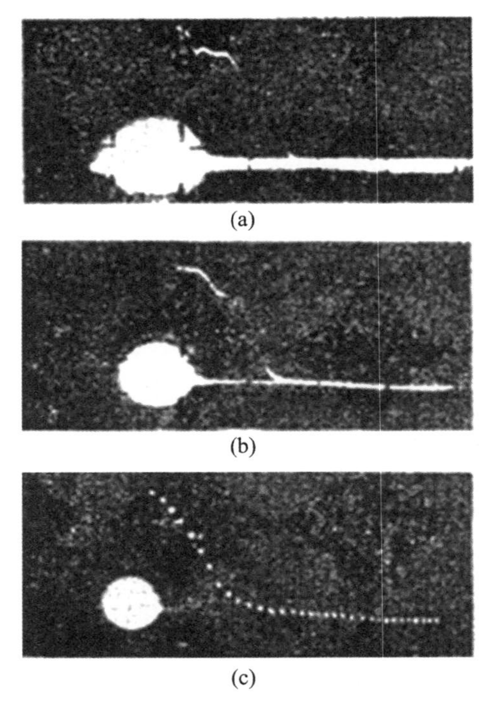

(a)

(b)

(c)

图 2-1-7　在示波器上所显示的探测光信号轨迹

将 WDS-J2 型反射式单色光计的入射狭缝对准受激发射装置的信号输出口处，PbS 光敏电阻放置在单色光计的出射狭缝上，用脉冲示波器作输出信号的指示仪器。图 2-1-8 所示为示波器显示的 $CaF_2:U^{3+}$ 晶体的受激发射信号，经单色光计分光系统后输出光信号的轨迹图。输入的有效激发能量为 243 J，得到的激光波长为 2.61 μm。

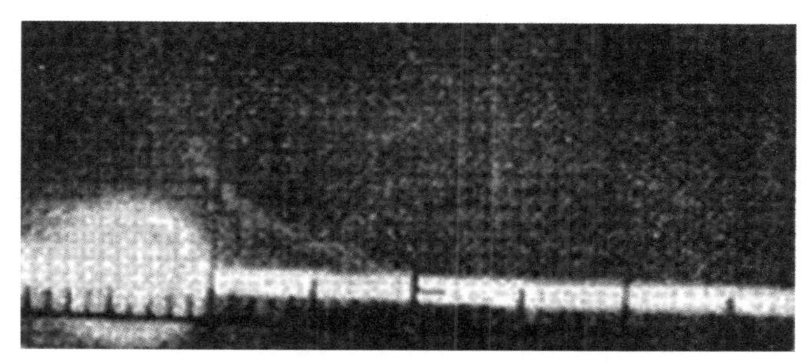

图 2-1-8　受激发射经单色光计分光系统后输出光信号轨迹

二、掺镝氟化钙($CaF_2:Dy^{2+}$)晶体激光器

这种激光器的性能比前面介绍的激光器好，输出的激光波长是 2.36 μm，正好在大气窗口范围内，大气吸收和雾的散射引起的能量损失很少，甚至可以忽略，这对激光束在大气中传输很有利。激光振荡阈值泵浦功率低，而且能够连续输出。因此，这种激光器一问世便受到青睐。中国科学院长春光学精密机械研究所**刘颂豪、沃新能**等在 1962 年研制成功这种激光器，实验装置和实验结果如下。

1. 实验装置

如图 2-1-9 所示，激光工作物质 $CaF_2:Dy^{2+}$ 激光晶体棒直径 5 mm、长 22 mm，两端面镀银(一端面全镀银，另一端面镀反射率为 90%的银膜)，构成法希里-珀罗(Fabry-Perot)共振腔。实验用的 $CaF_2:Dy^{2+}$ 晶体的镝含量为 0.03%(质量比)，经 γ 射线辐照处理，照射剂量大约为 4.5×10^7 R(伦琴)。$CaF_2:Dy^{2+}$ 晶体棒放置在盛

图 2-1-9 $CaF_2:Dy^{2+}$ 晶体激光器实验装置

满液氮的玻璃杜瓦瓶中央，完全浸没在液氮中。用脉冲氙灯作泵浦光源，用两个反射半球将脉冲氙灯成像在 $CaF_2:Dy^{2+}$ 晶体棒上。探测器 PbS 光敏电阻置于信号输出口处，用红外滤光片将红外受激发射与氙灯辐射背景分开，用脉冲示波器作输出信号的指示仪器。①

2. $CaF_2:Dy^{2+}$ 晶体光谱特性

在还原条件下生长的 $CaF_2:Dy^{2+}$ 晶体透明无色，在可见光波段没有明显的吸收带，但在紫光和近红外波段有几个显著的特征吸收峰，波长位置分别在 230 nm、260 nm、370 nm、810 nm、910 nm、1 100 nm。经过高温强还原处理后晶体呈浅蓝色，在可见光波段出现两个吸收带，其峰值波长是 420 nm、620 nm。经 γ 射线或者 X 射线辐照处理后，出现棕黄色或者浅黄绿色，主要荧光辐射集中在波长 2—3 μm 这个红外波段。在冷却到液氮温度(77 K)时，观察到波长为 2.360 μm 的强荧光辐射，3 个次强荧光辐射，它们的波长分别是 2.56 μm、2.62 μm 和 2.68 μm，在波长 2.21 μm 出现一个弱荧光峰。

① 刘颂豪，沃新能等，$CaF_2:Dy^{2+}$ 荧光晶体的红外受激发射[J]，科学通报，1963，10(12)：56—57。

根据掺镝氟化钙晶体的吸收光谱特征，波长 1 μm 至紫外波段的光辐射都可以作为这种激光晶体的有效光泵浦。由于有强而且宽度很窄(大约为 0.3 nm)的荧光谱线，以及较长荧光寿命的亚稳态能级(在液氮温度下大约为 1.2×10^{-2} s)，估计只需要很低的光泵浦功率便可以建立起能级粒子数布居反转状态。即它的激光阈值振荡泵浦功率预计不会很高，而且还能够连续输出比较强的激光。

3. 实验结果

图 2-1-10 所示是在示波器上所显示的受激发射信号轨迹，使用的泵浦能量为 71 J，高于激光振荡阈值能量。从图上可明显地看出张弛振荡，振荡时间延续很长，达 1.5—1.9 ms。

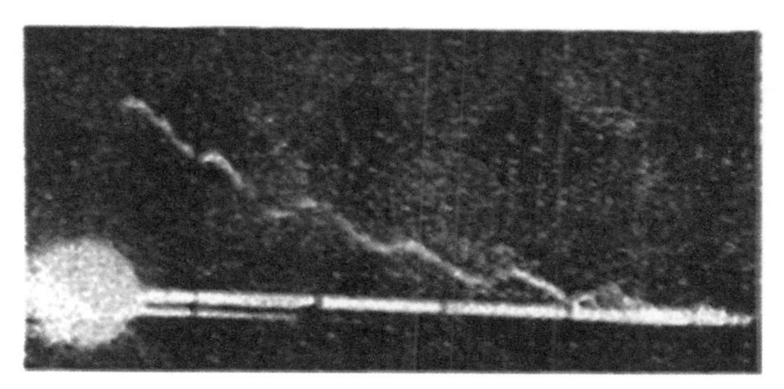

图 2-1-10　在示波器上所显示的受激发射信号轨迹

三、掺钕钨酸钙($CaWO_4$：Nd^{3+})晶体激光器

这是世界上第一台可以在室温条件下连续输出激光的激光器，在 YAG：Nd^{3+} 激光器问世之前，这种晶体激光器一直是最主要的连续输出和以高脉冲重复工作的固体激光器。激光器的工作物质是在钨酸钙晶体掺钕离子(Nd^{3+})，其浓度一般取 1%—1.5%(质量比)。钕离子 Nd^{3+} 部分取代晶体中的钙离子 Ca^{2+} 的位置(分配系数为 0.27)，而钕离子 Nd^{3+} 的直径(0.230 nm)比钙离子 Ca^{2+} 直径(0.212 nm)大，电价也不同，因此需要一部分六价钨离子(W^{6+})变成五价离子

(W^{5+}),以保持电中性。但是,这会使晶体增加不完整性,或者在晶体中产生应力和色心等问题。不过可以通过加入其他离子,如钠离子(Na^{+})、铌离子(Nb^{+})、钽离子(Ta^{+})等作为补偿离子。其中效果最好的是,在掺钕离子(Nd^{3+})的同时掺进相同数目的钠离子(Na^{+}),以 Na^{+} 加 Nd^{3+} 取代两个钨离子,在晶体内生成 $NdNa(WO_4)_2$。钠离子直径(0.204 nm)加钕离子直径的平均值是 0.217 nm,与钙离子(Ca^{2+})的直径几乎相同,可以避免晶体产生形变和色心。

中国科学院长春光学精密机械研究所**刘顺福**、**陈兮**等在 1964 年研制成功这种激光器,其实验装置和观察结果如下。[①]

1. 实验装置

如图 2-1-11 所示,直径为 140 mm 镀铝的球面结构成像照明系统,将泵浦光源直管氙灯成像在掺钕钨酸钙($CaWO_4$: Nd^{3+})晶体上,氙灯直径为 8 mm、长为 100 mm,通水冷却。掺钕钨酸钙晶体是用结晶引上法在高频加热铂铑坩埚的装置上生长的,晶体内钕离子含量约为 1%。为了保证材料纯度,除了钨酸盐原料是自行提纯及合

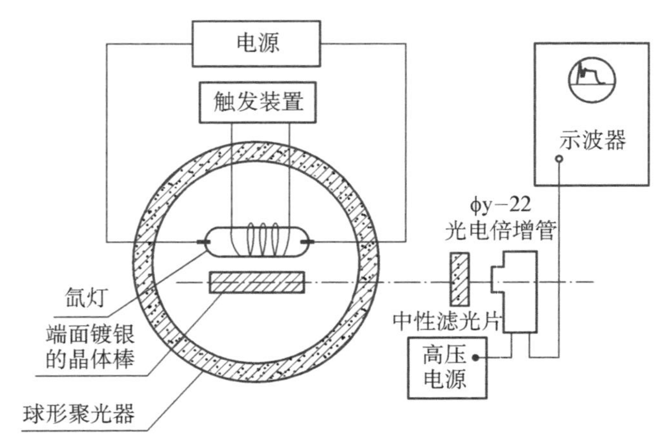

图 2-1-11 激光实验装置

① 刘顺福,陈兮等,掺钕钨酸钙光激射器[J],科学通报,1965,11(9):827—829。

成之外，晶体亦是经 3 次结晶后提取得到的，制得的晶体在 1 350℃ 退火8 h。晶体的光学性质经过检查，内部存在少量丁铎尔散射，残余应力未尽。把得到的钨酸钙晶体制作激光晶体棒，两端面平度为 1/4 波长，平行度小于 5″；两端面真空镀银，一端全反射，另一端的透过率为 1%；晶体棒置于杜瓦瓶中直接与液氮接触。用银-氧-铯阴极光电倍增管接收输出光信号，在 OK－17M 高压示波器上显示信号轨迹，用经过标定的炭斗式辐射量热器测量输出的光能量。

三价钕离子（Nd^{3+}）在红外和可见波段有一些吸收谱线，波长中心位置大约在 0. 53 μm、0. 58 μm、0. 75 μm、0. 81 μm 和 0. 87 μm。其中吸收强度最强的是波长中心在 0. 58 μm，其吸收带宽大约为 20 nm。

在近红外波段有几条强荧光谱线，波长中心在 0. 87—0. 95 μm、1. 05—1. 12 μm 和 1. 34 μm 附近。荧光寿命与掺进的钕离子 Nd^{3+} 浓度有关，在浓度为 1%（质量比）时，荧光寿命大约为 180 μs，荧光谱线宽度为 3—6 nm。

2. 实验观察和结果

(1) 脉冲输出实验

掺钕钨酸钙晶体棒直径 3. 5 mm、长 30 mm，用脉冲氙灯泵浦。图 2－1－12 所示是在氙灯不同泵浦能量时得到的示波照相图。由于使用的氙灯和激光晶体大小不一致，经过折合后对激光晶体输入的泵浦能量依次为 0. 4、0. 7、1. 8 及 3. 5 J。其中，图(a)是输入泵浦能量低于激光振荡阈值时得到的荧光信号；图(b)是输入泵浦能量稍高于阈值时得到的受激辐射射信号；图(c)是输入泵浦能量高于阈值 2. 5 倍时得到的受激辐射信号；图(d)是输入泵浦能量高于阈值 5 倍时得到的受激辐射射信号。实验观察到输入泵浦能量增加时，起始激光振荡时间提前，张弛振荡过程扩展，测得平均激光能量转换效率大约为 0. 1%。

(2) 连续输出激光实验

用直径 400 mm 的镀铝球形成像照明器，使用的泵浦光源是直径 8 mm、长 100 mm 的水冷式交流高压氙灯(充氙气气压 3—5 atm)。所用工作物质钨酸钙晶体大小为直径 3. 3 mm、长度 60 mm，钕离子含

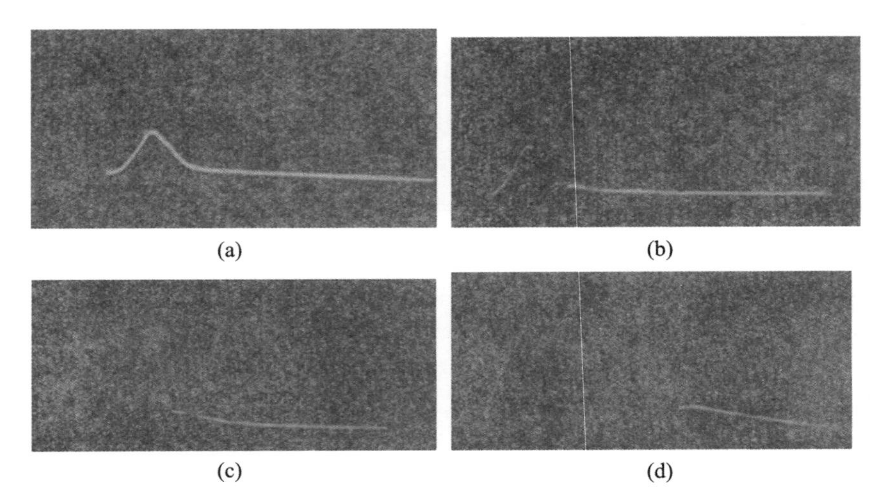
(a) (b) (c) (d)

图 2-1-12 激光器脉冲运转时输出光信号的示波器图形

量约为1%,激光晶体棒放置在杜瓦瓶直接与液氮接触。输出讯号用光电倍增管接收,在新建 185 型示波器上显示光信号图形。图 2-1-13所示为泵浦灯输入功率为 9.7 kW 时得到的准连续激光输出的示波器照相图,信号的波纹数为 100 Hz/s。若氙灯及激光晶体的尺寸大小匹配好,产生激光振荡所需泵浦氙灯功率可以大大降低。

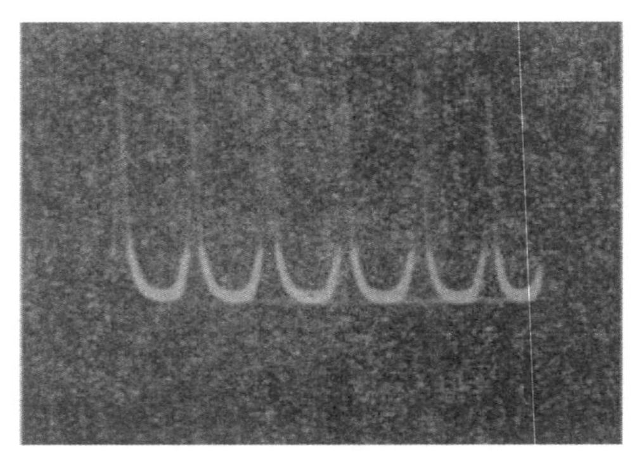

图 2-1-13 激光器准连续工作时输出光信号的示波器图形

四、掺钕钇铝石榴石($YAG:Nd^{3+}$)晶体激光器

这种激光器问世时间比红宝石激光器和钕玻璃激光器晚，而性能比它们都好。比如，激光阈值振荡泵浦能量低，激光能量转换效率高。$YAG:Nd^{3+}$ 晶体具有优良的热学性能，能够在室温下连续输出或者以高脉冲重复率工作，因此问世后便备受关注，很快成为最广泛使用的晶体激光器。

1. $YAG:Nd^{3+}$ 晶体

激光工作物质钇铝石榴石晶体，是在钇铝石榴石晶体掺入适量的三价稀土离子 Nd^{3+} 制成的。钇铝石榴石的化学成分为 $Y_3Al_5O_{12}$，简称 YAG。实际制备时，将一定比例的 Y_2O_3、Al_2O_3 和 NdO_3 在单晶炉中熔化结晶而成。当掺入钕离子 Nd^{3+} 后，在原来钇离子 Y^{3+} 的点阵部分被钕离子 Nd^{3+} 代换，从而形成了淡紫色的 $YAG:Nd^{3+}$ 晶体。掺杂浓度一般为 0.725%(质量比)，钕离子 Nd^{3+} 密度约为 $1.38\times10^{20}/cm^3$。掺入的钕离子 Nd^{3+} 密度应合理选择，密度高，晶体的光学吸收率高，生成的能级粒子数布居反转粒子数高，能够获得的激光器功率会高。但是，密度太高时，激光能量转换效率不仅不会增高，反而会下降，甚至出现浓度猝灭现象。密度提高会缩短钕离子 Nd^{3+} 的荧光寿命，使荧光谱线展宽，这便影响其激光增益系数，而且还会引起晶体发生应变，导致晶体的光学质量变差，最终导致激光能量转换效率降低。掺钕钇铝石榴石在光学上是负的双轴晶体，它的两个光轴位于 *ac* 面内，分别和 *c* 轴构成 35°角。

2. 掺钕钇铝石榴石的能级图和光谱特性

图 2-1-14 所示是钕离子(Nd^{3+})与激光发射跃迁有关的能级，其中能态 $^4F_{3/2}$ 的平均寿命较长(约为 0.2 ms)，属于亚稳态能级。能态 $^4I_{11/2}$ 在基态上方大约 2 000 cm^{-1}，即使是在室温时，在这个能态的粒子数目也很少，这表明在能态 $^4F_{3/2}$ 与能态 $^4I_{11/2}$ 之间比较容易实现能级粒子数布居反转状态。在近红外波段有几条强荧光谱线，波长中心在 0.87—0.95 μm、1.05—1.12 μm 和 1.34 μm 附近，在室温下 1.064 μm 的荧光谱线最强，液氮温度下的一组荧光谱线均较室温下

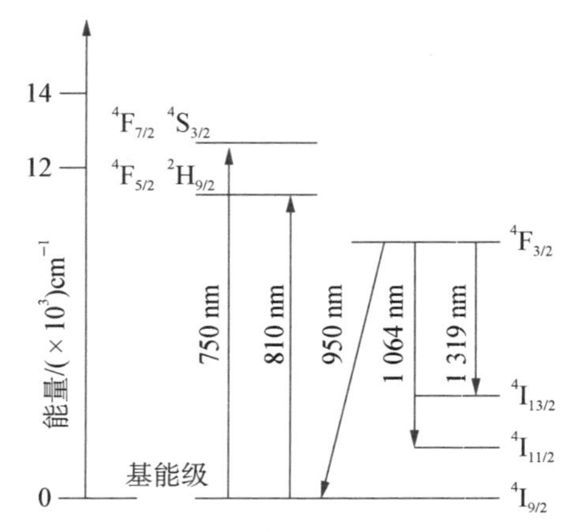

图 2-1-14　钕离子(Nd^{3+})与激光发射跃迁有关的能级

的对应谱线向短波方向有微小的位移，这时 1.06 μm 荧光谱线最强。它们的荧光谱线宽度与掺进的钕离子 Nd^{3+} 浓度有关，在 3—6 nm。

在可见区的绿光区(510—540 nm)、黄光区(570—600 nm)、深红光区(730—760 nm)和近红外区(790—820 nm)等处均有较强的吸收带，其中 750 nm 和 810 nm 这两个吸收带最重要。图 2-1-15 所示是 YAG∶Nd^{3+} 激光晶体的吸收光谱。

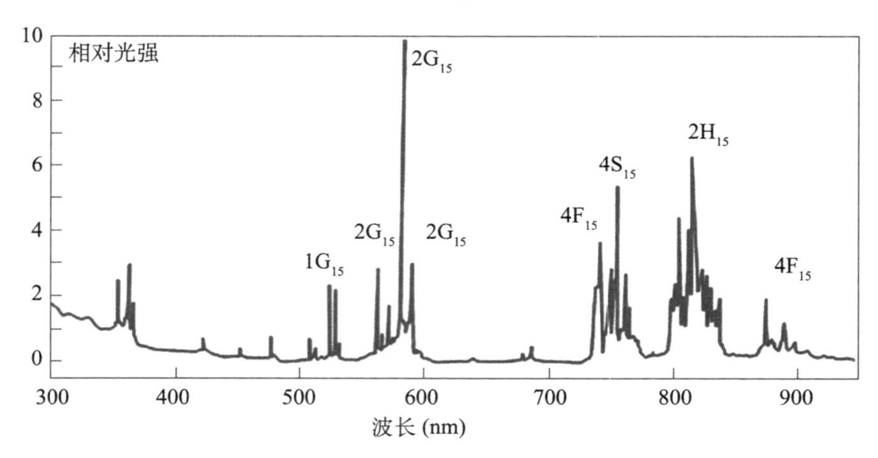

图 2-1-15　YAG∶Nd^{3+} 激光晶体的吸收光谱

3. 脉冲输出 YAG：Nd^{3+} 晶体激光器

我国西南技术物理研究所屈乾华、胡洪魁等在 1966 年 7 月研制成功这种激光器。[①] 使用的工作物质 YAG：Nd^{3+} 激光晶体棒直径 3 mm、长 26 mm，两端面研磨成平行平面，其平行度优于 15″。由镀介质膜的平板玻璃(光学透射率 40%)和转镜(26 000 r/min)构成共振腔。采用脉冲氙灯做泵浦光源，放置在椭圆柱反射器的一个焦轴上，工作物质 YAG：Nd^{3+} 激光晶体棒放置在反射器的另外一个焦轴上。在输入泵浦能量 26 J 时，观察到激光输出，测得的激光能量大约 10 mJ，激光脉冲宽度 80 ns。

YAG：Nd^{3+} 激光器输出的激光波长中心在 λ_0 附近漂移，即输出的激光波长不稳定。引起激光波长漂移的主要原因之一是，钕离子 Nd^{3+} 的荧光谱线发生温度漂移；其二是由于周围环境温度变化、振动、气流变化等原因，引起激光器共振腔的腔长发生变化。

工作过程中还常出现尖峰状的输出波动，解决这个问题的措施之一是，在共振腔内放置内调制器(比如用声光调制器)，它能随着激光器振荡功率的波动，增加或者减小共振腔的光学损耗数值。采用调制器后，激光器的输出激光功率波动比较小，起伏小于 ±10%。

其后的一些研究发现，在制造 YAG：Nd^{3+} 晶体时，除了掺钕离子 Nd^{3+} 之外，还掺进适当的其他离子(称敏化离子)，利用它们吸收泵浦能量后发射出来的光辐射泵浦 Nd^{3+} 离子，这可以增加后者的泵浦功率。现在已经制造了一些双掺 YAG：Nd^{3+} 激光晶体，如 YAG：(Nd^{3+}，Gd^{3+})、YAG：(Nd^{3+}，Ga^{3+})激光晶体等，它们贮存的泵浦光能量成倍提高。

4. 连续输出 YAG：Nd^{3+} 晶体激光器

连续输出激光器要求泵浦阈值能量低，耐热性好。YAG：Nd^{3+} 激光晶体是四能级工作系统，它的激光阈值振荡能量低、机械强度

---

① 屈乾华，胡洪魁，YAG 激光器，中国激光史概要[M]，邓锡铭主编，北京：科学出版社，1991，39。

高，所以适合做连续输出激光器的工作物质。在增大泵浦光强度时，YAG：Nd^{3+} 激光晶棒体会由于热应变产生双折射而出现输出饱和的现象，需要采取一些技术措施，如补偿技术才能够稳定连续输出激光功率。

1973 年，**上海交通大学激光研究室器件组**研制连续输出 YAG：Nd^{3+} 晶体激光器，并进行了倍频实验。[①] 使用的晶体用引上法生长，做成直径 45 mm、长 53 mm 的棒。采用凹-平共振腔，凹面反射镜曲率半径为 90 cm、腔长为 41 cm。用内壁涂银的双椭圆聚光器会聚泵浦光，它的长半轴 $2a$ 是 32 mm，偏心率 e 为 0.5。用两支氪灯泵浦，灯的尺寸是直径 7 mm、长 70 mm，每支发光功率可达 2 500 W。这两支氪灯分别放置在双椭圆聚光器的两个焦线上。

用扩束氦-氖激光观察了 YAG：Nd^{3+} 晶体棒受泵浦灯照射时的动态干涉条纹，发现干涉条纹是对称的，如图 2-1-16 所示，并用氦-氖激光测量了晶体棒因吸收泵浦辐射发热而产生的热透镜焦距。用双氪灯泵浦时，其热透镜焦距大约 70 cm，与曲率半径 90 cm 的凹面反射镜组合，共振腔的凹面反射镜的等效曲率半径是 52 cm。用炭斗和光点检流计测量激光器输出功率。实验结果显示，在每支氪灯的电功率为 2 500 W 时，获得波长 1.06 μm，激光功率 10 W。

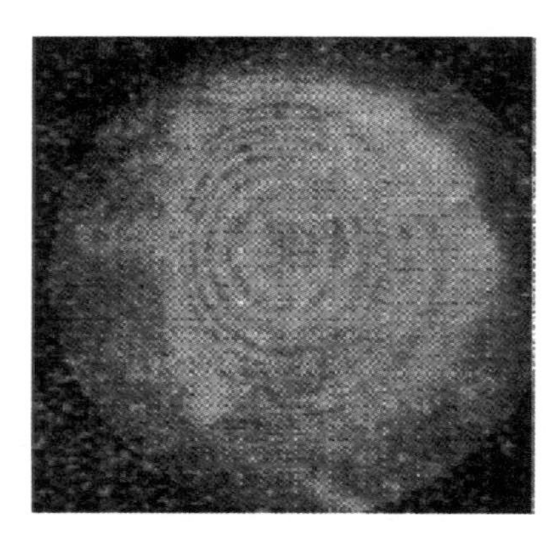

图 2-1-16 双灯泵浦时 YAG 晶体棒的动态干涉条纹

5. 二极管激光器(LD)泵浦 YAG：Nd^{3+} 晶体激光器

YAG 激光器的泵浦光源起先用氙灯、碘钨灯或氪弧灯等，晶体棒内的杂质离子和晶格缺陷在它们发射的强紫外线照射下很容易形

① 上海交通大学激光研究室器件组，连续 Nd^{3+} ：YAGLiNO$_3$ 倍频激光器[J]，中国激光，1974，1(1)：10—16。

成色心，这时晶体部分地或者全部着色成棕色，并在波长 330 nm 处出现吸收带。它吸收泵浦光辐射后以热能的方式向晶格释放能量，使晶体温度升高，导致激光器输出性能变坏。比如，降低激光器输出的激光能量(功率)，因为色心会吸收激光振荡辐射能量和泵浦光辐射能量；会引起激光脉冲宽度发生变化，色心浓度增加，激光脉冲宽度发生展宽；色心吸收的光辐射能量释放出来后，会引起晶格畸变和热致双折射以及热透镜效应，影响激光束强度的空间横向分布，导致激光束质量下降。减少由泵浦光源(氙灯或者氪灯)的紫外辐射产生色心的办法之一是，为 YAG ∶ Nd^{3+} 激光棒设置滤光装置，滤去泵浦光源中的紫外辐射。一种做法是在泵浦光源与激光棒之间通滤光液，常用的滤光液有重铬酸钾水溶液、亚硝酸钠水溶液、亚硝酸钠与乙二醇混合液、水和乙二醇的混合液、氟碳氢化合物等。前两种滤光液的优点是，透射光谱与 YAG ∶ Nd^{3+} 激光棒的吸收光谱匹配；缺点是在氙灯长期照射下容易分解，产生沉淀物，这种溶液的冰点在 0℃左右，激光器不能在较低的温度下工作。氟碳氢有良好的滤紫外光效果，而且能在较低的环境温度下工作，在氙灯光辐射照射后也不分解。第二种做法是在泵浦光源与晶体棒之间加滤光玻璃，比如使用 1 号滤光玻璃，能够很好地滤除 400 nm 以下的紫外光，而对 500—900 nm 范围的辐射有 80%以上的透过率，与使用亚硝酸钠滤光液性能相似。第三种做法是在晶体棒外面的套管涂上紫外滤光涂料，它由 DPU 紫外吸收剂、高分子成膜剂、添加剂及溶剂组成。DPU 有两个吸收峰，一个在波长 290 nm，消光系数为 1.4×10^9/克分子·米，另一个在波长 330 nm，消光系数为 1.0×10^6/克分子·米。涂了这种紫外滤光涂料的玻璃管，当涂层的干厚度在 8 μm 以上时，可以基本吸收掉氙灯发射波长 360 nm 以下的紫外辐射。还需在晶体棒外面加滤光液外套，常用的滤光液有重铬酸钾和亚硝酸铜溶液。

用二极管激光器(LD)泵浦 YAG ∶ Nd^{3+} 激光器是一项重大技术革新发展，它使 YAG ∶ Nd^{3+} 激光器性能获得显著改善。

(1) 优越性

与闪光灯泵浦相比，使用二极管激光器作 YAG ∶ Nd^{3+} 激光器泵源有如下突出优点：

① 激光能量转换效率高。对比二极管激光器输出的激光波长和钕离子 Nd^{3+} 的吸收带发现，二极管激光器输出的激光波长与 Nd^{3+} 的吸收峰非常吻合，因而能被充分吸收而转化为激光，显然泵浦效率会很高；而气体放电灯发射的连续谱中，处于尖锐的 Nd^{3+} 吸收峰位置以外的绝大部分能量均不能被 Nd^{3+} 吸收，只能加热激光晶体。其次，气体放电灯发射的是非相干光，分布在 4π 立体角内，尽管采用了类似椭圆的聚光器，以提高泵光源的聚光效率，但因泵浦灯和激光晶体棒都不是简单的几何线，加上聚光器内壁引起的光学损失，总的聚光效率不理想；二极管激光器输出的是相干光，尽管其发散角大，但总可以用光学元件把输出光耦合到激光晶体棒上，能够获得很高聚光效率。

② 激光器工作稳定性好。由于二极管激光器发出的线状谱能量能够被工作物质有效地吸收，未被吸收而变成热能的比例很小，因此由热效应引起激光器工作不稳定性小，输出激光的强度在空间和时间上变化小。若把二极管激光器泵浦的 YAG：Nd^{3+} 激光器设计成非常理想的基横模输出，聚焦后的光斑就能够达到衍射极限。

③ 结构紧凑，体积小。用于泵浦的二极管列阵的激光能量转换效率很高，并且采用低压大电流电源泵浦，其重量和体积都可以做得很小。所以，采用它做泵光源的激光器自然结构紧凑、体积小、重量轻，且使用寿命长，为激光系统小型化提供了有利条件。

为什么不直接使用二极管激光器的输出光？这是因为 YAG：Nd^{3+} 激光器输出的激光的谱线宽度很窄，只有二极管激光器激光的百万分之一；其次 YAG：Nd^{3+} 激光器可以用 Q 开关或锁模技术获得短激光脉冲和超短激光脉冲，从而获得高峰值功率；第三，YAG：Nd^{3+} 激光器输出的激光有非常好的光束质量，聚焦后可获得极高的亮度。所有这些性能都是二极管激光器很难达到的。

(2) 泵浦方式

二极管激光器泵浦 YAG：Nd^{3+} 激光器的结构概括起来有两种：直接端面泵浦和侧面泵浦，侧面泵浦的原理近似于闪光灯泵浦形式。

二极管激光器列阵与 YAG∶Nd^{3+} 激光棒同向排列，并且泵浦光传播方向垂直于激光辐射的传播方向。需要较高输出激光功率时，应在激光棒的周围使用多条激光二极管阵列。侧面泵浦可采用多个 LD 阵列，散热效果好，可提供较强的泵浦光，适用于泵浦大功率激光器。在平均功率达到几百瓦的大激光器中，通常采用侧面泵浦。

端面泵浦（纵向泵浦）是单个 LD 或者小的 LD 锁相阵列输出的空间相干光束，沿着光学共振腔的轴向泵浦激光工作物质。共振腔的参数设计可保证泵浦光束和共振腔模的激发空间重叠在一起，即达到了模式匹配，其重叠程度直接影响光泵浦的效率。此外，纵向泵浦在入射方向穿透深度大，工作物质对泵浦光的吸收充分，采用功率较小的泵浦光也能得到较高强度输出，泵浦阈值功率低、斜效率高。

泵浦方式的选择需根据 LD 的光束特性、功率大小、激光晶体的吸收特性，以及对固体激光器光束要求来确定。一般来说，输出功率在瓦级以下的大多采用简单的端面泵浦方式，输出功率在几十瓦级以上的一般采用多个 LD 阵列侧面泵浦。但这种划分并不是绝对的，目前采用一些设计技术，利用端面泵浦也获得了大功率输出。

（3）激光器实验

1989 年，上海市激光技术研究所潘涌、沈冠群采用标称波长为 0.78 μm 的半导体激光器，进行端面纵向光泵浦 YAG∶Nd^{3+} 棒实验。① 为了使半导体激光器输出的激光光谱能与 YAG∶Nd^{3+} 晶体的吸收谱耦合，采用温度调谐的办法调谐半导体激光器输出的激光波长。半导体激光器输出波长随环境温度变化的系数约为 0.3 nm/℃，当半导体激光器的温度约为 30℃ 和 40℃ 时，其激光谱刚好分别与 YAG∶Nd^{3+} 晶体在波长 792 nm 和 795 nm 处的吸收峰吻合，这时激光晶体的光学吸收系数分别为 2.5 cm^{-1} 和 3.0 cm^{-1}。

激光棒长为 6 mm，直径为 5 mm，两端面磨成曲率半径为 18 mm 的曲面。其中，一个端面镀介质膜，对波长 1.06 μm 是高反射率，而对

① 潘涌，沈冠群，半导体激光器连续泵浦 YAG∶Nd 激光器[J]，应用激光，1990，5：193—194。

波长 0.79 μm 是高透过率；另一个端面上的介质膜对波长 1.06 μm 的透过率为0.4%，而对波长 0.79 μm 是高反射率。

泵浦光源半导体激光器与耦合透镜组装在一起，便做成激光泵浦光头。在半导体激光泵浦光头外层裹上加热片和热敏电阻，用控温电路实现半导体激光波长调谐，温度波动小于 0.5℃。半导体激光经透镜的耦合效率约为 50%，激光束可以会聚到 27 μm×30 μm 的光斑尺寸，与激光共振腔高斯光束腰尺寸相近。

实验结果显示，激光阈值振荡泵浦功率大约为 2.1 mW，当半导体激光器满负载工作时，入射到激光棒前表面的光功率为 3.1 mW，激光器连续输出波长为 1.06 μm 的激光，激光功率大约为 70 μW，并且模式是 TEM_{00} 模。

6. 串接 YAG：Nd^{3+} 晶体激光器

受制作光学质量好的晶体尺寸限制，利用单根激光晶体棒获得高激光功率相应地受到了限制，激光器用大尺寸激光工作物质时产生的激光束性能也受到的限制。将几根晶体棒串接起来，放在一个光学共振腔内，可以获得更高激光功率输出，而且激光束性能也保持良好。1978 年，中国科学院上海光学精密机械研究所叶碧青、马忠林等使用连续氪灯做泵浦光源，实现多 YAG：Nd^{3+} 激光棒串接，获得了连续波高激光功率输出。①② 其中，双激光晶体棒串接获得 300 W的激光输出；三棒激光晶体串接获得 500 W 的激光输出，激光能量转换效率 2%左右。他们的实验装置如下。

(1) 双棒串接实验

图 2-1-17 所示是两根 YAG：Nd^{3+} 棒串接的高功率连续激光器实验装置。实验使用两根激光棒，其中一根直径为 5.3 mm、长度为 100 mm、单程光学耗损为 0.57%/cm，另外一根直径为 4.74 mm、

---

① 叶碧青，马忠林等，串接高功率连续 Nd：YAG 激光器方向性的改善[J]，中国激光，1978，7(8)：11—14。

② 叶碧青，马忠林等，多个激活元件激光器振荡模体积的匹配[J]，物理学报，1979，28(1)：15—20。

长度为 113 mm、单程光学耗损为 0.79%/cm。这两根激光晶体棒分别放置在单椭圆聚光器的焦线上，聚光器椭圆长轴为 30 cm，椭圆率为0.5。在聚光器的另一焦线上放置两根直径为 7 mm、长为 140 mm 的氪灯，分别泵浦两根激光棒。使用平-凹共振腔，全反射镜凹面曲率半径为 3 000 mm。用平面反射镜输出激光，其光学透光率可变换，根据实验需要更换不同透光率的反射镜。腔长 650 mm。从激光晶体棒通过的重铬酸钾滤光液流量为每分钟 6.5 L，氪灯冷却水流量为每分钟 7.2 L。激光棒之间的距离以及与共振腔反射镜的距离分别为 $d_1 = 72$ mm，$d_2 = 160$ mm，$d_3 = 100$ mm。改变输出平面反射镜的透过率，便获得了一组实验曲线。结果显示，输出端反射镜的光学透过率为 30%左右是最佳输出工作状态，获得 300 W 激光输出，激光能量转换效率大约 2%。由于实验条件的限制，没有仔细考虑光共振腔结构对激光振荡模体积匹配程度的影响。实际上，由于两根激光晶体棒具有不同的几何尺寸和不同的热聚焦特性，因此光共振腔的最佳设计不是对称配置，而是具有不对称的形式。

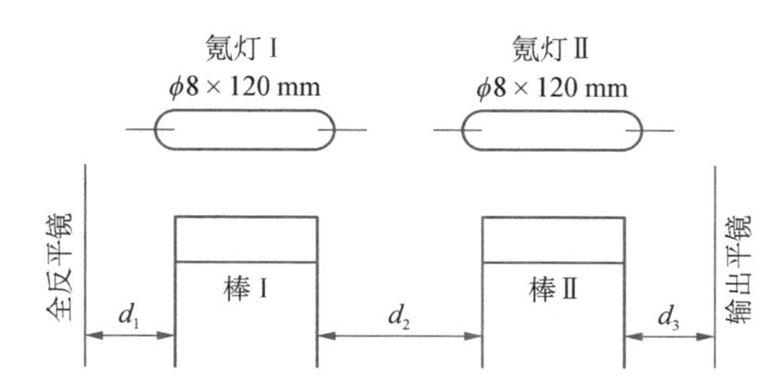

图 2-1-17　两根晶体棒串接的高功率连续激光器实验装置

(2) 三棒串接实验

三根激光晶体棒串接的实验中，除前面的两根棒之外，再加尺寸为直径 4.7 mm、长为 137 mm、单程光学耗损为 0.88%/cm 的第三根激光晶体棒，均采用纯钨-饰钨电极的氪灯泵浦，氪灯冷却水流量为 10 L/min 左右。使用平-凹共振腔，全反射镜凹面曲率半径为 3 000 mm，平面反射镜输出激光，其光学透光率可变换，根据实验需要更换不同透光率的反射镜。腔长 854 mm。在泵浦光功率为 28.8 kW、输出反射镜透光率为 55%的条件下，获得了 544 W 的激光功率输出，能量转换效率为 89%。

多棒激光振荡器的最佳工作状态就是其等效透镜序列与单棒激光振荡器的等效透镜序列完全相同，这时共振腔应是对称配置，而两根棒端面之间的距离应为平面反射镜与棒端面距离的两倍。

2－2 玻璃激光器

玻璃激光器是采用在玻璃基质中掺进稀土元素作为工作物质的激光器。激光玻璃和激光晶体的发光机制基本上相同，但由于玻璃和晶体结构上的差别，因而对掺杂激活离子的能级带来不同的影响。

一、玻璃工作物质

1. 主要特点

(1) 玻璃工作物质的主要特点

①光学玻璃熔制技术比较成熟，容易制备大尺寸优质激光工作物质，制造成本也比较低；②玻璃的光学冷加工技术比较成熟，可以根据需要制作各种形状，如圆柱状、长条状、块状、片状、细丝等工作物质；③玻璃成分可以在较大范围内改变，容易根据对激光器性能要求制作合适的激光玻璃工作物质；④在玻璃基质中加入激活离子数量不受限制(至少在 5%内)，可以广泛研究基质对各种激活离子的影响，以及同时存在几种激活离子时的相互影响(在晶体基质中添加激活离子受异质同晶规律的限制)。另外，由于能制作玻璃的材料很多，即工作物质的基质可在较广泛范围内改变，这也有利于研究开发更多不同品种的玻璃工作物质，即制造不同应用需要的激光器。

(2) 玻璃工作物质的缺点

但是与晶体相比，它也存在一些根本性的缺点，这是由玻璃物质本身结构所决定的：①玻璃中各质点排列远程无序，有序范围不大于 2 nm(约 1—2 个晶胞)。其晶格场的作用是混乱的，能量传递效率不高，光谱能级分裂得比较弥散，光谱线比较宽等，因而产生受激光发射的阈值泵浦功率比较高。②形成玻璃态物质必须具备极性共价键或半金属共价键。在玻璃中激活离子所受到的极化作用大，不仅影响谱线宽度，而且有时完全破坏电子屏蔽作用，不产生发光。所以探索玻璃激光工作物质的主要任务是减弱以上不利因素或使不利因素转变为有利条件。

2. 基质玻璃

为获得合乎要求的玻璃激光工作物质，需要选择合适的基质玻璃。可以做玻璃激光工作物质的基质种类比较多，如氧化物玻璃（硅酸盐、硼酸盐、磷酸盐、钨酸盐、钼酸盐）、氟化物及其他卤化物玻璃、硫化物及硒化物玻璃等。

基质的作用主要是分隔激活离子，减少浓度猝灭；其次，由于基质晶格场干扰，取消激活离子的一些禁戒跃迁等。选择的基质不合适，会使激活离子不发光，或由线状荧光光谱变为带状光谱。选择基质玻璃的主要原则有以下几点：

① 光学透明范围。目前光泵源发射的光功率光谱分布大部分在可见光及近紫外和红外波段，所以必须选择在相应光学波段透明的玻璃基质，一般选择氟化物及氧化物玻璃（硅酸盐玻璃、硼酸盐玻璃、磷酸盐）。

② 与激活离子的互相作用程度。同一种激活离子在不同的玻璃基质中，其吸收光谱变化不大，荧光带波长变化也不大，但荧光强度发生变化较大。比如，激活离子 Nd^{3+} 在不同玻璃基质中其荧光波长只在 1.047—1.070 μm 之间变化，变化幅度很小，但同一个波长的荧光强度变化就比较大，相对值高的为 40，低的只有 10，这对激光器工作性能有比较大的影响。

3. 激活离子

激活离子是材料的发光中心，与研制其他激光器相类似，玻璃激光器研究初期工作也集中在产生线状荧光光谱的掺杂元素离子。能够满足这个要求的主要是两类金属离子，即过渡金属元素离子和含稀土金属元素离子。稀土元素离子 Nd^{3+}、Yb^{3+}、Er^{3+}、Ho^{3+}、

Gd^{3+} 、Tm^{3+} 等能够满足要求，不过，除了离子 Nd^{3+} 之外，这些离子的激光跃迁终态能级与基态距离很近，而离子 Nd^{3+} 的激光跃迁终态离基态比较远(距离大约 2 000 cm^{-1})，是典型的四能级工作系统。可以预见，选择激活离子钕 Nd^{3+} 的激光玻璃能够在室温条件下产生激光，而且激光阈值振荡泵浦功率比较低，还能够获得很高激光能量。从光谱资料分析，激活离子(Er^{3+})将发射波长 1.54 μm 的激光，这属于人眼睛安全的光辐射波长，也是在大气窗口以及石英光纤的低损耗波段，这种激光器在激光测距、光纤通信等应用中的发展潜力很大。

二、钕玻璃激光器

在玻璃基质中掺进钕元素离子 Nd^{3+} 做激光工作物质的激光器，输出的激光波长主要有 1.06 μm、1.37 μm、0.92 μm，其中以输出波长 1.06 μm 的激光器最为常见。发射激光波长 1.06 μm 的能级跃迁，终态高于基态能级约 2 000 cm^{-1}，因此在高达 100℃温度工作时，激光能量转换效率才会有微小变化。由于基态 $^4I_{9/2}$ 分裂约为 450 cm^{-1}，使得吸收带在高温时有向长波端的延伸，这就提供了一个小的附加泵浦光谱区，该光谱区在室温时玻璃是比较透明的。

1. 主要性能

(1) 输出激光能量

它是目前各种激光器中输出激光功率最高的固体激光器，目前已达到 10^{14} W。图 2-2-1 所示是输出激光能量达 33.8 万焦耳钕玻璃激光器使用的大型钕玻璃激光棒，长度是 5.04 m，直径为 12 cm。

(2) 激光增益系数

激光小信号增益系数正比于泵浦光能量。在低泵浦能量时，增益系数随泵浦能量线性增长，当泵浦能量增长到一定数值之后不再继续增长，达到饱和状态。对应于饱和时的泵浦能量密度大约为 18×10^4 kJ/m^3。

(3) 激光能量转换效率

激光器的最高能量转换效率大约在 6%—8%，实际使用的激光

图 2-2-1 输出激光能量 33.8 万焦耳钕玻璃激光器使用的大型钕玻璃激光棒

器要达到这个转换效率，一般需要在玻璃中掺入荧光敏化剂，如钒、锰、铈、铽和铕等元素。敏化剂能够使钕玻璃的钕离子 Nd^{3+} 的吸收带加宽，从而提高了泵浦光源辐射能量的利用率。

（4）激光发散角

输出的激光束发散角一般是毫弧度数量级，与整个激光器件的结构、钕玻璃棒内部光学均匀性、应力分布、热光性质、泵浦能量水平和激光器输出功率大小等因素有关。光学质量差的钕玻璃激光棒，产生的激光发散角比较大，可增大到几毫弧度；钕玻璃激光棒在泵浦过程中发生的热畸变，也将引起激光束发散角增大，由于这个原因引起光束发散角增大的量与钕玻璃棒的热光系数有关，泵浦能量增加，激光束发散角增大，两者接近线性关系。这是因为泵浦能量增加，一方面使激光玻璃棒动态热畸变加剧，另一方面使振荡模式增加。

（5）寄生振荡

钕玻璃激光器会发生寄生振荡，泵浦能量将转化为寄生振荡模的能量，能级粒子数布居反转密度不能继续积累。因此，为保证设定的放大器增益，需要抑制寄生振荡，如在垂直于光路方向的激光玻璃侧边配以吸收自发辐射放大的吸收介质层。早期选用的吸收介质是液体，如 $ZnCl_2$ 和 $SmCl_3$ 的混合溶液；20 世纪 70 年代中期，研制了掺杂吸收 ASE 的离子无机玻璃取代使用不便的液体。方法是选择折射率及热膨胀系数与激光玻璃匹配的、含有 ASE 吸收剂的低熔点玻璃，熔制后磨成微细粉，加入与激光玻璃接触面亲和力强的有机黏结剂，调成糊状，用喷涂法涂布在垂直于激光玻璃通光大面的侧边，然后把激光玻璃放入电炉中热处理，低熔点玻璃粉完全熔化并与激光玻璃侧边封接。这种吸收层实际上是一种玻璃涂层，称作硬包边。中科院上海光机所从 20 世纪 70 年代末开始研制这类玻璃涂层，为了适应更大尺寸与更高功率激光器系统的需求，后来又研究了一种称为整体包边抑制寄生振荡新技术，即将吸收 ASE 的熔融态玻璃液直接浇注于加热状态的激光玻璃周边，待冷却后两者融为一体。使用的液态玻璃基质组成可与激光玻璃相同，它是将激光玻璃中的激活离子更换为吸收 ASE 的离子（过渡金属或稀土离子做成）。因此，其折射率、膨胀系数等物理化学参数与钕激光玻璃高度匹配，这样制造的钕激光玻璃通常称为包边玻璃。最初的整体包边成品率只有 30%左右，因此成本很高，后来工艺逐渐改进，成品率显著提高，据称已达到 70%。

还有一种包边方法是将前述吸收 ASE 的包边玻璃熔制、加工成薄片，采用光学匹配的有机黏结剂将之黏贴于激光玻璃的周边，黏结剂的折射率可调至与激光玻璃及吸收 ASE 的包边玻璃几乎一致，该方法称为软包边。该包边技术在保持折射率高匹配度的同时，成品率比整体包边高得多，成本也低，是目前建造更高功率玻璃激光系统抑制寄生振荡的通用技术。这种技术关键首先在于有机黏结剂的优化选择，目前采用的黏结剂有两类，一是中温热固化型，二是光敏室温固化型；其次，包边玻璃吸收 ASE 和部分抽运光而产生的热效应会使激光玻璃周边发生不同程度的应力与畸变，影响激光束质量。

2. 玻璃基质

选择不同玻璃成分的基质会得到不同的激光振荡阈值能量。脉冲工作的激光器的激光振荡阈值能量 E_{th} 近似表示为

$$E_{th} = \tau\Delta\nu/(\eta\Sigma\kappa_\lambda), \qquad (2-2-1)$$

式中，τ 是钕离子的荧光寿命；$\Delta\nu$ 是荧光带半宽度；η 是荧光量子效率；$\Sigma\kappa_\lambda$ 是荧光带中的积分吸收。在不同成分的基质玻璃中，这些参数明显不同。荧光寿命 τ 从几百微秒到毫秒，在掺有原子序数大的碱离子和碱土离子的硅酸盐玻璃中，钕离子有较长的荧光寿命。例如在铷和铯玻璃中，荧光寿命就长达 1 200 μs。碱土离子和副族元素成分的影响要比碱离子小。但是，将镉掺入硅酸钾玻璃后，就能使钕的受激态寿命提高到 1 100 μs，加入铅使荧光寿命 τ 减小到 300 μs。在硼酸盐和多铅玻璃中，钕离子荧光寿命 τ 最短，小于 100 μs。在不同成分基质玻璃中，半宽度 $\Delta\nu$ 和积分吸收 $\Sigma\kappa_\lambda$ 成倍改变。比如，在氟酸盐玻璃和磷酸盐玻璃中，谱带半宽度最小，而在无碱硅酸盐玻璃及锗酸盐玻璃中最大。量子效率 η 也能像 τ 值一样大幅度地改变。

此外，采用不同玻璃基质，激光振荡光谱线宽度也有所变化。在磷酸盐玻璃中变窄，而在硅酸盐玻璃中则加宽。因此，在需要获得窄振荡谱带的场合，采用具有高激励能量迁移率的玻璃基质较好。

选择基质玻璃时除了需要考虑上面提到的因素之外，还应该同时考虑下面几个因素。

（1）析晶性能

高析晶性能造成玻璃的制造困难，这在大规模生产或制备大功率激光器玻璃时必须考虑。在熔化黏滞性为 10^3—10^{10} P（黏度单位泊）时的高析晶倾向，使熔炼时均质化困难，玻璃的光学均匀性不高，也会使浇铸过程和产品的退火复杂化。结晶和偏析同样会引起光学散射增加，也就会严重影响输出的激光能量特性和空间发散角特性。

（2）可熔性、挥发性及熔化侵蚀性

熔化配料时的选择挥发性、耐火材料的溶解产物及配料熔化的选择过程，是玻璃中化学不均匀性（结石）的根源。玻璃的挥发性随着熔化黏度的减小而增加，按玻璃形成剂的性质，挥发性按下面的次序递增：硅酸盐玻璃、硼硅酸盐玻璃、磷酸盐玻璃、氟化物玻璃。氟化物的挥发性最大，要用这些材料生产均质的和大型的玻璃就很困难。

为了排除陶瓷体的结石，通常采用白金或其合金熔炼炉。不管使用何种耐火材料做熔炼炉，都应该选择低熔化温度的玻璃，减少耐火材料的破坏（包括白金）及熔化挥发性。

（3）化学稳定性

在选择激光玻璃基质时必须注意到，这些激光玻璃是在经过适当的机械和化学加工之后，才得到高光学质量的表面。硅酸盐玻璃和硼硅玻璃的化学稳定性最高，硼酸盐玻璃、磷酸盐玻璃、锗酸盐玻璃，特别是氟化物玻璃的化学稳定性较差。

（4）热物理特性

当激光器的散热条件不好时，激光玻璃的热物理特性就会显现出来，造成工作物质的热损坏，导致共振腔的光学畸变。

硅酸盐玻璃激光器的抗热性大约为 1 000 W，表面比较平滑的无碱硼硅玻璃的抗热性大约为 400 W。然而，硅酸盐玻璃的热膨胀系数要比硼硅玻璃及磷酸盐玻璃大 1.5 倍，因此，热膨胀系数不能作为玻璃抗热性的判据。

（5）光辐射稳定性和光化学稳定性

泵浦光源发射的紫外辐射使激光器工作物质产生附加吸收带，引起激光振荡阈值增加，甚至会停止激光振荡。磷酸盐玻璃，特别是氟化物玻璃的光照特性趋向比较大，而硅酸盐玻璃就比较小。提高光化学稳定性和辐射稳定性的方法是添加补充物质氧化锑和铈，效果与浓度和玻璃基质有关。激光器的运转状态和条件（包括泵浦灯有无紫外辐射滤波），决定了对玻璃基质的选择，以及防辐照添加剂的类型和浓度。

（6）在振荡辐射作用下的破坏强度

光辐射作用下基质玻璃会不会受到损伤、破坏，与玻璃基质内部的缺陷及玻璃基质本身的性质有关。在单脉冲状态工作时，含有铂颗粒的玻璃的损坏阈值为 0.2—0.5 J/cm^2，而自由振荡态工作时大约为 200 J/cm^2。硼硅玻璃在自由振荡时的激光辐射下的破坏阈值是 15 kJ/cm^2，一般的硅酸盐玻璃是 6—8 J/cm^2，硼酸镧玻璃和石英玻璃大约为 0.2—3 J/cm^2。

3. 激光器实验

1962 年中国科学院长春光学精密机械研究所干福熹、姜中宏等研制成功了掺钕硅酸盐玻璃激光器。①

干福熹，1933 年 1 月生于浙江杭州，1952 年毕业于浙江大学，1959 年获前苏联科学科学院硅盐化学研究所副博士学位。1980 年当选为中国科学院院士（学部委员），1993 年选为第三世界科学院院士。1957 年建立了我国第一个光学玻璃试制基地，领导制作了耐辐射光学玻璃系列，研制了掺钕激光玻璃。这是国内第一个获得激光输出的激光钕玻璃系列。他是我国光信息存贮领域的开拓者，曾获国家自然科学三等奖、国家科学进步二等奖、中国科学院科技进步一等奖、国家优秀科技图书特等奖等。1997 年获何梁何利科学和技术进步奖，2001 年获国际玻璃界的终身成就奖国际玻璃协会主席奖。

姜中宏，1930 年 8 月生于广东台山，1953 年毕业于华南工学院化工系，中国科学院上海光学精密机械研究所研究员。1999 年当选为中国科学院院士。先后成功研制 3 种强激光用钕玻璃材料，分别为高能激光系统用的硅酸盐钕玻璃、高功率激光系统“神光Ⅱ”和“神光Ⅲ”预研装置用的Ⅱ型和Ⅲ型磷酸盐钕玻璃。在理论研究中，根据混合键型玻璃形成特性，提出用相图热力学计算法，实现了玻璃形成区的半定量预测。采用连续相变方法推导出非对称不溶区。研究玻璃结构的相图模型，提出玻璃是由最邻近的同成分熔融化合物的混合物构成理论，可计算玻璃中的基团及硼配位数比例。将热力学反应判据用于清除白金机理研究，找到了合适的工艺条件。曾获 1985 年国家科技进步二等奖、1987 年国家科技进步二等奖、1990 年国家进步一等奖、2000 年上海市科技进步一等奖。

---

① 干福熹，姜中宏，蔡英时，Nd^{3+} 激活无机玻璃态受激光发射器工作物质的研究[J]. 科学通报，1964，9(1)：54—56。

（1）实验装置

钕玻璃的成分为：SiO_2，56.9%；B_2O，25.2%；Al_2O_3，2.7%；K_2O，12.4%；Na_2O，2.8%；Nd_2O_3，1.327%。加工成直径6 mm、长 90 mm 的棒，两端面平行度约为 30″，表面平度大约为 1/4 波长，两端面没有镀膜。棒的上端放一四面体棱镜，下端放一透过率为1%—2%的镀铝反射镜。泵浦光源是直管型脉冲氙灯，用球型聚光镜会聚氙灯的光辐射，氙灯和钕玻璃棒共轭成像。采用 $M_{12}F_{35}$ 光电倍增管和国产 1045 型脉冲示波器观察受激辐射光波形，用红外线转换管直接观察光辐射的角分布。

（2）实验结果

① 波形激光信号。图 2-2-2 所示是泵浦闪光灯在不同的输入能量时，实验装置输出的光信号图形。其中，图(a)是输入氙灯能量为200 J 的光辐射脉冲波型，没有出现受激辐射；图(b)是输入氙灯能量为

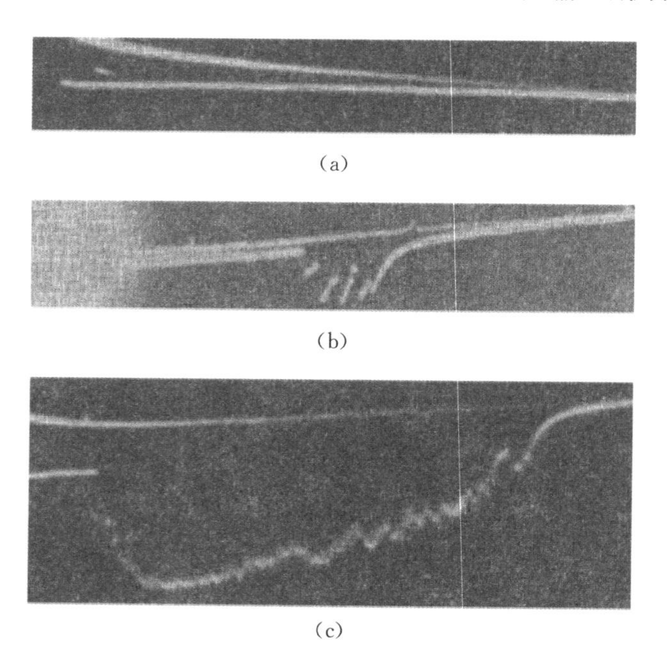

(a)

(b)

(c)

图 2-2-2 光信号示波器图形

300 J 的情况，在氙灯点燃后大约 600 μs 观察到从钕玻璃棒端面输出光辐射，说明钕玻璃开始发射受激发射；图(c)是输入氙灯能量为 770 J的情况，输出的光辐射强度更大，延续时间在 250—1 200 μs 之间，据此可初步确定阈值振荡泵浦能量大约为 300 J。

② 激光强度空间分布。用红外线转换管记录激光器输出的激光角分布，如图 2-2-3 所示，显示其光强度空间分布情况，激光束的角发散度大约为 10′。

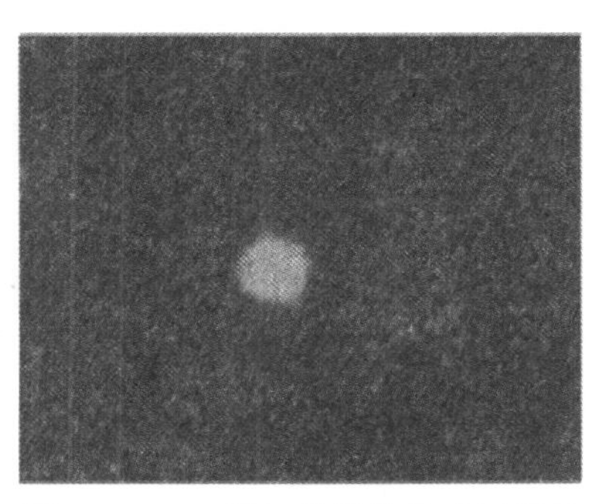

图 2-2-3　用红外线转换管显示的激光角分布图

(3) 激光器输出性能

1963 年，中国科学院长春光学精密机械研究所**干福熹**、**蔡英时**等研究了钕玻璃激光器的激光光谱、激光振荡过程、Nd^{3+} 离子浓度、基质玻璃成分和玻璃的均匀性等对激光振荡阈值泵浦能量和输出激光能量的影响，①大部分实验是在低能输出情况下进行的。激光器装置的玻璃棒直径为 6 mm、长为 90 mm，两端面平行度在 10″以内，端面平度为 λ/5，泵浦光源氙灯直径为 10 mm、长为 90 mm。钕玻璃棒和直管氙灯放在球形聚光系统中球心两侧共轭位置上，共振腔的两块反射镜是表面镀多层介质膜的平面镜。在中等激光能量输出实验中，玻璃棒的直径为 16 mm、长为 500 mm，泵浦光源氙灯直径为 20 mm、长为 600 mm。共振腔全反射端采用直角棱镜，输出端用玻璃平板，钕玻璃棒与氙灯放置在抛光的金属圆筒中。输出能量用炭斗接收器测量，阈值振荡用荧光屏直接观察。

① 激光振荡过程。用 OK-17M 高压脉冲示波器，测定了激光振荡过程，图 2-2-4 所示是在低泵浦能量输入(<1 000 J)的激光振荡，大约从 0.1 ms 起出现激光振荡，延续大约 1 ms 熄灭。激光由很

① 干福熹，蔡英时等，Nd^{+3} 激活玻璃的若干激射特性[J]，科学通报，1965，10(11)：1012—1017。

多小脉冲组成，小脉冲的密度随振荡时间的延长而逐渐变稀，峰值激光强度变小。

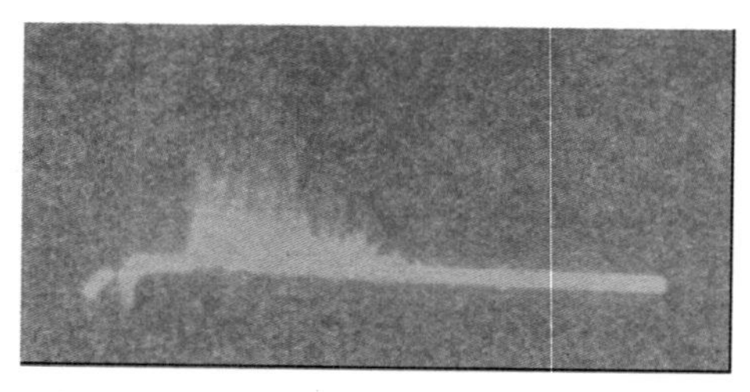

图 2-2-4　激光振荡图形

图 2-2-5 所示是从阈值泵浦能量直到大于阈值泵浦能量 10 倍输入时的振荡过程。随着输入泵浦能量增加，起始振荡时间变短、熄灭时间延长，并且激光脉冲的密度也增加。与红宝石相比，钕玻璃激

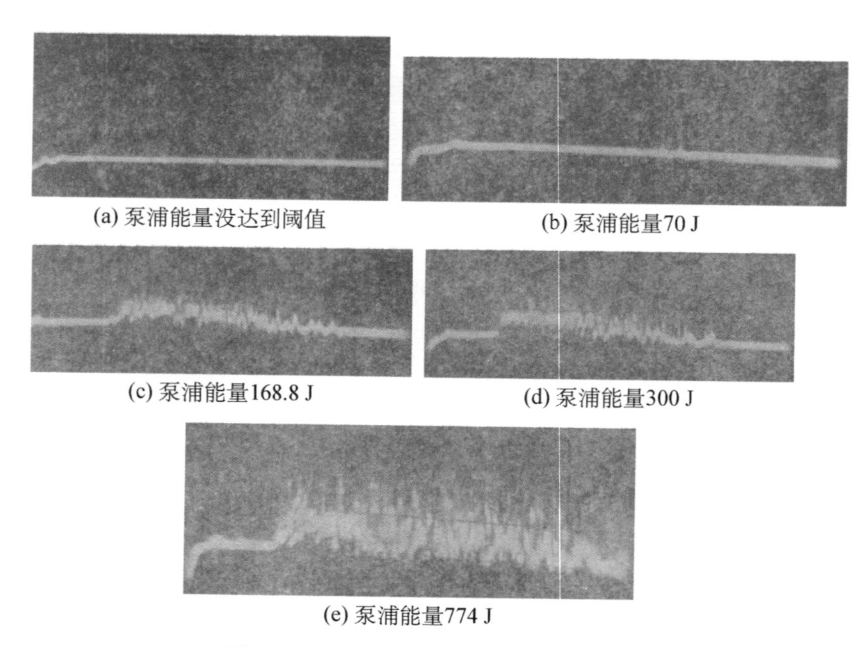

(a) 泵浦能量没达到阈值

(b) 泵浦能量70 J

(c) 泵浦能量168.8 J

(d) 泵浦能量300 J

(e) 泵浦能量774 J

图 2-2-5　激光振荡随泵浦能量的变化

光器的起始振荡时间短，随输入泵浦能量的增加，振荡区域扩大得快。

② 激光光谱。使用 1 m 光栅单色光计和红外线转换管摄谱仪测量激光的光谱，测得激光光谱中心谱线的波长为 1.063 μm，谱线宽度随输出激光能量而改变，见表 2－2－1。

表 2－2－1　激光谱线宽度与输出激光能量的关系

输出激光能量/J	谱线宽度 $\Delta\lambda$/nm
0.1	3.5
0.2	7.6
0.4	11.0
0.6	13.0
0.8	15.0

③ Nd^{3+} 离子浓度对激光振荡阈值能量和输出激光能量的影响。工作物质的激活离子是钕离子，它的浓度对激光振荡阈值和激光器输出能量都有影响。6 种不同钕离子浓度（Nd_2O_3 质量分数为 1.3%、2.2%、4.5%、6%、8%、10%）的硅酸盐玻璃的实验结果如图2－2－6 和图2－2－7 所示。随着钕离子浓度增加，振荡阈值逐渐下降，在 4%—6%处有极小值，以后上升。钕离子浓度与输出激光能量之间呈现极大值，位于浓度 5%左右。输出激光能量与钕离子浓度的关系和钕玻璃的荧光强度的浓度猝灭曲线极为相似。在低浓度情况下，增加钕离子含量，量子效率及荧光寿命等变化不大，但激活离子的粒子数增加，因此提高了输出激光能量。在高浓度情况下，量子效率与荧光寿命显著下降，超过了激活离子的粒子数增加的因素，输出激光能量降低。

④ 基质玻璃成分对阈值泵浦能量和输出激光能量的影响。比较了 3 种基质玻璃，即钾钡硅酸盐玻璃、钡磷酸盐玻璃和钡镧硼酸盐玻璃，输出激光能量以及阈值泵浦能量的差异，结果见表 2－2－2。输入泵浦能量为1 000 J，共振腔上下介质膜透过率分别为 1%、35%。

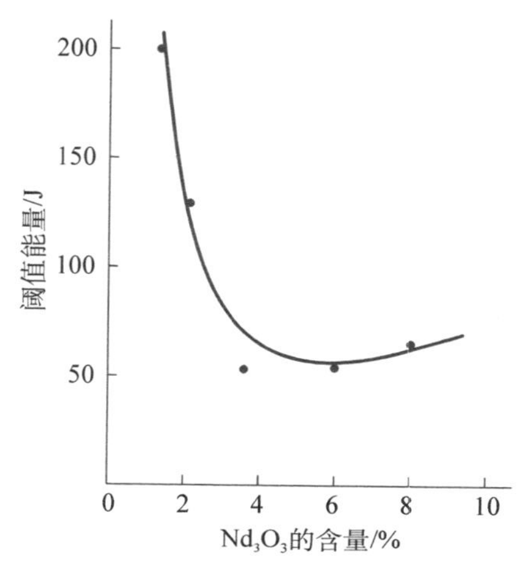

图 2-2-6 Nd^{3+} 离子的浓度对阈值泵浦能量的影响

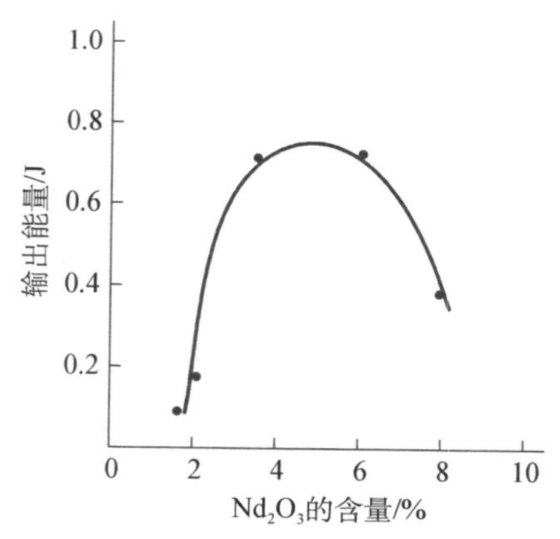

图 2-2-7 Nd^{3+} 离子浓度对输出激光能量的影响

表 2-2-2 不同基质玻璃的阈值泵浦能量和输出激光能量

玻璃种类	浓度(质量分数)/%	阈值能量/J	输出能量/J
硅酸盐	3	50	3.70
磷酸盐	2.67	35	3.00
硼酸盐	2.94	50	1.07

4. 万兆瓦级钕玻璃激光器

钕玻璃激光器研制成功后，它的输出激光功率快速增长，1978年中国科学院上海光学精密机械研究所**徐至展**、**李安民**等研制成功输出激光功率高达万兆瓦级的钕玻璃激光器。图2-2-8所示是这台激光器装置光路图，它由激光振荡器、双电光开关削波器、磁光隔离器、激光行波放大器(共7级)等部分组成。①

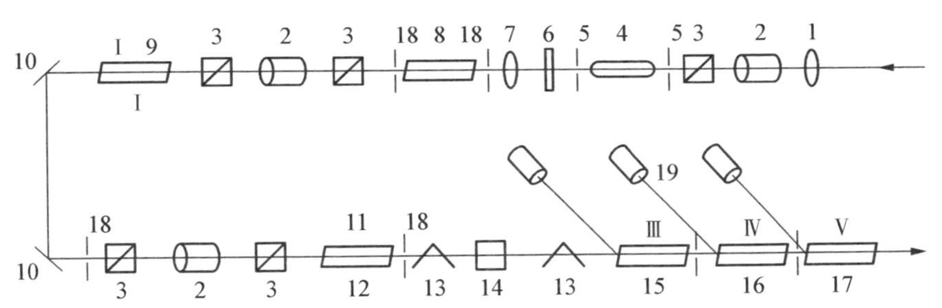

1-曲率半径7 m凸面全反射镜；2-普克耳盒；3-偏振棱镜；4-振荡器玻璃棒；5-限孔光阑；6-部分反射镜；7-波面校正透镜；8-前置放大器；9-放大器Ⅰ；10-全反射镜；11-染料池；12-放大器Ⅱ；13-玻璃偏振堆；14-法拉第磁旋光器；15-放大器Ⅲ；16-放大器Ⅳ；17-放大器Ⅴ；18-限孔光阑；19-能量监测卡计

图2-2-8　万兆瓦级的钕玻璃激光器光路图

徐至展，1938年12月生于江苏常州，1962年毕业于复旦大学，1965年北京大学物理系研究生毕业。1991年当选为中国科学院学部委员(院士)，2004年当选为第三世界科学院院士。中国科学院上海光学精密机械研究所研究员，主要从事激光物理、现代光学与等离子体物理领域的研究。长期主持激光核聚变研究，作出开拓性突出贡献。在强光与物质相互作用领域进行了系统、深入的研究，取得系列开创性重要成就。首次在国际上用类锂和类钠离子方案获得8条新波长的X射线激光。在开拓与发展新型超短超强激光及强场超快物理等方面取得重大创新成

① 徐至展，李安民等，万兆瓦级钕玻璃激光器[J]，中国激光，1979，5(5)：12—16。

果。曾获国家科技进步奖一等奖1项、国家自然科学奖二等奖2项、国家发明奖二等奖1项等。

(1) 激光器系统

① 激光振荡器。它是采用电光开关调Q平凸式非稳定腔激光器。非稳定腔具有较高的衍射损耗,因而有好的横模选择性能,能够提供大模体积的单一横模,甚至是最低阶次的单一横模输出。与普通的法布里-珀罗型平面腔相比,在相同的光泵条件下,平凸式非稳定腔的输出亮度提高近十倍。

实验中采用的平凸式非稳定腔,两个反射镜间距为1.35 m,全反射凸面镜M_1的曲率半径$r=7$ m,放大倍数$M\approx 2.5$。在激光器共振腔内放置了一个限孔光阑,进一步加强选模效果,并抑制寄生振荡以避免输出光束的方向性变坏。钕玻璃棒直径为20 mm、长为520 mm,含Nd_2O_3的质量百分比为3%,它对1.06 μm波长的吸收系数小于0.2%/cm。钕玻璃棒用单根氙灯泵浦,氙灯由1 500 μF的电容器组供电,输入能量约为11 kJ。

共振腔内的普克耳盒与格兰偏振棱镜构成光电开关,控制振荡器的Q值,使振荡器获得巨脉冲输出。普克耳盒采用退电压脉冲工作方式,预先给普克耳盒施加$\lambda/4$电压(KDP晶体的四分之一波电压约为8 kV)。经由格兰偏振棱镜起偏振的线偏振光向右通过普克耳盒,由全反射镜M_1反射,向左再通过普克耳盒。线偏振光两次通过普克耳盒的偏振面转动了90°,与格兰偏振棱镜的透射光轴正交,而被格兰棱镜偏离出腔外,共振腔内不形成光学通道。当光泵开始时,由于共振腔处于低Q值状态,抑制了激光振荡。当钕玻璃棒内的钕离子能级粒子数布居反转累积到足够高时,突然将普克耳盒上的电压退除,共振腔便处于高Q值状态,发生激光振荡,并输出巨脉冲激光。

振荡器输出的激光全脉冲宽度为40 ps,能量可达2 J。实验表明,电光调Q振荡器的单脉冲输出性能对光泵能量的变化具有较大的宽容度,当输入到氙灯的能量从11 kJ增大到15 kJ时,均获得单脉冲激光输出。

② 双电光开关削波器。它是由两个特性相同的普克耳盒电光开关沿光传播方向串接而成。普克耳盒用的是 40 mm 长的 Z 切 KDP 晶体。内径为 20 mm，外径为 26 mm 的两个黄铜环状电极板，贴合在 KDP 晶体的两个通光面上，电学接触良好而不产生附加应力。用方解石洛匈棱镜做起偏振、检偏振镜，电光开关对线偏振光最大光学透过率约为 65%。

选激光脉冲的成形长度为 80 cm，双开关可同步地削得脉冲宽度为 8 ps，脉冲上升时间小于 1 ps，其信噪比大约为 10^5。

③ 磁光隔离器。在高功率激光器系统中，放大器组件中的激光工作物质表面和某些反射或漫射光学元件，会向后反射或者漫反射光辐射，在高增益的激光行波放大器组中会构成反向激光，损伤激光工作物质和其他光学元件。因此，光束只能沿前进方向通过光学系统，而不允许相反方向的反射光束通过光学系统，光隔离器就是执行这种任务的光学元件，它是利用光电效应、偏振特性、法拉第效应等原理制成。磁光隔离器是利用法拉第磁光效应制成的光隔离器，它是在两个透射轴成 45°的线偏振镜中间放入一个空心螺旋线圈，线圈内放置一块磁致旋光 ZFG 型玻璃，此部分称为旋光器。在一定的磁场作用下，由起偏器起偏的线偏振光经过旋光器后，偏振面旋转 45°，可以无阻碍地透过检偏器向前继续传播。反之，往后传播的光束经过旋光器后偏振方向与检偏器的透射光轴成 90°，无法通过它继续向后方传播。由于磁光隔离器需要在整个氙灯光泵期间起作用，因此要求磁场保持恒定。实验中所用的磁场，是由 LC 方波网络通过螺线管放电提供的。脉冲氙灯作为放电回路开关，保证有适当的方波覆盖时间和同步精度，使得在激光器整个运转过程中隔离器处于工作状态。实验测得隔离器的正、反方向透过率之比为 20，磁光隔离器有效地保护了钕玻璃棒与光学元件免遭反向激光的破坏。

④ 激光行波放大器。使用的钕玻璃棒尺寸分别是：前置放大器，$\phi 20 \times 520$；一级放大器，$\phi 20 \times 800$；三级放大器，$\phi 20 \times 800$；四级

放大器，$\phi 20 \times 520$；五级放大器，$\phi 35 \times 520$；六级放大器，$\phi 40 \times 520$；全部钕玻璃棒两端面皆磨斜 3°，防止放大器两端面反馈而造成自振荡。在行波放大中，光束进入各级放大器采用自然扩束方式，整台器件总光程为 60 m。在整个放大器系列的调整过程中，尽量避免各种光学元件的表面垂直于光轴方向。为了减少由于光路上某些元件的漫射或散射的影响，在每级放大器的入口前皆放置了口径较放大器口径略小些的限孔光阑，实验表明，采取这种补充手段是必要的。

钕玻璃棒的侧面均采用流水冷却。采用多路延迟的电子学触发器触发各放大级的泵浦氙灯，以实现放电时间的最佳匹配，达到最佳的放大状态。

实验表明，尽管采取低功率的光泵条件，但行波放大器系列的总增益仍达 10^3 倍。

(2) 激光器输出性能

为了减少光泵引起的光束发散角增大，减少由于光泵能量过高引起的强超辐射(这是一种由自发发射荧光的放大形成的噪声)，激光放大器要在较低的光泵能量下工作。在氙灯的总输入电能为 18 万焦耳时，可以获得约 80 J 的激光能量，峰值功率接近 2×10^{10} W。器件常规输出保持在大约 65 J，相应的峰值功率则为 1.5×10^{10} W。光束发散角约为 0.5—1 mrad(全角)，在 0.5 mrad 内的激光能量占输出总能量的 65% 以上，输出脉冲能量信噪比大于 10^4。

三、铒玻璃激光器

玻璃激光器使用的另外一个重要激活离子是铒离子，它的重要性仅次于钕离子。发射的激光波长在 1.5 μm 附近，这是对人眼睛安全的光波长，通过人眼球传送到视网膜比其他波长的激光要低几个数量级。眼球能把能量密度放大万倍，因此采用铒激光器可能大大地改进人眼的安全性。这个波长处于大气窗口，大气透射性能很好，特别适合大气激光通信、激光测距等领域。

1. 铒离子(Er^{3+})能态

图 2-2-9 所示为 Er^{3+} 离子的能级图和发射的激光波长，Er^{3+}

离子在可见光和近红外区域内共有 6 个明显的吸收峰，峰值波长分别为 380 nm、522 nm、652 nm、976 nm 和 1 534 nm。铒离子常温下处于基态$^4I_{15/2}$，在泵浦光的作用下产生受激吸收并激发至激发态$^4I_{11/2}$，然后绝大部分激发态离子通过非辐射跃迁至亚稳态$^4I_{13/2}$。适当的泵浦条件下在$^4I_{13/2}$能级与$^4I_{15/2}$能级之间将实现粒子数布居反转，这两个能级分别构成激光上、下能级。在这两个能级之间的辐射跃迁波长处于 1 550 nm 附近。由于是三能级系统，因此激光阈值振荡能量必定较高，只有用相当低的 Er^{3+} 离子浓度(低于 1%)才能获得激光输出。由于 Er^{3+} 离子只有少数吸收谱带，直接泵浦 Er^{3+} 离子不能有效建立能级粒子数布居反转状态。能级$^4I_{13/2}$具有较高的发光量子效率，可选用多声子无辐射弛豫几率较大的基质玻璃，以减少$^4I_{13/2}$以上各能级的发光，使激发到各激发态的离子通过无辐射级联形式弛豫到$^4I_{13/2}$能级上。也可以掺杂其他离子敏化，提高$^4I_{13/2}$能级的泵浦效率。比如，Yb^{+3} 离子能级$^2F_{5/2}$与 Er^{3+} 离子$^4I_{11/2}$能级很靠近，共振转移能量速率很高，而激发到这个能级的 Er^{3+} 离子又很快弛豫到亚稳态$^4I_{13/2}$，增加对这个能级的泵浦速率。即通过 Yb^{3+} 离子$^2F_{5/2}$能级与 Er^{3+} 离子$^4I_{11/2}$能级之间的能量传递，可以提高铒离子的泵浦效率。所以，在铒激光玻璃中同时掺进 Yb^{3+} 离子，能够提高激光器性能。①

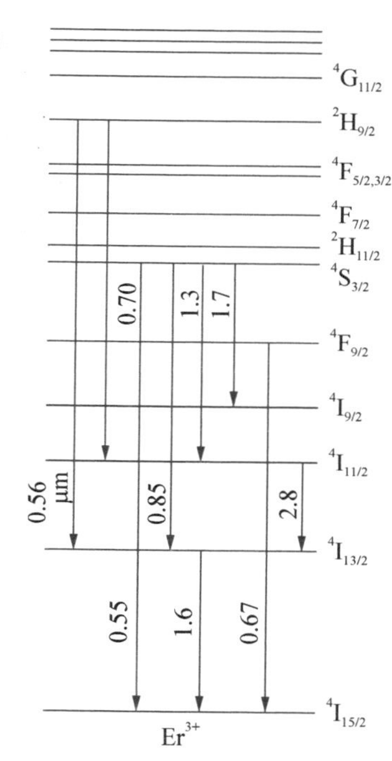

图 2-2-9　Er^{3+} 离子的能级图和发射的激光波长

① 郑海兴，干福熹，掺 Er^{3+} 离子玻璃作为室温激光工作物质的分析[J]，光学学报，1985，5(9)：833—840。

2. 基质玻璃

选择基质的重要依据是，在基质玻璃中 Er^{3+} 离子各能级的发光量子效率。量子效率 η 可按下式计算，即

$$\eta = \sum A_r / (\sum A_r + W)。 \qquad (2-2-2)$$

式中，A_r 是 Er^{3+} 离子的辐射跃迁几率；W 是在玻璃中的无辐射跃迁几率。

1984 年，中国科学院上海光学精密机械研究所郑海兴、干福熹根据实验数据分析研究了 Er^{3+} 离子在氟锆玻璃、硼酸盐、磷酸盐、硅酸盐、锗酸盐和碲酸盐玻璃系统中的发光量子效率，找到了获得激光振荡可选择的基质玻璃。比如，要获得能级 $^4S_{3/2}$ 与能级 $^4I_{11/2}$ 之间跃迁(发射光波长 1.3 μm)以及在能级 $^4I_{11/2}$ 与能级 $^4I_{13/2}$ 之间跃迁(发射光波长 2.8 μm)的激光振荡，只能选氟锆玻璃做基质，其他玻璃基质因其量子发光效率太低而不适用；但对于能级 $^4I_{13/2}$ 与能级 $^4I_{15/2}$ 之间的跃迁(发射光波长在 1.6 μm 附近)，则这几种玻璃都适合做基质，即使是硼酸盐玻璃中量子效率也在 60% 以上。

在这几种玻璃基质中，侧重选择磷酸盐玻璃。掺铒磷酸盐玻璃一般有较大的受激发射截面，量子效率高，对 Er^{3+} 离子的溶解度高，铒离子的掺入量高于其他玻璃。因此，采用磷酸盐玻璃基质的铒激光玻璃能够获得较高单位长度增益。需要注意的是，掺铒磷酸盐激光玻璃光学性质与玻璃的成分有比较密切的关系，磷的含量变化会直接影响玻璃的荧光半高宽度、铒离子 $^4I_{13/2}$ 能级的荧光寿命和积分吸收截面。磷酸盐玻璃对水有强烈的亲和力，如果不采取特殊的除水工艺，玻璃中将含有较高浓度的 OH^-，它通过双声子猝灭机制和 Er^{3+} 发生相互作用，导致铒离子 $^4I_{13/2}$ 能级发生强的非辐射跃迁，对建立能级粒子数布居反转是很不利的，相应地也影响了激光器的输出性能。

3. 激光器实验

1987 年，中国科学院上海光学精密机械研究所蒋亚丝、祁长鸿

等宣布研制成功铒磷酸盐玻璃激光器。① 激光玻璃棒直径 6 mm、长 80 mm，采用平行平面共振腔，用脉冲氦灯泵浦，激光振荡阈值泵浦能量 250 J，获得激光波长 1.54 μm 输出，激光能量 2.36 J。发射激光波长 1.54 μm 的能级跃迁是属于三能级系统，因此选用低的铒离子浓度（3×10^{10} cm^3），以降低激光阈值并减少自吸收。通过气氛熔炼以降低玻璃基质中的 OH^- 含量，可以减少铒离子的无辐射跃迁。

2-3 气体激光器

这是以气体为工作物质的激光器。气体工作物质可以是单一种气体，也可以是混合气体；可以是原子气体，也可以是分子气体；还可以是离子气体、金属蒸气等。泵浦方式有电激励、气动激励、光激励和化学激励等，其中电激励方式最常用。在适当气体放电条件下，利用电子碰撞激发和能量转移激发等，气体粒子有选择性地激发到某高能级上，形成与某低能级间的粒子数布居反转，产生受激发射跃迁。

一、气体工作物质的特点

与用固体产生激光相比，利用气体产生激光有几方面优点。首先，可以直接将电能转变为气体粒子的泵浦能量，而不像固体工作物质那样先将电能转换成光能，再作为掺进固体的离子的泵浦能量，减少了能量转换环节；其次，选择能够建立粒子数布居反转的能级数量多，同时容易配备各种混合气体，在更广阔的光学波段获得激光；第三，基本上不受温度限制，能够在室温条件下，甚至更高温度条件下工作，可以脉冲运转，也可以连续运转；第四，气体光学均匀性好，得到的激光性能会更好。

二、激光发射机制

气体工作物质产生受激光发射的过程与凝聚态工作物质类似，

① 蒋亚丝，祁长鸿等，磷酸盐玻璃中 Er^{3+} 激光的获得[J]，中国激光，1988，15(9)：573。

仍需经历能量的吸收、转移与发射等过程，但比固体工作物质简单。能量的吸收主要依靠放电电子与气体粒子的非弹性碰撞，但也有利用与凝聚态工作物质完全相同的光泵激发机制。就能量的转移过程来说，单一原子气体的能量吸收可通过光泵激发或电子碰撞激发。

非单一气体（如两种原子或原子与分子）的能量吸收从一原子通过碰撞，共振转移至另一原子或另一分子。这种能量转移过程与固体工作物质的敏化发光过程类似，He－Ne、He－Xe、Hg－Zn、Na－Hg、Ne－O_2、Ar－O_2 等混合气体或混合蒸气即属此种类型。

还有一种能量转移是原子从分子中分离出来，即分子分解，属于这一类型的有 Ne－O_2、Ar－O_2 等混合气体和 RbI 分子。受激发的氦或氩原子与一未激发的氧分子（O_2）碰撞，将其激发至激发态。激发态的氧分子能量不稳定，随后分离出激发态的氧原子，且处于能级粒子数布居反转状态。

三、第一台气体激光器

1. 基本原理

世界第一台气体激光器是以氦、氖混合气体为工作物质的激光器。图 2－3－1 所示是氦-氖激光器有关能级。氖原子的能级 3S 的平均寿命比较长，属于亚稳态，而能级 2P 的寿命比较短，通常状态下在这个能级的粒子数很少。从能级寿命来看，在这对能级间建立能级粒子数布居反转状态是有可能的。其次，氦原子的 2^3S_0 能级也是亚稳态，而且氦原子 2^3S_0 态与氖原子 2S 态间的能量差很小，仅为原子热运动能量的数量级。因此，当通过气体放电便将氦原子激发到 2^3S_0 亚稳态上。处于这个亚稳态的氦原子和处于基态的氖原子碰撞，有较大几率将激发态能量转移给氖原子，并将后者激发到 2S 能级。因此，在氦、氖混合气体中，气体放电容易在氖原子建立能级粒子数布居反转状态。

在波长 1.15 μm 附近以及 632.8 nm 处，都有可能获得激光振荡。波长 1.15 μm 的激光增益系数比较大，波长 632.8 nm 的增益系数比较小，前者产生激光振荡的条件比后者的要求会低一些。初次

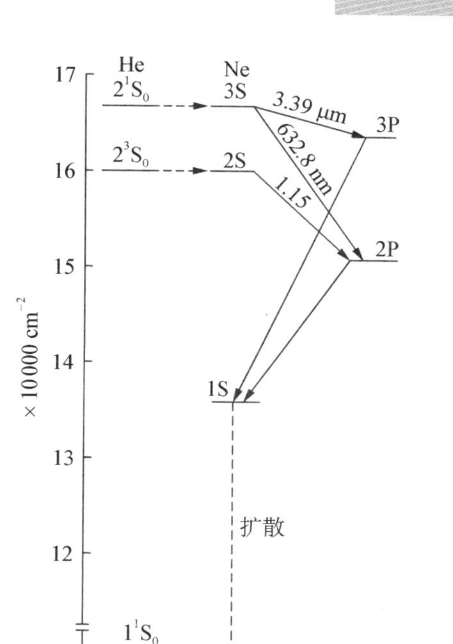

图 2-3-1 氦-氖激光器发射激光有关能级

激光振荡实验，当然选择要求条件低的。主要控制因素是，激光器共振腔那两块反射镜的反射率峰值是针对哪个波长设计的。

2. 激光器实验

1963 年 7 月，中国科学院长春光学精密机械研究所**邓锡铭**、**杜继禄**等研制成功输出波长 632.8 nm 的氦-氖激光器，开创了我国气体激光器历史。①

邓锡铭(1930—1997)，1930 年 10 月出生在广东莞桥头镇的邓屋村，1952 年毕业于北京大学物理系。光学和激光专家，中国近、现代科学史上开拓者之一。曾主持研制成功我国第一台氦-氖气体激光器，独立提出激光器 Q 开关原理，发明了列阵透

① 邓锡铭，杜继禄等，氦氖混合气体受激光发射器[J]，科学通报，1963，8(12)：40—41。

镜，提出了光流体模型。从20世纪80年代开始，领导神光高功率激光装置研究工作。1986年，百位科技人员历时数年，终于建成了神光-Ⅰ装置，获第一届“陈嘉庚”奖。1990年，获国家科技进步奖一等奖。1993年，选为中国科学院院士。

（1）实验装置

激光器的石英放电管管长204 cm，内径0.8 cm。为了避免放电管两端窗口的反射损耗，使端面法线与放电管几何轴线的夹角刚好等于石英对632.8 nm的布儒斯特（Brewster）角，两端面相互平行。用平面偏振光检查端面，对特定入射面的平面偏振光的反射率小于1/1 000，这说明端面封结时角度的控制良好。

在石英放电管内充有氦、氖光谱纯混合气体，氦、氖的气压比为10∶1，总气压为1.1 mmHg，采用高频电源激发放电管产生气体放电。

共振腔采用共焦腔结构，由一对曲率半径为222 cm的球面反射镜组成。镜面镀有13层Zns－MgF_2介质膜，对波长632.8 nm单色光的反射率为98%，吸收率在1%以内。实验结果表明，对两球面反射镜的共焦要求并不高，两个球面镜的焦点相隔几十毫米，对激光振荡并无明显的影响。

（2）实验工作和结果

在获得激光振荡之前，对氦、氖混合气体辉光放电进行了一系列的光谱观察与测量，放电管经历几十小时连续及间歇放电之后，仍未发现有杂质原子及分子光谱，这说明放电管壁的排气处理过程是完善的。起初，在氦-氖混合气体放电中看到不少在氦或氖气放电中看不到的谱线，以为是混进了杂质气体，经过对谱线波长逐条测量，并与氖原子的能级表对照发现，这是由于处在2^1S、2^3S能级的氦原子与基态氖原子发生能量共振转移而得到加强的氖原子的谱线。当纯氖气体辉光放电时，逐渐加入氦气，可以清楚看到氖原子的632.8 nm（$3S_2 \rightarrow 2P_4$）谱线的强度迅速增大，这表明处在$3S_2$能级的氖原子的数目由于能量共振转移几率的增加而增加。在适当的氦-氖混合比例及总气压的范围内，波长632.8 nm（$3S_2 \rightarrow 2P_4$）与波长609.6 nm

($2P_4 \rightarrow 1S_4$)谱线强度比可达 1∶1 到 2∶1。考虑到能级 $3S_2 \rightarrow 2P_4$ 光学跃迁的偶极矩阵元比能级跃迁 $2P_4 \rightarrow 1S_4$ 的矩阵元小，上述强度比实际上已显示出在能级 $3S_2 \rightarrow 2P_4$ 之间建立了粒子数布居反转(在测量时注意了自吸收的影响)。为了证实这一点，用一个端面距离为 140 cm 的共焦共振腔，加入长度为 120 cm 的氦、氖混合气体放电管，当波长 632.8 nm 与波长 609.6 nm 谱线强度比接近 1 时，测量了不同放电管长度的输出光强度与输入光强度的比值。发现波长 632.8 nm 谱线，全长放电的比值大于局部放电的比值，其他一些谱线则相反。这表明，609.6 nm 谱线存在光学自吸收，而 632.8 nm 谱线则已有光学增益，与前面的判断一致。另外，从临界振荡条件可知，要在前述装置中实现激光振荡，波长 632.8 nm 谱线的强度不能小于 0.1 W。波长 632.8 nm 谱线绝对强度的粗测结果表明，在这个范围以内。

从上述几方面的观察、测量可以判断，在 $3S_2 \rightarrow 2P_4$ 能级间已实现能级粒子数布居反转状态。为了得到更高的单程增益，加长了放电管长度，并改善了共振腔的波型选择性能。从对输出的激光波长、功率、方向性、远场及近场花样进行的测量和观察中，证实已得到激光振荡，激光功率大约 1 mW、激光波长 632.8 nm、激光束的发散角小于 3×10^{-3} rad。输出激光光斑花样如图 2－3－2 所示，其中图(a)—(e)是从照相底板离激光器输出端面 90 cm 处拍摄的，图(f)—(i)是从照相底板离激光器输出端面 320 cm 处拍摄的。

在实验研究过程中，还有几段小插曲。用单色仪测量氖原子两条原子谱线的相对强度比，表明在氖原子两个工作能级之间确实已经存在粒子数布居反转状态，但却观察不到激光输出。发现用高温封接，按布儒斯特角安放的石英窗片，在表面留下了几乎看不见的沉积物，这对于每米增益只有 1%—2% 的低增益激光器来说，光学损耗太严重了。最后，靠工人师傅高超的玻璃封接技术才解决了沉积物问题。在当时谁也没有见到过波长 632.8 nm 的连续激光，曾经一度把接近振荡时放电管内出现的红色亮斑误认为激光。经过整整几天的测量才终于否定了它。改

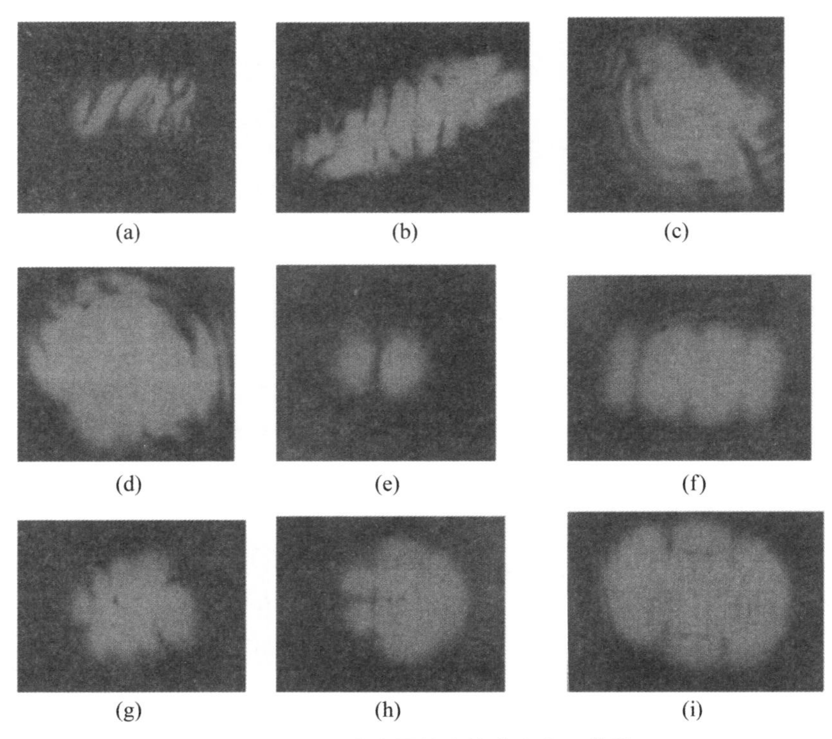

图 2-3-2 激光器输出的激光光斑花样

善球面反射镜 F-P 共振腔的稳定性,依然没有见到想象中的激光。随后加长了放电管的长度,从单色仪看到那条波长 632.8 nm 谱线的强度远远超过周围谱线强度,证实获得了激光,从放电管一端输出一束明亮的红色光束。①

四、发现激光新谱线

氦-氖气体激光器成功运转后,接着用 Xe 气体、Ar 气体、Kr 气

---

① 邓锡铭,我国激光的早期发展(1960—1964)[J],国外激光,1990,12:13—16。

体、$Ne-O_2$ 混合气体、$Ar-O_2$ 混合气体、He－Xe 混合气体，以及原子气体做激光器工作物质，也先后获得了激光输出，激光波长在 844.6 nm—12.91 μm。中国科学院上海光机所**梁培辉**等在 1977 年 5 月研究氟原子气体激光器时发现一组新的激光谱线，这是我国首次独自发现的激光新谱线。[①]

梁培辉，中科院上海光学精密机械研究所研究员。1939 年出生于广东，1963 年从清华大学无线电电子学系毕业后进入中科院长春光机所。次年随新所迁至上海，此后一直在中科院上海光机所从事激光与光电子学的研究与开发。1979—1980 年，作洪堡学者在联邦德国马普学会的研究所访问研究。曾获得中国专利发明创造金奖、国家技术发明奖三等奖、中科院技术进步奖一等奖等奖项，享受国务院政府特殊津贴，1997 年被评为中科院先进工作者。

1. 实验装置

采用布鲁林型快放电装置激发气体放电，电路结构如图 2－3－3 所示。

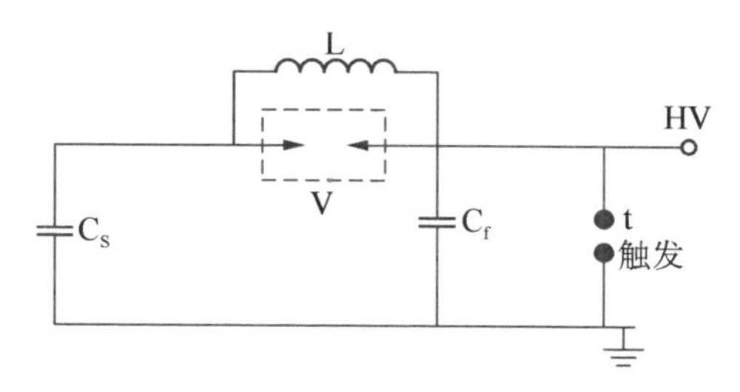

L－充电电感；C_s－贮能电容；C_f－脉冲形成电容；V－放电室；t－外触发球隙

图 2－3－3 实验装置线路图

① 梁培辉，王福敦等，一组新的氟原子激光谱线[J]，中国激光，1978，5(2)：1—3。

放电室 V 附有熔石英玻璃布儒斯特角窗片，体积为 33 cm×3.8 cm×2.5 cm，上下盖板是普通玻璃；放电电极的曲率半径$R\approx 2$ mm，两电极间隔 1.9 cn；贮能电容 C_s 大约 0.015 μF；脉冲形成电容 C_f 大约0.003 μF；交联充电电感$L<1$ μH，充电电压 0—25 kV，数值连续可调。激光器共振腔采用近半共焦腔，一端是曲率半径 3 m 镀金属铝膜的全反射镜，另一端是没有镀膜的平面石英反射镜，腔长 1.4 m。放电室内充气压 1.5 mmHg 的 NF_3 气体和 150 mmHg 的纯氦气体。用 31WI 型 1 m 平面光栅光谱仪，拍摄氟原子激光光谱和标准 Ne 灯光谱。

2. 实验结果

实验观察到红色的激光输出，并拍摄了激光输出的光谱。为了方便比较，同时拍摄了氖灯光谱，结果如图 2-3-4 所示。其中，长的谱线是作为标准的氖灯光谱，短的是氟原子激光光谱。

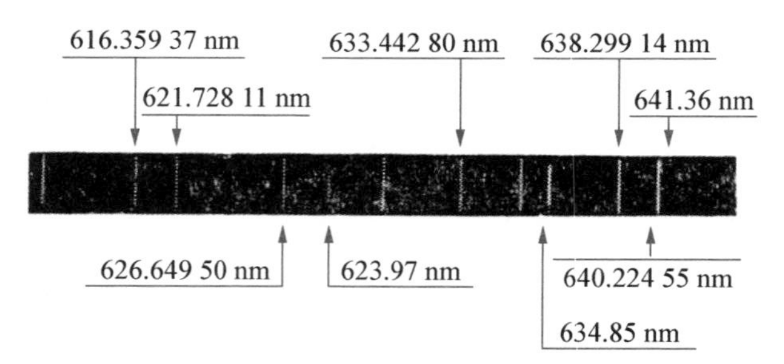

图 2-3-4 光谱线照片

国外先前报道过氟原子发射的激光波长为 712.9 nm、7 037 nm、7 311 nm 等，我们观察到 3 个波长分别为 623.97 nm、634.85 nm（强）和 641.36 nm（弱）的氟原子激光谱线（测量精度为±0.03 nm）。波长 634.85 nm 的激光振荡泵浦阈值最低，波长 641.36 nm 的最高。此组新激光谱线，尤其是 634.85 nm 可以用于泵浦红外激光染料，也可以作为拉曼光谱研究的强激发光源。

五、分子气体激光器

这是利用分子气体做激光器工作物质的气体激光器。气体分子的能量状态比原子复杂，有电子能级、振动能级和转动能级。相应地，发射激光的能级跃迁比原子丰富，有电子能级跃迁、振动能级跃迁以及振动-转动能级跃迁，发射的激光波长覆盖从紫外至远红外波段。典型的激光器件有 CO_2 分子激光器、氮分子激光器和准分子激光器。

1. CO_2 分子激光器

这是我国首先研制成功的分子激光器，也是目前研究最多、应用最广泛和大众最熟悉的激光器之一。特别是在工业生产，诸如材料的切割、焊接、打孔、表面强化处理中，这种激光器发挥着重要作用，收到非常好的经济效益。

（1）工作原理

激光器输出的激光波长在 9—18 μm 范围，相邻两条谱线的波数间隔在 1—2 cm^{-1}。它们是振动能级 00^01 的各个转动能级与振动能级 02^10 的各个转动能级之间，以及从振动能级 00^01 的各个转动能级向振动能级 10^00 的各个转动能级之间跃迁发射的。图 2-3-5所示是 CO_2 分子与发射激光相关的能级，上能级 00^01 振动-转动能级平均辐射寿命比下面的振动-转动能级 10^00 短。从这两个能级的寿命关系来看，CO_2 分子不适宜用作激光器的工作物质，起码不适宜做连续输出的激光器工作物质，因为这两个能级的寿命关系与激光器运转的基本条件相违背。

不过，只是独立的 CO_2 分子是这种情况，在实际情况中，用作激光器的气体总是包含大量的 CO_2 分子，它们彼此之间总是不断碰撞，会导致分子离开原来的能级。也就是说，在一定气压条件下，分子能级的真实平均寿命主要还是由分子碰撞过程决定，而不取决于其辐射寿命。理论和实验表明，由于碰撞导致 CO_2 分子离开 10^00 能级的速率，比离开 00^01 高能级大许多，用分子光谱的术语说就是，10^00 能级的碰撞弛豫速率比 00^01 能级高许多。于是，实际上 10^00 能级的平均寿命则比 00^01 能级短得多，所以，在这两个能级之间能够建立粒子数布居反转状态，即利用 CO_2 分子气体可以产生激光。当然，只有在选取适当气压的条件下才可以获得激光。

根据激光基本理论，因为 00^01 能级的辐射寿命比较短，一旦建

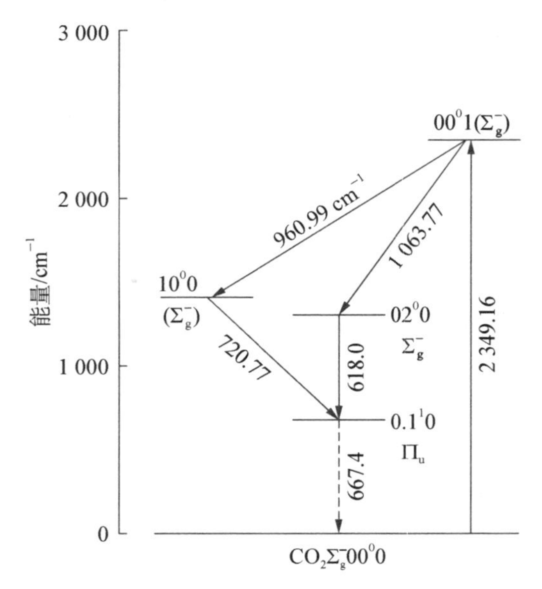

图 2-3-5　CO_2 分子部分振动能级图

立了能级粒子数布居反转状态，就能够得到比较高的激光增益系数，即可以放宽获得激光振荡的条件。

（2）激光实验

1965 年 9 月 25 日，中国科学院上海光学精密机械研究所**王润文、雷仕湛**等研制成功这种激光器，它也是中国第一台分子激光器。①研制工作从 1965 年 2 月开始，期间解决了许多技术问题，直至该年 9 月底才获成功。

王润文，中国科学院上海光学精密机械研究所研究员、博士生导师。1936 年生，1957 年毕业于浙江大学光学仪器专业。在国内最早开展光学信息理论、航测仪器、二氧化碳激光器、全息照相、激光 Liga 技术、激光加工、衍射光学及高功率激光腔的研究。国家 85 攻关专家级组、863—410—4 专家组、国家攀登计划

① 邓锡铭，中国激光史概要[M]，北京：科学出版社，30。

电子微机械专家组成员，获 11 项国家与部级科技奖。

雷仕湛，中国科学院上海光学精密机械研究所研究员。1941 年出生于广东省，1964 年毕业于中山大学物理系，同年 8 月考入中科院长春光学精密机械研究所读研究生，同年 10 月转到中科院上海光学精密机械研究所继续读研究生。1965 年 9 月，在导师指导下研制成功我国第一台 CO_2 分子激光器；1978 年，研制成功我国第一台室温选支 CO 分子激光器。获中科院自然科学二等奖、上海市科学技术进步奖三等奖；获国务院政府特殊津贴，获上海市第二届大众科学奖提名奖、第三届中国科协先进工作者，1998 年被评为上海市优秀科普作家。出版《激光器设计基础》《激光技术手册》《光子技术》《激光发展概论》《光的保健与防护》等著作 10 余部，出版《光学世界奇观》《需求：发明之之路》《追光——光学的昨天和今天》《激光与现代化》等科普著作 20 余部。其中，《光学世界奇观》获国家第一届图书奖提名奖，《需求：发明之之路》《追光——光学的昨天和今天》等获华东地区优秀科技图书二等奖、中科院优秀科普奖，《追光——光学的昨天和今天》获中科院优秀科普奖、2015 年全国优秀科普奖。

① 激光器结构。激光器放电管是长 5 m、内径 20 mm 的石英玻璃管，激发放电电源是 X 射线光机用的直流电源。共振腔的反射镜中，一块对 10.6 μm 的红外辐射有很高反射率，理想值为 100%，另外一块的基底材料则要求对该波长有很高光学透射率。当时，只有可见光波段和近红外波段激光器共振腔反射镜，还没有制作过供 10 μm 波段激光器共振腔使用的反射镜。一些金属对 10 μm 光辐射有很高的反射率，如纯度高的金、铝等，反射率高达 99%。在光学玻璃基片镀上这种金属薄膜，可以得到高光学反射率的反射镜。考虑到金的性能比较稳定，反射率变化不大，而铝的稳定性则差，表面易氧化，反射率会降低，我们采用镀金膜制作全反射镜。当时，镀金属膜并准确地测量反射镜的反射率也是一个新课题，为此，设计了专门测量装置。激光器输出端反射镜需能够透射红外辐射，输出激光，其

基底材料不能再使用玻璃，需要采用可以透射 10 μm 光辐射的材料。一些半导体材料，如锗、硅等，在波长 10 μm 附近有比较高的光学透过率，可以用作激光器输出端反射镜基底。硅材料的机械性能与玻璃材料不同，采用加工玻璃的工艺显然不能得到满足要求的光学面；其次，硅在可见光波段是不透明的，如何检验加工出来的光学面的质量也费了不少时间。

硅反射镜片本身的反射率并不高，不能满足共振腔反射镜的要求，因此需要在镜面上镀金反射膜。在整块硅片镀上金膜，然后在中央部位挖去一点，从此孔输出激光束。为了尽量减少透射的激光的光学吸收，又在硅基片中央外侧挖一个凹坑，减小厚度。

> 实验用的高纯度 CO_2 分子气体当时市场上也买不到，只好自己制备。该研究所化学实验室的马笑山研究员，提议利用加热碳酸钙分解的方法制造 CO_2 分子气体。这个办法简单易行，而且碳酸钙又是普通化学材料，在市场上就可以买到。根据研究氦-氖激光器的经验，估计使用的 CO_2 分子气体纯度应该很高，要达到光谱级。碳酸钙材料本身的纯度并不高，而且表面和里面还吸附了大量的空气，因此由加热分解得到的 CO_2 分子气体中必然含有许多杂质气体，必须提纯。提纯装置是一个附设有冷凝器的真空排气系统，在真空条件下收集到的 CO_2 分子混合气体由液态氮制冷，在液氮温度下变成干冰，沉淀在容器底部，而其他杂质气体被真空排气系统抽走。再将得到的干冰解冻，便可以得到高纯度的 CO_2 分子气体。一次提纯得不到光谱纯气体，需要反复进行。

② 实验结果。实验工作开始并不顺利，气体放电不是发生在管子里，而是在两端发射镜与管端之间。因为反射镜镀金膜与管壁接触，在高电压下构成了放电通道。于是沿边缘刮去 2 mm 宽的金膜环，让反射镜与管端保持绝缘，解决了气体放电问题。

CO_2 分子气体激光器输出的光辐射是在中红外光波段，肉眼无法观察，故采用高莱光探测器探测激光器输出的受激光。判断是否获得了激光，是根据激光的特性进行的。激光有很好的方向性，离开激光器输出端不同距离探测到的光辐射强度变化应该不大。根据这个特点，在靠近激光器输出端和离开输出端 2 m 处分别探测，起初探测结果显示光强度相差很大，显然，得到的并非激光。没有得到激光的原因是多方面的，比如放电管里充进的 CO_2 分子气体气压不合适、使用的放电电压不合适、两块反射镜的反射率不合适、两块反射镜没有调整到位，或者共振腔的光学损耗比较大而导致激光振荡阈值过高等，都会导致在放电管内无法形成激光振荡。逐一排查，反复实验，依然没有见到梦想中的激光。于是考虑，可能是硅反射镜上挖去金膜小圆斑的半径大了，共振腔的 Q 值过低。小圆斑半径缩小一倍后，高莱红外探测器显示出比较强的信号。经过几项检验实验，比如，微调偏共振腔一块反射镜，增大共振腔的损耗，观察光信号强度变化，对比靠近输出反射镜检测到的信号强度和远离输出端检测到的光信号强度等，证实得到的光信号是激光。

③ 改善激光器性能。后来的实验结果显示，对工作气体纯度要求并不严格，放电管内加进一点氮气还可以提高激光器输出功率。大气中含有大量氮气，在放电管内有点空气也不妨碍激光器的工作性能。向放电管漏进一点空气，激光器不仅没有停止激光振荡，输出功率还升高了。显然，对于 CO_2 分子气体激光器来说气体纯度不是问题，而氦-氖激光器的混合气体纯度要求非常高，里面稍微掺杂一点杂质气体，就不会发生激光振荡。

随着实验工作深入，输出激光功率不断提高，从开始的微瓦提高到毫瓦、几瓦，是当时连续输出激光功率最高的红外激光器。由于 CO_2 分子发射激光的能级离基态不远，能级粒子数布居反转状态受温度影响比较大，进而影响激光器运转寿命。为此，加装双层放电管，工作时通水冷却放电管壁，带走放电管里面的热量，使得激光器能够维持较长时间稳定输出。

2. 其他类型 CO_2 激光器

随着对 CO_2 激光器研究工作的深入发展，发展了好几种类型的

CO_2 激光器，它们有各自的特性，能够适合不同应用领域。

(1) 折叠封离式高功率 CO_2 激光器

气体放电激发的 CO_2 分子激光器，每米放电长度可以获得的激光功率大约为 70 W。为了获得较大的输出激光功率，放电管要比较长，这给实际应用带来一定的麻烦。为了减小空间长度，放电管可以采取折叠方式，每折之间用反射镜耦合光路。1967 年初，**雷仕湛**、**刘振堂**等开展研制这种类型 CO_2 分子激光器。研制的折叠激光器的气体放电管是内径 80 mm 的硬质玻璃(CC17)，总放电长度 76 m，分成 4 段，每段长度 18.5 m，用表面镀金膜的平面反射镜耦合相邻两段放电管的光路。

共振腔一端的反射镜是直径 100 mm、曲率半径 100 m、表面镀金膜的玻璃基底反射镜；输出端是表面镀金膜的平面玻璃基底反射镜，其中央开直径 10 mm 的小孔，密封上经光学抛光的 NaCl 晶体平板，激光从这里输出共振腔。采用 8 台 10 万伏高压交流电源激发气体放电，工作物质是 CO_2、N_2、He 混合气体，激光器最高输出激光功率是 3 300 W。这是中国当时连续输出激光功率最高的激光器，也是我国第一台折叠式激光器。如图 2-3-6 所示，这是工业应用的折叠式 CO_2 分子激光器。

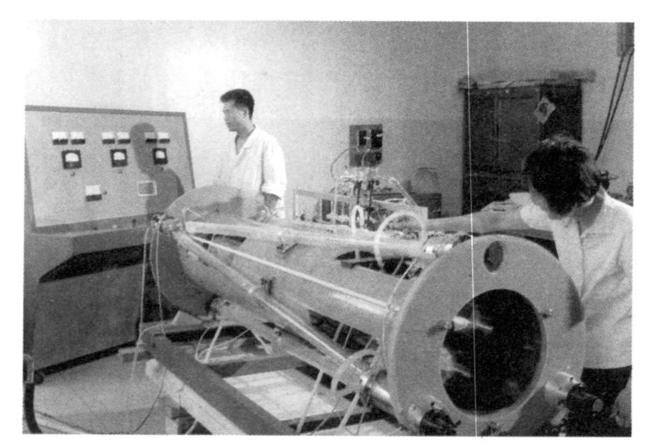

图 2-3-6 多折叠封离式高功率 CO_2 激光器

(2) 流动工作气体型 CO_2 分子激光器

CO_2 分子激光器的能量转换效率大约 10%，泵浦输入能量中有大约 90%的转化成普通光辐射能量和热能，因此，工作物质的温度会升高。激光跃迁的振动能级离基态比较近，能级粒子数分布受温度的影响也就比较大：当工作气体温度升高时上激光能级的弛豫速率也随之增大，加快了激发态粒子的消激发速率；而下激光能级的热激发速率则随着温度升高而增大，结果也就导致能级粒子数布居反转值随温度升高而减少。发射波长 9.4 μm 这对能级，当气体温度升高到 680 K 左右时，粒子数布居反转值接近零；发射波长 1.06 μm 这对能级（即 00^01 能级与 10^00），当气体温度上升到 400 K 时，粒子数布居反转值也接近零。此外，气体温度升高，还会加快放电区内 CO_2 分子离解速率以及有害气体杂质，如气体 NO、N_2O 和 NO_2 的生成速率。所以，工作气体温度对 CO_2 分子激光器的输出性能影响很大。工作气体温度较低时，激光器能够输出较强的激光，而温度升高时输出的激光功率明显下降，甚至停止激光振荡。通常激光器配有冷却水套，激光器工作时通冷却水冷却放电管，维持激光器正常运转。后来发现，采用流动 CO_2 分子混合气体，把激光器工作时产生的热量带出共振腔，能够维持工作气体在较低温度，而且还能够获得更高激光功率输出。

流动工作物质气体有几种方式，并分别称为慢轴流式 CO_2 分子激光器、横向流动 CO_2 分子激光器、高速轴流型 CO_2 分子激光器，其中在工业生产中通常使用的是后两种类型的激光器。

① 横向流动 CO_2 分子激光器。这种激光器的特征是工作气体在共振腔内的流动方向与气体放电通道、共振腔光轴垂直，气体流过放电区的路程大大缩短，工作气体渡越放电区的速率大大提高。因此，冷却工作气体的效果更好，输出功率也大幅度提高，每米放电长度可以达到 1 kW。1979 年初，中国科学院上海光学精密机械研究所横流激光器研究组制成这种激光器，连续输出激光功率达到 2 kW。①

① 中国科学院上海光机所横流激光器研究组，横流 CO_2 激光器获 2 千瓦连续输出[J]，中国激光，1980，6(8)：63。

该器件由矩形放电盒、高速鼓风机组、板翅式水冷热交换器(换热量为10 000 kCal/h)3部分组成,并由不锈钢外壳连接成一闭合风洞,固定在可移动的底座上。

工作物质为CO_2、N_2和He的混合气体,比例为1∶7∶15,总气压力46 mmHg。气体流经放电区的速度约40 m/s。由直流电源对气体放电激励,放电通道、气流和光轴方向三者互相垂直。阳极为一组分隔的铜板,位于阳极上方前沿处并与阳极平行的阴极,是一抛光的水冷空心铜管。共振腔区上游配有直流触发系统,控制主放电状况,有助于在阴极下游处实现大体积、大电流、均匀稳定的辉光放电。放电区的注入电流为12 A以上,而无弧光发生。

共振腔由曲率半径为2.2 m的凹面全反射镜和平面砷化镓(GaAs)反射镜组成,共振腔腔长1.2 m。气体放电长度854 mm。当共振腔输出耦合比为23%时,获2 kW连续激光输出。激光能量光转换效率为15%,单位放电长度的平均激光输出功率在20 W/cm以上。需要指出的是,共振腔的光轴位置与在非流动式CO_2分子激光器的不同。在非流动式CO_2分子激光器中,共振腔的光轴位置也就是气体放电管的轴线;而在横向流动CO_2分子激光器中,共振腔光轴位置不在一对电极的中线位置,也不在小信号增益的峰值位置上,而是在电极中线下游某个地方,具体位置与气体流速和气体压力有关。

随后,连续输出激光功率5 kW闭合循环CO_2激光器研制成功。它由两个放电室、两台压气机、一台热交换器以及气体导管组成,外形尺寸为1.6 m×2.6 m×1.5 m。放电室中,气体放电电场方向、气体流动方向、光轴三者互相垂直,每个放电室沿光轴的长度120 cm。阴极是突出在流场中的水冷铜管,阳极是分列的铜块,每块阳极块分别通过镇流电阻与电源连接。阴、阳极间距3.4 cm。共振腔采用折叠式稳定腔,由一块凹面铜镜和两块平面转折镜以及一块平面GaAs反射镜组成,总光程长3 m。CO_2、N_2、He工作气体比为1∶8∶11,总工作气压在40—60 mmHg范围,气体在放电区的流速为30—60 m/s,气体放电电压是在160—200 V。得到的最大多模激光功率输出为5.6 kW,光电转换效率约为12%。如图2-3-7所示,这是这种激光器的外观。

图 2-3-7　连续输出功率 5 kW 的横流 CO_2 分子激光器

② 高速轴流型 CO_2 分子激光器。这是用大型鼓风机使工作气体沿共振腔光轴高速流动的激光器，输出激光功率能够达到很高的水平。比如，采用大型涡轮鼓风机，使放电管内的气体流速在 200 m/s 量级，每米放电长度能够获得输出激光功率 3 kW，能量转换效率达 25%。激光器输出的光功率也比较稳定，光束质量相当好。制造这类激光器的主要技术是：

a. 在大口径放电管内实现均匀放电的技术。比如，输出功率 20 kW 的激光器，放电管内径大约 1.3 cm，需保证在放电管内获得均匀的气体放电。采用环状电极结构，可以在不使用预电离放电技术的条件下获得均匀气体放电。

b. 承受高功率激光束的共振腔输出窗口，用表面镀增透膜的硒化锌(ZnSe)反射镜基本上可以满足要求。

c. 激光器工作物质的负透镜效应比较明显，在设计共振腔时必须考虑。

d. 大容量鼓风机。

③ 气动 CO_2 分子激光器。这是利用气体动力学方法，使由电或

者燃烧加热的 CO_2 混合气体迅速冷却，在冷却的过程中实现 CO_2 分子能级粒子数布居反转，并实现激光振荡的激光器，能够连续输出很高激光功率。**中国科学院上海光学精密机械研究所气动激光器研究组**从 1971 年开始研制燃烧型 CO_2 体系的连续气动激光器，1973 年在气体流量 1 kg/s 器件上采用了列阵喷管以及铜腔片等技术，获得激光输出功率达 2 400 W，后又进一步提高到多模输出激光功率 3 100 W、比功率是 3.1 W/g。1974 年，研制气体流量 10 kg/s 的器件，输出激光功率达到多模 35 000 W、比功率为 3.5 W/g，达到了国际同类器件比功率的水平。①

a. 激光器结构。如图 2-3-8 所示，激光器由气源、燃烧室、喷管、扩压器、共振腔等部分组成。气源的燃料是 CO 气体，纯度在 98%以上，用两只高压不锈钢(1Cr18Ni9Ti)容器存放，容器容积 0.75 m^3，耐 150 大气压。有两只容积 4 m^3 高压容器存放压缩空气，两只容积 4 m^3 高压容器存放 N_2 气，容器耐压 220 大气压。

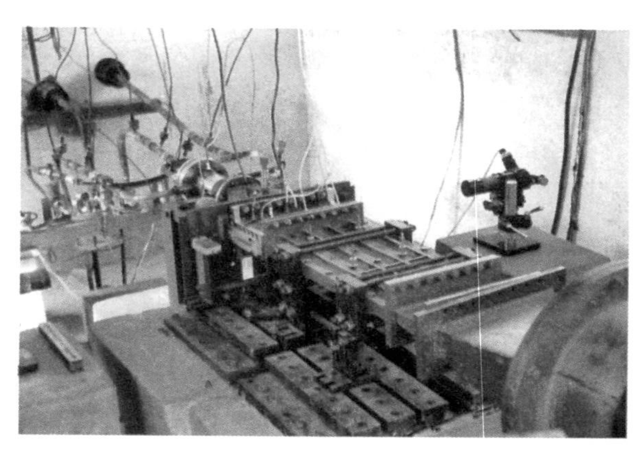

图 2-3-8 连续输出功率 35 kW 气动 CO_2 激光器

如图 2-3-9 所示(单位：mm)，燃烧室由头部、圆柱段、混合段、

① 中国科学院上海光学精密机械研究所气动激光器研究组，气体激光器及其应用[C]，中国科学院上海光学精密机械研究所研究报告集(内部资料)第四集，1977。

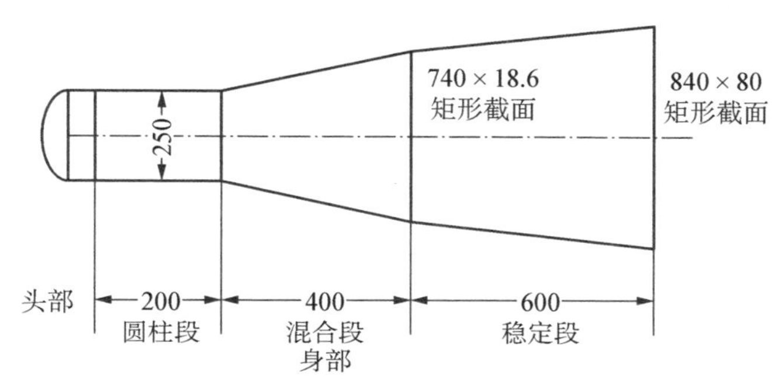

图 2-3-9 燃烧室结构

稳定段组成,燃烧室内产生的气体组分为 89% N_2、10% CO_2、1% H_2O。喷管喉部高度 0.8 mm、膨胀角 0.638 rad,喷管总长 936.9 mm,喷管材料是不锈钢。超音速扩压器总长为 1 316 mm;后面还装上了一个亚音速扩压器,扩张角 $2\alpha = 19°$,长为 1 500 mm;最后用尾气筒连接到室外。

共振腔的尺寸是 78 mm×78 mm,全反端腔片曲率半径为 7 m,输出端腔片曲率半径为 7 m,均布 79 个直径 3 mm 小孔耦合输出激光,输出耦合率在 10%左右。

b. 实验观察和结果。以 He-Ne 激光作为光源,经过扩束,穿过被测气流,最后用透镜把孔与孔之间的相干花样成像在屏上。实验前的花样很整齐,冷试(即不燃烧)时,观察到干涉花样略有抖动,但在热试时,干涉花样非常混乱,可以定性看出气体流场是比较混乱的。用刀口法在小器件上观察过流场,可以明显地看到两道斜激波,可能部分起源于喷管与平直段的连结处。按风洞的要求,在超音速处的接缝不能大于 0.05 mm,而连接处不平度在 1 mm 以上。所以,为改善气流流场,在超音速区域最好不要有接缝。

叶片尾部受热扭曲变形,喉部受热也产生很大的弯曲变形,喉高变形均方值为 0.107 mm,这对气流流场的影响很大,喷管块壁温的上升对增益也产生不利影响。因此,研究喷管块温度场的变化,对于选择材料、改进设计和加工工艺、提高流场的均匀性和激光功率都有一定的参考意义。

使用的气体组分为 CO_2 9.8%—10.7%，CO 小于 1%，O_2 约 1%，H_2O 1%—2%，其余为 N_2 气。燃烧室温度为 1 170 K 时，得到 35 000 W 激光功率输出。

（3）高气压 CO_2 分子激光器

CO_2 混合气体的气压高于 10^4 Pa 的 CO_2 分子激光器，大多数高气压的 CO_2 分子激光器的工作气压是 1—2 大气压。因为激光器输出功率正比于 CO_2 混合气体气压的平方，所以提高 CO_2 混合气体的气压可以获得更高激光功率。事实上，高气压 CO_2 分子激光器是目前脉冲输出激光功率最高的气体激光器。1970 年 9 月，中国科学院上海光学精密机械研究所何迪洁、伊景荣等研制成功这种激光器，使用的气体放电管长 1 m，阳极由 40 根钨针构成，阴极是一根铜棒，得到几百毫焦耳激光。

较之通常的气体放电 CO_2 分子激光器，高气压激光器遇到一些技术问题。一是，激光振荡阈值的泵浦功率随气压的平方增长，提高工作气体的气压也就必然大幅度提高泵浦功率。相应地，工作气体的温度也正比于泵浦功率而上升，而工作气体温度上升会降低激光器的输出功率。其次，工作物质气压升高，气体放电击穿电压也升高，放电不稳定变得严重，容易过渡到弧光放电和发生放电不均匀性。为了降低击穿电压，高气压激光器必须采用横向放电方式，以减小放电电极之间的距离。在气压高于百帕的气体中获得均匀放电比较困难，这是因为在放电等离子体中会出现火花或者弧光通道，它们源于非均匀的汤生击穿或者流光，也可能来自放电等离子体的不稳定性。这种激光器一般都采用横向气体放电方式，即气体放电电极与激光传播方向垂直。所以，这种激光器又称为横向高气压 CO_2 分子激光器，通常写作 TEA - CO_2 分子激光器。

产生均匀气体放电的技术主要有：

① 针电阻型横向放电技术。用许多个针做阴极，在这些针与棒状的阳极之间发生气体放电。为了避免放电集中在某几个针上，每个针电极串接一个电阻。这样，气体放电的时间大约为 1 μs，小于气

体放电不稳定时间;串接的电阻也限制了放电区电流的增长,阻止了辉光放电向弧光放电的转变,这便可以保证气体放电区产生均匀辉光放电。

② 预电离技术。由气体放电物理学知道,在气体内只要有足够初始电子密度,在过电压放电下,均匀的一次雪崩可以形成均匀放电等离子体,这个雪崩过程时间在 0.1 μs 左右,远短于放电等离子体不稳定时间。1973 年,复旦大学李富铭等研制的高气压 CO_2 分子激光器,采用双放电方式产生气体预电离,获得 18 J 激光输出,激光能量转换效率 12%。激光器的放电体积为 60 cm×4 cm×3.8 cm,阳极为黄铜薄板,阴极由间距 3.5 mm、厚度 0.5 mm 的铝镁合金叶片组成。激发电源用两级马克思(Marx)发生器,工作电压为 30—60 kV。第一次预电离放电是以低能量、高电场强度(10^5 V/cm)形成气体放电,在激光器放电管的电极表面产生均匀分布的空间电荷;然后,进行第二次高能量、低电场强度(10^4 V/cm)的主放电。

采用的预电离技术有多种。比如,利用电子束、紫外光辐射对气体产生电离效应,在气体中预先产生足够数量的电子等。图 2-3-10所示是中科院上海光机所在 1980 年研制的电子束预电离TEA-CO_2激光器。

图 2-3-10 电子束预电离 TEA-CO_2 激光器

3. 氮分子激光器

这是以氮分子气体为激光工作物质的激光器，它输出的激光在紫外波段(波长 337 nm、358 nm 和 316 nm)和近红外波段(波长主要在 745—1 235 nm)。

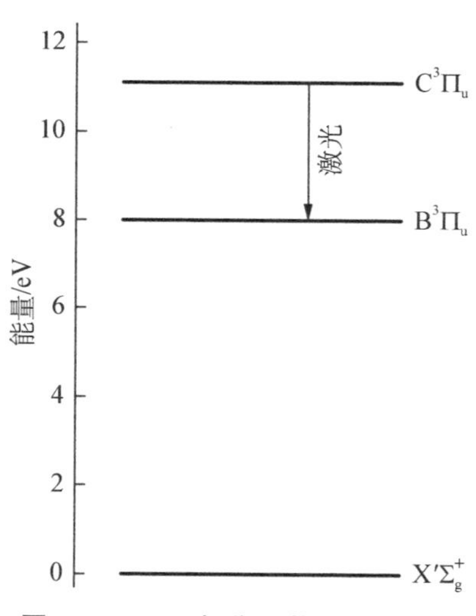

图 2-3-11　氮分子激光跃迁能级

图 2-3-11 所示是氮分子发射激光的能级，激光跃迁的上能级是 $C^3\Pi_u$，下能级是 $B^3\Pi_u$。

能级 $C^3\Pi_u$ 的自发辐射平均寿命大约是 40 ns，从这个能级到能级 $B^3\Pi_g$ 的光学跃迁几率大约 $1.2\times10^7\ s^{-1}$。下激光能级 $B^3\Pi_u$ 的自发辐射平均寿命是 8—10 μs，比上激光能级长许多。能级寿命这个关系不利于建立能级粒子数布居反转，至少不大可能产生连续输出激光。不过，实验发现，能量 14—16 eV 的电子与 N_2 分子碰撞时，将把后者激发到能级 $C^3\Pi_u$ 的几率比激发到能级 $B^3\Pi_u$ 的几率高大约 1 倍。这意味着，采取合适的气体放电条件，如选取合适的气压和气体放电电压，让气体放电中形成的电子其能量在 14—16 eV 范围，以及气体放电电流密度足够高，使得激发能级 $C^3\Pi_u$ 的速率比激发下能级 $B^3\Pi_u$ 大，在上能级寿命期间内是能够建立起能级粒子数布居反转状态的。不过，发生激光振荡后跃迁到下能级 $B^3\Pi_u$ 的粒子将大量堆积，能级粒子数布居反转状态也随即终止。所以，这种激光器需要使用脉冲宽度窄(纳秒量级)、高电压和大电流的电源激发。激光增益系数会很高，可达每米 50—100 dB，气体放电长度达到一定数值时，即使不使用共振腔也可以获得相干辐射(相干自发辐射)。

1974 年 9 月，上海复旦大学物理系**金耀根**、**李郁芬**等，中国科学院长春光机所**郭川**、**金钟声**等，以及中山大学物理系**高兆兰**、**余振新**等，分别研制成功这种氮分子激光器。①②

李郁芬，复旦大学教授，1928年生。她是我国同位素分离膜研制的主要技术负责人之一，该分离膜的研制成功是我国1960年代跻身世界核大国之列的关键，该成果"甲种分离膜的制造技术"获1984年国家发明一等奖。参加我国西汉透光镜的研究并取得成功，获1978年全国科学大会奖。在激光光谱、激光医学及团簇物理等交叉学科研究中，多次获省部级科技进步奖。享受国务院特殊津贴。1983年度上海市劳动模范。

高兆兰(1914—1999)，中山大学教授，我国著名的光谱物理学家、教育家，中国光学、光谱学的开拓者之一。1934年获岭南大学物理学学士学位，1936年获物理学硕士学位，1940年赴美国密歇根大学研究生院物理系深造，1944年4月获物理学博士学位。1946年，在岭南大学任教授。1952年，进中山大学物理系任教授。1962年，她创建了我国最早的红外光谱学实验室之一。20世纪70年代，组织并指导研制各种气体激光器及可调谐染料激光器。其中，"脉冲氮分子激光器"和"可调谐染料激光器"参加1978年全国科学大会展览并获大会奖励，同年创建中山大学激光光学与光谱研究室。她是中国妇女第三届代表、全国人大第三届代表，全国政协第五、六、七届委员。

余振新，1938年生，教授，博士生导师。1960年毕业于中山大学物理系，1988—1995年任超快速激光光谱学国家重点实验室主任，中山大学激光与光谱研究所所长，广东省光学学会副理事长，广东省科学顾问委员会委员，国家科技奖励委员会专业评审委员会委员。主要科技成果有氮分子激光器、染料激光器、氩离子激光器、二氧化碳激光器、YAG激光器，以及皮秒-飞秒超短脉冲激光

① 邓锡铭，氮分子激光器，中国激光史概要[M]，北京：科学出版社，1991，70—71。
② 戚霖，氮分子激光器[J]，中国激光，1976，3(4)：29—33。

器等，大型激光舞台布景装置，激光显示装置，激光打印、刻记装置，激光切割及打孔设备，光电图像记录及变换装置，光电监测与控制装置。获国家教委科技进步二等奖和三等奖各一项。

(1) 激光器结构

在氮分子电子能级建立能级粒子数布居反转需要上升速率很快的激发电脉冲，因此整个激光器的设计思想是，采用尽可能低阻抗的传输网络结构，以获得快速上升脉冲放电，即实现快速激发激光上能级 $C^3\Pi_u$。激光器由快放电装置、激光管、共振腔，以及供电电源组成。平板形成传输线，作为脉冲形成网络，并和贮能电容构成的气体放电装置，能够提供激发速率很快的激发电脉冲。该激发放电装置由一块厚 1 mm、宽 420 mm 的环氧树脂介质双面印刷板制成，电容量约 3.8 μF/cm^2，脉冲形成网络长 30 cm，贮能电容长 40 cm，脉冲形成网络与贮能电容之间由任意绕制的 20 卷电感连接，电源通过电感向贮能电容器充电。激光管由 8 mm 厚的有机玻璃用三氯甲烷黏合成中间空道为30 mm×20 mm 的长方形盒子，一端有石英输出窗，另一端紧贴一块全反射镜，它是镀铝的平面反射镜。放电电极由黄铜制成，电极端面磨成尖角，以便使放电能量密度集中。电极之间距离为 17 mm，电极与构成放电室的有机玻璃板用 701 硅橡胶密封。

在平板形成传输的边角安装火花隙，起脉冲放电开关作用，开关频率由触发器控制。当火花隙击穿时，在激光管的电极之间形成高压电位差，产生高压脉冲放电。火花隙的电感量将直接影响放电电流的上升速度。使用了两种火花隙，一种是空气火花隙，另一种是高压火花隙，充高气压(3—5 大气压)的氮气。

激光管内充工业用氮气体，由机械泵连续抽运，由标准压力表指示，调节针形阀可任意调节激光管内的氮气体的气压。

(2) 实验观察和结果

在放电管外加电压约 12 kV，放电管内氮气压为 60 mmHg，触发器的重复频率为每秒 10 次时，得到激光器输出激光能量 0.6 mJ。

在触发器固定的重复频率下，测得了各种参数对激光器输出能量的影响：

① 电压、氮气压的影响。在放电管内氮气气压一定的情况下，输出的激光能量随外加电压升高而线性增加。在外加电压固定为 13 kV 时，激光能量开始随放电管内氮气压升高而增加，在气压为 40—60 mmHg 时达到最大，以后又随气压升高而降低。根据 N_2 分子各电子态总激发有效截面与泵浦电子能量的关系可以看到，能量 14—16 eV 的电子对 N_2 分子激发到 $C^3\Pi_u$ 态最为有效，即激发截面最大。所以，在一定外加电压对应有一个最佳氮气气压，其相应的电子平均能量是在 14—16 eV 之间，此时激光器输出能量将最高。当放电管内的氮气压偏低时，放电管内产生的电子平均能量过高；而当放电管内的氮气压过高时，产生的电子平均能量则偏低。因此，这两种情况均对激光器输出能量不利。在不同的外加电压情况下，获得最高输出激光能量的氮气气压（称最佳气压）亦将不同，基本规律是，随着外加电压升高，最佳气压也向高气压端移动。

② 贮能电容量的影响。增加贮能电容量靠延长平板传输线的长度来实现。在一定实验条件下，增加贮能电容量可以增加输出激光能量。但增加传输线的长度也使放电电感随之增加，所以，在开始时增加传输线长度，激光器输出的激光能量线性增加，但长度增至 40 cm 以后，由于放电电感增加产生的负面影响，输出增长速率逐渐变慢。传输线长度从 0.5 m 增至 1.5 m，输出激光能量没有明显增加，尽管此时贮能电容量增加了两倍。

③ 火花隙的影响。火花隙的安放位置、极间距离和连接导线的类型等，会对输出能量有较大的影响。实验发现，火花隙安放的位置不同，得到的激光能量不同，靠近共振腔反射镜一端离开激光管大约 30 cm 的地方安放火花隙得到的激光能量最大。火花隙的电极距离减小，激光管的放电均匀性得到改善，激光器输出能量增加。采用不同导线连接火花隙和脉冲形成网络，会产生不同数值的电感，直接影响放电电流的上升时间，相应地将影响激光器输出的激光能量。使用高压火花隙得到的效果，将明显优于空气火花隙。

4. 准分子激光器

这是发射波长在紫外和真空紫外波段最重要的高功率气体激光器。

在气体放电光谱研究中发现一类新分子，它们与通常的稳定分子不相同，只在激发态时才以分子形式存在。这种分子在基态的平均寿命很短，一般为 10^{-12} s 量级，光学上称这种能态为排斥态，当它从激发态跃迁回到基态时，很快便发生离解。但它在激发态时的平均寿命比较长，在光学上称这样的激发态为束缚态，束缚态依然保持分子形式，这类分子被称为准分子。准分子激光器主要有氟化氙(XeF^*)准分子激光器、氯化氙($XeCl^*$)准分子激光器、氟化氪(KrF^*)准分子激光器和三原子准分子激光器等。

(1) 氟化氙(XeF^*)准分子激光器

在惰性气体氙、氩和氟化物(一般是 NF_3)混合气体中，采用快放电电路激发混合气体放电，形成激发态氙原子，然后它与氟化物(NF_3)分子反应形成氟化氙准分子 XeF^*，其电子能级产生粒子数布居反转，并发射紫外波段的激光。图 2-3-12 所示是氟化氙准分子 XeF^* 的几个电子态势能曲线。基态 $X(^1\Sigma_g^+)$ 是弱束缚态，激发态 B $(^3\Sigma^+)$、$C(^2\Pi_{\frac{3}{2}})$、$D(^2\Pi_{1/2})$ 是强束缚态。激发态 $B(^3\Sigma^+)(v=0)$ 与基

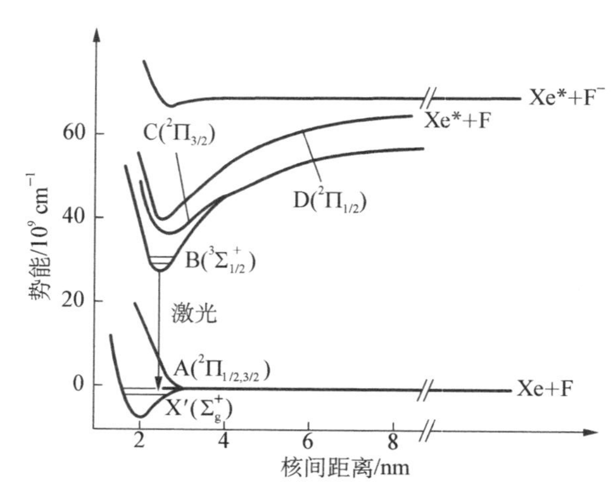

图 2-3-12 氟化氙准分子 XeF^* 电子态势能

态 $X(^1\Sigma_g^+)(v''=0)$之间的能量间隔为 2 840.9 cm^{-1}。从激发态 $B(^3\Sigma^+)$态往基态 $X(^1\Sigma_g^+)$上的振动能级跃迁，发射了波长 348.70 nm、351.10 nm、351.21 nm、351.36 nm、351.49 nm、353.15 nm、353.26 nm、353.37 nm、353.49 nm、353.62 nm 的激光。

1977 年 2 月，中国科学院安徽光学精密机械研究所**胡雪金**、**魏守安**等，以及中国科学院上海光学精密机械研究所梁培辉、袁才来等研制成功氟化氙(XeF^*)准分子激光器。①

胡雪金，中国科学院安徽光学精密机械研究所研究员，1938 年出生，1964 年毕业于浙江大学无线电系。1979 年，以访问学者的身份赴德国量子研究所工作，与国外学者一起研究成功 3 种不同波长的准分子激光器。1981 年回国后，在光泵浦金蒸气、准分子激光及激光生物医学方面取得了一系列成果。"七·五"、"八·五"期间，先后负责和参加有关激光技术共 6 项重大科技攻关项目，并按时通过国家验收和鉴定，有 2 项科研成果获全国科技大会成果奖，2 项成果获中国科学院成果奖，多次被评为优秀导师和先进科技工作者。

① 实验装置。激光器采用布鲁来(Blumlein)平板传输线，对放电室实施气体快放电激发。布鲁来电路能够产生脉冲宽度很窄的电脉冲，而且脉冲上升时间很快。贮能电容和形成电容均为分布参量的平板电容，用球隙做放电开关。气体放电室由玻璃条用万能胶黏成，一对电极由厚为 0.15 mm 的磷铜箔制作，长度均为 73 cm，电极间距为 1.7 cm。共振腔为平-凹腔，由一个曲率半径 6 m 的镀铝球面反射镜和一块反射率为 80%—90%、镀介质膜的石英平面反射镜组成。激光从平面反射镜输出，腔长 104 cm。工作物质气体总气压为 450 mmHg，He、Xe、NF_3 的气体混合比为 100∶1∶0.4。

① 中国科学院安徽光机所三室，受激准分子氟化氙和氟原子激光器初步研制成功[J]，中国激光，1977，4(6)：23—24。

② 实验结果。激励工作电压为 20 kV 时，观察到激光器输出激光，测得输出的激光能量为 38 mJ。用中型石英摄谱仪摄得激光器的输出激光波长为 348.8 nm、35.10 nm 和 353.1 nm，如图 2－3－13 所示，上方为 XeF 激光谱，下方为定标用的铁光谱。

图 2－3－13 输出激光谱

其他条件不变，将工作气压降到 280 mmHg 左右时，经摄谱得到 3 条激光谱线。其中，两条为 XeF 的 351.0 nm 和 353.1 nm，另一条为 634.6 nm。再将工作气压降到 170 mmHg 左右时，波长 351.0 mm 和 353.1 nm 这两条激光谱线消失，却观察到波长为 634.6 nm、703.9 nm 和 712.9 nm 3 条激光谱线。

③ 其他泵浦方式。准分子激光器另外一种激发方式是电子束激发。采用快放电电路激发的准分子激光器，结构上可以做得比较紧凑，而且可以高重复率脉冲工作。采用能量很高的电子束激发的主要优点是脉冲上升时间陡，单脉冲泵浦能量大，还可以大体积泵浦。主要缺点是结构比较复杂，不易做成脉冲重复率运转的激光器。电子束激发又分 3 种方式：横向激发，电子束流方向和激光束传输方向垂直；轴向激发，电子束流方向与激光束传输方向平行，采用这种激发方式时需加聚束磁场和偏转磁场；同轴激发，发射电子束的阳极和阴极是两个同心圆筒，阴极发射的电子束均匀地射向阳极，这种激发方式能够高效地利用电子束。最常用的电子束源是二极管冷阴极电子枪，电子束激发激光器的能量转换效率理论上可以达 18%。

(2) 其他类型准分子激光器

氟化氪 KrF^* 准分子是放电激发产生氪准分子 Kr_2^*，然后与氟化物分子反应生成氟化氪准分子 KrF^* 。氟化物分子主要是 NF_3 或 F_2，用氟 F_2 时得到的输出激光能量比用三氟化氮 NF_3 分子高约一倍，但 NF_3 的腐蚀性比 F_2 小，而且 NF_3 不吸收激光辐射。最佳混合气体总气压在 3—4 大气压之间，在总气压为 3 大气压时，气体 Ar、Kr、F_2 混合比例是 380 ∶ 30 ∶ 1。使用的气体纯度对激光器能量转换效率影响很大，要求氩气体纯度 99.99%，如果气体中含有 0.15% 左右的氙气体，氟化氪准分子的生成效率下降 20%以上，激光能量转换效率降低约 1/7。氧对激光能量转换效率的影响也很大，混合气体中有 0.3%的氧，就会使激光能量下降大约 5%。激光器输出的激光波长主要是 248 nm，脉冲宽度大约 0.65 ns，能量转换效率 10%—12%，单位工作气体体积产生的激光能量 10—20 J/L。现在激光器获得的最高输出激光能量大约为 10 kJ。

氯化氙准分子 $XeCl^*$ 是在 Xe、HCl、He(或氖或氩气体)混合气体放电中产生的激发态氙原子与氯化氢分子反应生成的，加进的氦气体或者氖和氩气体等主要作用是改善激光器输出性能。以氖气代替氦气，氯化氙准分子激光器输出能量提高约 30%，而采用 He、Ne 混合气体代替纯 Ne 气体时，输出能量又可以再提高 10%。主要原因是加 He、Ne 混合气体时，激光脉冲宽度随气压升高而加宽，激光增益系数也相应提高。在混合气体中再加入适量 H_2 分子气体，可以延长一次充入工作气体的使用寿命。没有加 H_2 气体时，使用寿命(以激光器输出功率下降到原始数值一半时的总运转脉冲次数计算)为 1 百万个脉冲；加入少量 H_2 气体后，可以增加到 3 百万个脉冲，还能使输出的激光脉冲峰值功率提高 20%—30%，脉冲宽度也变窄。输出的激光波长主要是 282 nm 和 308 nm，谱线宽度一般为 1 nm 左右，脉冲宽度大约为 0.65 ns。在共振腔内放入色散元件，如标准具、光栅、棱镜等，可以压缩激光谱线宽度，其中标准具的效果最好。用厚度 1 mm 的标准具，测得谱线宽度小于 0.01 nm 的激光。

六、离子气体激光器

这是由惰性气体元素的离子或者金属蒸气的离子发射激光的激

光器，典型的有氩离子激光器和氦-镉离子激光器。

1. 氩离子激光器

这是利用惰性原子气体做激光工作物质、由其离子发射激光的激光器，其中的典型代表是氩离子气体激光器，它是在可见光波段连续输出最强的激光器之一。图 2-3-14 所示是氩离子与激光发射跃迁有关的能级图。激光发射发生在氩离子 4P 态→4S 态跃迁，其中最重要的是 $4p^2D_{3/2}$→$4s^2P_{3/2}$ 辐射跃迁(λ=488.0 nm)和 $4p^4D_{3/2}$→$4s^2P_{3/2}$ 辐射跃迁(λ=514.5 nm)。发射激光的上激光能态 4P 现在一般认为是由逐级激发形成，而脉冲运转情况则不同，是由单级激发形成。首先由气体放电形成的电子与中性氩原子碰撞，形成氩离子基态 $3P^6$，它再与电子碰撞而激发到上能态 4P 态，这个过程可由下式表示，即

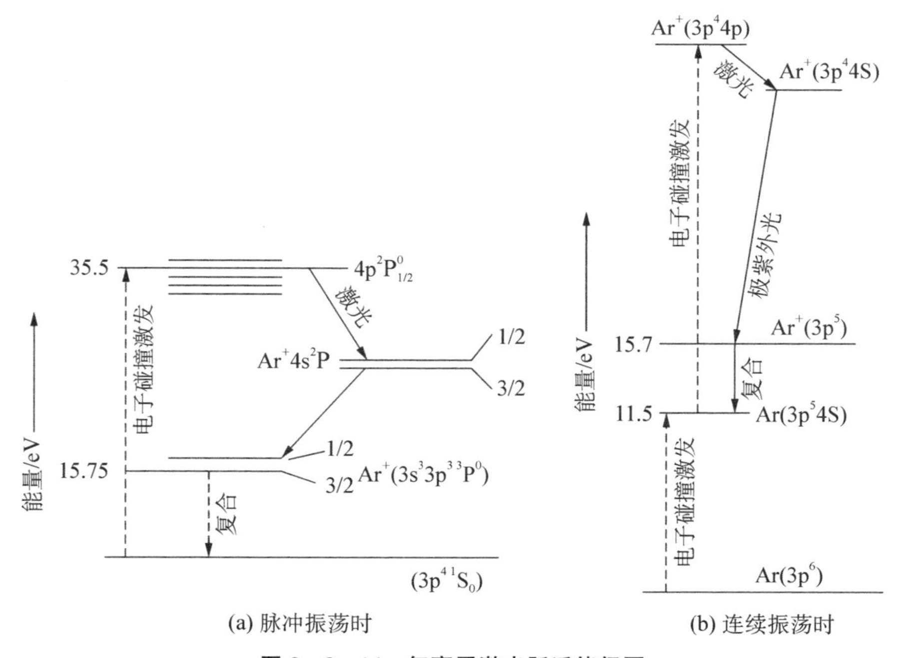

图 2-3-14　氩离子激光跃迁能级图

$$\mathrm{ArI(3P^6)} + \mathrm{e} \longrightarrow \mathrm{ArII(3P^5)} + 2\mathrm{e},$$
$$\mathrm{ArII(3P^5)} + \mathrm{e} \longrightarrow \mathrm{ArII(3P^4 4P)} + \mathrm{e}。$$

电子碰撞同样也会将在基态氩离子激发到激光下能态 4S 态，而且其激发速率可以与激发到上能态的激发速率比拟。但是 4S 态的能级平均寿命要比上能态 4P 态短一个数量级，这是由于离子基态非常有效的真空紫外辐射跃迁，使它维持在粒子数空缺状态。此外，氩离子 4S 态远离亚稳态和氩原子基态，也不会由于热激发而形成 4S 态粒子数的积累，这使氩离子激光器可以在很高的等离子体温度下运转。

1964 年 10 月，中国科学院电子学研究所**万重怡**、**刘世明**等研制成功脉冲氩离子激光器；1965 年 2 月，中国科学院电子学研究所**邱明新**、**万重怡**等，以及复旦大学物理系**郑家骠**、**朱昂如**等研制成功连续输出氩离子激光器；1973 年，中国科学院北京物理研究所**邱元武**、**章思俊**等研制成功高连续输出氩离子激光器。[①②③]

(1) 脉冲输出氩离子激光器

万重怡、刘世明等研制的脉冲氩离子激光器，气体放电管采用石英玻璃管，气体放电管长 1 m、内径 7 mm，采用氧化物阴极和镍阳极。放电电压 30—50 kV，放电电容 0.01 μF，用黄铜球隙做放电开关，用两块表面镀介质膜的凹面反射镜组成共振腔。得到波长为 488.0 nm 和 514.5 nm 的激光，激光脉冲功率为几瓦。

(2) 连续输出氩离子激光器

邱明新、万重怡等研制成功连续输出氩离子激光器，采用石英放电管，其放电毛细管长 600 mm、内径 2.7 mm。阴极用钡钨制成，阳极用钼筒。抽真空至 1×10^{-5} mmHg，充氩气 0.4 mmHg。使用镀多层介质反射膜的反射镜组成共振腔，一端是全反射，曲率半径 3 m，另一端是部分透过平板，透过率约 2%。在放电电流为 10 A 时，观察到波长为 488.0 nm、511.4 nm 的激光，获得的连续激光功率为毫瓦

① 邓锡铭，脉冲氩离子激光器，中国激光史概要[M]，北京：科学出版社，1991，25。

② 邓锡铭，Ar^+ 激光器，中国激光史概要[M]，北京：科学出版社，1991，32。

③ 邱元武，章思俊等，连续工作的氢离子激光器[M]，中国激光，1974，1(1)：17—20。

左右。

郑家骠、朱昂如等研制的连续输出氩离子激光器的石英放电管是带水冷套结构，放电毛细管长 400 mm、内径 3 mm，采用热阴极，工作气体氩的气压为 1 mmHg。放电电流为 16—20 A 时，获得大于 100 mW 连续输出激光功率。

（3）高功率连续输出氩离子激光器

1973 年，中国科学院北京物理研究所**邱元武**、**章思俊**等研制成功采用石墨放电管氩离子激光器，获得高功率连续输出。

起先的氩离子激光器放电管是全石英管的，这种结构比较简单、制作容易，主要缺点是毛细管不能承受过大的电流密度，一般在电流密度大于 5 A/mm^2 时炸裂。氩离子上激光能态离原子基态比较远，从氩原子基态 $3P^6$ 至氩离子基态 $3P^5$ 的电离能大约是 15.7 eV，从氩离子基态至激发态 $3P^4$ 的能量间隔大约是 20 eV。高连续输出的激光器要求的泵浦能量会很高，要求气体放电电流密度很大，相应地激光器工作时放电管内的气体温度很高，在中心区的温度可高达 3 000℃。因此，做高功率连续输出的激光器，其气体放电管的材料要能够耐高温、抗热冲击，有比较好的导热性能。这时，采用石墨管、金属管和氧化铍陶瓷管等做放电管更为合适。但是，石墨是电导体，做气体放电管的时候需要切成片，再用绝缘材料片把它们彼此隔开，然后拼成一根管。图 2－3－15 所示是石墨放电管结构图，在一根很直的石英管中放入一组石墨圆盘，石墨盘之间用厚 2 mm 的石英环绝缘。

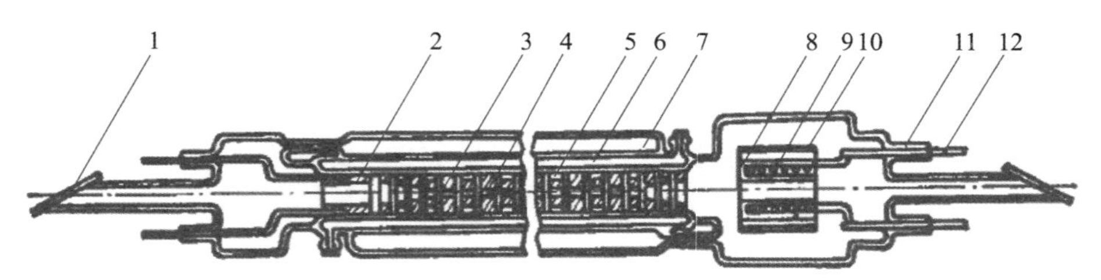

1－布儒斯特窗；2－阳极；3－石墨圆盘；4－放电孔；5－回气孔；6－水冷套；7－贮气套；8－阴极；9－热子；10－热屏；11－过渡接头；12－阴极

图 2－3－15　石墨激光放电管结构

石墨盘用高纯石墨做成，直径 3.5 mm、厚 8 mm，中心有一个直径 5 mm 的孔，作为放电通道，四周有 4 个 6 mm×7 mm 的槽作为回气孔，以平衡放电通道内的气压。石墨盘先经过烧氢、清洗和烘干后，再装入石英管内。在组装时，使所有石墨盘的中心孔同轴，回气孔相互错开，以防止在回气孔中发生放电。在放电管两端的石墨盘厚6 mm，中心孔的直径逐渐增大形成过渡段，以降低电位梯度，防止氩离子对石墨的侵蚀。放电管中心孔通道总的长度是 850 mm，两端过渡段的长度各为 40 mm。水冷套在放电管外层，而贮气套又在水冷套外层。

阳极用直径 35 mm、长 50 mm 的石墨圆柱做成，中心有直径 12 mm 的孔。阴极是在海绵镍做成的双层同轴圆筒的两壁涂上氧化物做成的，在圆筒的夹层内放入用钨丝绕成的垫子。垫子电压 9 V，垫子电流 16 A。阴极的工作温度约 800℃左右。电源是用大容量电解电容器滤波的 380 V 三相半控桥式整流电路，可输出直流电流 60 A。

磁场是在螺旋管线圈中通以直流电流获得的，产生的磁场强度是 75 Gs/A。线圈套在激光管外面，其中心轴与激光管放电孔的轴一致。

采用共焦腔，腔长是 2 m，由两块曲率半径 2 m 的凹面反射镜构成。反射镜的基片用光学玻璃做成，直径 35 mm、厚 4 mm，表面镀多层介质膜，带宽是 45—52 nm。实验测得激光阈值振荡电流是5 A，在放电电流是 40 A 时获得最大输出激光功率 8.3 W。

图 2-3-16 所示是放电电流为 20 A 时，用三棱镜摄谱仪摄得的激光输出的光谱成分。

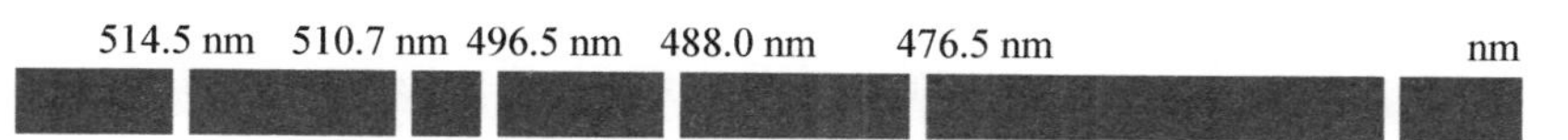

图 2-3-16 激光器输出的光谱成分

2. 氦-镉金属蒸气离子激光器

激光工作物质是金属蒸气，激光由其离子发射，其典型的激光器是氦-镉金属蒸气激光器。它是以金属镉蒸气与氦气体的混合气体为工作物质，激光由镉离子发射，是连续输出高功率可见光激光的激光器，输出的激光波长主要为 441.6 nm（深蓝色）和 325.0 nm（紫外）。

（1）工作原理

图 2-3-17 所示是与激光发射有关的能级图，He 原子亚稳态的能量约为 12 eV，而 Cd 原子的电离电位为 8.99 eV，比 He 原子的亚稳态能量低得多。因此，Cd 原子与亚稳态氦原子碰撞很容易被电离。气体放电产生的电子将 He 原子从基态激发到亚稳态，即

$$e + He \longrightarrow He^{*} + e + \Delta E。$$

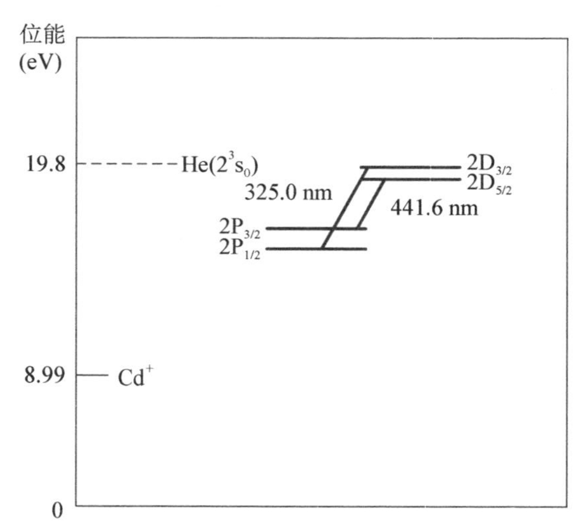

图 2-3-17　He-Cd 离子与激光发射有关的能级

然后，亚稳态 He 原子与中性 Cd 原子碰撞，并将后者激发到镉离子（Cd^{+}）的激发态（即激光上能级），即

$$He^{*} + Cd \longrightarrow (Cd^{+})^{*} + e + \Delta E,$$

被电离出来的电子带走了$(Cd^{+})^{*}$与 He 亚稳态之间的能量差。

从能级寿命来看，He 亚稳态的寿命很长，约为 10^{-6} s，这对于激

发 Cd 原子是有利的。Cd^+ 的激光上能级的寿命约为 7.8×10^{-7} s，而激光下能级的寿命约为 2.2×10^{-9} s，相差约两个数量级，它们之间容易维持粒子数布居反转。一旦建立合适的共振谐振腔，便可产生激光输出。

这种激光器虽然属于离子激光器，但工作电流强度并不高，一般是毫安培量级。激发气体放电的方式有 3 种：直流气体放电、高频气体放电和空心阴极气体放电。空心阴极是内径几毫米的无氧铜管，整根放电管由两段或者 3 段这样的管子组成，套在一根玻璃管内。在每根阴极管上开若干直径几毫米的小孔，每个孔正对着上方的阳极，这是一根钨杆，阳极与阴极之间的距离大约 6—8 mm。

（2）激光实验

1971 年，复旦大学物理系**李富铭**、**章志鸣**等研制成功直流电泳式氦-镉离子激光器，清华大学**徐亦庄**、**付云鹏**等研制成功空心阴极放电氦-镉白光激光器。[①]

① 直流电泳式氦-镉离子激光器。

a. 实验装置。放电管是石英套管结构，总长度为 200 cm，内径为 2.7 mm。为了降低工作电压，采用两段对接，每一段分别使用一个激励电源。阳极在管子的两端，阴极在中间。两端贴平行平面石英布儒斯特角窗，角度为 56°。石英套管内抽真空，以维持放电管内的温度。在阳极端附近有一个镉池，内盛高纯镉粒。在镉池的玻璃管外用电炉丝加热，在电炉丝外面用石棉绝热保温，使镉气化，通过直流放电的电泳效应使镉蒸气沿整个放电通道分布。镉蒸气密度由外部加热器的温度控制，由接触石英管壁的点温度计测量。在阳极和镉池之间有一个电泳限制段。共振腔反射镜使用两种多层介质膜，一种是硬膜，一种是软膜。全反射反射镜为玻璃基底球面镜，曲率半径为 5 m，硬膜为 23 层介质膜，软膜为 19 层介质膜。输出端反射镜是石英平面镜，硬膜为 19 层介质膜，软膜为 13 层介质膜。放电

---

① 邓锡铭主编，He-Cd 激光器，中国激光史概要[M]，北京：科学出版社，1991，54—56。

管阳极为钨杆，阴极为铝制空心圆筒。共振腔采用两种结构，一种是全外腔结构，一种是全内腔结构。

固态镉金属在真空中加热到164℃时就升华成蒸气，镉蒸气源源不断地从镉池向放电区域扩散。随着镉池温度的增加，镉蒸气密度也就越来越大。在放电区域，镉原子被氦亚稳态原子电离。在电场的作用下，镉离子从阳极向阴极流动，这个过程称为电泳。由于电泳效应，在放电管内形成一个镉蒸气流，为激光器提供工作物质。镉蒸气会在阴极端的放电管出口处冷凝在外套管的管壁上，为了使镉蒸气在电泳传输的过程中不致冷凝在放电管内壁上，必须使放电管的温度高于镉的冷凝温度。如果放电管外没有外套管，为了不损失放电热，使放电管保持较高的温度，需要在放电管外附加绝热层。工作过程中，镉蒸气的扩散会污染布氏窗，电泳限制段就是为了防止这种污染而设置的。

b. 激光实验观察和结果。在纯 He 气体放电时，呈现出氦放电的特征颜色——橙黄色，这时经过单色仪只能看到氦的各条光谱线。随着镉源温度升高，镉蒸气进入放电管，颜色开始由黄变白。在单色仪上看到，除了氦的谱线之外，还出现了镉原子和镉离子的谱线。镉源温度继续升高，氦的谱线强度逐渐减弱，而镉原子的谱线强度逐渐增强。

可以通过激发荧光，由眼睛直接观察激光输出，输出激光功率通过硅光电池探测。在加热温度和放电电流固定的情况下，输出激光功率随氦气压的变化存在一个极大值(氦气压大约为 3.3 mmHg)，表明激发过程中氦的亚稳态原子起了主要的作用。输出功率与对镉加热温度的变化也存在一个极大值，是由于随着温度升高，镉蒸气分压增大，电子温度下降，氦的亚稳态密度也随着减少，使激光上能级的激发强度减弱，最后导致激光输出功率下降。

波长 325.0 nm 和 441.6 nm 激光输出功率随氦气压变化是：在气压 3—6 mmHg 范围内存在一个极大值，输出激光功率与加热镉的温度有关，测量 325.0 nm 和 441.6 nm 输出功率与加热温度的关系发现，在温度 260℃附近出现极大值，这也是由于随着加热温度的升高，镉蒸气分压增大，电子温度下降，氦亚稳态密度也随着减少，使激光上能级激发减弱，最后导致输出功率下降。输出激光功率与放电电流的关系中，随着放电电流增加到 110 mA，激光输出功率不断增加。由于放电电源功率的限制，气体放电电流高于 110 mA 以上未测量，但是相信在较大的放电电流处将出现输出更高激光功率。初步确定波长 441.6 nm 获得的激光功率大约 200 mW，但噪声很大，达 15%以上，并且还有同样数值的低频功率波动。波长 325.0 nm 获得的激光功率，经初步测量不小于 10 mW。

氦-镉激光器光学噪声比较高，包含低频和高频噪声。高频噪声峰值在 80—110 kHz，噪声水平是输出功率的函数。要减小噪声，使输出功率达到最大，需要调节放电电流，镉蒸气压沿放电管的分布要均匀，放电管内的杂质含量水平要低。

② 空心阴极放电氦-镉白光激光器。通常的激光器发射单色光，这对某些应用是必需的，对许多应用是适当的，但对某些应用，如多色记录或彩色全息照相，这又有些不便了。这时就需要使用两台以上发射不同波长的激光器，并仔细地调准，这种操作困难、昂贵，有时无法实现。氦-镉激光器在选择适当工作条件时，可以同时发射红、绿、蓝 3 种颜色的激光，它们混合成白光，这在以前的激光器中是做不到的。

a. 实验装置。图 2-3-18 所示是空心阴极放电氦-镉白光激光器结构示意图。激光器放电管放电区长为 310 mm，为了使放电均匀，采用多个阳极(共 9 个)，阳极间距是 30 mm。镉的小颗粒放在阳极区，堆在阳极钨棒上，依靠气体放电产生的热气化，然后电泳及扩

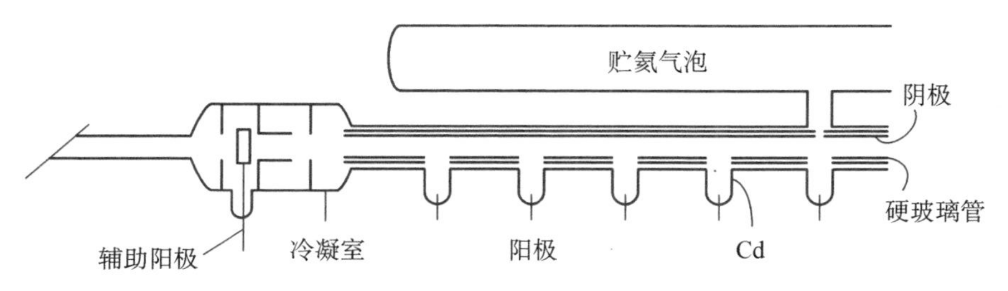

图 2-3-18　空心阴极放电氦-镉白光激光器结构示意

散进入阴极中。阴极是厚壁无氧铜管，内径 3 mm，全长 310 mm，有 9 个孔对着那 9 个阳极。在阴极两端有辅助阳极，其放电电流各为 50 mA，能够防止镉蒸气沾污布儒斯特窗片。共振腔的输出反射镜是宽波带的，反射率接近 100%。镀膜后宽波带反射镜对三色光的反射率不易控制，因此，输出的激光颜色因镜片而异，须作仔细配合。贮氦气泡用来延缓氦气压减小和提高激光器输出功率的稳定性。

b. 实验结果。实验研究了三色激光同时输出的功率与氦压及电流的关系，还研究了单色光振荡时输出功率与缓冲氦气体气压、放电电流的关系。实验结果显示，存在阈值电流强度和阈值氦气体气压，在氦气体气压低时，阈值电流强度大，而且总是绿激光首先振荡，其次是蓝激光；在缓冲气体氦的气压低于阈值气压时，激光器不能产生激光振荡。还存在最佳氦气体气压，大约为 20 mmHg，氦气体的气压超过此气压时，激光器输出功率下降。在总阴极电流大约 0.4 A、电压 300—350 V 时，获得白色激光的激光功率 2 mW。

七、金属铜蒸气原子激光器

利用加热金属产生的金属原子蒸气也可以做激光器的工作物质，并称为金属蒸气激光器。其中的典型代表是金属铜蒸气原子激光器，它是可见光光谱区重要的激光器之一，并且正逐渐发展成为可见光谱区高功率的实用器件。这种激光器有着广泛的应用前景，特别适用于水下应用，如测水深、水下摄影、鱼雷引爆等。同时，它又是染料激光器很好的泵浦光源，激光铀同位素分离的重要光源。

1. 工作原理

图 2-3-19 所示是铜原子发射激光跃迁相关的能级图，激光跃迁的上能级为 $4p^2P^0_{3/2}$，这个能级往基态 $4s^2S$ 的光学跃迁几率比较大，显示在基态铜原子激发到激光上能级的速率很快；但激光跃迁的下能级 $4s^{22}D$ 是亚稳态，从基态激发到这个能级的几率率很低。因此可以预期，如果采用高泵浦速率泵浦铜原子的 $4p^2P^0_{3/2}$ 能级，在这个能级积累大量铜原子，而在下能级 $4s^{22}D$ 积累的铜原子数量很少，于是铜原子会在这两个能级间形成能级粒子数布居反转状态，并产生

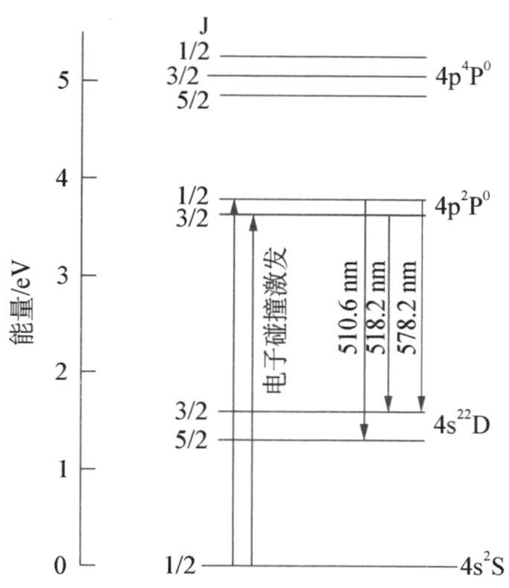

图 2-3-19　铜原子发射激光跃迁相关的能级

激光振荡。但是,在激光振荡发生后,由于铜原子从上激光能级跃迁到下激光能级的原子回到基态的速率很慢,在下激光跃迁能级堆积起来的粒子数不断增多,很快便破坏了原先建立的能级粒子数布居反转状态,激光振荡随即停止,需要等待下一个激发循环重新建立能级粒子数布居反转状态。这意味着,铜蒸气激光器需要很高的泵浦速率,而且是以高脉冲重复率运转方式输出激光,即激光器的有效的工作方式是采用产生脉冲宽度窄、脉冲重复率高的电源激发气体放电。

2. 纯铜蒸气激光器

1978 年,复旦大学光学系伍长征、杨寅等,以及中国科学院上海光学精密机械研究所梁宝根、景春阳等研制成功使用纯铜材料产生蒸气做工作物质的激光器,前者得到的激光波长 780.8 nm,在红外波段;①后者得到的激光波长为 510.6 nm 和 578.2 nm,在可见光

① 伍长征,杨寅等,铜离子空心阴极连续红外激光器[J],中国激光,1979,6(10):24—25。

波段。①

（1）实验装置

图 2－3－20 所示是伍长征、杨寅等的实验装置结构示意图，采用矩形槽空心阴极，铜蒸气由阴极铜棒气体放电溅射产生。作为阴极的无氧铜棒长为 60 cm，棒上开 2 mm×6 mm 的矩形槽作为空心阴极放电区，有效放电长度为 50 cm。阳极用直径为 3 mm 的钨棒，平行地放置在离阴极槽顶 4 mm 左右的位置。在铜棒里打一直径约 6 mm 的长孔，通水冷却阴极，铜棒外的开槽石英套管用于绝缘。采用三相全波整流电源激发放电。共振腔反射镜镀多层介质膜，高反端是 17 层，输出端是 13 层。为减少损耗采用全内腔式，一端固定，一端用波纹管调节反射镜位置。采用纯氦或者氦与氩、氙、氖等混合气体做缓冲气体。

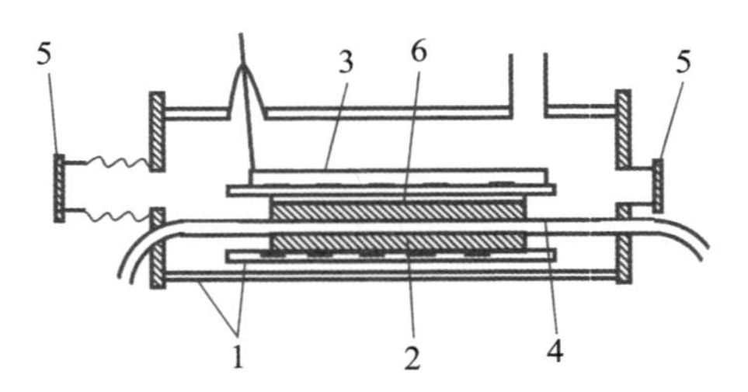

1－无氧铜棒；2－石英套管；3－阳极钨棒；
4－通水孔；5－反射镜；6－空心阴极放电区

图 2－3－20　激光器结构示意

梁宝根等的激光实验采用的放电管是陶瓷氧化铝管，内径 8 mm，电极距离 250 mm，两端贴按布儒斯特角放置的石英窗片。共振腔由一块曲率半径 3 m 的球面反射镜和一块曲率半径 2 m 或者平面反射镜组成，前者镀对波长 510.6 nm 全反射的多层介质膜，后者镀对波长 510.6 nm 光学透光率 60%的多层介质膜，腔长 650 mm。铜粉末沿陶瓷氧化铝管轴均匀放置。放电管内充气压

① 梁宝根，景春阳等，铜蒸气激光器[J]，中国激光，1981，8(1)：18—20。

20 mmHg 的氖气体作为缓冲气体。放电区用真空石英套或者包石棉布保温。

因为铜原子的激光上能级寿命很短(大约 10 ns)，在存在共振俘获的情况下也只有 400—600 ns，所以需要较快的泵浦速率。为此，采用多脉冲重复率谐振布鲁林充放电线路，以满足快泵浦速率要求，图 2-3-21 所示是该线路结构示意图。其中，电感 L 和电容 C 构成谐振充电，ZQM-400/16 脉冲氢闸流管作为开关元件控制重复充放电以激发气体放电。

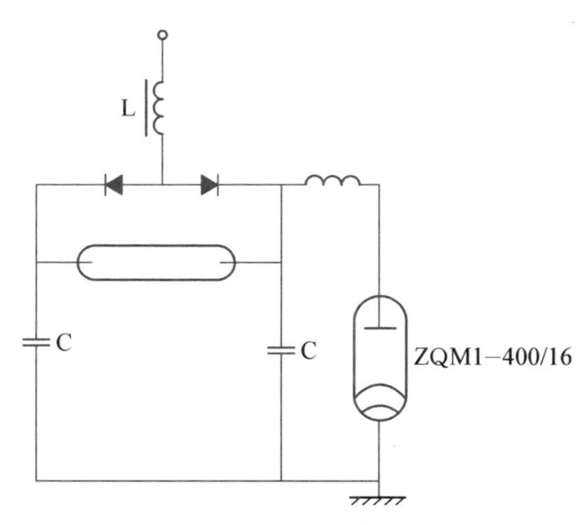

图 2-3-21　充放电线路示意图

(2) 实验观察和结果

伍长征、杨寅等用纯 He 和 He-Ar、He-Ne 以及 He-Xe 混合气体作缓冲气体进行了激光实验，都获得波长 780.8 nm 激光。使用的缓冲气体不同，激光阈值振荡电流不同。采用纯 He 时的振荡阈值电流较高，一般比使用混合气体的阈值电流高 2 倍左右。研究了采用不同缓冲气体时，激光器输出激光功率与放电电流的关系，如图 2-3-22 所示。其中，缓冲气体采用 He-Ar 时的放电最稳定，输出功率也最大；采用 He-Xe 时放电不稳定，输出功率也小。要获得高的激光输出，提高放电电流密度和获得均匀放电是关键问题，而影响增加放电电流的主要障碍是放电出现起弧光，起弧后不但会烧毁放电管，而且也破坏均匀放电。要在有限长度下得到最大增益，均匀放电是必要条件。

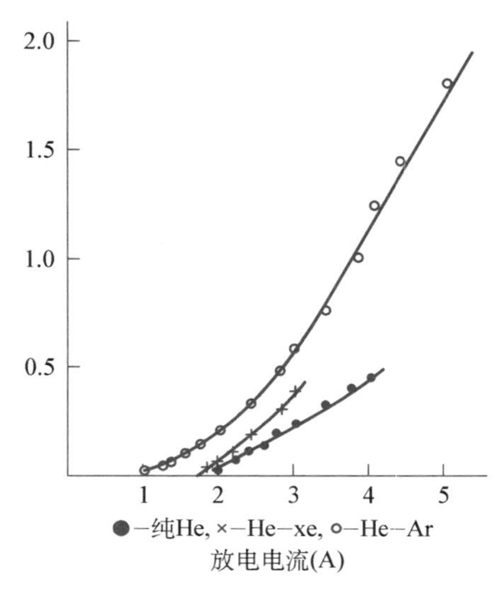

图 2-3-22 输出激光功率与放电电流关系

梁宝根、景春阳等的实验获得波长 510.6 nm 和 578.2 nm 激光输出。在充电电容量 2 μF、充电电压 6 000 V、脉冲重复频率 10 kHz 的工作条件下，获得输出平均激光功率 150 mW，图 2-3-23 所示是波长 510.6 nm 的激光波形。

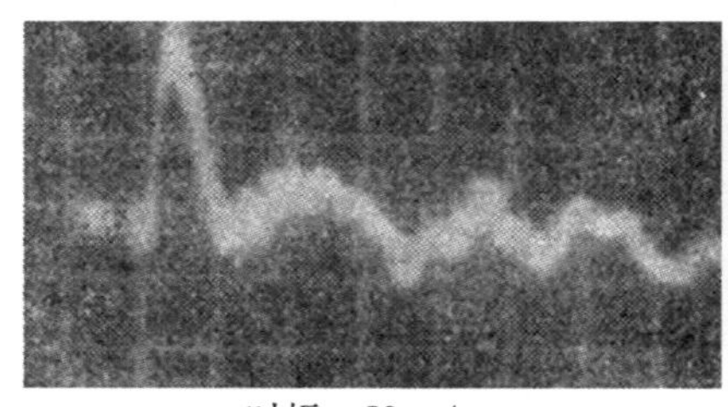

时标：50 ns/cm

时标：0.1 ns/cm

图 2-3-23 输出激光波形

3. 铜化合物铜蒸气激光器

作为激光工作物质的铜蒸气是靠加热铜材料蒸发产生的，要获得激光振荡所需要的铜原子密度，使用纯铜材料时加热温度起码要达 1 200℃，实际运转要求的温度在 1 500—1 700℃；而使用铜的化合物产生铜原子蒸气，工作温度可以明显减低。比如，采用氯化亚铜和溴化亚铜时，需要的加热温度可以降到 400℃；采用乙酰丙酮铜、乙酸铜等，工作温度可以降到 200℃，这样的加热温度利用气体放电本身便可以产生激光振荡所要求的铜原子密度。

在采用铜的化合物材料时，应使用高重复频率脉冲放电激发泵浦。其中，第一个激发脉冲分解铜的化合物，同时也激励部分离解的铜原子；接着，第二个激发脉冲通过电子与基态铜原子的碰撞，快速将铜原子从基态激发到高能级 $4p^2P^0_{3/2}$，并与能级 $4s^{22}D$ 之间形成粒子数布居反转状态。

1978 年，上海激光技术研究所**邱明新**、**梁德祺**等，以及中国科学院上海光学精密机械研究所**梁宝根**、**景春阳**等研究了采用卤化铜的铜蒸气激光器。①②

(1) 实验装置

图 2-3-24 所示是邱明新、梁德祺等的双脉冲激励铜激光器装置示意图，两个放电脉冲都采用了通流动氮气的火花隙来控制。第

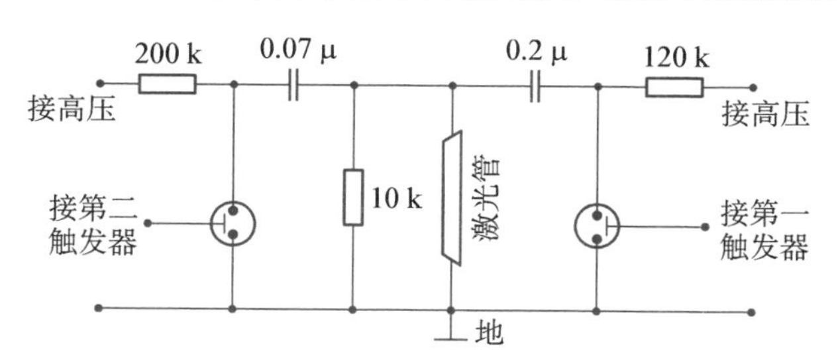

图 2-3-24　双脉冲激励铜激光器装置示意图

---

① 邱明新，梁德祺等，封闭式高重复脉冲铜蒸气激光[J]，中国激光，1979，6(10)：21—23。

② 梁宝根，景春阳等，铜蒸气激光器[J]，中国激光，1981，8(1)：18—20。

一个触发器输出的触发脉冲与第二个触发器输出的触发脉冲之间的时间延迟为 25—110 μs，连续可调。放电管内充氦或者氖气体作缓冲气体，用 LW－1 型激光功率计测量输出激光功率。

梁宝根、景春阳等的实验装置结构与前面介绍采用纯铜材料相同，但使用的放电管尺寸内径 12 mm、电极距离 300 mm。

(2) 实验结果

实验获得了波长 510.8 nm 和波长 578.2 nm 激光输出。邱明新、梁德祺等获得最大激光输出功率为 72 mW，每个脉冲输出能量 5 μJ；梁宝根、景春阳等在使用充电电容量 1.5 μF、充电电压 6 000 V、脉冲重复频率 16 kHz 的工作条件下，获得输出平均激光功率 1.2 W。实验还研究了影响输出激光功率的因素。

激光跃迁下能级是亚稳态，衰变比较缓慢。在第二个脉冲产生能级粒子数布居反转以前，两激发电脉冲之间有一定的时间，称为最小延迟。预计，这个最小延迟是第一个电脉冲所产生的激励和电离程度、亚稳态衰减速度，以及泵浦脉冲产生能级粒子数布居反转的效率等的函数。此外，第一个分解铜化物的电脉冲之后，分解出的铜原子和氯原子开始复合。显然，如果延迟时间太长，铜原子密度会因复合而降低到激光振荡阈值密度以下，此时施加第二个电脉冲将不发生激光振荡。因此，最大延迟时间是限制在某一个值，长于这个延迟时间观察不到激光发射。激光下能级假设已经衰减到非常低的密度，它对最大延迟的值没有重大的影响。最重要的参量是氯化铜最初的离解度、复合速度，以及泵浦脉冲的有效性。可以预见，会有一个合适的延迟时间，得到的激光功率最高，称为最佳延迟时间，相应地有一个最佳放电重复频率。最佳延迟时间与采用的缓冲气体种类有关，在氦、氖、氩这 3 种气体中，用氦作缓冲气体时最佳延迟时间最短，而用氩气体时最长。梁宝根的实验显示最佳脉冲放电重复率为 20 kHz 左右。

预计激光器输出功率会随铜原子的密度的增加而增加，即随 CuCl 蒸气的气压而增加。因为 Cu Cl 粉末与激光放电管有直接接触，因此可以认为 CuCl 蒸气气压在放电管的温度下接近平衡，即扩散损耗会降低实际蒸气压。因此,也会存在一个让激光器输出功率最大对应的温度。邱明新、梁德祺等的实验显示,激光平均功率的最大值在温度 480℃左右;当温度为 480℃时,激光平均功率几乎是随放电电压线性增加。梁宝根的实验显示,最佳温度大约是摄氏 470℃左右。

2-4 半导体激光器

1959 年,俄罗斯科学家巴索夫等便提出给半导体施加电脉冲,获得能级粒子数布居反转的方案;1961 年,又提出利用半导体 p-n 结获得激光的方案。中国科学院长春光学机械精密研究所刘颂豪在 1963 年初发表专文,探讨了半导体激光工作物质的特点,以及利用半导体实现受激光发射的各种可能方案;随后在 1964 年,我国科学家观察到了砷化镓正向 p-n 结的复合受激发光。

一、半导体工作物质的特点

与荧光晶体激光工作物质相比,半导体激光工作物质具有下列特点。

(1) 可利用多种激发方式和激发机制来注入能量例如,光注入、电注入和高速电子注入激发等。利用电注入激发将电能直接变为光能,能够提高激光器的能量转换效率,并简化激光器的结构。

(2) 由于半导体能带结构的多样性利用能带间跃迁所产生的受激光发射的波段范围可能相当宽广,预料利用同一能带内的能级跃迁有可能实现远红外波段的受激发射,可能成为开拓远红外激光领域诸途径中之一。

(3) 许多半导体材料的能带结构及有关物理性质均已积累较丰富的资料和数据,从工艺上已有可能制成纯度高、结构完整和光学均匀性良好的半导体单晶,并已掌握掺杂工艺和器件制备技术。

(4) 控制注入电流密度可以改变输出受激发射的频率,能够直接实现调频。由于半导体的载流子有效质量小,利用外加磁场也可能改变发射频率。半导体具有高的折射率，因而具有高的反射系数，利用此特性，半导体样品本身即可构造共振腔。

（5）能级结构的多样性和复杂性给半导体受激光发射带来某些困难，其中，最为显著的如自由载流子对激发能量及输出辐射的吸收，以及其他杂质中心的非辐射复合，均在不同程度上损耗能量或降低电子-空穴对的寿命，因而就是提高泵浦振荡阈值、降低输出激光功率，甚至也无法实现受激光发射。

二、实现受激光发射的可能方案

1. 半导体能带间的竖直跃迁

由于半导体中非平衡载流子的弛豫时间较短而直接复合的几率又较小，要实现能级粒子数布居反转必须具备高的泵浦功率。然而，较高泵浦功率，势必引起半导体的过热而影响粒子数布居反转的获得。为解决此困难，可利用脉冲泵浦使半导体于低温下操作。为更容易得到较高的非平衡载流子浓度并降低泵浦功率，应选择具有较小禁带宽度和较小载流子有效质量的半导体材料。从上述观点来看，Ⅲ—Ⅴ族半导体材料可能较有希望。利用这种机制原则上有可能实现粒子数布居反转，但由于必须快速切断外场并需高的泵浦能量而遇到较大的困难。

2. 能带间的非竖直跃迁

非竖直跃迁的过程必然伴随有声子的吸收和发射，若半导体处于低温下，则由于晶格振动而减弱，再不能提供非竖直跃迁吸收过程所需的声子。于是，长波声子的吸收几率必然小于发射几率。因此，仅当载流子的浓度比平衡时稍增加，才有可能克服此跃迁的吸收而产生受激光发射。利用此机制必须满足下面条件，即

$$\omega_r/\omega_f < T_{有效}/T。\qquad (2-4-1)$$

式中，ω_r、ω_f 分别为光子和声子的频率；$T_{有效}$ 为能带间跃迁相应的有效温度；T 为样品温度。就 Ge 来说，$\omega_r/\omega_f \approx 25$，样品需冷却至液氦温度才能实现能级粒子数布居反转状态；对 Si 来说，$\omega_r/\omega_f \approx 10$，可

在较高温度下实现能级粒子数布居反转状态。

3. 激子吸收和复合发光

某些半导体激子不仅存在线状谱线发光且有极强的吸收带，可以实现受激光发射，可以采取光辐射、电场或快速电子电离等泵浦方式。

在非竖直跃迁机制中，仅当电子的直接复合几率超过伴随有声子吸收的带内跃迁几率时，才能产生能级粒子数布居反转状态。由于这两个过程均有声子参与，因此几率相近。利用激子的非竖直跃迁，则由于形成激子所需的能量比本征吸收的能量小，且在低温下激子的复合几率大于自由载流子的复合几率，有可能降低泵浦功率，也有可能在激子浓度不高的情况下建立能级粒子数布居反转。

4. 同一能带的跃迁机制

已知载流子在静磁场 H 及交变电场作用下将沿螺旋形曲线运动，回旋频率 ω_{u} 为

$$\omega_{\mathrm{u}} = \pm eH/m_{\pm}^{*}c。 \quad (2-4-2)$$

式中，$m_{\pm}^{*}$ 分别表示空穴和电子的有效质量，它们的旋转方向相反；c 为光速。当交变电场频率 ω 等于回旋频率 ω_{u} 时，可观察到共振吸收。对于某些具有本征吸收谱线的半导体，如 Ge 和 Si 等，当产生回旋共振吸收时可观察到频率为 ω_{u} 倍数的附加谱线，其结果导至选择定则 $\Delta n = \pm 1$ 的破坏，同时出现异于零值的二偶矩跃迁 $\Delta n = \pm 2$，3，原则上可利用这种现象产生和放大高频辐射。

处于导带较低能级的电子有效质量为正，而处于导带较高能级的电子有效质量为负。如果设法使大部分电子处于负有效质量状态，即处于导带的较高能级时，就有可能产生受激发射。不过，在恒定电场下，无论有效质量为各向同性或各向异性，均不可能形成粒子数布居反转状态。在脉冲电场下，虽可望形成粒子数布居反转，但载流子寿命非常短（10^{-10}—10^{-12} s）。

半导体激光器使用的工作物质经历了从同质体材料到异质量子点的发展过程，依次是同质结、单异质结、双异质结、量子阱、量子线、量子点，输出性能也获得不断改善和提高，正所谓一代半导体晶体材

料，一代半导体激光器。

三、砷化镓(GaAs)半导体激光器

1964年，中国科学院长春光学精密机械研究所科学家**王乃弘**、**潘君骅**等，以及中国科学院半导体研究所**刘伍林**研制成功这种激光器。①②

王乃弘，研究员，江苏无锡人，1952年毕业于大连工学院物理系。曾负责研制我国第一台红外夜视仪和微光夜视仪。负责研制我国最早的砷化镓半导体激光器，并首先实现激光通话实验。负责研制的连续波可调谐环形染料激光器和连续波锁模微秒染料激光器，主要性能指标均达到国际先进水平。

潘君骅，1930年出生于江苏常州。1952年毕业于清华大学，1960年获前苏联科学院普尔科沃天文台副博士学位，1999年当选为中国工程院院士。现任苏州大学现代光学技术研究所研究员。20世纪50年代后期，提出大望远镜二次凸面副镜的新检验方法，并实际应用于前苏联6 m望远镜和我国60 cm望远镜及2.16 m望远镜的副镜检验；20世纪60—70年代，在研制我国大型靶场光学设备的过程中，发明了一套重要的光学加工和检测技术，解决了各种光学非球面加工的关键技术难题。他主持完成的我国和远东最大的2.16 m光学天文望远镜获国家科技进步一等奖，折轴阶梯光栅分光仪获中国科学院科技进步二等奖。近几年还研制了多种特殊非球面光学仪器和设备，发表了科研论文数十篇，出版专著1部。

1. 激光器结构

砷化镓p－n结由扩散方法制成，p型材料杂质是锌，n型材料杂

---

① 王乃弘，潘君骅等，半导体砷化镓的受激发射[J]，科学通报，1964，4：619。
② 刘伍林，砷化镓p－n结的受激发射[J]，科学通报，1965，1：65—67。

质是碲。在起始掺碲浓度为 5×10^{17}—$1.5\times10^{18}/cm^3$ 的 n 型砷化镓中扩散锌，扩散深度为 50 μm。样品做成长方形，如图 2-4-1 所示，典型的样品尺寸为 0.15 mm×0.20 mm×0.80 mm，共振腔的两反射面用解理方法获得。工作物质放置于液氮中冷却，以脉冲电泵浦，用单色光计测定辐射波长及谱线半宽度。

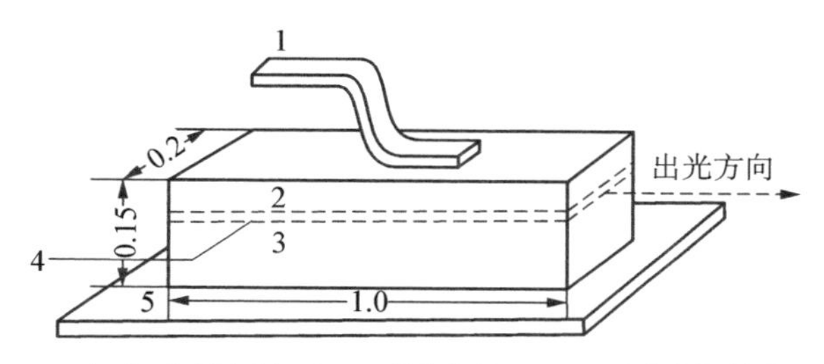

1、5-金属电极；2-p 型砷化镓；3-n 型砷化镓衬底；4-n 型砷化镓

图 2-4-1 砷化镓半导体激光器结构

2. 实验结果

在液氮温度下，激光器件以脉冲形式工作。注入电流很小时，辐射具有自发发射的性质，发光为各向同性，谱线宽度较宽，图 2-4-2(a)所示是在温度 77 K 时测量得到的自发辐射谱，线宽度为 17 nm。随着注入电流增加，辐射的峰值波长向短波方向移动，谱线宽度也随之减小；注入电流达到阈值时，谱线宽度陡然变窄到小于 1 nm。在温度 77 K 时，阈值电流密度在 2 600—6 000 A/cm^2 范围内变化；在温度降到 20 K 时，阈值电流密度便低至 700 A/cm^2，此时利用高分辨率的光谱仪观察，可以看到光谱存在精细结构，最强的受激发射的谱线宽度小于 0.05 nm。当注入电流超过阈值很多时，谱线又反而变宽。图 2-4-2(b)所示是器件在温度 77 K 时的受激发射光谱，波长位置在 842 nm，谱线宽度小于 1 nm。

注入电流达到阈值时，光束空间发散角显著变窄。将红外底片直接放在器件前作远场照相，摄得辐射的远场干涉图样，如图 2-4-3 所示，光束集中在很小区域内。在 p-n 结的平面内，光束张角小于

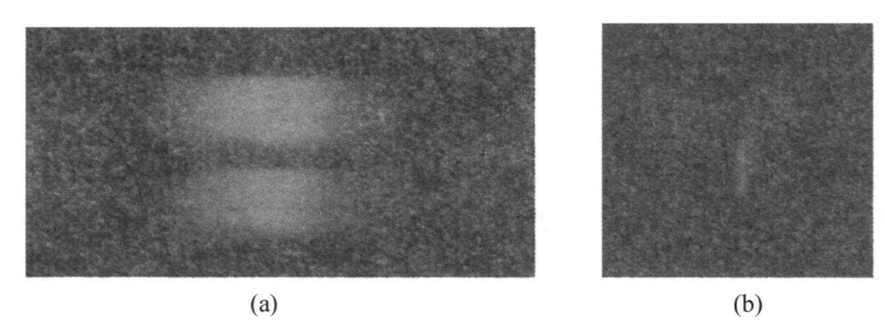

(a) (b)

图 2-4-2 器件发射的自发辐射和受激辐射谱

4°,在垂值于 p-n 结平面内张角小于 10°。当注人电流为连续的 100 mA 时,干涉条纹及发射光辐射方向性消失,光辐射场是均匀一片,如图2-4-4 所示。用校正过的光电管测定受激光的脉冲峰值功率,当泵浦电脉冲宽度为 3 μs 时,得到的激光峰值功率为 0.5 W;在泵浦电脉冲宽度变为 0.3 μs 时,得到的激光峰值功率是 4 W。

图 2-4-3 受激辐射的远场干涉图

图 2-4-4 连续泵浦时的辐射光场

四、异质结半导体激光器

砷化镓半导体激光器使用同一种半导体材料做成的 p-n 结,称为同质结。同质结制造的半导体激光器,由于有源增益区两侧没有足够高的内部势垒,通过 p-n 结正向注入的非平衡载流子,由于扩散效应,在沿垂直 p-n 结方向有比较大的弥散,因而注入载流子的利用率比较低，而且对温度变化很敏感，激光阈值振荡电流密度要求很高，需要的电流密度高达 10^5 A/cm^2 量级，而且激光器也只能在低温(大约 77 K)下以脉冲方式运转。后来采用外延方法生长的同质结，虽然掺入的杂质浓度可以提高，杂质分布也变陡，改变了原先的平缓分布状况，能够在有源增益区的一侧产生内建电场，对注入的非平衡载流子扩散起到一定程度的阻挡作用，能够降低激光振荡阈值电流密度，激光器也能够在室温条件下工作，但只能是脉冲式工作。后来采用异质结，工作性能获得很多改善。

1. 单异质结半导体激光器

$Al_xGa_{1-x}As$ 同 GaAs 晶格匹配，GaAs 和 AlAs 的晶格常数相差只有 0.001 nm，在 GaAs－$Al_xGa_{1-x}As$ 界面形成的非辐射复合中心最小，从根本上保证了不因第三种元素 Al 的引入而降低内量子效率。其次，$Al_xGa_{1-x}As$ 的禁带比 GaAs 禁带宽，nGaAs－$Al_xGa_{1-x}As$ 异质结的能带是不连续的。nGaAs－$Al_xGa_{1-x}As$ 异质结在能带上还存在一个能量台阶，注入到有源区内的电子不能跑到 p 型 $Al_xGa_{1-x}AsG$ 区中。大量注入电子被限制在很窄的有源区内，使在较小注入电流时，就可实现有源区高密度粒子数布居反转值，能够获得比较高的增益系数。第三，由于 $Al_xGa_{1-x}As$ 的折射率比 GaAs 小，异质结界面是光学不连续的界面，光子限制在有源区内。而这个区又是粒子数布居反转区，所以光学吸收系数减少，可降到自由载流子吸收的极限值。因此，$Al_xGa_{1-x}As$－GaAs 成为半导体激光器最早使用的异质结。为区别后来制有两个这种 p－n 结的激光器，它通常称为单异质结半导体激光器。

1973 年，北京大学物理系**李忠林**等研制成功单异质结半导体激光器。①

(1) 激光器结构

工作物质 $Al_xGa_{1-x}As$－GaAs 异质结用通常的多层液相外延法

---

① 李忠林，$Ga_{1-x}Al_xAs$ 单异质结激光器的时间分辨光谱[J]，物理，1974，3：145—148。

制造,结构和正向偏置时的能带如图 2-4-5 所示。在 n 型 GaAs 衬底 1 上,依次生长第二层 n-$Ga_{1-x}Al_xAs$(掺 Te,厚度 15 μm)、第三层 p-$Ga_{1-y}Al_yAs$(掺 Zn,厚度 10 μm, $y>x$)和第四层 p^+-GaAs,放在氢气氛下高温焙烧。由于 Zn 的扩散系数比较大,所以第三层的杂质 Zn 将扩散到第二层的虚线处,使 2′区域反型,成为 p-$Ga_{1-x}Al_xAs$,使作用区基本上限制在 2′区域内,其厚度大约 2 μm。第二层的 Al 含量 x 决定了作用区的禁带宽度,调节 x 的数量,能够得到室温下红色激光。有源区面积为 620 μm×140 μm,采用脉冲电激发,脉冲重复频率 200 Hz。

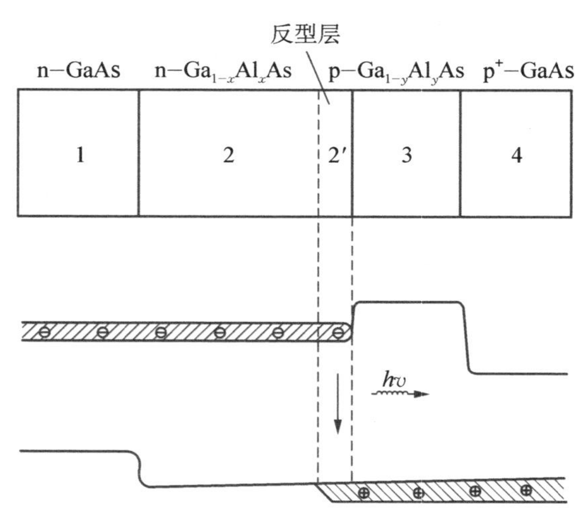

图 2-4-5 $Ga_{1-x}Al_xAs$ 单异质结激光器结构和正向偏置时的能带

(2) 实验观察结果

在室温(温度 294 K),激光振荡阈值电流大约为 24 A,激发电流高于阈值电流时,获得红色受激光发射,激光峰值波长 754.6 nm。当激发电流超过阈值较多时。输出近场图上出现 4 个亮斑,其中一个随着注入电流增大,亮度迅速增加,如图 2-4-6 所示。与 GaAs 同质结激光器相比,这种激光器的阈值电流密度低,一般降为原来的

图 2-4-6　激光器输出近场图

1/3;有比较高的微分外量子效率,可提高一倍。

2. 双异质结半导体激光器

单异质结只在注入载流子扩散显著的 p 侧有势垒壁限制载流子,防止载流子向 p 侧渗透,但空穴和光子注入到 n 区并没有限制。所以,采用单异质结的激光器的性能虽然比同质结激光器有很大改进,但还不能在室温下连续输出激光,只适合脉冲式工作。为解决这个问题,在 p-n 结两侧均设立异质结,制造双异质结激光器。第一个双异质结激光器是 $Al_xGa_{1-x}As/GaAs/Al_xGa_{1-x}As$ 激光器,在砷化镓有源区的两边都有一层砷化镓铝($Al_xGa_{1-x}As$)。因为砷化镓铝的能隙大于砷化镓,所以 p 型和 n 型的砷化镓铝分别对电子和空穴产生固有的势垒。当 p-n 结被正向偏置时,注入的载流子将被限制在这两层砷化镓铝之间。因此,当有源区的厚度(两层砷化镓铝之间的距离)小于电子扩散长度时,在同样注入电流水平的情况下,有源区内单位体积的注入水平就提高,因而提高了激光增益,相应地降低了激光振荡阈值电流。即使温度上升,电子扩散长度增加,而有源区的厚度不变,即有源区内单位体积的载流子注入水平不变,这就大大降低了器件的阈值电流密度对温度的依赖关系。另外,由于砷化镓铝折射率小于砷化镓的折射率,因而有源区形成一光波导区,使大部分光辐射限制在有源区内,大大增强了激光共振腔内的光子密度。穿透到非有源性区的光子数量大大减少,即光的吸收损耗大为下降。也就是说,上述两种限制的效果能够使阈值电流密度大幅度下降,可减低到 10^3 A/cm^2 以下,而且受温度变化的影响会很小,有可能实现在室温下连续输出激光。1970 年,美国和前苏联的科学家研制成功这种双异质结半导体激光器。1975 年,中国科学院北京物理研究所也研制成功了双异质结半导体激光器。①

（1）激光器结构

在 n 型 GaAs 单晶片（衬底）上,用外延方法连续生长 4 种不同组分的薄层。第一、第三层分别是 n 型和 p 型砷化镓铝层,限制电子和光辐射;第二、第四层为 p 型砷化镓,其中第二层是有源区,注入的载流子在这里发生复合发光,厚度和质量对激光器性能起重要影响;第四层是为了容易做好欧姆接触而生长的。

由于铝特别容易氧化,一旦出现就很难进行外延生长,所以这 4 层生长必须依次连续地在一个流程中完成,在生长过程中绝对不能接触到氧。精确地控制温度,包括对炉温度的时间变化和温度梯度的控制,也是生长出质量符合要求外延片的必要条件。图 2－4－7 所示是获得的双异质结片各外延层的横剖面显微照片,旁边的数字是层的厚度。

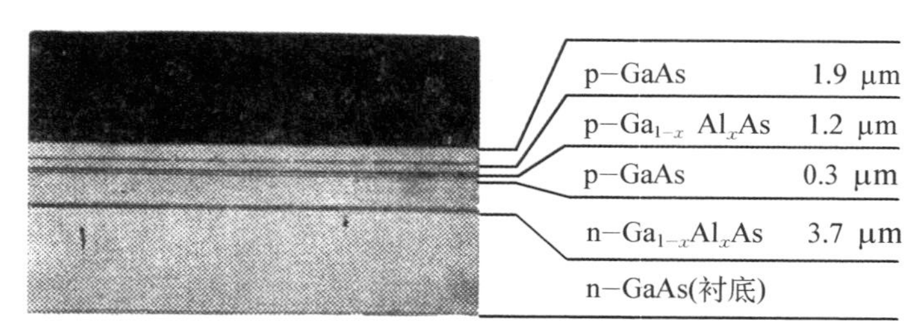

图 2－4－7 各外延层的横剖面显微照片

欧姆接触的制作过程是,取外延片表面光亮的部分,经化学清洗后扩散锌。在外延层内扩散锌的深度为 0.3 μm 左右,扩散锌是为了欧姆接触更好。欧姆接触电极所用的金属材料在 p 型边是铬、金、银,都是用真空蒸发沉积上去,总厚度约 500 nm。在 n 型边是用

① 中国科学院北京物理研究所,能在室温下连续工作的砷化镓激光二极管[J],物理,1976,5(4):202—205。

金-锗-镍、银，用台面腐蚀法和质子轰击法形成管芯的条形区。管芯长度一般为 250—300 μm，宽为 300 μm，散热片是镀铟的小银片（直径 5 mm，厚度 1 mm）。

（2）实验结果

用上述方法制成的二极管，在室温下获得连续受激发射。工作时的环境温度是 300—310 K，直流阈值电流一般为 150—400 mA。在黑暗的房间里正面观察管芯，能见到一小红点，在几米之外还能看到，光谱测量光输出的峰值波长位置在 860 nm 附近。改变 Ga 和 Al 的含量，输出激光波长可以在 800—900 nm 范围变动。远场图样观察说明，在垂直 p－n 结方向上都是基横模工作，半功率点的全宽度为 50°左右；而在平行 p－n 结方向上，只有在近阈值处才是基横模工作，半宽度约 7°左右。室温连续工作的外微分量子效率一般为 20%—30%，最高达 52%。

3. 分别限制异质结(SCH)激光器

双异质结激光器的发光面积有限，仅为数微米乘零点几微米，因为厚，很容易产生高阶模振荡，激光束质量变差；同时，也只有采取薄的有源区才能实现室温下连续工作，能够保证激光器单模输出。但是，薄有源区限制了激光器的输出功率，室温下双异质结激光器的光输出功率通常为数毫瓦量级。如果激光输出功率为几毫瓦，则发光的有源区光功率密度可高达 10^5 W/cm^2，相当于太阳表面上的光功率水平。如果再进一步增加其输出功率，会将激光器端面处的半导体材料熔化烧毁，损坏共振腔，激光器无法继续工作。这就是说，增大有源区厚度来提高激光器输出功率的做法，看来是不大可能的。

在双异质结的原 3 层结构基础上，在有源区两边各增加一层波导层，构成 5 层结构（再加欧姆接触层实际是 6 层结构），称为分别限制异质结结构，简称 SCH（separated confinement heterostructure）。两层波导层有两方面的作用：一方面，它们同有源区的禁带宽度差能够将载流子限制在有源区很窄的区域内（大约 100 nm）；另一方面，它们同有源区的折射率差 Δn 不是很大，有源区中载流子复合发射的光辐射可以扩展到这两层波导层中。它们与有源区一起构成光波导，光场被限制在有源区、波导层(共计3层)的光波导中。载流子和光子是分别限制在不同的区域中，注入载流子大部分被限制在有源区内，而光波导由有源区及两个AlGaAs波导层共同形成。这样，由于增大了光学共振腔，使总的光功率分散在较大的面积上，减轻了大脉动功率引起的端面损伤，因而可以得到较大的激光功率输出，有较小的垂直于结平面方向的光束发散角，以及较低的阈值电流密度。

1986年，重庆光电技术研究所科学家**张道银**用液相外延法制备出对称分别限制异质结可见光 $Ga_{1-x}Al_xAs$ - GaAs 激光器。①

(1) 激光器结构

如图2-4-8所示，采用传统的液相外延(LPE)方法生长制造各层次，生长温度800℃，生长时间小于200 ms。在n-GaAs上连续生长6层，第一层和第五层为一对掺Te和掺Zn的GaAlAs外限制层，$x=0.58$；第二层和第四为一对GaAlAs内限制层，$x=0.40$；第三层是有源层，$x\approx 0.15$，厚度小于36 nm；第六层是p-GaAs欧姆接触层。器件总厚度约80 μm，解理成腔长为200—300 μm的管芯后，采用In焊料将管芯烧焊在铜热沉上。

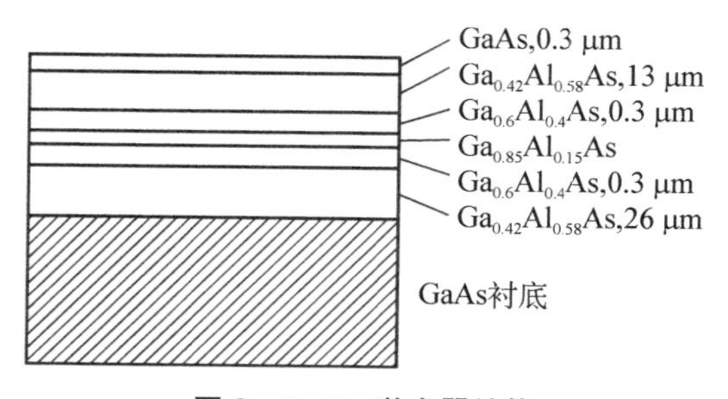

图2-4-8 激光器结构

① 张道银，0.78 μm对称分别限制异质结(SCH)GaAlAs激光器[J]，半导体光电，1987，1：42—47。

内限制层与有源层之间的势垒差 $\Delta E_{34} = 0.31$ eV，内限制层与外限制层之间的折射率差 $\Delta n_{12} = 0.10$。

（2）实验观察结果

获得了基横模输出，是由于有源层位于波导层的中央，模式光场与有源层的耦合作用相互加强，有利于横基模振荡。激光功率大约 10 mW，激光波长 0.78 μm。阈值电流大约 120 mA，偏大了一些，主要原因是介质层的电流限制不好，可能还有别的原因。激光光束的远场强度分布的激射光丝非常稳定，这是因为该器件的有源区很薄（大约 35 nm），已经成功地将光场分开，以致在大电流注入条件下也能获得均匀的光场。

五、量子阱半导体激光器

量子阱结构是由两种或两种以上不同组分或不同导电类型的超薄层晶体材料交替生长的一维结构，由一个势阱构成的量子阱结构称为单量子阱，简称为 SQW（single quantum well），由多个势阱构成的量子阱结构称为多量子阱，简称为 MQW（multiple quantum wells）。

量子阱不再是像半导体材料那样的能带结构，载流子受到一维限制，能带发生分裂；其次，在量子结构中，态密度分布量子化了；第三，量子阱结构中，势阱的厚度很薄，电子和空穴的平均自由程通常小于量子阱的厚度，因此，注入量子阱中的载流子被收集到势阱内。由于势阱内的电子和空穴的声子散射作用，载流子相对集中地则位于低的量子态上。量子阱的宽度很窄，注入效率大为提高，比双异质结更容易实现粒子数布居反转。因此，以量子阱为有源区的半导体激光器，性能获得了很大的改善，输出的激光波长蓝移；激光振荡阈值电流明显减小，研制出激光振荡阈值电流为亚毫安，甚至只有几微安的量子阱激光器；激光增益系数大为提高，可高达两个数量级；输出的激光谱线宽度明显地变窄，显示出更好的单色性；温度特性大为改善，受温度的影响大为降低。

量子阱结构中，只在一维方向上有势垒限制，另外二维是自由的。如果进一步增加限制的维度，则构成量子线和量子点，两个方向上有势垒限制就构成量子线，3 个方向上都有势垒限制就构成量子点。量子线和量子点具有更高级的量子化特性，能够制造性能更加优秀的激光器。

量子阱半导体激光器的激光有源区是量子阱结构，阈值电流密度很低，比通常的双异质结激光器的阈值电流密度又降低到了大约 1/10。在这种激光器问世前，各种半导体激光器输出的激光波长都在红光以外的的长波波段，只有量子阱激光器出现后才改变这种状况，可以输出在可见光波段的激光。输出红光、黄光、绿光和蓝光的激光器都已经成功，并且能够在室温条件下工作。目前，还在开发紫外波段的半导体激光器。量子阱激光器已成为光纤通信、光学数据存贮、固体激光器泵浦光源、半导体光电子集成等应用中的理想光源。1987 年，中国科学院半导体研究所**张永航**、**孔梅影**等研制成功室温连续输出多量子阱激光器。①

1. 激光器结构

图 2－4－9 所示是激光器结构，各层结构参数分别是：①衬底 n－GaAs；②缓冲层 n－GaAS，掺 Si（n 为 1×10^{18} cm^{-3}），厚度 1.5 μm；③光限制层 n－$Al_xGa_{1-x}As$（x 为 0.24），掺 Si（n 为 5×10^{17} cm^{-3}），厚度 1.5 μm；④有源层是由 10 个阱组成，阱宽和势垒宽度分别为 10 nm 和 5 nm，势垒组分为$Al_yGa_{1-y}As$（y 为 0.24）；⑤光限制层 p－$Al_xGa_{1-x}As$（x 为 0.24），掺 Be（p 为 5×10^{17} cm^{-3}），厚度 1.5 μm；⑥顶层 p－GaAs，掺 Be（p 为 5×10^{15} cm^{-3}），厚度1.5 μm，用于制作欧姆接触电极。

外延片经过去 In、扩 Zn、蒸发电极和合金等工序后，解理成宽接触的管芯，从中选出阈值电流密度较低的片子制作条形激光器，用质子轰击条形和氧化物条形。质子轰击深度为 2 μm，掩埋钨丝直径为 8—10 μm，器件腔长约 150—200 μm。

---

① 张永航，孔梅影等，GaAs/AlGaAs 多量子阱激光器，半导体学报，1989，10(10)：788—792。

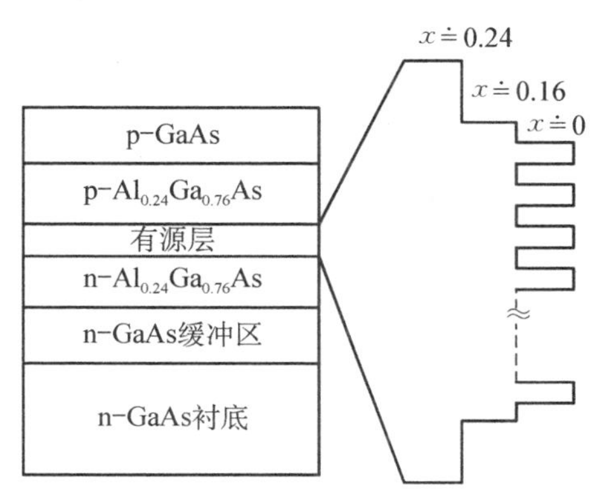

图 2-4-9 激光器结构示意图

2. 实验结果

最佳阈值电流为 128 mA,单面连续输出功率大于 22 mW,输出激光波长在 859—864 nm 范围。图 2-4-10 所示是激光器输出光谱随工作电流的变化,在一定的电流范围内激光器输出单纵模激光。单面外微分量子效率 34%,特征温度为 202 K。拍摄了垂直于结面和平行于结面方向远场图,在工作电流 130 mA 时,垂直于结面方向

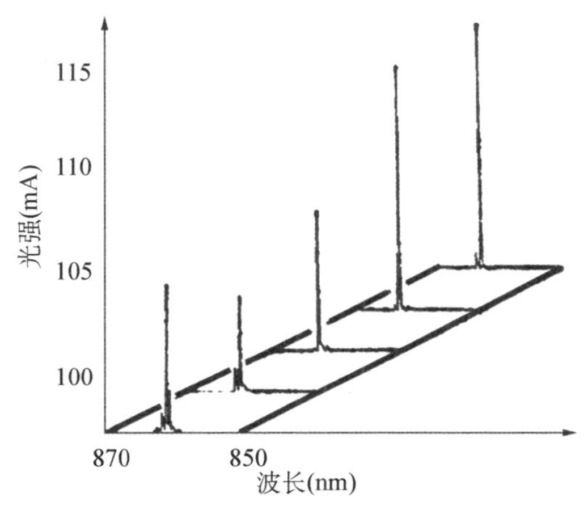

图 2-4-10 激光器输出光谱随工作电流的变化

的半高强度发散角 25.8°，平行于结面方向的发散角为 4.7°，其单峰结构显示激光器工作在基横模。

六、垂直腔面发射激光器(VCSEL)

这是一种新型的量子阱激光器，其共振腔面平行于 p－n 结平面，激光输出方向垂直于 p－n 结平面，又称微型半导体激光器。

1. 激光器结构

图 2－4－11 所示是垂直腔面发射激光器结构，采用分子束外延的方法生长制作的。图(a)表示成分，中间是有源区结构；图(b)是驻波强度分布，由顶部 p 型掺杂的分布布拉格反射器、中间 i 型(未掺杂)的共振腔、底部 n 型掺杂的分布布拉格反射器所组成的 pin 二极管。

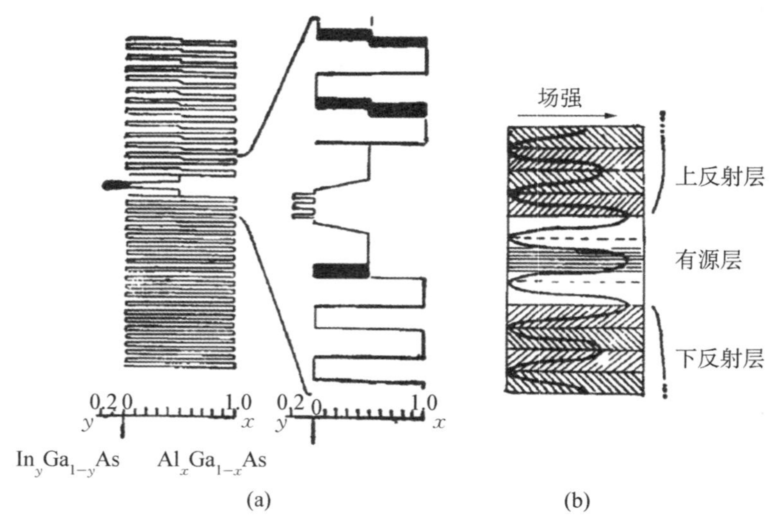

图 2－4－11 垂直腔面发射激光器结构

由于面发射激光器的共振腔很短，要实现室温连续激光振荡，其镜面反射率必须达到或高于 98％(对通常的侧面输出激光器大约只需 30％)，因此一般采用具有不同折射率的同类半导体材料，作成

1/4 波长相间的分布布拉格反射器。为了得到 98%以上的反射率，通常需要生长 20—30 个周期的反射层，共振腔的中部是 1—3 个量子阱的有源区，其宽度约为 60 nm。有源区的两侧是限制层，一方面限制载流子，另一方面调节共振腔的长度，使共振波长正好是所需要的激光波长。

2. 主要特性

垂直腔面发射激光器有下列特性。

(1) 共振腔腔长很短，加上构造共振腔反射镜，总长度一般 5 μm，使得振荡模的波长间隔 $\Delta\lambda$ 很大，达 100 nm，因而非常容易实现单纵模输出。

(2) 输出的一般是圆对称高斯光束，使用时，一般不再需要光学矫正系统，而普通半导体激光器输出的激光束有像散。并且输出的激光束发散角度小，通常仅几度。

(3) 有源区体积小，小于 0.05 μm^3，比普通半导体激光器还小一个数量级，光泵浦的激光器有源区的体积小到 0.002 μm^3。因此，即使很小的注入电流强度也能获得足够高的激光增益，因而激光阈值振荡电流和工作电流都很小，依器件尺寸大小不同，仅仅为几十到几百微安。

(4) 发光面就是外延生长面，其共振腔就在该面上，无须解理就已经形成了共振腔。在构成了共振腔之后，可以检测外延片上所有的激光器，大大提高了制作效率，降低了制造成本。同时，还很方便在同一衬底上集成许多激光器，制成多功能的垂直腔面发射激光器阵列。

3. 激光器类型

垂直腔面发射激光器有 3 种：①输出波段 800 nm 的 AlGaAs - GaAs 系列，主要用于光信息处理和光学测量；②输出波段在 0.9—1 μm的 InGaAs - GaAs 系列；③输出波段在 1.3—1.55 μm 的 InGaAsP - InP 系列，主要做光通信的光源。这类激光器与前面介绍的半导体激光器不一样，从外观上看，如同一只微型可乐罐，输出的激光束是圆形；而普通的半导体激光器在外观上看如同一块砖，激光从激光器的侧面发射出来，沿与 p－n 结平行的方向传播。

4. 激光器实验

1992 年，北京大学物理系**陈娓兮**、**钟勇**等研制成功用银膜作反射镜的垂直腔面发射激光器；①1993 年，中国科学院半导体所集成光电子学国家重点实验室**林世鸣**、**吴荣汉**等研制成功低阈值电流垂直腔面发射半导体激光器。②

（1）激光器结构

陈娓兮、钟勇等是采用液相外延的方法，在 n－GaAs 衬底上生长分别限制单量子阱，作为激光器的有源区；采用银膜作为垂直短腔面、共振腔的反射镜和欧姆接触电极，并制作了从底部和顶部输出激光的两种类型激光器。共振腔反射镜的反射率与银膜厚度有关，在膜厚 36 nm 附近反射率有一个转折点：小于 36 nm 时反射率随厚度增加较快，大于 36 nm 时反射率随厚度增加缓慢。从底部输出激光的激光器，在底部蒸镀一定透过率的银膜，膜层厚度 35 nm，顶部膜层厚度大于 100 nm，反射率大约为 99%。顶部输出激光的器件，顶部镀银膜厚为 35 nm，底部镀银膜厚度大于 100 nm；用低温淀积 SiO_2 保护外延面，将衬底减薄、抛光以减少衬底吸收损耗；然后在这 400 圆孔周围外蒸镀电极，圆孔中蒸镀银膜作为反射镜。

林世鸣、吴荣汉等的激光器件结构是：首先，在 n－GaAs 衬底上生长 1 μm 的 n－GaAs 过渡层；然后，是 25.5 周期的 n 型（Si，$3\times10^{18}\,cm^{-3}$）$AlAs/Al_{0.1}Ga_{0.9}As$（71 nm/60 nm）分布布拉格反射器的反射层；接着，是两个不掺杂的渐变 x 值的 $Al_xGa_{1-x}As$ 限制层夹着 3 个量子阱组成的有源区，其参数为 GaAs 阱/$Al_{0.22}Ga_{0.78}As$ 垒（10 nm/8 nm）。这 3 层总的光学厚度设为一个驻波场的波长（850 nm），接着再生长 20 周期的 p 型（Be，$3\times10^{18}\,cm^{-3}$）分布布拉格反射器反射层

① 陈娓兮，钟勇等，用银膜作反射镜的垂直短腔面发射激光器[J]，半导体学报，1994，15(10)：700—702。

② 林世鸣，吴荣汉，AlAs/AlGaAs 低阈值垂直腔面发射激光器[J]，高技术通讯，1994，10：11—12。

和 p^+-GaAs 顶层。

采用质子轰击的方法制作激光器。所用的质子轰击剂量为 1×10^{15}—3×10^{15} cm^{-2}，轰击能量为 330 keV，轰击深度可达 2.7 μm，绝缘层击穿电压达 50 V 以上，制作的激光器截面积为 15×15 μm^2。

(2) 实验观察和结果

制作的面发射激光器实现了室温脉冲激光振荡发射，输出单横模、单纵模激光，波长 872.8 nm，如图 2-4-12 所示。谱线宽度约为 0.4 nm，输出光功率不低于 0.3 mW，激光振荡阈值电流一般为 20—40 mA。

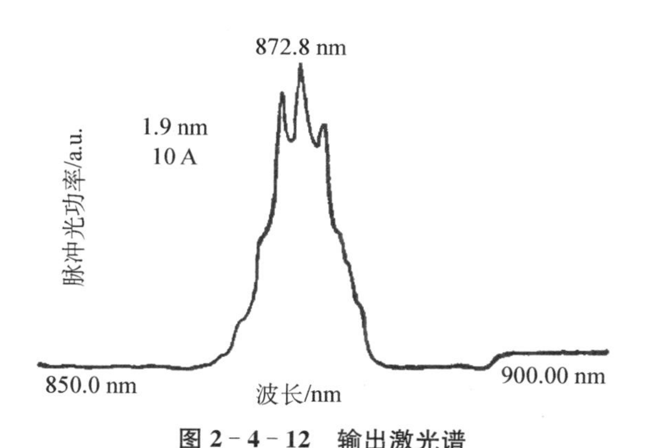

图 2-4-12 输出激光谱

2-5 化学激光器

这是利用化学反应释放的能量激发原子或者分子，建立能级粒子数布居反转，并获得激光的激光器，或者说这是将化学反应能量直接转换成激光能量的激光器。两种或者多种物质混合时，会发生化学反应，有一些反应会伴随能量释放。有些反应过程中释放的能量，相当大一部分会成为激发产生分子振动能级的能量，而且激发到振动量子数 u 大的能态（即高振动能级）的速率，比激发到振动量子数 u 小的低能态还高。这意味着，在化学反应产物中处于振动激发态的分子为数不少，而且还会出现高振动能级的粒子数比低振动能级的粒子数还多的情况，即反应产物出现能级粒子数布居反转状态。因为产生激光发射的粒子是在化学反应过程中产生的，它们不仅可以是原子、离子，也可以是多原子分子或不稳定中间产物分子，发射的光波长很丰富，分布在红外到紫外广阔的波段，而且能量转换效率很高。

化学反应通常是通过分子之间的碰撞来实现的，显然，化学反应速率的快慢将直接影响激光器的输出性能。影响化学反应速率的因素主要有以下几方面。

(1) 反应物的浓度

反应物的浓度对化学反应速率的影响按质量作用定律起作用，提高反应物的浓度能够提高反应速率。

(2) 反应物的温度

升高反应物的温度，能够加快反应速率，并且随温度指数增长。

(3) 活化能

化学反应需要一定的活化能量。从体系外注入能量，使得体系中产生大量的活性态原子或者自由基(称为活性中心)，可以大大地提高化学反应速率。注入能量的主要办法有：

① 光引发。利用适当波长和能量的光辐射，使分子离解成原子或自由基。常用的光源是闪光灯(氙灯或氩灯)，其光谱成分应尽可能多落在反应物的光学吸收带，闪光脉冲前沿上升时间要尽可能短。

② 电引发。利用气体放电在体系内产生电子或离子，然后它们与分子碰撞，使分子离解。使用的电脉冲宽度要窄，峰值功率要足够高。

③ 化学引发。选择能够产生大量激活原子或者自由基的快速化学反应，如 F_2 与 NO 两者一接触便发生快速的化学反应，反应时产生大量氟原子，可以作为化学反应的活性中心。采用这种引发方式的化学激光器，称为纯化学激光器。化学引发一般用于流动工作物质的化学激光器。

④ 热引发。利用热能使反应物之一离解成原子或自由基。一般采用超声喷嘴使由热离解反应形成的产物迅速冷却，然后与另外的反应物混合。

支链化学反应在链传递过程中还不断增殖活性中心，因此，链式化学反应，特别是支链化学反应的反应速率非常快，对建立能级粒子数布居反转最为合适。

一、光解 CH_3I 化学激光器

这是我国第一台化学激光器。1966 年 3 月，中国科学院上海光学精密机械研究所**邓锡铭**、**刘振堂**等研制成功。①

刘振堂，研究员。1938 年出生于河北省保定市，1964 年毕业于中国科学技术大学无线电电子学系，同年进入中科院上海光机所工作，1975 年调北京从事激光和红外技术在公共安全方面的应用研究。曾任国家科委火炬办公室副主任、中俄高新技术产业合作协会第一届理事长、连云港市副市长。1965 年研制成功我国首台 He-Hg 金属蒸气激光器，1966 年研制成功我国第一台光分解碘甲烷化学激光器。出版了《激光及其应用》《信息光盘》《高新技术产业若干领域的发展》等著作 6 部。

1. 工作原理

有机碘化物碘甲烷（CH_3I）蒸气在紫外光作用下分解，生成在激发态的碘原子 $I^*(^2P_{1/2})$，表示式为

$$CH_3I + h\nu \longrightarrow CH_3 + I^*(P_{1/2})。$$

接着，激发态碘原子辐射跃迁到碘原子基态 $I(P_{3/2})$，即

$$I^*(P_{1/2}) \longrightarrow I(P_{3/2}) + h\nu。$$

---

① 邓锡铭，刘振堂等，HCl 化学激光器，邓锡铭主编，中国激光发展史概要[M]，北京：科学出版社，1991，36。

碘原子 $I^*(^2P_{1/2})$ 的辐射平均寿命比较长，为毫秒量级，因此，比较容易实现激发态 $I^*(^2P_{1/2})$ 与基态 $(P_{3/2})$ 之间能级粒子数布居反转。不过，在化学反应中生长的一些粒子，与激发态碘原子 $I^*(^2P_{1/2})$ 碰撞，会使 $I^*(^2P_{1/2})$ 发生无辐射跃迁，消耗激发态 $I^*(^2P_{1/2})$ 原子。为了获得足够数量能级粒子分布状态的碘原子，使受激发射光功率超过在共振腔内的光学损失，达到激光振荡条件，需要提高光分解速率，并且保证反应产生的粒子数目。这要求用于光分解的光源闪光脉冲时间短，闪光强度高。氙灯能够发射光强很强的光辐射，适当设计其激发电源，就可以发射脉冲宽度很窄的光脉冲。

2. 实验结果

激光器放电管长 58 cm、直径 8 mm，使用的碘甲烷 (CH_3I) 是自己提纯的，产生的碘甲烷气压在 100—200 mmHg，可调整。使用脉冲氙灯做泵浦光源。

碘甲烷气压为 150 mmHg 时，获得波长 1.3 μm 的激光输出，激光能量 0.1 J，激光脉冲宽度 20 μs。

二、氯化氢(HCl)化学激光器

这是我国第一台链式化学反应化学激光器，在化学激光器的发展过程中起了很大作用，从现象上了解化学激光器，大多是由研究 HCl 激光器开始的。

1. 工作原理

氢原子 H 和氯分子 Cl_2 发生化学反应，生成电子激发态氯化氢，并建立能级粒子数布居反转。脉冲 HCl 化学激光器有两种类型，第一种是利用置换反应直接产生能级粒子数布居反转，经典的化学反应是

$$H + Cl_2 \longrightarrow HCl^* + Cl。\qquad (2-5-1)$$

反应释放出热能，并且大部分热能是贮存在新形成的分子化学键振动模内。振动量子数大的振动能级的生成速率大，显示在 HCl^* 分子内比较容易建立能级粒子数布居反转状态。反应物中的氢原子 H 源由放电引发氢分子 H_2 解离产生，即

$$H_2 + e \longrightarrow 2H + e, \qquad (2-5-2)$$

也可以利用闪光解离产生。

置换反应中生成的氯原子，与氢分子反应时也能够生成激发态氯化氢分子，并同时产生氢原子，表示式为

$$Cl + H_2 \longrightarrow HCl^* + H。$$

这个反应可以自动提供氯原子源，也就是说，氢气体与氯气体的混合气体，采用闪光方法或者放电方法引发产生氯原子后，在混合气体内的置换反应便自行循环(称链式反应)。

第二种是利用光解离反应，如利用紫外光辐射光解离氯乙烯，产生在激发态的 HCl^* 分子，即

$$CH_2 = CHCl(\text{氯乙烯}) + h\nu(\text{光子}) \longrightarrow HCl^* + C_2H_2。 \qquad (2-5-3)$$

与前面的置换反应不同，产生激发态氯化氢分子的速率随振动量子数增大而下降。

2. 激光实验

1966 年 12 月，中国科学院大连化学物理所**陶渝生**、**张荣耀**，以及中国科学院上海光学精密机械研究所**谢相森**等研制成功这种激光器。[①]

陶渝生，祖籍浙江绍兴，1923 年生于北京。1948 年毕业于北京大学化学系，同年入美国斯坦福大学化学系读研究生。1950 年回国后到东北科学研究所大连分所(中国科学院大连化学物理研究所)工作，从事化学激光和分子反应动力学研究。曾任研究室副主任，所学术委员会委员，《化学物理学报》编委。2014 年 8 月 26 日因病去世。

---

① 陶渝生，张荣耀等，HCl 化学激光器，邓锡铭主编，中国激光发展史概要[M]，北京：科学出版社，1991，37。

（1）实验装置

激光管是内径 13 mm、长 700 mm 的石英管，在两端密封按布儒斯特角放置的氟化钙窗口。由两块表面镀金的凹面反射镜（曲率半径 1 m）组成光学共振腔，腔长 900 mm。在腔内离开布儒斯特窗口一定距离安放一片氟化钙平板，与共振腔光轴成 10°角，以便将腔内形成的受激辐射反射出共振腔。输出的激光由锑化铟红外探测器探测，用 OK－17M 示波器照相记录。激光管内充 Cl_2 和 H_2 气体，比例是 1∶2，总气压为 6—78 mmHg。用与激光管平行放置的氙闪光灯辐射引发氯和氢发生化学反应，闪光灯工作电压 6 000—10 000 V，电容量为 9—63 μF。

（2）实验结果

① 在使用的混合气体气压为 17 mmHg 时，激光振荡阈值能量小于 162 J。

② 在闪光灯发光后 6—8 μs 开始出现激光振荡，共出现 3—5 个尖峰，激光振荡连续时间大约 6 μs。

③ 得到的激光能量随着混合气体的气压增大而提高，并出现极大值。在混合气体中，存在的杂质将使激光能量强烈地降低。

三、氟化氢(HF)化学激光器

这是最重要的化学激光器，输出激光能量和能量转换效率都很高。

1. 工作原理

氟原子与氢分子发生化学置换化学反应，并生成在激发态的氟化氢（HF）分子，表示式为

$$F + H_2 \longrightarrow HF^* + H。\qquad (2-5-4)$$

反应释放热能高，每克氟原子可产生 14.3 kJ 能量，而且大约有 60%用于生成振动激发态氟化氢分子 HF^*，而此振动能量在振动量子数 $u=3$、2、1 各能级上的分配比率为 0.47∶1.00∶0.29。在化学反应初期，几乎不生成振动量子数 $u=0$ 的 HF 分子。即在化学反

应过程中，振动量子数等于 2、1、0 各能级之间产生了粒子数布居反转。这一粒子数布居反转分布因分子碰撞弛豫过程而消失之前，通过 $u=2\rightarrow 1$ 和 $u=1\rightarrow 0$ 跃迁，将在两个振动带内同时产生化学激光。

化学反应所需要的氟原子，可以采用闪光光解法、气体放电分解法、超速爆燃波法、闪光灯爆燃法、电子束引法等获得。在闪光光解或者气体放电分解中生成的氢原子与氟分子反应，也生成激发态氟化氢分子 HF^*，即

$$H + F_2 \longrightarrow HF^* + F。\quad (2-5-5)$$

在这个反应中，还生成了原先所需要的氟原子。也就是说，只要利用某种引发手段在混合气体中生成氟原子或者氢原子，在反应气体内便进行着链式反应，无需再引发混合气体，产生激发态氟化氢分子的反应便循环地进行下去，直到反应气体耗尽。为了保证引发化学反应的氟原子在空间均匀地生成，反应气体在进入激光器共振腔之前需要预混合。

2. 激光实验

(1) 电激发 HF 化学激光器

1972 年，中国科学院大连化学物理所**陈锡荣**、**何国钟**等研制成功这采用气体放电引发氢、氟化学反应的氟化氢化学激光器。[①]

何国钟，1933 年生于广东省南海县。1951 年考入清华大学化工系，1955 年毕业后到大连化学物理研究所工作，1991 年当选中国科学院学部委员（中国科学院院士）。20 世纪 60 年代，任固体与固液火箭推进剂燃烧理论与实验研究的课题负责人，对火箭推进剂的燃烧稳定性、完全性、均匀性进行了系统的研究，对固体推进剂燃速理论有建树，与他人共同获国家自然科学三

---

① 陈锡荣，何国钟等，电激励 HF 化学激光器，邓锡铭主编，中国激光发展史概要[M]，北京：科学出版社，1991，56。

等奖。20 世纪 70 年代初，开展连续波千瓦级化学激光器的研究，在国内首先研制成功千瓦级燃烧驱动的 HF(DF)连续波化学激光器，与他人共同获 1979 年国防科委重大成果二等奖。20 世纪 80 年代，从事分子反应动力学研究，在分子束化学发光与激光诱导荧光的实验研究中，取得了我国第一批分子束实验的研究成果。1986 年获中国科学院科技进步一等奖，1987 年获国家自然科学二等奖，1988 年被国家人事部授予“中青年有突出贡献专家”。

① 实验装置。激光管长 900 mm、直径 17 mm，管子两端密封石英平板布儒斯特窗，由两块表面镀金反射镜组成光学共振腔。一端反射镜中央开小孔，供输出激光用。以 NF_3 和 SF_3 为氟原子源，管内同时充进氢气(H_2)，NF_3(或者 SF_3)、H_2 的气压比是 1∶7。激发电源的电容为 0.07 μF，放电电压可以达到 23 kV，利用锑化铟红外探测器接收激光辐射。

② 实验结果。放电激励 NF_3(或者 SF_3)产生 F 原子，与氢气体分子混合，反应产生激发态氟化氢分子(HF^*)，并产生受激发射。激光脉冲宽度大约 6 μs，波长 2.3 μm。使用 SF_3 为氟原子源时，即使混合气体不纯，含有空气，也能够观察到激光输出。

(2) 电子束引发氟化氢激光器

采用闪光光解或气体放电等方式产生氟原子，引发泵浦化学反应，容易获得低功率脉冲激光振荡，但有不足。首先，激光脉冲宽度比闪光灯的持续时间短，闪光灯相当大一部分能量在生成氟原子时没有起作用；其次，能量转换效率不高。对光解反应气体必须光学薄，这意味着用于光解的辐射只有一小部分能量被气体吸收。为产生短的激光脉冲，必须提高气压，加速反应，但这样的话光解就不再维持均匀反应引发；同时，由于氟化氢分子的振动弛豫速率很快，亦需快速引发。因此，要提高激光器输出功率，需要采用相对论电子束引发化学反应。

中国科学院大连化学物理所**沙国河**、**尹厚明**等在 1979 年研制成功这种类型激光器。[①]

① 实验装置。电子束由冷阴极电子枪发射，用四级马克斯发生器产生 240 kV 的高压脉冲，加在电子枪阴极上。从电子束窗口输出的电子束电流密度达到 17 A/cm^2，电子束脉冲宽度大约 0.4 μs，平均电子能量大约 86 keV。用低温锑化铟红外探测器测量激光脉冲波形，探测器输出显示在 Tektoni 466 记忆示波器上。

激光工作物质气体比例分别为 H_2 20%、F_2 20%、SF_6 30%、He 23.6%、O_2 6.4%，加入 SF_6 可增加电子束能量的沉积，从而增加氟原子浓度。另外，还加入少量氧以阻抑氟氢混合时的自发反应。

② 实验结果。激光器输出的能量随着混合气体气压增加而增加，但在 450 mmHg 时达到饱和。在气压 200 mmHg 时，得到的比能量达到 413 焦耳/升・大气压，获得单脉冲输出激光能量 8.1 J。本征电效率随工作条件不同，在 100%—200%之间。激光脉冲宽度为 1.4 μs，为引发电子束脉宽的 3 倍多。

四、氧碘化学激光器

前面介绍的化学激光器都是在同一个电子态上的振动-转动能级之间跃迁发射激光。而这里说的是分子电子态之间跃迁发射激光的化学激光器，输出激光波长在 1.3 μm 附近，比其他化学激光器的输出的激光波长短，能够连续输出和脉冲输出，输出激光能量或者功率都很高。

1. 工作原理

化学反应形成的单态氧分子 $O_2(^1\Delta)$ 与碘分子 I_2 相碰撞，使碘分子分解，形成基态碘原子 $I(^2P_{3/2})$，即

$$I_2 + O_2(^1\Delta) \longrightarrow O_2(^3\Sigma) + 2I(^2P_{3/2}) \text{。} \qquad (2-5-6)$$

电子基态碘原子 $I(^2P_{3/2})$ 接着与单态氧分子 $O_2(^1\Delta)$ 碰撞，发生能量

① 沙国河，尹厚明等，电子束引发的脉冲 HF 化学激光器的研究[J]，中国激光，1980，6(5—6)：85。

共振转移,将基态碘原子 $I(^2P_{3/2})$ 激发到电子激发态 $I(^2P_{1/2})$,即

$$I(^2P_{3/2}) + O_2(^1\Delta) \leftrightarrow I^*(^2P_{1/2}) + O_2(^3\Sigma)。 \quad (2-5-7)$$

如果单态氧分子 $O_2(^1\Delta)$ 的分数足够高,就可以让碘原子在能级 $^2P_{1/2}$ 与能级 $^2P_{3/2}$ 之间建立粒子数布居反转。在室温下,要求氧分子中单态氧分子 $O_2(^1\Delta)$ 与在基态氧分子 $O_2(^3\Sigma)$ 数的比值不小于 0.2,电子激发态的碘原子在能级 $^2P_{1/2}$ 与基态 $^2P_{3/2}$ 之间便能够建立能级粒子数布居反转状态,并发射激光,即

$$I(^2P_{1/2}) \longrightarrow I(^2P_{3/2}) + h\nu。 \quad (2-5-8)$$

发射的激光波长主要是 1.315 μm,处于光纤和大气传输窗口。

产生单态氧分子 $O_2(^1\Delta)$ 的方法主要有 3 种。

(1) 由液相碱性过氧化氢与气相氯反应获得

反应式为

$$H_2O_2 + NaOH + Cl_2 \longrightarrow O_2(^1\Delta) + NaCl + H_2O。$$

单态氧分子 $O_2(^1\Delta)$ 的电子能态平均寿命很长,达 45 分钟,所以单态氧分子的生成效率会很高,原则上可以达到 100%。但反应中生成的 H_2O 分子对单态氧分子 $O_2(^1\Delta)$ 有强烈猝灭作用,对激发态碘原子也有强烈猝灭作用,所以,需要将反应中形成的 H_2O 分子去除。办法之一是用冷凝捕集,冷凝器工作温度 −90—30℃,实际能够获得的单态氧浓度比例就可以达 60%。

(2) 由富勒烯同氧混合物在光辐射作用下发生分解生成单态氧分子

例如,使用 C_{60},在白光作用下 C_{60} 分子从基态跃迁到单态激发态,随后无辐射跃迁到三重态。三重能态的 C_{60} 分子与基态氧分子相互作用,进行三重态之间能量交换,使三重态氧分子跃迁到单态,便可以获得单态氧分子 $O_2(^1\Delta)$。用这个办法制作单态氧分子不使用氯气,又是在干燥条件下进行,所以能够获得浓度较高单态氧分子。在波长 355 nm 和 532 nm 的激光照射时,C_{60} 分子每吸收一个光子能够产生单态氧分子的产额分别是 0.76 和 0.96。

(3) 氧混合气体放电产生单态氧分子

同时，还产生氧原子(O)和臭氧分子(O_3)，氧原子在氧-碘激光器中有正、反两方面的作用，有利的一面是解离碘分子，表示式为

$$I_2 + O \longrightarrow IO + I,\quad IO + O \longrightarrow O_2 + I。$$

在氧混合气体中加 NO 气体可以去除氧原子，还可以增加单态氧分子 $O_2(^1\Delta)$的产率。比如，在 O_2、He、NO 混合气体采用射频激励放电，单态氧分子 $O_2(^1\Delta)$的产率可达 16%。采用气体放电发生单态氧分子的氧碘化学激光器，通常又专门称电激发氧碘化学激光器。

2. 激光实验

(1) 光引发脉冲输出氧碘化学激光器

1984 年，中国科学院大连化学物理所**张荣耀**、**陈方**等研究成功光引发脉冲输出氧碘化学激光器。①

① 实验装置。图 2-5-1 所示是实验装置示意图，采用光敏碘化物 RI(例如，CF_3I 或 CH_3I 等)作为碘源。碘化物对 $I^*(^2P_{1/2})$和 $O_2(^1\Delta)$的猝灭比碘分子 I_2 慢，因此脉冲氧碘激光器中可以采用碘化物直接得到高浓度的碘原子，对提高氧碘激光器性能带来很多好处。使用的 CF_3I 或 CH_3I 的纯度分别为 99%和 98.5%。

碘化物与 $O_2(^1\Delta)$在进入光腔前预先混合，在外界闪光灯发出的紫外光引发下，瞬间解离出碘原子，即

$$RI + h\nu \longrightarrow R + I^*(^2P_{1/2})。\qquad (2-5-9)$$

碘原子和预先混合的 $O_2(^1\Delta)$进行氧碘共振传能，在激光共振腔内实现粒子数布居反转，产生激光振荡，输出波长 1.351 μm 激光。

激光管是由石英玻璃制成，工作物质气体体积 600 cm^3。采用内腔结构，一端反射镜是全反射镜，另外一端反射镜的光学透光率为 0.4%—6%。用氙闪光灯引发碘化物分解产生碘原子，闪光灯电源

---

① 张荣耀，陈方等，光引发脉冲氧光碘化学激光器的研究[J]，中国激光，1987，14(8)：460—463。

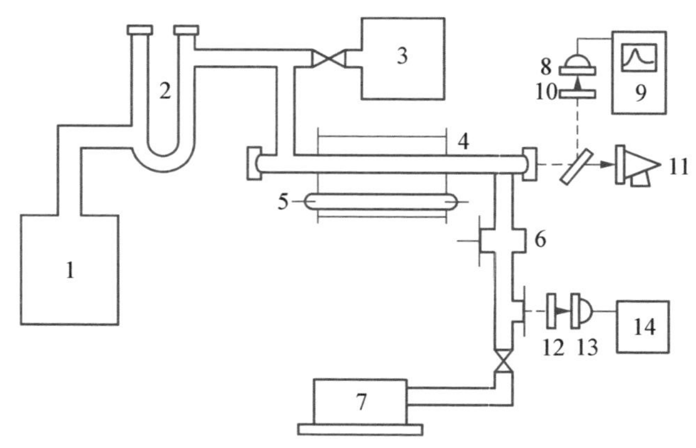

1 - $O_2(^1\Delta)$发生器；2 -干冰冷阱；3 -碘化物供料装置；4 -激光管；5 -闪光灯；6 - $O_2(^1\Delta)$浓度检测系统；7 -真空泵；8 -光电二极管；9 -示波器；10 -干涉滤光片(1.315 μm)；11 -激光能量计；12 -干涉滤光片(1.27 μm)；13 - PbS 检测器；14 -锁相放大器

图 2 - 5 - 1　脉冲输出氧碘化学激光器装置

的电容量为 3.5 μF，工作电压低于 22 kV，并有电控制系统控制同步操作。单态氧分子 $O_2(^1\Delta)$分子浓度采用辐射量热法标定，并用干冰冷却的硫化铅(PbS)元件监测其相对浓度变化。用激光能量计测量激光器输出能量，2CU2 光电二极管接收激光辐射，由示波器显示图形。

② 实验观察和结果。激光能量高于 160 mJ，比能效率 0.26%，化学效率 12%，电效率 0.016%，激光脉冲半宽度最宽为 130 μs。图 2 - 5 - 2 所示是激光波形，在波头处出现的小尖峰是纯 CH_3I 光分解反转产生的，能量很小。小尖峰之外的波形面积是 $O_2(^1\Delta)$传能给碘原子的贡献，后者约为前者的数百倍。这也证明 $O_2(^1\Delta)$传能确实对激光输出起着主要贡献。此外，还取得了与体系化学因素有关的一些规律。

a. 输出激光能量与混合气体气压和成分关系。激光器输出能量最初随总气压升高而增加，在 4—5 mmHg 时达到极大值，此后随总气压继续升高而下降。工作气压范围比连续波氧碘激光器高好几

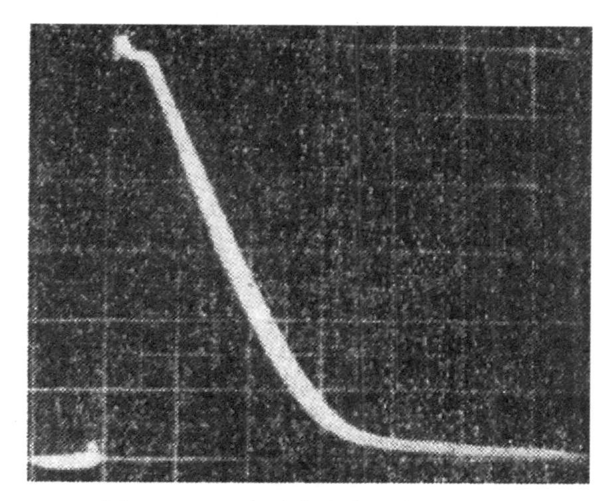

图 2-5-2 光引发脉冲氧碘激光波形

倍(后者的工作气压范围是 1—2 mmHg)。在相同工作条件下,用气体 N_2 代替气体 Ar 作为缓冲气,得到的效果基本相同,但 N_2 比 Ar 气体低廉而易得。

b. 碘化物 CF_3I 和 CH_3I 的对比。在相同工作总气压、分压比、闪光灯工作电压的条件下,使用碘化物 CH_3I 得到的激光能量比使用 CF_3I 高,前者得到的激光能量约为后者的 2 倍,相应化学效率也为后者的 2 倍。这表明,激光性能与所使用碘化物的分子结构密切相关,也表明氟烷基团的存在,不利于氧碘传能反应,对激发态碘原子存在猝灭反应,而氢甲基基团副反应就不如氟烷基团明显。

(2) 放电引发脉冲氧碘化学激光器

1985 年,中国科学院大连化学物理研究**张荣耀**、**陈方**等研制成功放电引发脉冲氧碘化学激光器,利用低能电子与碘化物(CH_3I)发生非弹性碰撞的方法获得碘原子。光解引发时,只能利用光源中占极少比例的紫外光,而且光子能量分布不如电子能量分布集中,因此放电引发电效率比光引发的电效率要高。

① 实验装置。图 2-5-3 所示是电引发脉冲氧碘化学激光器实验装置示意图。

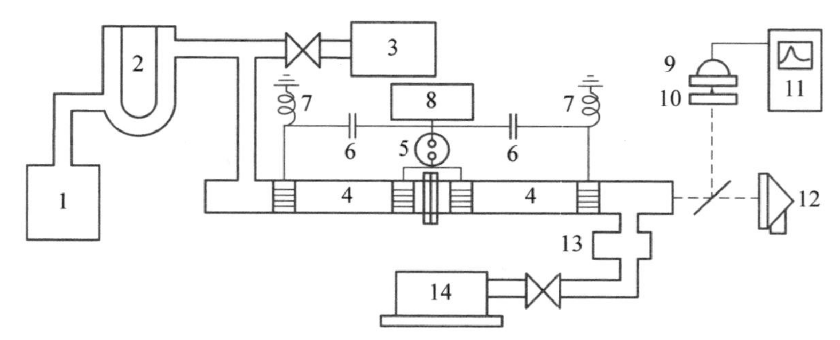

1 - $O_2(^1\Delta)$发生器；2 -干冰冷阱；3 -碘化物供料装置；4 -激光管；5 -火花隙开关；6 -贮能电容器；7 -电感线圈；8 -高压电源；9 -光电二极管；10 -干涉滤光片(1.315 μm)；11 -示波器；12 -激光能量计；13 - $O_2(^1\Delta)$浓度检测系统；14 -真空泵

图 2 - 5 - 3 电引发脉冲氧碘化学激光器实验装置

激光管是硬质玻璃管，内部同轴安装一对圆筒形铝电极，与 0.01 μF 电容器串接，两者用火花隙隔离，并由电控系统同步操作。放电电压 18—30 kV，激活体积 600 cm^3。共振腔的一块反射镜是曲率半径 5 m 的全反射镜，另一块是对波长 1.315 μm 的透过率为 2.5%的平面反射镜。用干冰冷却的 PbS 元件监测 $O_2(^1\Delta)$相对浓度变化，用激光能量计测量输出激光能量。激光波形用光电二极管接收，由 Tektroni 466 示波器照相记录。含 $O_2(^1\Delta)$的氧气流和 N_2 以 1∶3 的比例混合，轴向流过激光管，同时加入 CH_3I。

② 实验结果。调节两节激光放电管的电参数，使两节激光管放电的电流波形精确同步达毫微秒量级，获得波长 1.315 μm 激光输出，激光能量 454 mJ。激光脉冲宽度脉宽 15—40 μs，比能效率 0.51%，化学效率 34%，电效率 18%。图 2 - 5 - 4 所示是得到的激光波形。

激光器输出激光能量随着放电电压而变化，在某个电压上对应一个极大值的激光能量输出，并且这极大值还随工作气压而变化。工作气压为 4 mmHg 时，对于激光能量极大值的电压是 19 kV；而气压为 5 mmHg 时，则是 23 kV。图 2 - 5 - 5 所示为激光器输出能量随引发放电电压和工作气压变化情况。

图 2－5－4　电引发脉冲氧碘激光波形

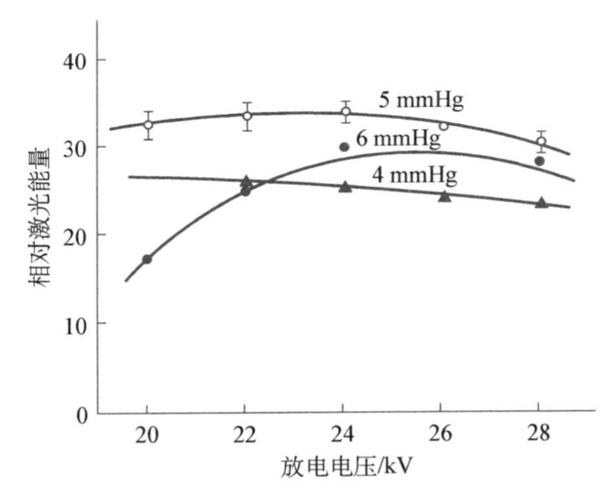

图 2－5－5　不同气压下放电电压与激光能量的关系

（3）气动氧碘化学激光器

化学反应过程中释放的热能多，生成激发态的分子多，得到的激光能量也多。但是，在激发态的分子与其在基态分子或者其他原子、分子碰撞，会导致它离开激发态。这个激发态猝灭过程成了提高激光器输出能量的障碍，而且反应过程中释放的能量越多，反应区的温度也越高，分子碰撞导致消除激发态分子的速率也加快，激发态分子振动态与转动态以及转动态与分子平动态能量转移加快，除了加热在激光作用区的分子之外，也加速了碰撞消除激发态分子的速度。

因此，高功率化学激光器采用气体动力学方法快速排除激光作用区的热量，降低温度，减少激光作用区内非激发态粒子数量，最大限度地减少激发态分子数的流失。1994 年，中国科学院大连化学物理所**桑凤亭**、**陈方**等研究了采用反应物超声速流的氧碘化学激光器，因为能保持反应物在较低温度时，产生浓度更高的激发态碘原子，故输出激光能量更高。①

桑凤亭，1942 年生于辽宁省大连，1964 年毕业于哈尔滨工业大学，曾在美国 Tulane 大学化学系作访问学者。中国科学院大连化学物理研究所研究员，2003 年当选为中国工程院院士。国家“863”短波长化学激光重点实验室主任，长期从事化学激光研究工作。从 1972 年开始致力于 DF/HF 化学激光研究，20 世纪 80 年代从事研究可见波段化学激光新体系，处于国际领先水平；特别近十多年来，在氧碘化学激光研究中，解决了一系列科学和技术等难题，使我国的氧碘化学激光研究水平连续上了几个台阶，达到了国际先进水平。在氧碘化学激光应用方面也取得了较好的成绩，先后获得中科院科技进步特等奖两次（1996、1999 年），科技进步二等奖一次（1994 年），国家科技进步二等奖两次（2003、1997 年），省部级科技进步一等奖 4 次（1997、1999、2001、2003 年）。合作出版《化学激光》和《短波长化学激光》两本专著，发表论文 70 余篇。

① 实验装置。图 2－5－6 所示是超声速流的氧碘化学激光器装置，主要由单重态氧发生器、碘蒸气发生器、超音速混合喷管、激光器共振腔及真空系统等几部分组成。采用转网式单态氧发生器产生单态氧分子 $O_2(^1\Delta)$，兼有转盘式及喷射式单态氧发生器的优点，而且能产生较高分压和浓度的单重态氧，而水蒸汽含量又低。用红外辐

① 桑凤亭，陈方等，超音速氧碘化学激光实验研究[J]，强激光与粒子束，1996，8(2)：274—278。

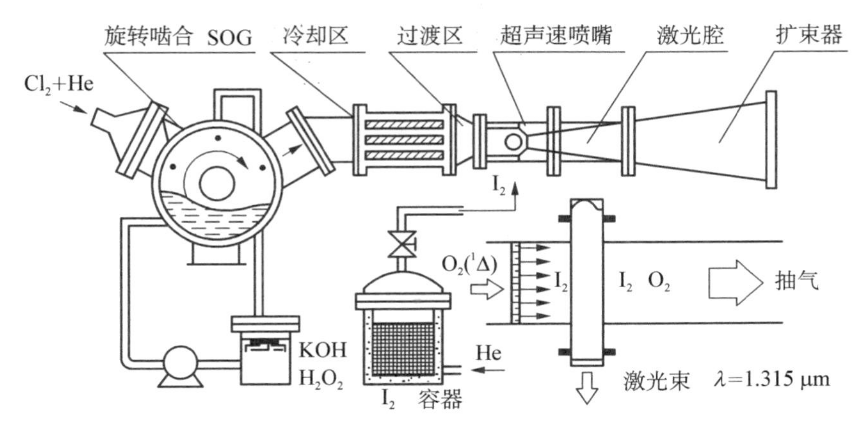

图 2-5-6 超声速流氧碘化学激光器装置

射量热法测定 $O_2(^1\Delta)$分子的绝对浓度，气流中水蒸汽含量用光谱法测量。采用电加热式碘蒸气发生器和简单的二维喷管和稳定共振腔。稳定腔由两块直径为 70 mm 的石英镜组成，其中一块为透过率约 5%的平面反射镜，另一块为反射率大于 99.5%的球面全反镜，两镜间的距离为 1 m，碘蒸气通过截面为 1 cm×50 cm 的喉道后形成超音速 $O_2({}_1\Delta)$与 I_2 的混合气流进入共振腔。碘分子蒸气与单态氧分子 $O_2(^1\Delta)$碰撞解离生成出能级粒子数布居反转的碘原子，并发射激光。

② 实验结果。单重态氧 $O_2(^1\Delta)$是通过 Cl_2 气体和碱性过氧化氢(BHP)溶液的化学反应产生，激光器输出激光功率与 Cl_2 气体的流量有关。图 2-5-7 所示是激光器输出激光功率与 Cl_2 气体流量的关系，在 Cl_2 气体流量为 150 mmol/s 时，得到的输出功率超过1 kW。

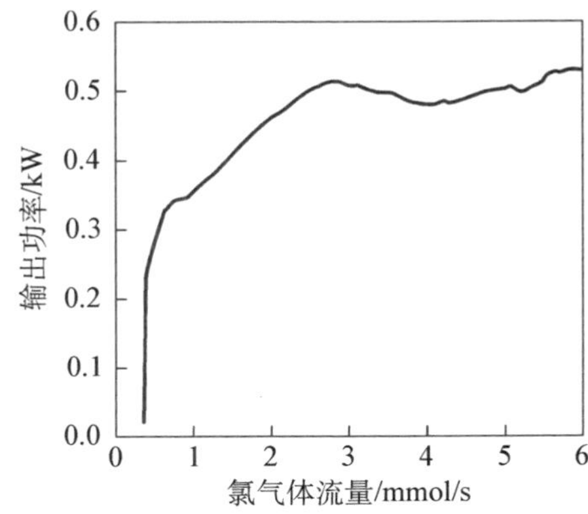

图 2-5-7 输出激光功率与 Cl_2 气体流量关系

2-6 自由电子激光器

各种固体激光器、气体激光器、半导体激光器和化学激光器，激光工作物质是能实现能级粒子数布居反转的固体或气体物质，如红宝石晶体、二氧化碳气体等，其激光发射是由工作物质的原子或分子中的束缚电子的能级跃迁产生，原子、分子里面的电子称为束缚电子。这种使用不受原子或分子束缚的、在真空中自由的电子发射激光的激光器，称为自由电子激光器，有以下几方面突出的特点。

（1）激光振荡功率原则上不存在上限

因为自由电子激光器的工作物质是电子束，它是在真空室中，不会出现激光功率超过一定数值之后导致工作物质本身出现光学损伤的问题。

（2）输出的激光波长调谐范围宽

改变静磁场的空间周期，或者改变电子束的电子能量，便可以改变输出的激光波长，原则上可以产生从远红外波段连续调谐至紫外波段，甚至X射线波段的激光。

（3）能量转换效率高

因为是直接把电子的能量转换成激光能量，无需像前面介绍的各种激光器那样，经历向泵浦源、泵浦源向工作物质、工作物质向激光等几道能量转换环节，理论上能量转换效率可以达到100%。

一、工作原理

图2-6-1所示是自由电子激光器工作原理。一个来自加速器的电子进入由一系列轴向交替排列、极性相反的周期磁场（称扭摆器或者摆动器）向前传播，磁场的空间周期是λ_w。在周期磁场中的电子将左右交替偏转波浪式向前运动，即在磁力的作用下产生了垂直于轴向的加速度。根据电磁学原理，电子加速运动时将辐射电磁波，该电磁波主要集中在轴向前方，称为电子的自发辐射，包含有各种波长，但都以光速沿轴向向前传播。电子在周期磁场中运动时，也相当

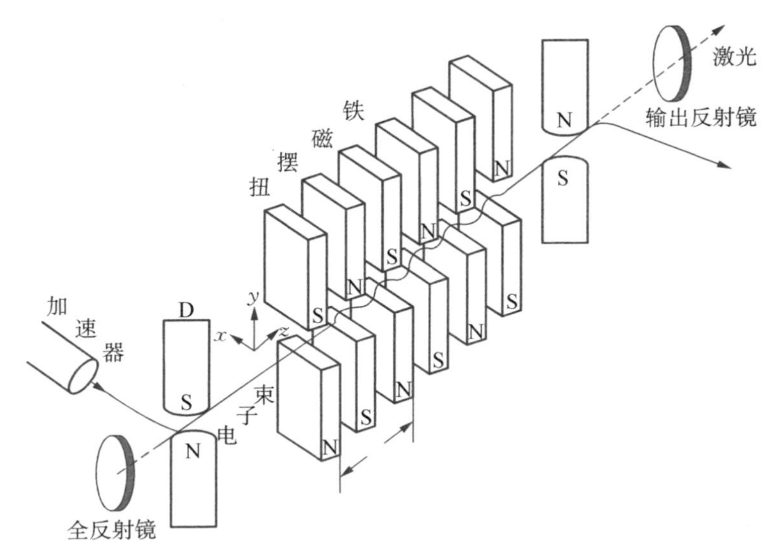

图 2-6-1　自由电子激光器工作原理

于迎面传播而来的电磁波，其波长便是该磁场的空间周期，即磁场的空间周期长度 λ_w。如果它与电子的自发辐射中波长 λ_n 的辐射波共振，每个电子将以近乎相同的相位发出辐射，强度相互加强。每个电子自发辐射相干叠加，实现辐射的相干放大，即获得受激辐射放大，其共振条件是

$$\lambda_w = (\lambda_w + n\lambda_n)u/c。\tag{2-6-1}$$

由此可以获得自由电子的受激辐射基波（即 $n = 1$ ）波长 λ_1，近似为

$$\lambda_1 = \lambda_w/2\gamma^2,\tag{2-6-2}$$

式中，γ 是相对论因子，

$$\gamma = (1-\beta^2)^{-1/2},\tag{2-6-3}$$

其中，$\beta = u/c$，u 是电子运动速度，c 是光速。

二、拉曼型自由电子激光器

它是基于强相对论电子束在空间周期磁场中运动时发生受激拉

曼散射的原理工作的自由电子激光器，这种激光器使用的电子束能量比较低(一般低于 5 MeV)，而电子束电流强度则比较高(一般大于 1 000 A/cm^2)。

1. 输出光频率和增益系数

拉曼型自由电子激光器发射的激光频率为

$$\omega_s = [(2\pi u/\lambda_g - \omega_p/\gamma)](1-\beta)。 \qquad (2-6-4)$$

式中，$\gamma=(1-\beta^2)^{-1}$；$\omega_p=(4\pi\rho_e e^2/\gamma m_0)^{1/2}$，其中 ρ_e 是电子密度、e 和 m_0 分别为电子的电荷和静止质量；λ_g 是磁场的空间周期。

产生的激光增益系数是

$$G = [(eB_\perp/m_0)2\omega_p L^2\lambda_g/4\pi\gamma c^5)]^{1/2}, \qquad (2-6-5)$$

式中，L 是相互作用长度；$B_\perp$ 是磁场振幅径向分量。

2. 激光实验

1985 年，中国科学院上海光学精密机械研究所**褚成**、**陆载通**等研制成功这种激光器。①

(1) 实验装置

图 2-6-2 所示是激光器结构，图 2-6-3 所示是装置外观。激光器由 3 部分组成：电子束源、周期静磁场和共振腔。电子束由强流脉冲电子加速器磁场浸没型无箔二极管提供。电子束的归一化发射度为 23 π·mrad·cm，电子束流强度50 kA、脉宽 60 ns，电子束相对论因子 γ 实测值约 2，电子束直径为 6 mm。该电子束在真空度为 5×10^{-5} mmHg、内径为 20 mm 的漂移管中传输。摆动器有两种：一是右旋圆偏振双绕电磁摆动器(周期长 2 cm，共 26 个周期)，入口段的 7 个周期及出口段的 5 个周期作为渐变部分，以保证绝热不变性，磁场强度值可在 0—0.1 T 范围内调节；二是轴对称铁环摆动器(周期长2.25 cm，共 26 个周期)，磁场值近似为 0.05B_0(B_0 为引导磁场值)。

① 褚成，陆载通等，喇曼自由电子激光器中辐射的输出及测试[J]，中国激光，1986，13(8)：482—484。

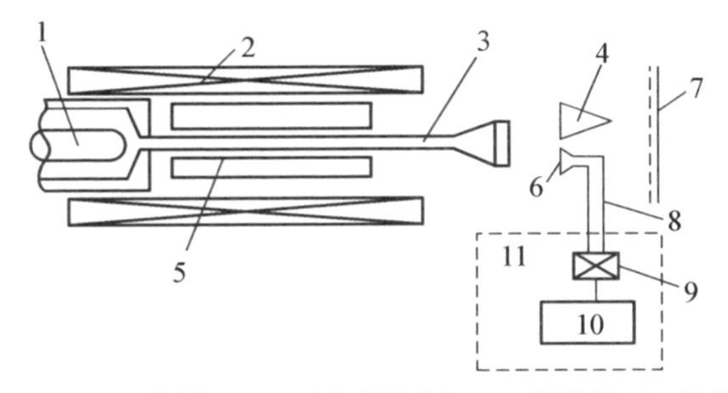

1 -二极管阴极；2 -引导磁场线包；3 -漂移管；4 -量热器；5 -波荡器(电磁或铁环)；6 -喇叭口；7 -微波吸收材料；8 -波导管；9 -微波测试系统；10 -示波器；11 -屏蔽室

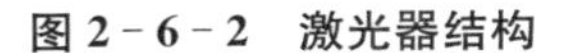

图 2 - 6 - 2　激光器结构

图 2 - 6 - 3　激光器装置外观

辐射由漂移管末端的 Ka 波段、增益为 13 dB 的喇叭透射输出，被一只 H 面喇叭接收后经 3.3 m 长的波导管进入屏蔽层，由高通滤波器、可变衰减器、晶体检波器、示波器组合系统记录辐射的波形。在其他实验条件相同的情况下，在不同截止波长的高通滤波器后测试辐射波形，比较获得波长位置的信息。采用的是矩型截止波导管作为高通滤波器，截面短边长 3.6 mm，长边长分别为 3、5、7 mm，采用普通的炭斗量热器测试辐射能量。

(2) 实验结果

激光波长在 6—10 mm 范围，在 Ka 波段(波长为 8 mm 左右)。图 2 - 6 - 4 所示是记录到的辐射光波形，其中图(a)是以空心电子束

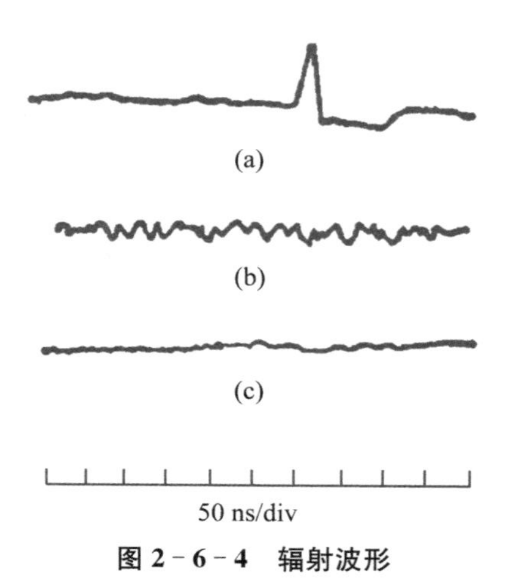

图 2-6-4 辐射波形

为工作物质，引导磁场 10 kG，采用铁环波荡器时获得的。激光脉冲半高宽约 17 ns，激光能量大约 10 mJ，平均功率为 0.5 MW，瞬时电子效率约 0.1%。使用实心电子束及电磁波荡器也获得效率约为 0.1%的类似结果。

图(b)的实验条件与图(a)相同，高通滤波器截止波长减小为 6 mm，信号已小到被噪声掩盖。图(c)的实验条件与图(a)同，但引导磁场移到低于临界磁场的低值区(4 kG)，此时不再有激光脉冲。

三、康普顿型自由电子激光器

这种类型激光器使用的电子束流强度比较小，但电子能量很高(大于 20 MeV)，输出的激光波长比较短，在可见光和近红外波段。

1. 激光增益系数

激光增益系数为

$$G(t) = 4e^2 B_0^2 \rho_e \lambda_g / (\Delta\omega \gamma_0 m_0 c)^3 [1 - \cos(\Delta\omega t) - (\Delta\omega \sin \Delta\omega t)/2], \tag{2-6-6}$$

式中，ρ_e 是在体积 V 内的相对论电子密度；B_0 是空间周期磁场的振幅；λ_g 是周期磁场的空间周期；$\Delta\omega = \beta_0 k_g c - \omega(1-\beta_0)$，$k_g = 2\pi/\lambda_g$，$\beta_0 c$ 是电子束受扰动时沿磁场轴向运动的速度，ω 是光辐射频率。当电子处于共振能量状态($\Delta\omega = 0$)时，则在任何时候都不能得到增益；当偏离共振状态时，增益大小随频率 $\Delta\omega$ 波动，并且有小的、与时间 t 成正比的、逐渐增强的振幅。在有限长度 $N\lambda_g$ 的磁场中，增益系数在固定时间间隔为

$$T = N\lambda_g/\beta_0 c \tag{2-6-7}$$

时变化，当满足条件

$$\Delta\omega = 2.6056/T \tag{2-6-8}$$

时，可以获得最大增益系数。在这种工作条件下，增益系数 G 不再波动，而是以不断增长的斜率一直增加到最大值。

2. 激光实验

1986 年，中国科学院上海光学精密机械研究所傅恩生、王之江等研制成功发射可见光的康普顿型自由电子激光器。[①]

(1) 实验装置

图 2-6-5 所示是我国第一台康普顿自由电子激光器实验装置示意图，图 2-6-6 所示是整个装置外观。电子束由直线电子加速

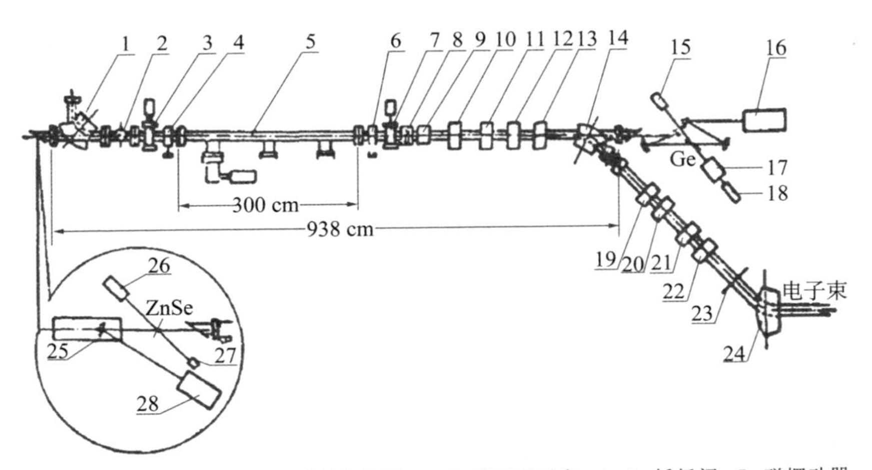

1、14、24 -偏转磁铁；2 -溅射离子泵；3、7 -荧光屏活塞；4、6 -插板阀；5 -磁摆动器和真空室；8 -波纹曹；9 -束流监测器；10—13 及 19—22 -四极矩磁铁；15 -光子牵引或碲锡汞探测器；16 - TEACO_2 激光器；17 -扩束望远镜；18、26 - HeNe 激光器；23 -狭缝；25 -步进电机控制的可移动反射镜架；27 -热释电探测器或碲镉汞探测器；28 -光谱仪

图 2-6-5　实验装置

① 傅恩生，王之江等，康普顿型自由电子激光器的实验研究[J]，中国激光，1988，15(9)：553—555。

图 2-6-6 实验装置外观

器提供，电子能量为 20—40 MeV，平均电流强度为 5—7 mA，脉冲重复率为 50 Hz。电子束通过电子束输运系统后注入摆动器，电子束输运系统由偏转磁铁、束流控制狭缝、四极矩磁铁、束流监测器、观测电子束的荧光屏以及真空泵与插板阀组成。从电子输运系统出射的电子束，其能散度约 1%，发散度约 5 π · mm · mrad。

摆动器由钐钴永磁体构成，每 4 块永磁体组成一个摆动周期，一块磁体的尺寸为 35 mm×12 mm×7.5 mm。摆动器长度为 294 cm，空间周期 3 cm，共 98 个周期，中心峰值磁场 0.28 T。磁摆动器的两端采用 1/8 周期长度的磁体，使磁场强度平滑降到零。

在磁摆动器两端的真空密封窗装有对 10 μm 成布儒斯特角的 NaCl 窗口，允许平行电矢量电磁辐射几乎无损失地透过。相对论电子束经磁摆动器和终端的二极矩磁铁，成 90°偏转到真空系统外面的荧光屏靶，用电视摄像机观察荧光屏靶上的电子束亮度和花样尺寸。距 NaCl 布儒斯特窗约 10 cm 的位置，正对输运系统的轴线，放置装在屏蔽盒内的热释电探测器和信号放大器。用屏蔽电缆线将探测器信号输入到实验大厅外面的示波器中观测。

(2) 实验观察结果

当电子束能量和输运系统调整到合适数值时，在示波器上观测到周期为 20 ms 的自发辐射信号，这时电子束的脉冲重复率为 50 Hz。电子束脉冲重复率在 25—60 Hz 范围内变动时，光信号的周期也随之发生相应的变化。图 2－6－7 所示是用示波照相机摄到的辐射波形，其中图(b)是探测器噪声水平，约 10 mV，图(a)是激光波形图。根据使用的热释电探测器的响应率和放大器增益，计算得到在波长10 μm 时辐射的平均功率为 1.4 W。正当有辐射输出时，从电子束路径上移开磁摆动器，其他条件均保持不变，此时便观察不到任何辐射信号。这进一步实验证明了，所观察到的辐射是摆动器磁场和相对论电子束相互作用所产生的康普顿相干散射辐射。

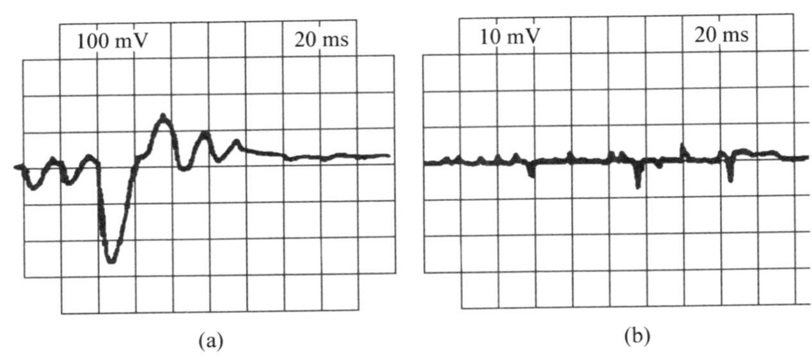

(a)　　(b)

图 2－6－7　激光器输出辐射的波形

实验测定激光器的自发辐射峰值功率为 1.5×10^{-5} W，自发辐射的平均功率为 1.5×10^{-9} W，受激辐射峰值功率为 1.5 W，即比自发辐射峰值功率提高了 10^5 倍。

2－7　光纤激光器

这是用光纤芯作为基质，掺入某些稀土元素离子作为激活粒子，以此作为工作物质的激光器。20 世纪 70 年代，研制成功了用半导体激光泵浦掺钕离子 Nd^{3+} 石英光纤激光器，随后又研制成功掺铒离子 Er^{3+} 石英光纤激光器。由于光纤激光器的突出优点，受到各个应用领域的欢迎，并且研究范围不断扩大，发展很迅速，现在已经成为激光器家族的重要成员。

一、主要特点

前面介绍的各种类型的激光器，在光学上必须是直线、刚硬，并有精密加工和特殊设计的反射镜，两端反射镜需要完全对准，这容易受到灰尘、振动和其他环境条件的影响。光纤激光器能够克服上述大多数问题，整台激光器柔韧、可弯曲，不需要单独的反射镜，不受灰尘、振动的影响，有高得多的能量转换效率，总电光效率高达20%以上。

其次，输出的激光可以直接连到普通光纤上传输，插入能量损耗很小。

第三，光纤芯径很小，在激光波长上的光学损耗又低，所以，输出的激光功率密度很高。

第四，工作物质可以很长，能够获得很高的总激光增益。在一些晶体材料中，由于非辐射跃迁几率大，难以获得激光振荡，用光纤做工作物质时便有可能获得该光辐射波长的激光。比如铒离子波长2.7 μm的激光，以块状玻璃做基质时很难获得，采用光纤才获得了这个波长的激光。

第五，阈值振荡泵浦功率比较低，一般为100 μW量级。

此外，因为在共振腔内没有光学镜片，具有免调节、免维护、高稳定性的优点，这是其他类型激光器无法比拟的。

二、激光器结构

光纤激光和其他类型的激光器一样，也由激光工作物质、泵浦源和共振腔等3部分组成，但它们的结构形式又有其特殊性，与其他激光器大不同。

1. 激光工作物质

用光纤芯做基质，掺入某些稀土元素离子做激活粒子，基质可以是玻璃、晶体或者塑料。

硅酸盐玻璃基质光纤的光学透明波长范围是0.3—2.2 μm，有很高的熔点，直到近2 000℃才熔化，比大部分其他玻璃高得多。其次是有很高的激光损伤阈值，对纳秒脉冲激光大约为 40 GW/cm^2，因此，硅玻璃基质光纤很适合做高功率激光器的工作物质。机械性能和热应力性能也好，卷曲时不会因为振动而发生碎裂，以它为基质的光纤适合高机械强度、便携式激光器系统。

其他基质玻璃还有磷酸盐玻璃、锗酸盐玻璃、亚碲酸盐玻璃和氟化物玻璃等，具有比硅酸盐玻璃更高的掺杂能力，掺杂浓度可以比硅酸盐掺杂浓度高大约 10 倍。所以，用这种基质的光纤能够以非常短的光纤长度获得高功率激光输出。

用晶体基质光纤做工作物质的激光器可以避免发生受激态吸收，这是因为激活离子在晶体基质光纤中的能级比较窄；此外，激活离子在晶体基质中的荧光谱线宽度比在玻璃基质光纤中窄大约 20 倍。所以，使用晶体基质的光纤激光器，单位泵浦功率的增益比玻璃基质光纤激光器高，激光能量转换效率也高。

塑料基质主要用于掺杂激光染料，如用聚苯烯做芯、聚苯异丁烯甲脂做包层、芯内充入激光染料做成的光纤。

激活粒子主要有稀土元素离子 Nd^{3+}、Er^{3+}、Yb^{3+}、Ho^{3+}、Tm^{3+} 等。通常，还按所掺稀土元素称呼对应元素的光纤激光器，如掺钕光纤激光器、掺铒光纤激光器、掺镱光纤激光器和铥光纤激光器等。激活离子不同，输出的激光波长不同。例如，掺钕离子输出激光波长主要为 1.06 μm，掺铒离子输出激光波长主要为 1.55 μm，掺镱离子输出激光波长主要为 1.03 μm，掺钬离子输出激光波长大约 2.0—2.1 μm，掺铥离子输出激光波长主要为 1.85—1.89 μm。

2. 共振腔

光纤激光器更多的是采用光纤耦合器形式的新型共振腔，有两种代表性的结构：F-P 共振腔、环形共振腔。

(1) 光波在光纤内的传播

一般共振腔内的光波是在共振腔反射镜之间直线来回传播，而在光纤激光器中，光波可以不沿直线传播，特别是采用环形腔，光波不泄露出共振腔，并且有很高的共振腔 Q 值。这是利用了光波在光纤内发生的光学内反射（全反射）现象。

① 单包层掺杂光纤。图 2－7－1 所示是单包层掺杂光纤的结构示意图，中央部分（称为光纤芯）的折射率 n_1 较大，外面包围一层（称包层）折射率 n_2 比芯部折射率低的介质，n_0 是空气折射率。光束以大于某个角度（称内反射临界角）从光纤的芯部进入，就会在里面不断发生光学内反射，在共振腔的反射镜之间来回传播，不会偏离出共振腔。临界角由下面简单公式计算，即

$$\theta_0 = \sin^{-1} n_1 / n_2 。\qquad (2-7-1)$$

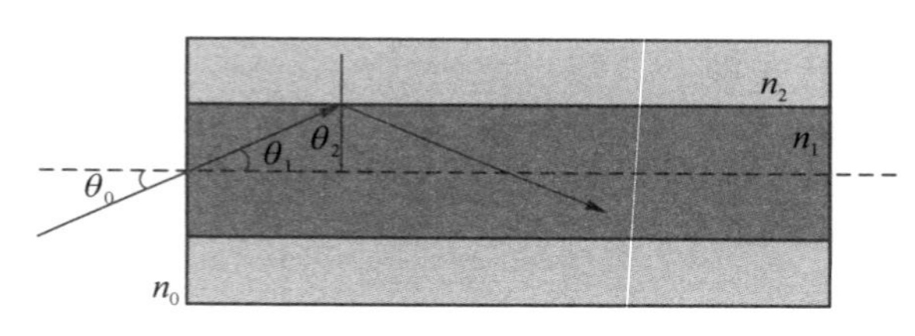

图 2－7－1　光束在单包层光纤内的传播

② 双包层掺杂光纤。这种光纤做工作物质制造的光纤激光器能够获得高功率、高能量转换效率连续输出激光。

如图 2－7－2 所示，在纤芯外面加了一层折射率较低的内包层，外面再加一层外包层，内包层起波导作用。泵浦光通过特定的光学装置或直接入射到光纤内，其中一部分耦合到纤芯部，大部分泵浦光耦合到内包层中。在内包层中传播的泵浦光受外包层限制，反复反射，在不断穿过纤芯的过程中被激活粒子不断吸收，因而大大提高了泵浦光功率利用效率，也使光纤激光器的输出功率大幅度提高，可以大大减小了对泵浦源模式质量要求，也可以使用价格相对便宜的高功率多模二极管阵列做泵浦光源。

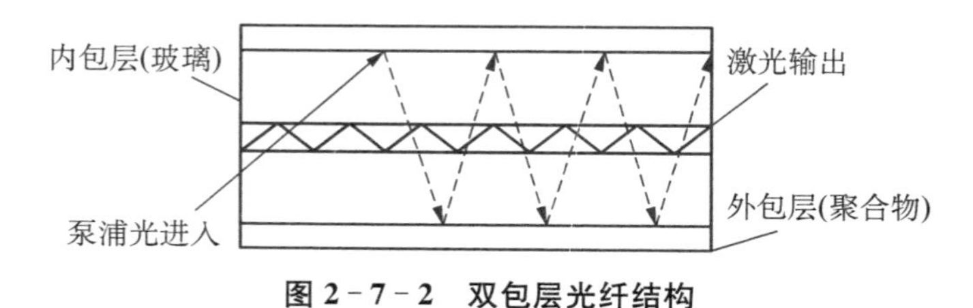

图 2－7－2　双包层光纤结构

泵浦光被掺杂离子的吸收率正比于内包层和外包层的面积比，泵浦光的吸收效率也与内包层的几何形状以及纤芯在包层中的位置有关。典型的内包层结构有方形、矩形、圆形、D形、梅花形，以及偏心结构等。最早提出的是对称圆形内包层，由于其完美的对称性，存在大量的螺旋光，大量的光线在内包层的多次反射，却很少经过纤芯，因而泵浦光被纤芯内的激活粒子的吸收效率很低。后来改进为偏心圆形内包层结构，虽然可以提高光-光能量转换效率，但仍然存在大量的螺旋光，且制作工艺较为困难。为了进一步提高光-光能量转换效率，简化光纤的制作程序，又提出了长方形、D形和梅花形的内包层结构。实验证明，长方形内包层的光纤激光器的光-光能量转换效率最高，目前大多数高功率光纤激光器均采用这种内包层结构。

(2) F-P共振腔

F-P共振腔由平行放置的一个全反射和一个部分反射或透射的介质反射镜构成，这对介质反射镜也可以由直接镀在光纤的两个端面构成。为了提高光纤激光器的泵浦效率，F-P共振腔中经常采用分布布拉格(bragg)反射(DBR)和分布反馈(DFB)结构，它是应用紫外激光直接刻写光纤光栅作为反射镜。

图2-7-3所示是将两个布拉格光纤光栅作为高反射镜取代F-P共振腔两端的高反射镜，构成全光纤激光器的共振腔，$P^+(Z)$和$P^-(Z)$分别为沿正、反两个方向传播的激光，这样的结构避免了腔镜与光纤的耦合损耗。同时，布拉格反射光纤光栅具有频率选择性，所以可以获得单纵模、窄线宽的激光输出。

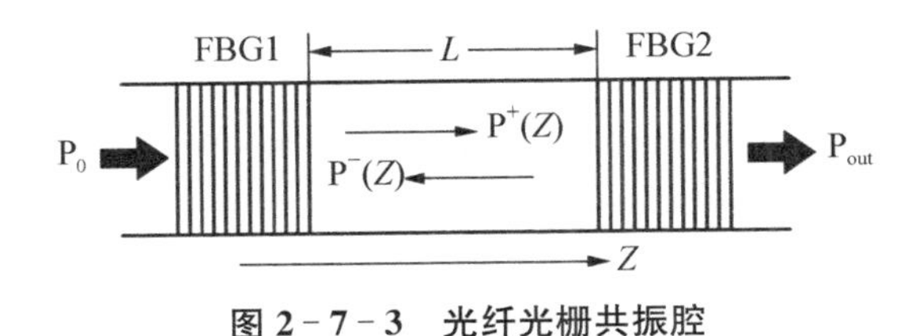

图2-7-3 光纤光栅共振腔

FBG1为入射光栅，作为高反射率端，对泵浦光有高光学透过率，对发射光有高反射率，反射率可达 20—30 dB。FBG2 为输出端光栅，光学反射率为 1 dB 以下。泵浦光经 FBG1 进入增益光纤，在其中形成能级粒子数布居反转，并产生受激发射。此辐射经 FBG1 和 FBG2 共同构成的共振腔进行选频，获得所需波长的激光输出。

光纤光栅的反射率与输入光的波长有关，其反射谱如图 2-7-4 所示。当波长偏离光纤光栅的中心波长时反射率下降，偏离程度越大，降低越严重，只有接近光纤光栅中心波长的光波才能在共振腔内形成正反馈，实现光放大，得到稳定的激光输出。高功率光纤光栅型光纤激光器中，FBG2 起到选择激光波长和输出耦合器的作用，产生的激光波长由 FBG2 反射谱最高点所决定，而输出激光谱线宽度则取决于 FBG2 反射谱的带宽。因而可以通过选择 FBG 的中心波长和控制其反射峰的带宽，实现激光选频，并能够获窄谱线宽度的激光输出。

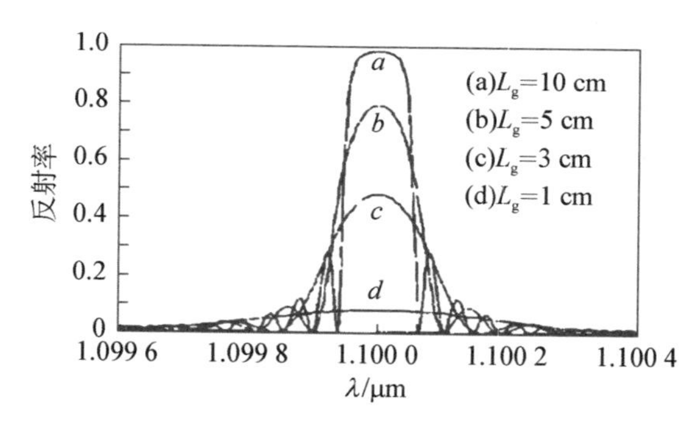

图 2-7-4 光纤光栅的反射谱

分布反馈结构的共振腔是利用紫外光直接在稀土掺杂光纤写入的光栅来构成共振腔，由于有源区与反馈区同为一体，只要一个光栅就能实现光反馈和波长选择，频率稳定性较好，边模抑制比高，图 2-7-5 所示是采用这种共振腔的光纤激光器结构。

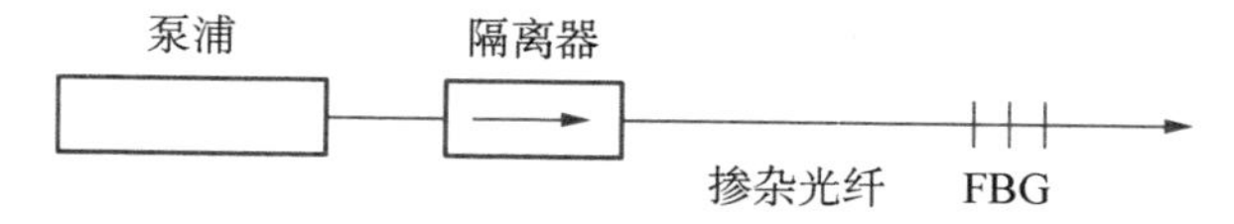

图 2-7-5 采用 DFB 结构共振腔的光纤激光器

（3）光纤环形共振腔

这是将耦合器的两个臂连接在一起，构成光的循环传输行程。耦合器起反馈作用，并构成一环形共振腔。光纤环中，耦合器使光可沿顺、逆时针两个方向传播。记输入光功率为 P_{in}，耦合比为 k，不计及耦合损耗时光纤的透射功率 P_t 与反射光功率 P_r 分别为

$$P_t = (1-2k)^2 P_{in},\ P_r = 4k(1-k)P_{in}。\quad (2-7-2)$$

这说明该光纤环是一分布型反射器，因此两个环串接起来就成为一种新颖的共振腔，而且可以通过调节耦合比改变反射率来控制激光器的输出特性。图 2－7－6 所示是采用环形腔的激光器结构。

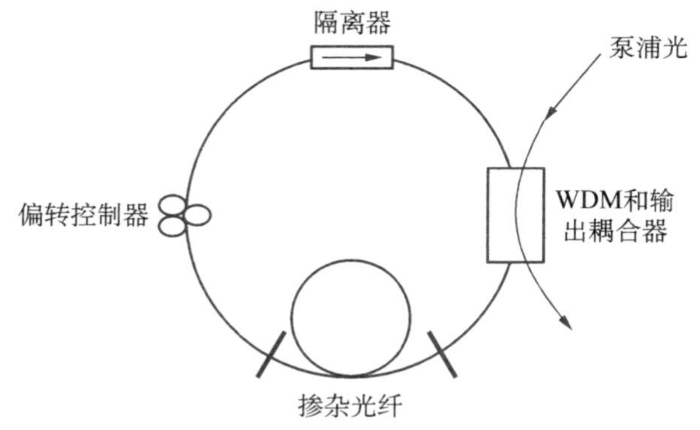

图 2－7－6　采用光纤环形共振腔结构示意图

3. 泵浦光源和泵浦方式

一般采用以带尾光纤的半导体激光器作为泵浦光源，泵浦源输出的光功率耦合到增益光纤中去，这是高功率光纤激光器的关键技术之一。耦合方式有多种，每种方式都有各自的优点，常用方法有以下几种。

（1）端面泵浦

泵浦光直接从光纤一端芯面进入，从光纤另一端输出激光，可分为单端面和双端面泵浦两种。单端泵浦方式仅使用耦合系统从增益光纤的一端输入泵浦光，耦合系统包含两个聚焦透镜和一个双色镜。

从左边的半导体泵浦模块出来的泵浦光先经第一个聚焦透镜准直，准直泵浦光经第二个聚焦透镜会聚后，从增益光纤的左端耦合进入增益光纤。双端泵浦方式在增益光纤的两端都有半导体泵浦模块和泵浦耦合系统，这种泵浦方式是将多模泵浦光聚焦或直接耦合到光纤端面的内包层，实验室中最为常见，也是最简单的泵浦方法。最大缺点是光纤的一个端面或两个端面需要有用于耦合泵浦光的光学系统，很难制作成紧凑的结构。由于一根光纤只有两个端面，利用这种泵浦方式，难以实现更高功率输出。

(2) 光纤束泵浦

这种方式是将若干多模光纤捆绑在一起，融合后拉成一个树杈形，如图 2－7－7 所示。然后与增益光纤拼接起来，最后涂上聚合物保护层制成光纤模块，将多个激光二极管输出的光功率同时耦合进增益光纤，提高泵浦效率。值得注意的是，光纤束的尺寸和形状必须和待泵浦的光纤严格相配。

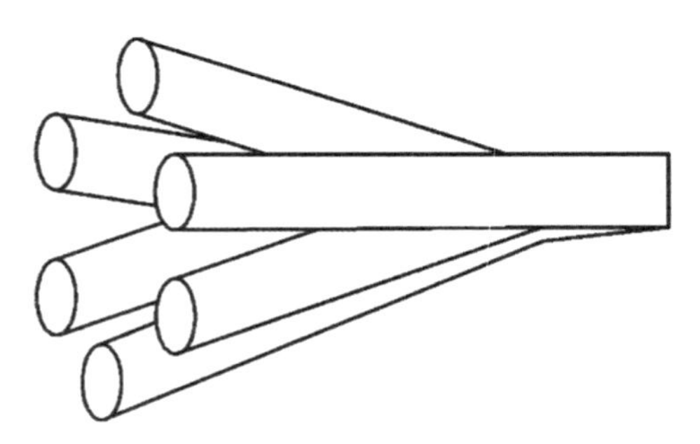

图 2－7－7　树杈形光纤耦合器

(3) V 型槽侧面泵浦

光纤外包层去掉一小段，在裸露出的内包层上刻蚀出一个 V 形槽，作为反射面，如图 2－7－8 所示。泵浦光经微透镜耦合，然后在 V 形槽的侧面汇聚，经过侧面反射后改变方向，最后进入光纤的内包层。V 形槽侧面的面型能够对泵浦光全反射，提高耦合效率。在泵浦光入射的内包层一侧增加一层衬底，衬底材料的折射率与光纤内

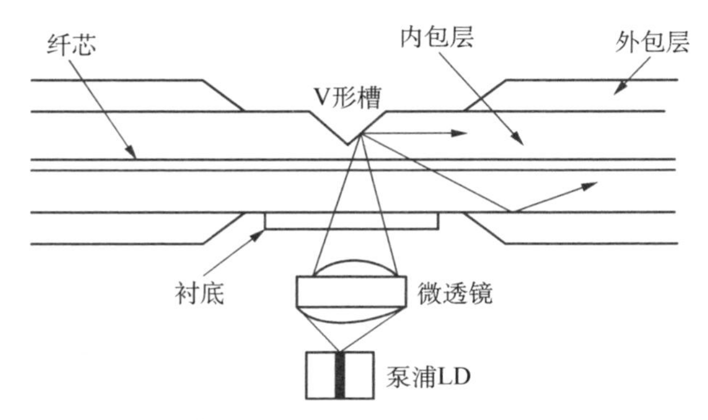

图 2-7-8　V 形槽侧面耦合泵浦结构示意图

包层的折射率相近，并且可以加镀增透膜。

这种方法具有泵浦效率高、结构紧凑和易于放大(可沿侧面同时切出多个 V 型槽)的优点。

另外，还有一些没有得到广泛使用的泵浦方法，如小角度侧面泵浦和嵌镜式反射镜侧面泵浦方法等。

三、激光器实验

1. 掺钕离子(Nd^{3+})光纤激光器

1987 年 6 月，北京邮电学院**王庆海**、**张家珉**等报道研制成功掺钕离子(Nd^{3+})光纤激光器，并于 1988 年 10 月通过邮电部部级鉴定。①

(1) 激光器结构

激光器由掺有稀土离子的光纤、泵浦光源和光学共振腔组成。实验使用的是单模掺杂光纤，其基质是硅化物玻璃，掺钕离子(Nd^{3+})做激活离子，光纤长 1.29 m。在光纤端面上镀介质膜构造 F-P 共振腔，氩离子激光器做泵浦光源，输出激光经单色仪由光功率计检测。

---

① 王庆海，张家珉等，有源光纤激光器在北邮研制成功[J]，北京邮电学院学报，1988，3：56。

（2）实验结果

输出激光光谱的中心波长为 1.09 μm，谱线宽度为 18.0 nm，泵浦阈值功率约 30 mW，输出激光功率 5 mW。

2. 掺铥离子（Tm^{3+}）光纤激光器

铥元素原子能级结构丰富，荧光谱线较宽，使用不同泵浦光波长可产生不同的能级跃迁，可以产生 1.8—2.1 μm 的激光输出。1997 年，中国科学院西安光学精密机械研究所**杜戈果**、**刘东峰**等实验研究了这种激光器。①

（1）发射激光机制

图 2－7－9 所示是铥离子的能级图，共振吸收光波长是 790 nm、1 210 nm。在波长 790 nm 泵浦光（一些半导体激光器输出这个波长的激光）作用下，Tm^{3+} 离子从基态 $^3H_6$ 能级跃迁到激发态能级 $^3H_4$。上能级的平均寿命很短，只有 14.2 μs，很快跃迁到能级 $^3H_4$，这个能级的平均寿命比较长，达 33 414.2 μs。随着泵浦的继续，这个能级累

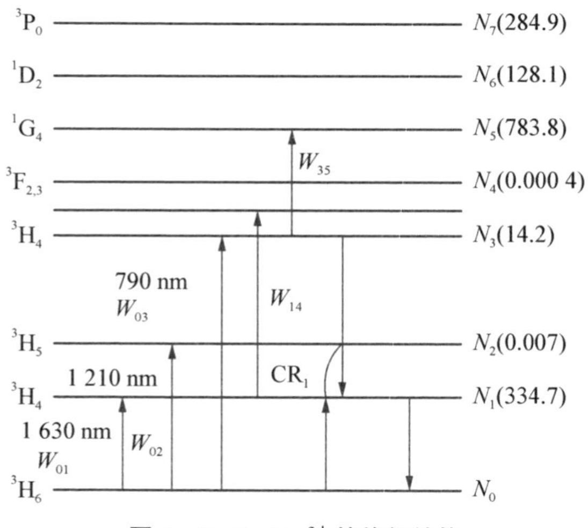

图 2－7－9 Tm^{3+} 的能级结构

① 杜戈果，刘东峰等，掺铥（Tm^{3+}）光纤激光器[J]，激光与红外，1998，28(4)：210—213。

积大量粒子数，在$^3H_4 \rightarrow ^3H_6$之间建立粒子数布居反转状态。或者采用波长 1 210 nm 的激光激发到能级$^3H_5$，然后无辐射弛豫到能级$^3H_4$。由于基态$^3H_6$的斯塔克斯分裂，从能级$^3F_4$到$^3H_6$的跃迁有一个很宽的发射谱线，发射波长在 1.8—2.1 μm 的激光。激光器输出波长会随光纤掺杂Tm^{3+}离子浓度、基质的组成成分、光纤长度和冷却温度等的变化而改变。

（2）实验装置和结果

实验采用美国 Quantronix 公司 4216D 型Nd^{3+}：YLF 激光器作为泵浦光源，工作波长 1 053 nm。用几种不同长度掺铥（Tm^{3+}）光纤实验，在光纤长度分别为 1.7 m、1 m、70 cm、50 cm 时，获得的输出激光中心波长分别为 1.850 μm、1.871 μm、1.889 μm、1.891 μm。

3. 掺铒离子（Er^{3+}）光纤激光器

1989 年，清华大学**彭江得、岳超瑜**等研制了这种激光器。[①]

（1）发射激光机制

图 2－7－10 所示是铒离子（Er^{3+}）的能级图。基态Er^{3+}离子可吸收波长 1 480 nm、980 nm 和 800 nm等的光辐射能量，跃迁到激发态能级，使用波长 980 nm 光辐射泵浦时是以三能级系统工作。由于在基质中的Er^{3+}能级受到周围电场或动态扰动的影响，能级产生斯塔克斯分裂，导致能级展宽，每个能级均由多个子能级构成。在波长 980 nm 光辐射泵浦时，处于基态$^4I_{15/2}$的

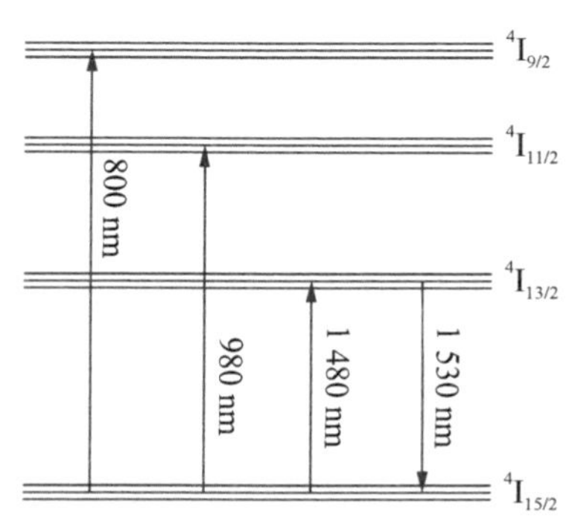

图 2－7－10　铒离子能级跃迁

Er^{3+}离子跃迁到能级$^4I_{11/2}$，然后很快从这个能级无辐射跃迁到激发态$^4I_{13/2}$。由于从能级$^4I_{11/2}$到能级$^4I_{13/2}$的驰豫时间很短，大约 10 ns，

---

① 彭江得，岳超瑜等，Er^{3+}/Yb^{3+}掺杂全光纤环形激光器[J]，光学学报，1990 年，10（10）：922—926。

而能级$^4I_{13/2}$到的平均寿命比较长，大约 10 ms，属于亚稳态，可以积累较多的 Er^{3+} 离子，于是在适当的泵浦速率时在能级$^4I_{13/2}$与$^4I_{15/2}$基态能级之间会出现能级粒子数布居反转状态，并发射波长在 1.53 μm 附近的激光。

为了提高泵浦速率，在掺 Er^{3+} 光纤中通常共掺 Yb^{3+} 离子，它的共振吸收激发态$^2F_{5/2}$与 Er^{3+} 离子能态$^4I_{11/2}$靠近，在激发态的 Yb^{3+} 离子会以很高速率转移能量，激发到 Er^{3+} 离子能级$^4I_{11/2}$，而 Yb^{3+} 离子在波段(800—1 100 nm)具有较大的峰值光学吸收截面。

(2) 实验装置

将一段掺 Er^{3+}/Yb^{3+} 光纤研制成可调耦合器，使交叉耦合的一对输入和输出光纤端连接成环，构成光纤环形激光器共振腔。光纤芯半径 3.5 μm，数值孔径 N. A. 为 0.147，做成周长 1 m 和 8 m 的共振腔，耦合光纤弯曲半径 50 cm。氩离子激光输出波长 514.5 nm，做泵浦光源，掺 Er^{3+}/Yb^{3+} 光纤对泵浦光(514.5 nm)的吸收衰减率为 1 500 dB/km，在激光波长(1 540 nm)的衰减率约为 250 dB/km。用光功率计(Photodyne 33xLA)和扫描光谱仪测量输出激光功率和光谱。

(3) 实验观察和结果

氩离子激光通过透镜从耦合光纤注入掺 Er^{3+}/Yb^{3+} 光纤。当耦合器失谐时不形成共振腔，从光纤输出端观察到的是荧光。调节耦合器，使光纤环形共振腔处于共振状态，此时从光谱仪上观察到谱线宽度很窄的激光谱线。微调耦合器改变两光纤距离，相应地改变耦合系数，在整个荧光谱带内几乎观察到激光谱线连续变化，激光波长在 1 557.2—1 602 nm 范围。

对于共振腔腔长 1 m 的器件，激光阈值泵浦功率为 1.9 mW，输出激光功率大约 3.8 mW，激光斜率效率为 6.1%；对于腔长 8 m 的器件，激光阈值振荡泵浦功率升高到 14.2 mW，输出激光功率大约 6.2 mW，而激光斜率效率也升高到为 10.2%。

4. 双包层掺杂光纤激光器

1989 年，中国科学院上海光学精密机械研究所**陈柏**、**陈兰荣**等研制成功 LD 泵浦掺 Yb^{3+} 双包层光纤激光器。[①]

（1）实验装置

图 2－7－11 所示是实验装置示意图，实验所采用的光纤为武汉邮电科学院研制的双包层掺 Yb 石英光纤，纤芯直径 4 μm、内包层直径 11 μm，光纤长度为 18 m。掺杂浓度为 $1.8\times10^{18}\ cm^{-3}$，折射率沿径向变化为纤芯大于内包层，内包层大于外包层。用半导体激光器作泵浦光源，中心波长 981.5 nm（在温度 20℃），最大输出激光功率 56 mW。采用 F－P 共振腔结构，前腔反射镜对激光的反射率大于 97%（1 020—1 120 nm），对泵浦光的透光率大于 80%；后腔镜在波段 1 020—1 100 nm 之间的反射率大于 90%。泵浦光经非球面透镜（焦距约 3 mm）准直后，再经显微物镜（20×）聚焦耦合入前腔镜后面的掺杂光纤。

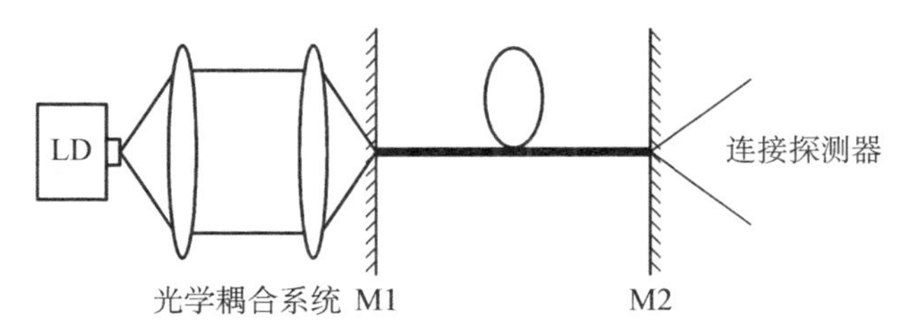

图 2－7－11　实验装置

（2）实验观察和结果

把泵浦光调制成脉宽约 3 ms 的方波后，用 PIN 管接收激光器的输出光，随后用示波器观察呈阻尼振荡式的弛豫振荡波形，以此确定激光出现时的泵浦阈值功率。在观察弛豫振荡后，利用光栅单色仪、光电倍增管及 X－Y 记录仪，记录激光器输出的激光光谱，以确定激光波长。

首先，把光纤与腔镜耦合到较理想状态。当输入光纤的泵浦功

---

① 陈柏，陈兰荣等，掺 Yb 双包层光纤激光器波长调谐输出[J]，光子学报，1999，28(9)：835—838。

率为 1.7 mW 时，出现激光振荡；当泵浦功率为 11.8 mW 时，获得波长为 1 020 nm 的激光输出。激光波长与泵浦阈值有关，光学损耗增大，泵浦阈值升高，相应地激光波长将向短波方向移动；而对确定的泵浦阈值功率，激光中心波长不随泵浦功率改变。在波长较长波段，激光波长相对于泵浦阈值功率的变化较大；而在较短波长波段，激光波长随泵浦阈值的变化较平缓。在波长 1 037 nm 上，获得了 3.84 mW 的激光输出。

第三章　开拓激光新技术

随着激光器研究深入发展，为了适应激光器实际应用，一系列技术用于改善激光器输出性能。比如，大幅度提高激光器输出功率、能量水平；提高激光器输出的激光频率稳定性；改进激光功率（能量）的空间分布均匀性；调谐激光器输出频谱；在空域或者时域，调制激光束等。

3－1　高激光功率(能量)技术

提高输出功率的一系列技术，包括共振腔 Q 突变技术、激光振荡模式锁定技术、激光放大器技术等，得到的激光功率能够超过万亿瓦，激光能量达到上亿焦耳。

一、共振腔 Q 突变技术

也称 Q 开关技术。第一台红宝石激光器成功运转后，人们便开始考虑如何提高其输出功率。很显然，采用大尺寸红宝石晶体做激光器工作物质，自然能够获得更高的激光功率。但是，这会增加成本，况且制造大尺寸、光学均匀性又好的红宝石晶体技术上要求更高，不容易获得。提高氙灯对红宝石晶体的泵浦功率，输进红宝石晶体的光辐射能量多了，转换成激光的能量自然会相应增多。起初，采用这个办法的确有些效果。但是，泵浦功率增加到一定程度后，输出功率增加便不那么明显，甚至还出现激光束质量变坏的情况。比如，发散角增大，激光方向性变差；激光光斑也不再是先前的实心圆形，而是散开多个斑点，这意味着激光器输出的不再是基横模，而是多横模；激光的光谱线宽也展宽了，相干性变差。此外，输出的激光脉冲持续时间也变长，即激光脉冲宽度展宽了，这表明，激光器输出的激光能量增多是激光器延长发射激光时间的结果，激光功率水平其实并没有提高。此外，示波器显示的波形由一系列振幅不等且无规则变化的尖峰脉冲组成的脉冲序列，并非平滑的光脉冲。很多应用领域都要求激光器能够输出高峰值功率的光脉冲，如脉冲激光测距、激光雷达等。而仅仅增加泵浦能量只会增加脉冲序列中小尖峰的个数，却无法对激光峰值功率的提高产生显著的影响，反而会使尖峰脉冲序列分布的时间范围加宽。

共振腔 Q 突变技术使在脉冲序列中分散的能量，集中在非常短的时间内释放出来，激光峰值功率能够大幅度提高，可以达到兆瓦量级以上。

术语"Q 值"原先是在无线电技术里使用，把一个电学的谐振回路的品质因数叫做 Q 值，表征回路的电能损耗情况。损耗越小，则这个回路的性能品质也就越好，或者说 Q 值越高。后来在激光技术中也引用了这一技术用语，用以表征激光器共振腔内的光辐射能量损耗大小。根据激光原理，共振腔的光辐射能量损耗越大，激光器的激光振荡阈值也就越高；反之亦然。所以，Q 值是描述共振腔实现激光振荡难易程度的指标，而所谓 Q 突变技术，也就是使共振腔的 Q 值发生突然变化。

1. 技术原理

在稳态工作情况下，激光器输出的功率总是小于输入的泵浦功率。但是，在非稳定情况下，就有可能使输出功率大于输入功率。比如，照相机拍照时使用的闪光灯，其闪光的光功率就比输入的电功率高，在短时间内突然释放较长时间存贮的能量而得到高功率。从某种意义来说，激光器也是一种能量存贮器，工作物质在较长时间内存贮足量的泵浦能量，然后通过某种方式，如一种快速开关，让激光器在瞬间把存贮的泵浦能量转换成激光能量，激光器就会输出很高的激光功率。

发挥这种技术性能，需要注意两个因素，一个是对激光工作物质的泵浦速率要比发光粒子能级的自发辐射速率高，才能在上激光能级累积足够多的粒子；另外一个是 Q 开关的速率要高于粒子上激光能级的受激辐射速率，不然会使峰值激光功率降低，激光脉冲宽度增大。

激光阈值振荡能级粒子数布居反转密度 $\Delta n = n_2 - n_1$ 与光学共振的品质因子 Q 值有关，即

$$\Delta n = A(\tau\nu^3\Delta\nu)/Q。\tag{3-1-1}$$

式中，τ 是能级平均寿命；ν 是发射的光频率；$\Delta\nu$ 是发射的光辐射谱线宽度；Q 是共振腔的共振腔品质因子，它表征共振腔能量损耗的因子，由下式定义为

$$Q = 2\pi\nu \times 腔内存贮的能量 / 每秒损失的能量，\tag{3-1-2}$$

也可以近似地由下面式子表示为

$$Q = 2\pi L/\lambda\alpha。\tag{3-1-3}$$

式中，L 是共振腔的长度；α 是共振内的光学损耗系数，包括共振器反射镜端面的衍射、反射镜的光学吸收、输出反射镜的透射，以及激光工作物质产生的散射、吸收等。起初，让共振的 Q 值比较低，以提高激光振荡阈值，激光工作物质累积激发态粒子数数量便增大，即激光器工作物质存贮的泵浦能量增大。当激发态粒子数积累数量聚集到很高的数值时，突然提高共振腔的 Q 值，激光器立即发生激光振荡，而且是在超过通常状态的振荡阈值发生激光振荡，振荡剧烈程度比往常更大，在瞬间把全部存贮的泵浦能量转换成激光能量，并输出一个脉冲时间很短的巨激光脉冲，相应地也就获得峰值激光功率很高的激光脉冲。一般可达数兆瓦以上，产生的激光功率由下面式子表示为

$$P = Wh\nu N/2Q_W[n_{th}\log(n_p/n_i) - (n_p - n_i)],\tag{3-1-4}$$

产生的激光能量为

$$E = (Q_{W}/2Q)h\nu N(n_{i} - n_{f})。 \tag{3-1-5}$$

式中，n_i 是共振腔在低 Q 值时工作物质内能级粒子数布居反转值；n_f 是在共振腔高 Q 值发生激光振荡时的粒子数布居反转值；N 是发射激光的粒子数目；Q_W 是以共振腔输出镜的透过率为主计算腔的 Q 值。

激光器输出的光脉冲宽度 τ_c 为

$$\tau_c = L/(c\alpha), \tag{3-1-6}$$

式中，c 为光速。

2. 转镜 Q 开关

用高速马达带动旋转的全反镜，代替原来固定全反镜。全反镜是直角棱镜，该棱镜安装在马达的转轴上。由于全反镜绕垂直于共振腔的轴线作周期性的旋转，所以 Q 值作周期性变化。当旋转的反射镜正对准那块固定反射镜时，共振腔的 Q 值最高。

(1) 转镜 Q 开关激光器实验

1963 年，中国科学院长春光学精密机械研究所吕大元、王之江等研制成功这种转镜 Q 开关红宝石激光器。[①]

吕大元(1908—1974)，光学专家，江苏南京人，1932 年毕业于中央大学物理系。曾任北平研究院物理研究所助理员、资源委员会中央造船公司工程师。建国后，历任中央造船公司工程师，中国科学院长春光学精密机械研究所、上海光学精密机械研究所研究员。20 世纪 50 年代初，主持了水平磁力秤等多种仪器的研制，领导建立了长春光机所长度、温度和光度实验室。20 世纪 50 年代末，完成了大型石英摄谱仪的试制任务。60 年代转向激光的研究，参加了红宝石荧光光谱、红宝石调 Q 激光器的研究，并领导了气体激光研究室的工作。

---

① 吕大元，王之江等，瞬时大功率红宝石激光发射器[J]，科学通报，1964，9(8)：733—736。

① 实验装置。Q 开关的旋转棱镜转速为 19 000 r/min，共振腔腔长 1 m。激光工作物质是红宝石激光晶体，长 5.5 mm、直径 5 mm，Cr^{3+} 含量为 0.05%。

② 实验结果。实验获得激光功率为 5—7 MW，比不使用 Q 开关时的峰值功率(估计为 10^4 W)大约高两个数量极。激光延续时间为 30—40 ns，激光能量为 0.20—0.21 J。根据激光器 Q 突变理论分析，使用 Q 开关的激光器，其输出激光脉冲宽度一般随着开关速度加快而变窄，相应激光功率提高；开关速度较慢时，输出脉冲变宽，而且容易产生多脉冲输出，激光功率也较低。其他工作条件相同的情况下，开关速度与转镜的旋转速度成正比。因此可以预见，转镜的旋转速度高，激光器输出的激光脉冲宽度将变窄，输出激光功率增加。在光泵功率和腔长固定的条件下，仅将棱镜转速加大，输出的激光脉冲宽度有显著压缩，图 3-1-1 所示是转速不同时激光脉冲宽度的变化；同时输出能量也有所提高，显然，这对增大激光器输出激光功率都是有利的。

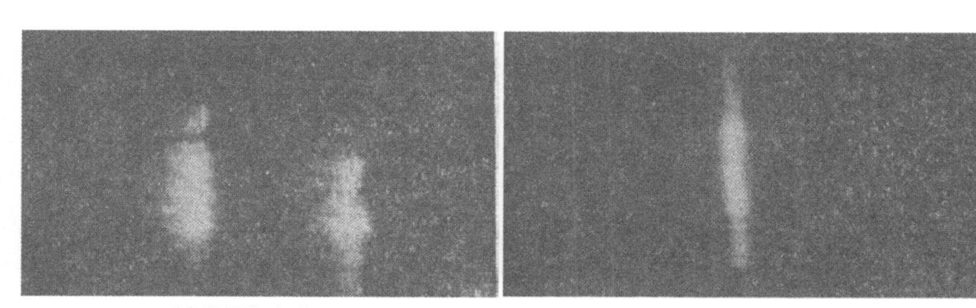

(a) 5 000 r/min　　(b) 15 000 r/min

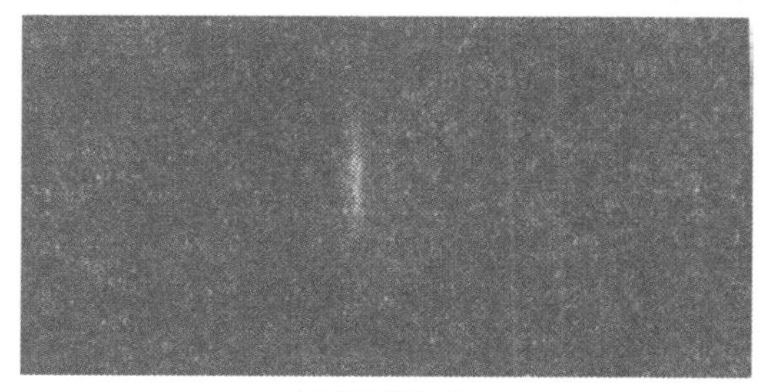

(c) 19 000 r/min

图 3-1-1　棱镜转速对激光脉冲宽度影响

棱镜转速固定，将腔长拉长，激光脉冲宽度将大大压缩。腔长变化也影响激光脉冲数目，腔长度拉长后激光脉冲数目减少，选择适当的腔长，可以实现激光器单脉冲输出。不过，增大腔长度，激光器尺寸增大，给使用带来不便，而且激光器能量转换效率也受到一定影响。

(2) 最佳参数

假定反射镜旋转的角速度是 ω，这种 Q 开关的开关时间 $t=\theta_c/\omega$，式中的 θ_c 是激光器发生激光振荡时转镜法线与共振腔光轴的夹角(称临界角)。研究显示，存在使激光器输出性能最大的最佳旋转角速度、最佳临界角以及最佳腔长。①

① 最佳旋转角速度。在其他工作条件相同情况下，转镜的旋转速度比较低时，开关时间较长，可能输出多个激光脉冲。当转速高到一定数值，开关时间短到一定程度，只输出单个激光脉冲。但是，转镜的转速太高，激光器输出功率反而会下降，脉冲宽度还反而展宽。这是因为转镜转速很高，脉冲功率到峰值时，转镜的法线已过了与共振腔光轴线平行的位置，腔的 Q 值下降。需要根据激光工作物质的有关参数选择合适的转速，即反射镜旋转的角速度存在最佳值。最佳旋转角速度约等于刚出单脉冲时的转速的 1.5—2 倍；在最佳转速条件下，激光脉冲的脉宽约等于刚出单脉冲时的脉宽的 1/1.8；峰值光子数密度约等于刚出单脉冲时的峰值光子数密度的 2 倍。小型钕玻璃 Q 开关激光器常用马达转速为 300—1 000 pps，开关时间为微秒量级。

② 最佳临界角。当共振腔的长度、腔的输出端反射率和转镜的旋转速度一定时，存在最佳临界角。泵浦水平越高，工作物质质量越好，激光棒越粗越长，腔长越短，腔的输出端反射率越高，则临界角越大，越容易输出多激光脉冲，最佳转速也越高。在最佳工作条件下，随着临界角增大(转镜的选择速度也相应提高)，则峰值光子数密度

---

① 李福利，转镜调四能级巨脉冲激光器的最佳工作条件[J]，激光，1975，1(1)：11—17。

线性增加，脉宽和前沿压缩得越来越慢。

③ 加速装置。要压缩激光脉冲宽度，产生巨激光脉冲功率，Q 开关需使用转动速率比较高的马达。但制造高转速马达的技术难度比较高。采用适当的光学系统可以等效地提高马达的转速，这些光学装置称为转镜 Q 开关的加速装置，主要有如下几种：

a. 折叠腔加速。结构如图 3-1-2(a)所示，共振腔输出反射镜的介质膜分成上、下两片，下半片为全反射介质膜，上半片为部分透射的反射介质膜。光束在共振腔内循环传播一周，两次通过转动棱镜才输出腔外，等效于把带动该转动棱镜的马达转速提高一倍。

b. 棱镜加速。共振腔一端由两只棱镜构成，其中一只棱镜 A 由马达带动高速旋转，另一只棱镜 B 固定不动，如图 3-1-2(b)所示，等效于把马达的速度提高一倍。

c. 四次加速。把前面的两种装置合并使用，光束在共振腔内循环一周 4 次通过旋转棱镜，等效于开关时间缩短 4 倍。

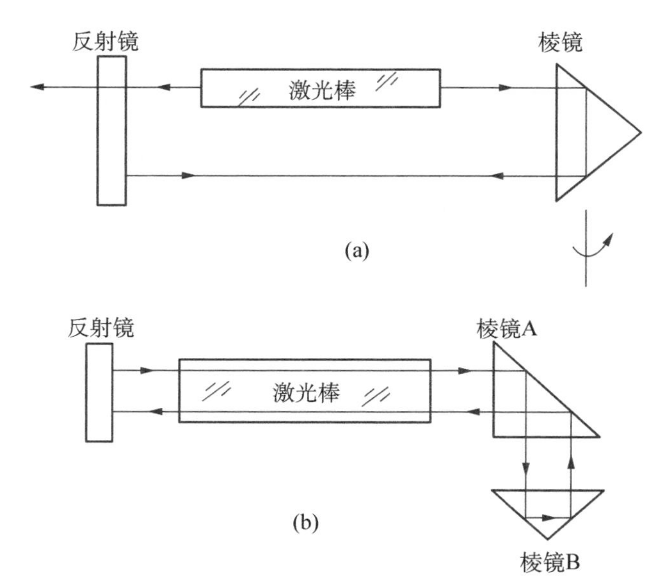

图 3-1-2 转镜 Q 开关的加速装置

3. 电光 Q 开关

这是利用晶体的线性电光效应实现 Q 值突变的光学元件。一些晶体在纵向电场(电场方向与光的传播方向一致)作用下,光学折射率发生改变,折射率是外加电场 E 的函数,可用施加电场 E 的幂级数表示,即

$$n = n_0 + \gamma E + \sigma E^2 + \cdots。 \quad (3-1-7)$$

式中,n_0 为未加电场时的折射率;γE 是电场 E 的一次项,由该项引起的折射变化,称为线性电光效应或普克耳斯(Pockels)效应;由二次项 σE^2 引起的折射率变化,称为二次电光效应或克尔(Kerr)效应。大多数电光晶体材料,一次效应要比二次效应显著。在共振腔内安放合适的电光晶体,在晶体上外加一阶跃式电压,改变晶体的折射率,调节腔内光子的传输损耗,就可以控制激光器共振腔内 Q 值。通常,把利用一次效应制成的 Q 开关,称为普克耳斯 Q 开关;利用二次电光效应制成的 Q 开关,称克尔 Q 开关。

1968 年,第四机械工业部第十一研究所杨源海研制成功普克尔盒 Q 开关,并用于红宝石激光器,获得了高激光功率输出。① Q 开关所用的电光晶体是 KDP,沿垂直于晶体 Z 轴切割成方形或者柱体,两端面(通光面)平行度不大于 $5''$,与 Z 轴垂直度小于 $3'$。采用厚度大约 0.1 mm、宽 3 mm 的铜箔,紧包端面两侧(或者真空镀金)引出电极;采用三电极火花隙(或者充氢陶瓷触发管)作为退高压元件,整个器件的同步精度大于 10^{-7} s。

图 3-1-3 所示是普克尔盒 Q 开关激光器结构示意图。普克尔盒 Q 开关一般是在撤去电压时使共振腔的 Q 值升高,如果是让 Q 开关在加上电压时共振腔达到高 Q 值,则需要采用预偏置技术。例如,在腔内放置起偏器等光学元件。在电光晶体上加 $\lambda/4$ 电压时,共振腔的光路关闭,腔的 Q 值低;在泵浦过程中瞬时撤去加在电光晶体上

① 杨源海,高重复频率红宝石激光器晶体 Q 开关,邓锡铭主编,中国激光史概要[M],北京:科学出版社,1991,42。

的电压，共振腔光路接通，Q 值升高，激光器输出巨脉冲激光。如果沿晶体感应主轴方向转动晶体进行光预偏置，则晶体不加电压时共振腔处于低 Q 值，加 $\lambda/4$ 电压时共振腔 Q 值升高。

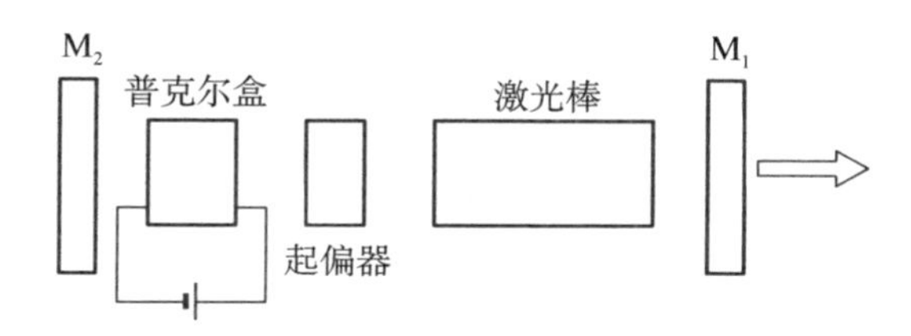

图 3-1-3 普克尔盒 Q 开关红宝石激光器结构

实验结果显示，获得激光功率达 100 MW、脉冲半宽度不大于 2×10^{-8} s、脉冲重复率每秒 20 次的激光输出。

4. 声光 Q 开关

这是利用声光效应实现共振腔 Q 值变化。

(1) 工作原理

当声波在某些介质中传播时，介质会产生与声波信号相应的、随时间和空间周期性变化的弹性形变，导致了介质的折射率的周期性变化，使其中传播的光波发生衍射偏转。衍射有两类，即拉曼-奈斯衍射和布拉格衍射。超声波频率较低，声光相互作用长度较短，光波垂直于声波传播方向时，产生拉曼-奈斯(Raman-Nath)衍射，形成沿入射方向对称分布的多级衍射光，如图 3-1-4(a)所示。当声光作用长度较大、超声波频率较高、入射光与声波传播方向倾斜一个角度入射时，便产生布拉格衍射。当夹角满足一定条件时，介质内各级衍射光会互相干涉，只出现 0 级和 +1 或 −1 级衍射光，如图 3-1-4(b)所示。合理地选择参数，并且超声功率足够大，入射光的能量几乎全部转移到 +1 级或 −1 级衍射极值上。所以，利用布拉格衍射效应制成的声光器件可以获得较高的衍射效率。利用这个声光现象可以变更共振腔的 Q 值，由于声光作用导致光束衍射偏折离开共振腔，引起共振腔的光学损耗增大，即腔的 Q 值变得很低；而当撤去超声波场时，声光介质恢复原先的光学均匀性，光束在其中传播不发生衍射

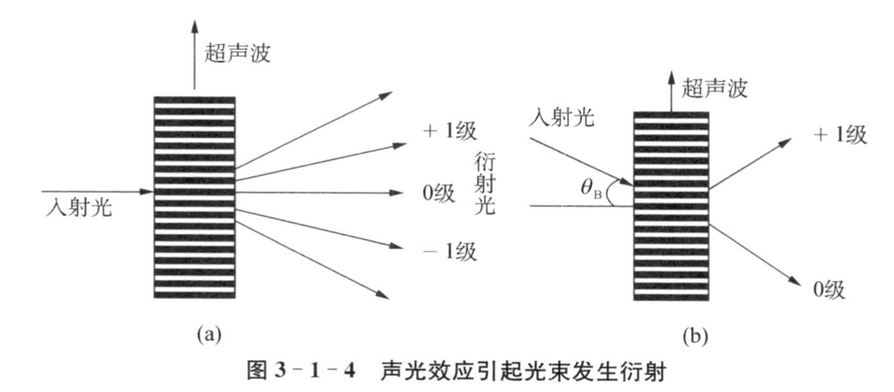

图 3-1-4　声光效应引起光束发生衍射

偏折，共振腔 Q 值也随之升高。

声光 Q 开关由电源、电-声换能器、声光介质和吸声材料组成，常用的声光介质有熔融石英、钼酸铅和重火石玻璃等，吸声材料常用玻璃棉和铅橡胶等。换能器的作用是将高频振荡信号转换为超声波，常用铌酸锂、石英等晶体制成。

（2）激光器实验

1974 年，**南京大学物理系晶体物理教研室**研制成功声光调 Q 连续泵浦 YAG 激光器。①

① 实验装置。图 3-1-5 所示是激光器结构示意图，由掺钕 YAG 晶体、泵浦光源、声光元件、聚光腔、反射镜、电源和冷却系统等组成。

换能器是 X 切割石英晶片，尺寸是 50 mm×5 mm×0.07 mm，贴在表面镀铝的熔融石英片上，石英晶片在高频电场作用下产生的超声波传到声光介质中去。声光介质是熔融石英，尺寸是 50 mm×30 mm×10 mm，连接换能器的平面（尺寸是 50 mm×6 mm）与通光端面夹角磨成 89.86°，保证光束垂直入射时与声波波阵面的夹角正好满足布拉格衍射关系。为使换能器产生的声功率尽可能多地传进声光介质，需在换能器和声光介质中间引入低声损耗的黏结层。曾

① 南京大学物理系晶体物理教研室，声光调 Q 连续泵浦 YAG 激光器[J]，激光，1975，2(5)：27—36。

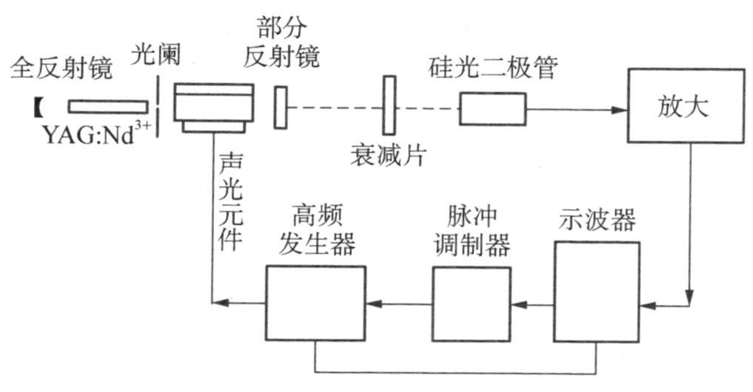

图 3-1-5 声光调 Q 激光器结构

用铟作过黏结剂，首先在声光介质表面蒸镀上铬金属，再蒸镀一层金属铟，然后将镀好铬金属电极的换能晶片放在铟面上，在真空中加热加压，使换能器和声光介质均匀黏结。铟层厚度约为 1 μm，可以得到满意的声光耦合效果。通常也用高真空活塞油黏结，黏结层越薄，衍射光越强，即输入声光介质的声功率越大。

声功率源即高频信号源，是采用近 300 V 的负脉冲去控制大功率管的高频振荡电路，全由电子管组成。为了能使电功率全部加到换能器上，要求换能器阻抗和信号源输出阻抗相匹配。

激光器工作物质掺钕 YAG 晶体棒的直径 5.4 mm、长 70 mm，由重铬酸钾水溶液冷却；泵浦光源是直径 7 mm、长 70 mm 的氪灯；共振腔由曲率半径 1 000 mm 的凹面反射镜和平面反射镜组成，平面反射镜的透射率为 10%，激光从平面反射镜输出；聚光腔为单椭圆腔，激光棒与氪灯分别放在椭圆的两个焦点上。

用硅光二极管接收激光器输出光信号，在示波器上显示光脉冲信号波形。

② 实验观察和结果。先移动激光器输出端反射镜，使腔长增加到 360 mm，然后插入声光 Q 开关，用 He－Ne 激光帮助调整声光元件位置，使光束正好通过声光器件中部。如果是未磨好布拉格角的熔石英元件，用自准测角仪调节通光面与光路的夹角，使满足布拉格衍射条件；如果是磨好布拉格角的熔石英块，就使通光面垂直光路。

然后注入超声波，微调高频发生器的输出频率，使激光的衍射光斑强度达到最大，随后开始激光振荡实验。

实验获得了重复频率在1—10 kHz的激光脉冲输出，用示波器时标测得光脉冲半宽度（峰高一半处的宽度）约为400 ns。当泵浦功率为3.7 kW时，动静比可达0.94∶1；当泵浦功率为3.3 kW时，动静比可达0.86∶1。当脉冲重复频率为3 kHz时，得到的激光平均功率为5.3 W，峰功率为4.54 kW；当脉冲重复频率为8 kHz时，平均激光功率为7 W。

5. 可饱和吸收体 *Q* 开关

这是利用有些光学材料的光学吸收能力随着通过的光束强度而变化的性质，即用可饱和吸收体做成的 *Q* 开关。

（1）工作原理

光强度弱的光通过可饱和吸收体时，它对光能量的吸收能力很强；而当通过的光强度比较高时，对光能量的吸收能力变弱；当光束强度达到一定数值时还将变成光学透明体，几乎不吸收通过的光束能量，即出现称饱和吸收现象。在激光器共振腔内插入这种可饱和吸收元件，在泵浦开始阶段，共振腔内的辐射光强度很弱，该元件呈现的光学吸收系数很大，光辐射的透过率很低，共振腔此时处于低 *Q* 值（高损耗）状态；随着泵浦的继续，腔内的工作物质能级粒子数布居反转不断积累，腔内的光辐射逐渐变强，元件的光学吸收系数不断减小。当光强与吸收体的饱和吸收光强可相比拟时，可饱和吸收元件变成完全光学透明体，这时共振腔 *Q* 值猛增到最大，激光器也随即产生强烈激光振荡，输出高功率激光脉冲。

使用这种 *Q* 开关的激光器输出的激光脉冲宽度一般很窄，大约为10^{-8}秒量级，获得的激光谱线宽度也比较窄。此外，从对 *Q* 开关的关与开状态的要求来说，都希望它在激光工作物质建立的能级粒子数布居反转值达到极大值时，能够迅速、准确地“接通”共振腔的光路。前面介绍的几种 *Q* 开关是通过外来信号控制其开与关状态，因此比较难实现这种要求。可饱和吸收体 *Q* 开关，只要事先选择好吸收体的参数，如染料浓度，就可以满足这种要求。主要缺点是开关效率较低，其主要原因首先是它处于“接通”共振腔光路状态时的最大透光率不等于 1，相当于在腔内附加了光学损耗；其次是吸收体本身的性能不能保持长久稳定，比如新制成的染料溶液即使不使用，存放一段时间后性能也会变差，导致激光器输出性能下降；第三是激光器输出能量稳定性也比较差，常有小脉冲伴随出现。

使用的可饱和吸收体主要有染料、色心晶体、半导体材料和含有 Cr^{4+} 的晶体（如 YAG：Cr^{4+} 晶体），常用的染料有十一甲川蓝色素染料、五甲川蓝色素染料、隐花菁、钒钛菁、叶绿素 d 和 BDN（全名为双-(4-二甲基氨基二硫代二苯乙二酮)-镍）等。使用染料做饱和吸收体 Q 开关的做法有两种，一种是将染料溶于某种溶剂中，配成一定浓度溶液，然后将这种溶液放置于密封的玻璃器皿中，称为染料盒；另一种是将染料溶合在有机玻璃里后制成如电影胶卷那样的薄胶片，片厚仅零点几毫米，称为染料片，使用比较方便，插入共振腔内经适当调整便可起 Q 开关作用。

散布在晶体中的色心相当于溶解在溶剂中的染料分子，在强光作用下也会发生饱和吸收。用色心晶体做成的 Q 开关，其插入光学损耗、动静比等参数与电光晶体 Q 开关、染料 Q 开关相当，但稳定性比染料 Q 开关好。色心晶体 Q 开关主要缺点是不完全漂白吸收，残余吸收系数比较大，因而影响了激光器的能量转换效率。

YAG：Cr^{4+} 晶体在 0.9—1.2 μm 波段具有可饱和吸收特性，吸收截面也比较宽，是近红外波段使用的 Q 开关。YAG：Cr^{4+} 晶体起先用作激光器工作物质，可输出波长 1.35—1.55 μm 波段的激光脉冲。

(2) 激光器实验

1972 年，**中国科学院上海光学精密机械研究所第八研究室**研制成功可饱和吸收体 Q 开关，并在钕玻璃激光器上实验，研制出可饱和吸收 Q 开关激光器。[①]

① 实验装置。Q 开关使用的可饱和吸收体是五甲川的丙酮溶

---

① 中国科学院上海光学精密机械研究所第八研究室，染料调 Q 钕玻璃大功率激光器[C]，中国科学院上海光学精密机械研究所研究报告集第五集，1977。

液、五甲川的氯苯溶液。染料盒厚度为 10 mm、容积为 7 mL、两窗口平行度为 20″，这样，染料盒放置在共振腔内任何位置也不会影响共振腔光路的平行性以及激光器输出激光的光轴。钕玻璃激光棒直径 20 mm、长 500 mm，外加玻璃水套用于运转时通水冷却；为了防止发生自激振荡，一端磨成斜面，其法线与光轴的夹角为 1.5°。采用平行平面共振腔，全反射端为全反射直角棱镜，用双闪光灯串联放电泵浦激光棒。激光波形用强流光电管转换成电信号后，用 200 MHz 带宽示波器显示。

② 实验结果。实验获得最大单脉冲输出激光能量 40 J，激光脉冲宽度为 40—60 ns，脉冲峰值功率接近千兆瓦。实验还研究了没有加 Q 开关和加了 Q 开关时的输出特性，以及染料浓度、染料盒内染料溶液厚度和容积、染料盒使用脉冲次数、共振腔输出反射镜反射率等对激光器输出性能的影响。

实验结果显示，腔内放置染料 Q 开关时，输出激光能量随泵浦能量变化不是连续的，而是呈阶梯状变化，阶梯的第一级对应于单脉冲输出、阶梯的第二级对应于双脉冲输出等，阶梯每增加一级，输出激光能量近似地增加一个单脉冲的激光能量。振荡阈值和阶梯高度与染料浓度有关，染料浓度高，激光振荡阈值高，阶梯也高。此外，染料浓度高单峰域宽(当然光泵能量也需要相应提高)，染料浓度低单峰域也窄。

染料盒的液层厚度和容积大小影响染料 Q 开关的有效使用寿命(可使用脉冲次数)，使用寿命基本上与容积成正比。至于共振腔输出反射镜的反射率，它不能根据激光器静态工作情况来选择最佳反射率。一般来说，此时的最佳反射率是比静态工作时的低。

二、激光锁模技术

激光器输出的激光空间分布谱是高低不平的脉冲，功率是时间的统计平均值，原因是激光器内同时振荡的模式有许多。根据共振腔理论，在一个尺寸很小的激光共振腔内就有 10^6 个纵(轴向)模，可能有几百个模属于激光介质增益超过共振腔损耗的频率区域，因而都有可能成为激光振荡模。由于腔内介质的色散效应，在腔内各振荡纵模、横模的频率间隔并不完全相同，而且模与模之间没有固定的振幅和相位关系，于是这些振荡模叠加后得到的输出激光功率(能量)无规则起伏。如果使各个纵模的间距保持相等，并且有确定的位相关系，那么这些振荡纵模叠加的结果将形成等间距、脉冲宽度极窄、激光峰值功率非常高的激光脉冲列。m 个纵模以相等振幅 A 和位相(可以设它为 0，因为时间原点是任意的)振荡时，得到的激光强度为

$$I(t) = A^2\sin^2(m\Omega t/2)/\sin^2(\Omega t/2)。\qquad (3-1-8)$$

式中，$\Omega = 2\pi c/2L = 2\pi/T$，$L$ 和 T 分别是腔长和光波在腔内往返时间。由(3-1-8)式可以看到，在时刻 $t = 0, T, 2T, \cdots$ 时出现光强度极大，其激光强度 $I(t) = m^2A^2$，即强度等于平均激光强度的 m^2 倍。

1. 振荡模

在物理学中，对辐射场的性质有两种不同的观点和两种不同的描述方法。一种看法从波动观点出发，把辐射场看作各种不同频率的驻波集合；另外一种看法是从粒子观点出发，把辐射场看作光子集合。从波动观点看，辐射场的模是指电磁波的一种类型，激光振荡模是在激光共振腔内光场的一种稳定分布。从粒子观点看，模是代表可以相互区分的光子态，激光振荡模是在激光共振腔内的一种稳态光子集合。

激光器振荡模是横模和纵模的集合，横模是光辐射场在垂直于传播方向横截面上光场的一种稳态分布，通常用符号 TEM_{mn} 标示不同阶的模式。其中，TEM_{00} 模称为基模，其余的称高次模。纵模是光辐射场沿传播方向(共振腔光轴方向)的一种稳态分布，纵模数 q 代表光辐射场沿共振腔光轴传播通过零值的次数。因为在通常条件下 q 值通常都很大，而且在实际应用上往往也无需知道确切的 q 值，所以在标示模式时通常没有标出 q 值。每个纵模之间的频率间隔为 $c/(2nL)$，式中 c 是光速、L 是腔的有效长度、n 是腔内介质的光学折射率。

2. 锁模方法

可以使振荡模与模之间有固定的振幅和相位关系，如在腔内进行损耗调制、相位调制、放置可饱和吸收体等。

① 损耗调制锁模。在腔内放置一种能够改变腔内光学损耗的元件，外加信号对该元件进行调制可以实现锁模。这种做法一般在连续泵浦的激光器中使用。

在激光器共振腔内靠近反射镜附近放置一只调制器，常用声光调制器。把调制器放置于激光腔的任一端面处或腔的中心(为对称起见)，以 $c/(2nL)$ 的频率驱动调制器，因而腔内的光学损耗将以该频率变动，损耗大小由入射时间在调制周期中所处的位置确定。与损耗调制器同相的那些模，只通过几次以后就在增益竞争中取得优势，可满足激光振荡条件。

当以共振腔两个纵模频率间隔 $\Delta\nu = c/(2nL)$ 的频率调制放置在共振腔内那只调制器时，中心频率 ν_0 振荡模辐射场除了含原有的频率 ν_0 之外，还含有两个具有相同初位相的边带频率 $\nu_0 + \Delta\nu$ 和 $\nu_0 - \Delta\nu$。因为 $\Delta\nu$ 是两个振荡纵模的频率间隔，显然它们将与相邻两个振荡模发生耦合，被这两个边带频率带动起来的那两个振荡纵模与中心频率 ν_0 的振荡模，有了确定的振幅和位相；而当频率 $\nu_0 + \Delta\nu$ 和 $\nu_0 - \Delta\nu$ 振荡模经过调制器将再次受到调制，形成频率为 $\nu_0 \pm 2\Delta\nu$ 的边带，它们又与其相邻的振荡纵模耦合。如此持续下去，直至在激光器增益宽度范围内所有的纵模全都耦合起来，它们都有确定的振幅和位相，激光器进入了锁模工作状态。用这种办法获得的激光脉冲半功率点的全宽度 Δt 与驱动调制器信号功率 P_{m} 的 4 次方根 $P_{\mathrm{m}}^{1/4}$ 成反比关系，即 $\Delta t \propto P_{\mathrm{m}}^{-1/4}$。所以，增大驱动调制器信号的功率可以使激光脉冲宽度变得更窄。

② 相位调制锁模。这是在腔内放置一种能够改变腔内光程的元件，外加信号调制该元件，使其介电常数发生相应的变化，使模的频率向上或向下移动，移动量正比于 $\mathrm{d}\phi/\mathrm{d}t$($\phi$ 是位相)，光辐射反复通过相位调制器，反复地频移，最后将移出激光增益带宽，或者频移到与调制器同相为止。只有在调制器 $\mathrm{d}\phi/\mathrm{d}t=0$(即 $\phi(t)$ 固定不变)

时，通过的振荡模不会产生频移，它将获得增益并发生激光振荡。在这两种情况都只有较少的模能够保存下来，这些模已是同相的，即实现了锁模状态。相位调制锁模得到的激光脉冲宽度与驱动调制器的信号功率 P_{m} 的关系是 $\Delta t \propto P_{\mathrm{m}}^{-1/2}$。常用的电光调制器是铌酸锂电光调制器。

③ 可饱和吸收体锁模。又称被动锁模，相应地前面两种方法也称主动锁模。在共振腔内放置可饱和吸收介质，利用其非线性吸收效应实现锁模。可饱和吸收体对光辐射的吸收系数随腔内的光强增加而减小，最后变成完全透明介质。满足锁模条件的振荡模的光强度高，可饱和吸收体对它们的光学吸收很弱，在共振腔内的工作物质中间来回传播的光辐射强度不断得到放大，最后形成激光振荡；那些不满足锁模条件的振荡模光强度比较弱，被可饱和吸收体强烈吸收，不能发生激光振荡。

这种锁模的机制通常利用“起伏模型”解释，这个模型把激光脉冲形成过程划分成 4 个阶段：

第一阶段，自发辐射。激光器在激光振荡阈值以下时，腔内辐射主要是自发辐射。这个阶段的终点，激光器的增益将增大到阈值振荡条件。

第二阶段，线性放大。激光增益超过腔内光学损耗，光辐射强度获得线性放大，直到强度足以使腔内放置的饱和吸收体漂白，变成透明介质。在线性放大期间，光辐射强度分布开始出现以共振腔周期 T 为周期的结构。

由于激光工作物质荧光带宽 $\Delta\omega_{\mathrm{a}}$ 比较宽，开始时会激励大量的纵模。这些纵模的振幅和相位是时间的无规函数，由自发辐射的统计性质确定。这些相位无规的纵模之间产生干涉，使得辐射强度发生起伏，起伏峰的平均持续时间 τ_{a} 由荧光谱带宽度确定，即

$$\tau_{\mathrm{a}} = 1/\Delta\omega_{\mathrm{a}} = T/m。 \qquad (3-1-9)$$

式中，m 是纵模数目；T 是共振腔周期。在线性放大期间，工作物质的增益带宽变窄，使得起伏脉冲持续时间延长。

第三阶段，非线性脉冲选择放大。最初起伏的脉冲数目很大，但到后来就只有少数几个的强度明显超出平均强度(I)。由于饱和吸收体的饱和吸收作用，强度最大的起伏脉冲峰被介质吸收衰减最小，与较弱的峰相比较，它的强度增长最迅速，并超过介质饱和吸收强度，而强度较弱的涨落则被吸收。最后，在众多起伏脉冲中也就只留下一个或少数几个起伏峰，它们最终达到增益饱和。同时，由于脉冲前沿被吸收比其他部分更多，脉冲宽度被压缩。

第四阶段，饱和阶段。能级粒子数布居反转完全消失，所有脉冲在第 n 次通过共振腔时的增益系数都相同，脉冲形成过程结束，输出由许多间隔距离等于共振腔周期、参数可变化的脉冲组成的脉冲序列。

采用这种锁模技术的激光器一般输出激光脉冲序列，两个脉冲之间的时间间隔等于光波在共振腔内往返一次的时间，即

$$\Delta t = 2L/c。\qquad (3-1-10)$$

式中，L 是腔长度；c 是光速。

这种锁模技术不需要任何外加调制信号，激光器结构比较简单，在共振腔内放一块合适的可饱和吸收物质，如放置一只染料盒。但只有那些弛豫时间比腔内往返时间短的工作物质，才适合这种锁模方法。在可见和近红外波段区，最常用的可饱和吸收体是有机染料。

3. 激光器实验

1974 年，中国科学院上海光学精密机械研究所**孟紹贤**、**浦朝顺**等研制了锁模钕玻璃激光器。①②

(1) 实验装置

图 3-1-6 所示是激光器结构示意图，共振腔是一个半共焦腔，输出反射镜是平面反射镜，光学透过率为 50%；为了避免出现子腔，

---

① 孟紹贤，浦朝顺等，超短脉冲激光器，邓锡铭主编，中国激光史概要[M]，北京：科学出版社，1991，76。

② 孟紹贤，浦朝顺等，激光器锁模的一些技术问题[J]，物理，1982，11(2)：295—298。

磨成楔形(角度大约 3°),另外一端是曲率半径为 2 894 mm 的球面全反射镜,腔长 1 500 mm。工作物质是钕玻璃棒,直径 10 mm、长度为 200 mm,两端面磨成布儒斯特角。聚光腔是双椭圆聚光腔,双灯泵浦。饱和吸收体是十一甲川兰色素染料丙酮溶液,它的吸收峰在 0.98 μm,在 1.06 μm 处的透过率很高,大约为 63%。锁模染料盒厚度为 2 mm。用国产强流光电管 GD-44AT 和 519 示波器观察激光脉冲序列,用自己制作的双光子荧光测量装置测量脉冲宽度,并用自己研制的激光触发火花隙-格兰棱镜电光开关系统选择单一激光脉冲。

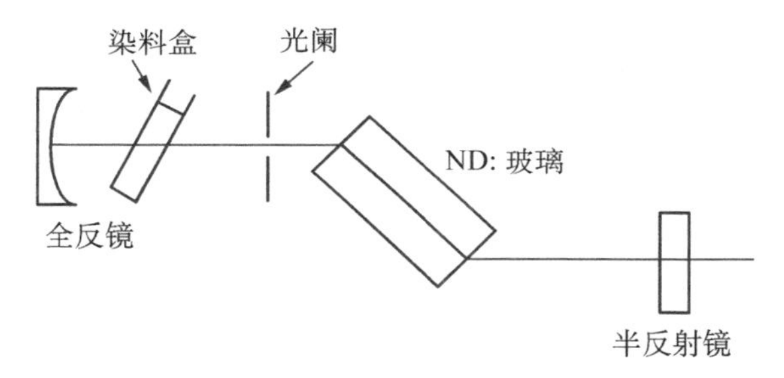

图 3-1-6 被动锁模激光器结构

(2) 实验结果

当光泵能量为 840 J 时,获得单系列锁模脉冲输出,图 3-1-7 所示是得到的锁模脉冲系列的照片,脉冲个数在 15—25 个之间。一列脉冲输出的总能量大约为 4 mJ,单个激光脉冲的能量在 0.25—0.16 mJ 之间;单个脉冲的宽度为 10 ps 左右。实验还研究了,染料的浓度及染料盒的厚度以及在共振腔内的位置、共振腔输出反射镜透光率、光泵强度、不同激光工作物质长度、子腔等对锁模性能的影响。染料溶液的浓度高低变化,其光学透过率相应发生高低变化,这将使脉冲个数变多或变少,也影响脉冲宽度,还影响锁模脉冲发生的几率。染料溶液太高时,造成纵模损耗,锁定模式数减少,形成不完全锁模,甚至起 Q 突变作用;染料浓度太淡时,锁模系列拉得很长,而且不容易获得稳定输出。实验表明,在本实验装置条件下,染料溶液的光学透过率在50%—70%范围比较合适。共振腔输出腔镜的透过率影响锁模脉冲的强度很明显，由于共振腔输出反射镜的透过率的增加，输出到腔外的功率增加了；但是透过率过大，将影响单模振荡，高次模多，对锁模不利，这意味着输出反射镜存在最佳透光率。

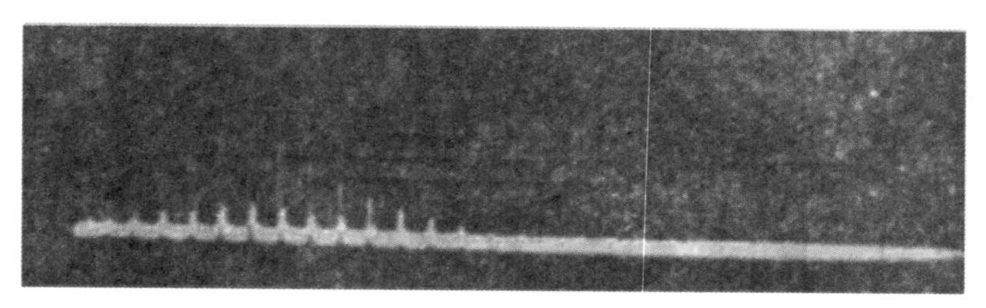

图 3-1-7 锁模脉冲系列照片

锁模激光器输出的是一脉冲序列，采用选脉冲开关，可以选出其中的一个。采用自行研制的激光触发火花隙-格兰棱镜电光开关系统选择了单一激光脉冲，在火花隙各项参数确定之后，通过改变击穿功率，从序列脉冲中的不同位置选出单个锁模脉冲。

染料盒厚度在 1—15 mm 范围内对锁模效果影响不明显，但采用半共焦腔时使用厚的染料盒调整不方便。染料的可饱和吸收是由腔内光辐射的峰值强度引起的，为了降低激光振荡阈值和增加稳定性，染料盒应该靠近工作物质放置，对于半共焦腔，染料盒宜同时靠近凹面镜放置。

为了获得较稳定的锁模，光泵需要控制在稍微高于振荡阈值，如果超过阈值较多，则容易出现多激光脉冲列。

三、激光脉冲压缩技术

这是压缩激光器输出的激光脉冲，产生超短激光脉冲的技术。

1. 基本原理

压缩激光脉冲宽度的方法主要有 3 种：共振腔外脉冲压缩法、腔内压缩法和饱和吸收压缩法。

（1）共振腔外脉冲压缩

这是对激光器输出的短激光脉冲进行再压缩，产生脉冲宽度更窄的激光脉冲。其基本工作原理是，将短脉冲激光加一个光学频率调制，激光脉冲受到自相位调制，引起光谱展宽。不同的频率成分处在脉冲的不同部位，例如，蓝色光成分在脉冲的前沿，黄色光成分居中，而红色光成分在后沿。而光谱不同成分在介质中传播的速度不同，从而形成光脉冲的复杂的啁啾现象。在正常色散情况下，脉冲中的低频成分（红光）传播快于高频成分（蓝光），结果使脉冲展宽，且导致在整个脉冲宽度有正的线性频率扫描（啁啾），这称为正啁啾或上啁啾（红光先于蓝光）。这样的啁啾光脉冲通过一个色散延迟线，在那里，群速度是频率的线性函数，它对脉冲的不同光谱成分产生不同的延迟，使落后的长波部分赶上前沿的短波部分，这就实现了脉冲宽度压缩，得到在时间上比输入脉冲更短的压缩脉冲。构成色散延迟线的办法多种多样，如光栅对、棱镜对、法希里-珀罗标准具等。此外，利用碱金属蒸气的共振谱线也可以构成色散延迟线。例如，Rb蒸气的 $2P_{1/2}$ 线和 $LiNbO_3$ 调制器配合染料激光脉冲，就能对脉冲产生大幅度的压缩。

（2）腔内压缩

对于能输出扫频脉冲的激光器来说，比如，在锁模激光器中，腔内脉冲宽度的变窄、峰值功率的增高，使得激光器内以自相位调制效应为主要特征的光与物质相互作用的非线性效应增强，并在介质的色散作用下形成了光脉冲的啁啾现象。此种情况便可以采用这种脉冲压缩办法，即将色散延迟线放置在激光器共振腔内，使不同波长光辐射在腔内具有相同的光程运行时间，激光器将直接输出一个经过压缩的激光脉冲。比如，在碰撞脉冲锁模的环形腔内放置玻璃棱镜对，便可以输出超短脉冲激光，此时的棱镜对既可调谐激光波长，又可压缩脉冲宽度，一举两得。

（3）饱和吸收压缩法

恰当地运用饱和吸收体也可以压缩脉冲的宽度，这种方法称为饱和吸收压缩法。适当控制饱和吸收体的浓度或小信号透过率，当一个光脉冲通过时，饱和吸收体强烈地吸收，将光脉冲的前沿能量全部吸收掉。吸收了足够的能量后，饱和吸收体便被漂白，变成完全光学透明体，脉冲的后续部分便无吸收地通过吸收体，脉冲被压缩了，这种压缩是一种能量效应。为了保证脉冲被压缩后不使峰值功率或能量受到损失，还可以将饱和吸收体与放大器组合在一起使用，控制整个系统在阈值以下可得到更好的压缩效果。

2. 激光脉冲压缩实验

(1) 加铁氧体线压缩激光脉冲宽度

1979 年，**田乃良**、**纪慎功**在 KD* P 电光晶体调 Q 激光器里，用闸流管的导通时间来控制 KD* P 上的电压。① 由于 KD* P 的容性负载特性，其等效电容较小，约几十微微法拉，所以激光脉冲的前沿，主要取决于闸流管放电的时间常数，一般为 10 ps 左右。若将一个磁性铁氧体线接在充电线和 KD* P 电光晶体之间，则当闸流管上有触发信号时，高压电源通过闸流管对地放电，这时铁氧体线一端呈高电位，闸流管瞬间对铁氧体线的输入端放电，铁氧体线上产生一个负的电流脉冲，放电波形的前沿比闸流管对铁氧体线的输入端窄得多。

① 实验装置。图 3-1-8 所示是实验装置示意图，实验所用的是 KD* P 电光晶体调 Q YAG：Nd 脉冲激光器。所用铁氧体线长为

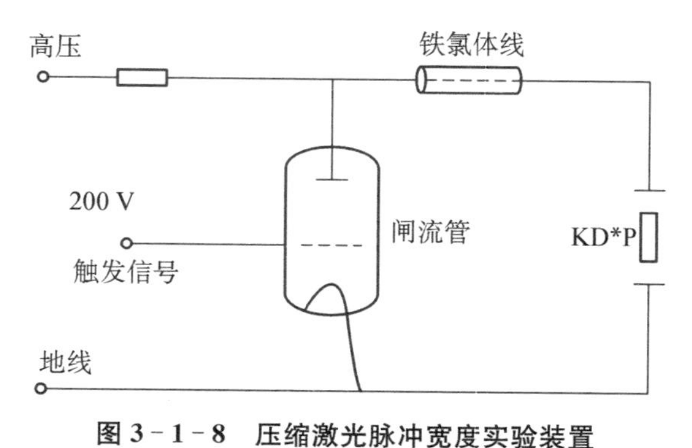

图 3-1-8 压缩激光脉冲宽度实验装置

① 田乃良，纪慎功，激光毫微秒脉冲压缩[J]，光学机械，1980 年，(1)：28—32。

4 m,其材料为镍、锌、锰等掺杂烧结的磁性瓷环。用 GD-44A 强流光电管做激光的接收元件,用 55-200 示波器观察激光波形。

② 实验结果。加铁氧体线后,可将激光波形的前沿由 10 ns 压缩到 4 ns,激光波形半宽度由 10 ns 压缩到 5 ns,激光波形的幅度也提高接近一倍。实验还观察到一个有趣的物理现象:Q 开关 KD^*P 的关门电压下降,从先前的 3 800 V 降到了 3 000 V。

(2) 光栅对激光脉冲压缩

1986 年,南开大学**关信安、吕福云**等报道了利用光栅对压缩腔外激光脉冲的实验。①

① 实验装置。图 3-1-9 所示是实验装置结构,b 为两光栅之间的斜距,θ 为入射光线与衍射光线之间的夹角,γ 为入射。光栅对为平面刻线光栅,面积为 50 mm×50 mm,光栅常数 1 200/mm,闪耀波长为 600 nm,入射角 $\gamma=45°$, b 大约 2.65 m。

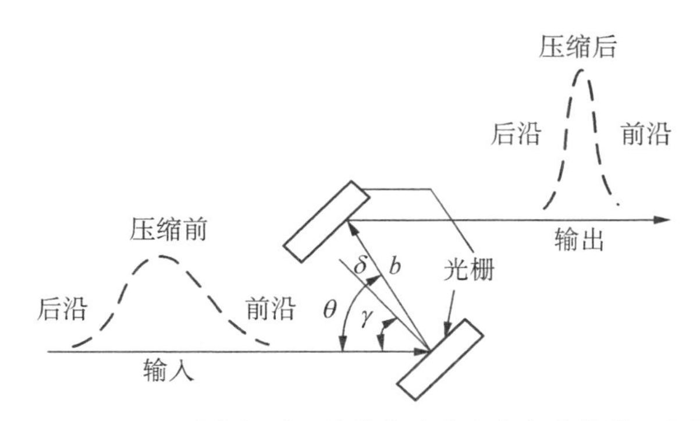

图 3-1-9 腔外光栅对压缩激光脉冲宽度实验装置示意图

② 实验结果。图 3-1-10 所示是压缩前和经光栅对压缩后的激光脉冲二阶自相关曲线。其中,图(a)是 NGH-1 型同步泵浦染料激光器输出的激光脉冲二阶自相关曲线,脉冲宽度为 5.1 ps;图(b)为经光栅对压缩后的激光脉冲二阶自相关曲线,脉冲宽度大约为

① 关信安,吕福云等,利用光栅对压缩同步泵浦染料激光的脉宽[J],应用激光,1986,6(6):259—261。

1.7 ps，压缩比大约为 3。

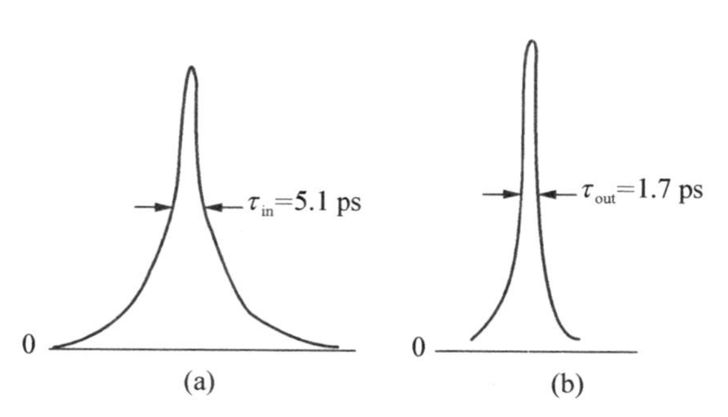

图 3-1-10 压缩前、后的激光脉冲二阶自相关曲线

(3) 利用棱镜对压缩激光脉冲

1986 年，中国科学院上海光学精密机械研究所**张国轩**、**张影华**等利用棱镜对压缩激光脉冲，被压缩的是碰撞锁模染料激光器输出的激光光束，其脉冲宽度 180 fs。①

① 实验装置。图 3-1-11 所示是实验装置结构示意图。M_1、M_6 为平面反射镜，M_2、M_3 为曲率半径 100 mm 的凹面反射镜，M_4、M_5 为曲率半径 50 mm 的凹面反射镜。反射镜 M_1 的透过率约为

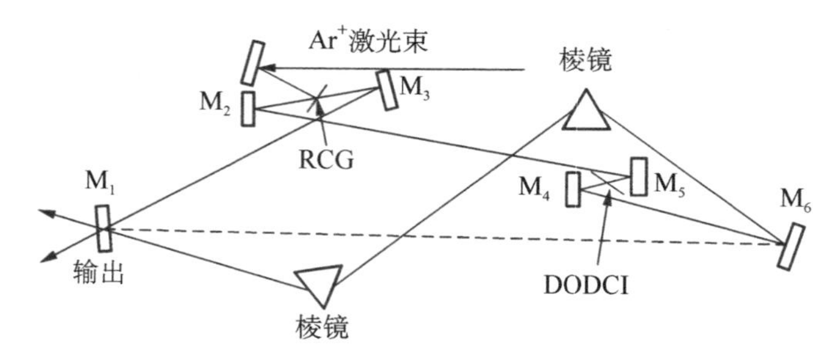

图 3-1-11 棱镜对压缩激光脉冲实验装置

① 张国轩，张影华等，碰撞锁模染料激光器中激光脉冲的惆啾特性及其色散补偿[J]，中国激光，1982，15(8)：467—469。

2.5%，其余均为镀宽带高反膜，中心波长约为615.0 nm。未插色散棱镜时，反射镜 M_1、M_6 之间的光路取虚线所示的路线，构成一般的六镜环形腔。腔内插入两块鲁斯特角石英棱镜作色散补偿时，反射镜 M_1、M_6 之间的光路为实线。腔内总的色散可通过移动其中任一块棱镜进行调节，使用的色散棱镜对是顶角为68.7°的石英棱镜。

② 实验结果。图3-1-12所示是色散补偿前后的激光脉冲相关曲线。补偿后的相关波形明显变窄，脉宽成倍地缩小，由原先的180 fs压缩到96 fs。相关曲线的底部也明显缩小，表明能量分布更加集中。从实时相关器的示波器上观察到的相关曲线，也可看出脉冲的稳定性也有较明显的提高。在未加棱镜补偿时，相关波形半宽度较宽，线迹较粗而且模糊，波形也不易稳定，波形的幅度和宽度有明显的抖动；而加棱镜对补偿后的相关波形不但明显变窄、清晰，而且稳定。

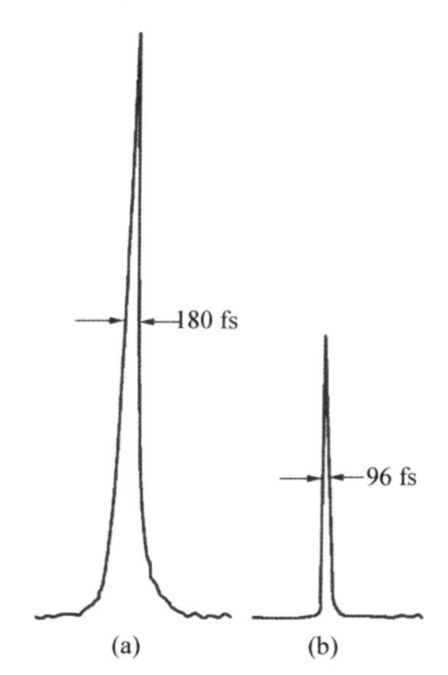

图3-1-12 色散补偿前后的自相关曲线

3－2 激光放大技术

单台激光振荡器输出的峰值激光功率或者激光能量是有限的，而且激光器在高激光功率水平下运转，输出光质量往往也不佳。为了获得高激光功率或者激光能量，同时又有很好光束质量，研究开发了一种称之为激光放大的技术，即将激光器输出的激光功率(能量)放大。

一、激光放大器

这是将激光振荡器去掉光学共振腔的装置，主要功能在于放大由激光振荡器输出的光功率(能量)。激光放大器与激光振荡器都是基于受激辐射的光放大过程，只是前者没有采用激光器共振腔，后者配有激光器共振腔。激光振荡器产生的光脉冲能量或者功率一般比较小，但其激光质量通常都比较好，如光束发散度和谱线宽度都较小。这样的激光束通过激光放大器(其工作物质在泵浦源的作用下，处于粒子数布居反转状态)后，由于入射光频率与放大器工作物质的原子或者分子跃迁频率相同，工作物质中处于高能级的粒子在外来激光信号的作用下产生强烈的受激辐射，使得入射的激光束能量(功率)增大，于是便获得比入射进放大器的激光强度高得多的出射光束，同时又能保有原输入的激光束质量。

图 3－2－1 所示是激光放大器的简单结构，它是两级放大器串联，比单级放大能力更大。不过，两级之间必须考虑光学尺寸的匹配，因为从激光振荡器输出的激光束截面尺寸是逐渐增大的，需要使放大器的工作物质截面与输入激光束截面相当，在系统中加适当的光学系统便可以实现这种匹配。另外，要保证激光束从前一级向后一级传播，而不允许从后一级返回前一级，避免在放大级间的反馈产生寄生振荡，以保证被放大的激光束质量，因此在放大级之间插入了光学隔离器。

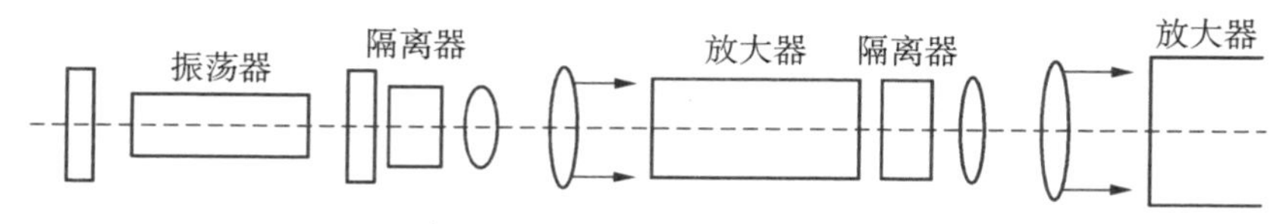

图 3-2-1　激光振荡-放大结构

二、激光放大实验

1974 年，后字 419 部队 301 组报道了 YAG：Nd 激光振荡-放大实验。[①]

1. 实验装置

图 3-2-2 所示是实验装置示意图。激光振荡级泵浦源的贮能电容 20 μF，放大级泵浦源的贮能电容 30 μF；泵浦氙灯两电极距离分别为 60 cm 和 70 cm，两只氙灯同时触发闪光，都采用单椭圆聚光腔；激光振荡级和激光放大级的工作物质是 YAG：Nd 激光晶体，直径6 mm、长 71 mm，晶体端面镀化学增透膜；单程光学损耗因子为 0.4/cm。为了消除级间的耦合，将放大级下倾一定的角度。用光电倍增管和示波器观测光脉冲宽度，YAG：Nd 激光振荡器输出的激光脉冲半宽度为 20 ns、激光能量为 105 J、激光功率为 5.2 MW。

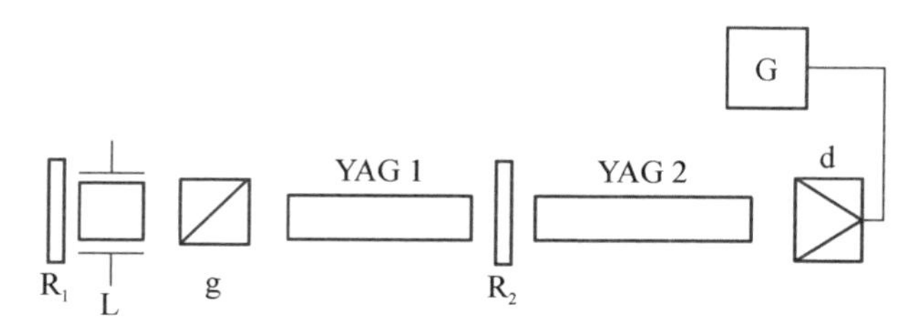

图 3-2-2　实验装置

① 后字 419 部队 301 组，YAG 放大器实验报告[J]，激光与红外，1975，(8)：436—439。

2. 实验结果

放大器净激光能量输出(指激光放大器的输出与其输入激光能量的差)为 338 nJ,整个激光振荡-放大器系统输出的激光能量为 443 nJ,即激光能量放大倍数为 4.2。此外,实验还研究分析了这个激光振荡-放大器的输出特性。

(1) 与输入激光能量关系

实验结果显示,放大器系统输出的激光能量随输入的激光能量增加而增加,在实验使用的输入范围内几乎呈线性增加状态。

(2) 与放大器泵浦能量关系

固定输入放大器的的激光能量,改变对放大器的泵浦能量,放大器输出的激光能量起初是随泵浦能量的增加而增加,但泵浦能量达到一定数值到以后,逐渐呈现饱和状态。

(3) 输出的激光脉冲波形

放大器输出的激光脉冲波形与其输入激光脉冲波形相似,用示波器观察不到脉冲压窄效应,即从放大器输出的脉冲宽度仍为 20 ns。

(4) 与放大器工作物质长度的关系

放大器工作物质的直径相同(即同为 6 mm),使用 3 种长度激光晶体棒做实验,即激光晶体棒长分别为 40 mm、53 mm 和 71 mm。实验结果显示,在大约相同的输入激光能量和同样的单位体积泵浦能量情况下,放大器输出的激光能量随晶体棒长度的增加而增加。

三、激光放大器技术性能指标

技术性能主要指标有 3 个,即总体效率、增益和激光光束质量,以及激光脉冲通过放大器后时间和空间波形的变化等。1977 年,中国科学院上海光学精密机械研究所**范滇元**、**余文炎**系统地研究了钕玻璃高功率放大器的能量增益和引出效率,所得结果实际应用到了两轮三通道片状放大器的研制。[①]

---

① 范滇元,余文炎,高功率激光放大器的增益和效率[J],中国激光,1978,5(5—6):6。

1. 总体效率和提取效率

放大器的总体效率 η_{tot} 等于贮能效率 η_{st} 和提取效率 η_{ex} 的乘积，即

$$\eta_{tot} = \eta_{st}\eta_{st}。\tag{3-2-1}$$

影响放大器贮能效率的因素很多，包括泵浦耦合系统的结构、泵浦方式、增益介质的性能等。放大器的提取效率是光脉冲提取的能量占放大器总贮存能量的比例，可以定义为激光脉冲放大器总提取能量是指放大器输出光能量和输入光能量之差。放大器工作物质的光学损耗将降低激光束提取的能量，影响提取效率。同样地，工作物质粒子下能级的弛豫时间越短，下能级的粒子数排空到基态能级的速率越快，工作物质亦能够保持较高的能级粒子数布居反转粒子数，输入放大器的激光让其提取的反转粒子数越多，能提取出的能量也多，提取效率相应提高。提取效率也与输入放大器的能流通量有关，基本变化规律如下。

(1) 单程激光放大器

单程激光放大器的提取效率随输入能流通量的变化而变化，在输入激光能量较小时，提取的能量也较小，相应地提取效率较低；当输入激光能量逐渐增大时，提取的能量也增大，提取效率随之逐渐增大；输入的激光能量继续增大，提取效率逐渐上升到某一个最大值，其后逐渐下降。激光放大器的能量提取效率随激光工作物质的增益与光学损耗比 β_0/α 而变化，这里 β_0 是初始增益系数，α 是光学吸收系数。当 β_0/α 比较大时，放大器的能量提取效率较高；当 β_0/α 比较小时，提取效率较低。一般来说，强光泵对提高效率是有利的；其次，为获得高的效率，放大器的工作区(指输入能量密度 E_0 到输出能量密度 E 的变化范围)应选择在极大点附近，光能量密度偏大或偏小都会使效率降低。极大点对应的光能量密度 E_m 为

$$E_m = E_s\ln(\beta_0/\alpha)。\tag{3-2-2}$$

式中，E_s 是饱和能量密度。实验中常见的 β_0/α 值在 10 左右，对应的 E_m 是 E_s 的两倍以上，这已大大超过了钕玻璃的负载能力。因此，最

佳工作区的条件实际上难以实现。

当 β_0/α 选定后，为了保证输入输出满足预定的要求，放大器的长度 L 就不能是任意的了，β_0 越大，L 就越小。综上所述，在放大器的负载限定的条件下，为获得高的效率，应采取强光（泵浦大）和短棒（L 小）的组合方式，β_0/α 的值以不小于 10 为宜。

为获得较高的效率，高功率放大器的研究重点不在光泵方面，而应致力于改善光束传输条件，克服非线性限制，以便尽可能提高工作物质的负载能力。

（2）多程激光放大器

多程激光放大器的提取效率随输入激光能量变化，在输入激光能量比较小时，激光束经过多程放大后，放大器输出的激光能量和提取效率得到显著提高。[①] 随着输入激光能量增加，提取效率迅速上升到某一个最大值，而激光介质的增益迅速下降。其主要原因在于，经过每一程放大后的激光光束不断提取激光工作物质中的剩余贮能，导致工作物质中积聚的粒子数布居反转值不断减少。当工作物质的增益与光学损耗平衡时，提取的激光能量将达到最大值。在输入激光能量比较大时，由于激光束经过第一程放大后已经提取了大部分的贮能，在下一程的放大过程中工作物质的光学损耗将占主导作用，因而导致放大器输出的激光能量和提取效率反而下降。由此不难得出结论，多程激光放大器解决了单程激光放大器小入射激光能量工作条件下的低效率问题，但多程放大器只能将小能量的输入激光光束放大到一定的数量级，要获得更高的输出能量，需要采取其他措施，如提高工作物质的贮能密度等。

（3）提高激光放大器提取效率办法

提高激光放大器提取效率主要措施有：

① 合理选择放大系统的技术方案，合理选择放大器的布局构型（即放大器的级数、程数、几何参数等）；

② 选择合适的泵浦方式，提高放大器的贮能密度和增益分布的

① 范滇元，余文炎，高功率多程放大器[J]，中国激光，1980，7(9)：1—6。

均匀性；

③ 在保证较好光束质量时，提高放大器的输入功率；

④ 增大放大器的光束填充因子，使泵浦体积与激光束交叠较好，输入光束强度均匀。

2. 激光放大器增益

增益是表征放大器对注入激光信号放大倍率的参数。一般来说，入射的激光信号空间分布是不均匀的，工作物质内的能级粒子数布居反转密度分布也是不均匀的，因此，需要采用计算机做数值分析才能获得增益分布。不过，对入射激光信号和工作物质内能级粒子数布居反转密度做些简化假设，能够得到增益分布的基本规律。比如，假定入射的激光信号强度是空间均匀分布的矩形脉冲，放大器的工作物质内激活粒子空间分布均匀，泵浦也均匀，工作物质中的初始能级粒子数密度反转比为常数，在这种条件下放大器单程功率增益 G_0 为

$$\begin{aligned} G_0 &= I(L,\ t)/I_0 \\ &= \{1-[1-\exp(-\sigma\eta_0 NL)]\exp[-2\sigma I_0(t-L/c)]\}^{-1}。 \end{aligned} \tag{3-2-3}$$

式中，L 是放大器工作物质长度；t 是时间；$I(L,\ t)$是在放大器输出端时刻 t 的激光信号强度；σ 是工作物质的受激发射截面；η_0 是工作物质中的初始能级粒子数密度反转比；N 是放大器工作物质总激活粒子数；I_0 是注入放大器的激光束强度。可以看到，要使被放大的光功率按整个光脉冲宽度指数增长，需要满足的条件是

$$2\sigma I_0\Delta t < 1, \tag{3-2-4}$$

$$2\sigma I_0\Delta t \ll \exp(-\sigma\eta_0 NL)。 \tag{3-2-5}$$

式中，Δt 是入射放大器的激光脉冲宽度。满足上面条件时，$G_0 = \exp(\sigma\eta_0 NL)$，放大器的增益只与其使用的工作物质性质状态有关，而与入射的激光强度没有关系。

3. 放大器输出光束的质量

一般来说，任意一个激光脉冲通过激光放大器后其形状会发生

变化,输出的激光出射脉冲形状与入射脉冲的形状是不同的。但在很多情况下,希望激光放大器能不变形地放大激光脉冲,称为稳定激光脉冲放大,这样的激光脉冲则称为稳定激光脉冲。1983 年,中国科学院上海光学精密机械研究所**傅淑芬**、**方洪烈**等研究分析了稳定脉冲放大的条件及稳定脉冲的形状。① 研究结果显示,使激光脉冲可多次通过放大器工作物质,每次通过工作物质时都经受光学损失。于是,任意一个入射的激光脉冲在经过多次放大后都将趋于稳定脉冲。不同形状的入射激光脉冲,给定泵浦脉冲,它们的增益不同,其中稳定脉冲能够获得的增益最高。因此,对于给定的入射激光脉冲,必须恰当地选择泵浦脉冲,让其获得最高的增益,并得到充分放大。此激光脉冲经过放大器放大以后,仍然保持其脉冲形状不变,而且此脉冲的形状与泵浦脉冲的形状相同。这一点在物理上是十分清楚的:当一个具有一定形状的脉冲进入放大器后,它的前沿遇到的是初始反转粒子数分布,而脉冲的后续部分遇到的是经过与前铅"作用"后的反转粒子数分布。如果泵浦可以起到完全补偿被脉冲前沿"消去"的反转粒子数的作用,而使得脉冲的各部分遇到同样的反转粒子数分布,从而得到同样的放大率。那么入射脉冲受到的便是线性放大,脉冲的形状自然不会发生变化,从而保持了输入脉冲与输出脉冲具有相同的形状。但是,峰值功率较高的入射脉冲线性放大已不可能,脉冲的先行部分消去了大部分初始的反转粒子,脉冲的后续部分得到的是比前沿小的放大倍数,因此脉冲经过放大后必然发生形变。

此外,无论放大器工作物质是棒还是片状,由于泵浦强度的空间分布不均匀性,都会导致放大器的增益分布或工作物质内贮能分布不均匀,特别是使用棒状工作物质的放大器,通常棒边缘的泵浦强度高于中心部分。片状工作物质在一定程度上克服了棒状工作物质放大器这一缺点,但由于口径增大,将使得放大自发辐射效应增强,同样也导致增益分布出现不均匀。因此,本来光强度空间均匀分布的输入激光脉冲,经过放大器之后将会出现空间分布畸变。为能够在

① 傅淑芬,方洪烈,激光放大器的稳定脉冲[J],光学学报,1984,4(6):572—576。

放大器输出端获得光强度空间均匀分布的激光束，需要前级放大级具有足够的空间补偿能力。但补偿越多，必然造成输入激光束的能量填充因子越小，越不利于对放大器内贮能的提取。因此在设计放大器时，需要尽可能地控制其增益不均匀性，这可以通过适当限制光束口径，以及优化泵浦腔的构形来实现。

另一方面，由于工作物质泵浦强度空间分布不均匀性，造成增益以及工作物质内热量沉积分布不均匀性，相应地将在工作物质内形成非均匀分布的温度场 $T(x, y, z)$。固体工作物质在温度梯度作用下，会形成应力 $\sigma(x, y, z)$ 及应变分布 $S(x, y, z)$，而工作物质的折射率又与温度和应力有关。因此，被放大的激光束通过放大器时将引入了附加光程差，即

$$n(x, y, z) = n_0 + \frac{\mathrm{d}n}{\mathrm{d}T} \cdot \Delta T(x, y, z) + \frac{\mathrm{d}n}{\mathrm{d}\sigma} \cdot \sigma(x, y, z), \tag{3-2-6}$$

$$OPL = \int n(x, y, z) \cdot \mathrm{d}\boldsymbol{r}(x, y, z)。 \tag{3-2-7}$$

式中，$\mathrm{d}n/\mathrm{d}T$ 是工作物质的温度折射率系数；$\mathrm{d}n/\mathrm{d}\sigma$ 是工作物质的应力光学系数；OPL 是光程差。因此，激光脉冲通过放大器之后将会出现严重的波面畸变，特别是在多程放大光路中，波面畸变将更加严重。

纳秒量级的激光脉冲脉宽一般远远小于放大器工作物质的激光上能级荧光寿命（一般为数百微秒量级），因此小信号光放大不存在脉冲时间畸变现象。此时增益饱和可以忽略不计，放大器可实现稳定脉冲放大。即存在一种稳定脉冲，经过放大器放大以后仍然保持其脉冲形状不变，而且脉冲形状与泵浦脉冲的形状基本相同。但是，为获得高能量提取效率和高能量输出，放大器系统通常运行于非小信号状态，特别是在末级放大器附近的放大情况，此时几乎已处于饱和放大状态。脉冲前沿会显著地消耗放大器工作物质激光上能级的反转粒子数，使得脉冲后沿得不到有效的放大，从而造成激光脉宽变窄。为了获得最终需要的激光脉冲时间波形，同样需要结合放大器贮能特性以及输入激光脉冲的能量特性，对前级输出的激光脉冲进

行时间整形。

总起来说，在设计激光放大器时，要尽可能控制增益不均匀性，这可以通过适当限制光束口径，以及优化泵浦腔构形来实现。

四、多程激光放大

任何放大器构型，工作物质内存贮的能量都很难被放大光信号一次提取完了。要提高放大效率，多程放大技术是目前的主要手段之一。让被放大的激光束多次通过同一放大器的工作方式，称多程放大。传统的多级激光放大器需要使用大量规格不同的光学元件，装置庞大、复杂，造价高昂，且放大器中的贮能利用率也不高。多程放大器技术的优点是能够提高放大系统的效率，也有利于实现元件的模块化。

多程放大器本质上是空间压缩了的多级放大器，但与传统的多级放大器又有所不同。多程放大是激光束多次经过同一放大器放大后输出，除了像多级放大那样，每一程放大的输出都和下一程放大的输入相关，而且每一程放大后工作物质中的能级粒子数布居反转分布，还是下一程放大的初始反转粒子数分布的基础。因此，多程放大器的各程放大之间的联系，要远大于传统多级放大器中各级放大之间的联系密切。能级粒子数布居反转密度不仅受受激辐射跃迁的支配，还和能级间的弛豫效应有关。在光束经过放大器时，受激辐射跃迁是主要的。在前一程放大已结束而后一程放大尚未到来时，弛豫效应上升为决定因素。在激光放大器工作物质中，存在着由各种物理因素引起的弛豫过程，由于辐射跃迁过程引起粒子在能级上的有限寿命导致反转集居数有一定的弛豫时间 T_1，它称为纵向弛豫时间，固体工作物质的 T_1 约为 10^{-3}；另外，粒子相互交换能量过程引起的非辐射跃迁，也使激发态粒子的感应偶极矩有一定的弛豫时间 T_2，它称为横向弛豫时间，均匀加宽工作物质的 T_2 具有谱线宽度倒数的量级。

1979 年，中国科学院上海光学精密机械研究所**范滇元**、**余文炎**设计和研制了一台两轮三通道片状放大器。①

① 范滇元，余文炎，高功率多程放大器[J]，中国激光，1980，7(9)：1—6。

范滇元，1939年2月生于云南昆明，光电子与激光技术专家。1962年毕业于北京大学，1966年中国科学院上海光机所研究生毕业。中国科学院上海光机所研究员，技术委员会主任。1995年，当选为中国工程院院士。2001年起，任国家高技术863计划第八领域专家委员会委员，“神光Ⅲ”装置总体技术组总工程师。从事“神光”系列高功率激光装置的研制及应用三十多年，先后研制成功“星光一号”“神光-Ⅰ”“神光-Ⅱ”等大型激光装置。近年来，又投身巨型“神光-Ⅲ”装置的设计与研制，任总体技术专家组总工程师。在激光系统总体设计光束传输理论与应用、强激光与物质相互作用等方面取得一系列先进后果，先后获得陈嘉庚奖、中科院科技进步特等奖、国家一等奖、上海市一等奖和光华工程科技奖等。

1. 实验装置

图3-2-3所示是实验研究装置结构，它由6块钕玻璃片组成，每片的厚度为35 mm、宽180 mm、高300 mm，斜放成布氏角

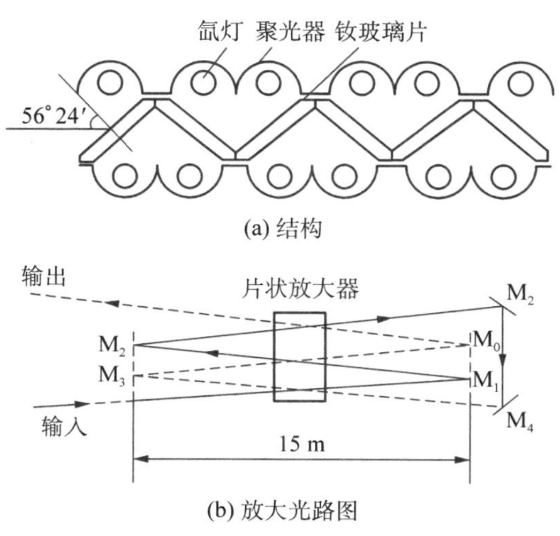

图3-2-3　放大器结构示意图

(56°247′),通光口径为 100 mm×300 mm。用 12 支竖放的氙灯泵浦。光束依次通过工作物质片的下部、中部和上部,构成 3 个通道。为了发挥双通放大的优点,充分利用终态排空效应,前后两轮放大的时间间隔尽可能大一些,所以反射镜之间的距离为 15 m 左右。

2. 实验结果

输入能量 40 J,输出能量 399 J,增益 10 倍,实验值和理论计算值基本相符。实验也研究了能量转换的效率,在光泵密度为 29 J/cm^2 时,总输入电能 36 万焦耳,两轮放大的总引出激光能量为 360 J,所以总效率达 0.1%。其中,电能转换为反转粒子贮能的效率(即光泵效率)为 0.89%,引出效率为 11.2%。

五、再生激光放大器

这是一种自激振荡器。将外来被放大的激光信号注入到里面放着激光工作物质的光学共振腔,在达到饱和放大之前信号光在腔内来回传播,在适当时刻用调制元件从腔内取出被放大的激光脉冲。再生脉冲放大器的主要优点是结构简单,不用多级放大系统就可得到足够高的激光放大倍数。

1. 基本原理

图 3-2-4 所示是再生脉冲激光放大器结构原理。从激光振荡器选出一个激光脉冲入射到偏振膜片 TFP_1(按布儒斯特角放置),从 TFP_1 透射并通过使用 KD^*P 的普克尔盒(此时普克尔盒没有加电压,相当于一块 $\lambda/4$ 波片),经反射镜 M_1 反射再次通过普克尔盒后,偏振方向转了 90°,与偏振薄膜片 TFP_2 的偏振方向垂直,被反射进入 YAG∶Nd 晶体放大器放大。当从反射镜 M_2 反射回来传输到 M_3 与偏振薄膜片 TFP_2 之间时,给普克尔盒加上 $\lambda/4$ 波电压,这时的普克尔盒相当于一个半波片,因而这个被放大的激光信号将在反射镜 M_1 和 M_2 之间来回传播通过 YAG∶Nd 晶体,仿佛是被陷在了放大器中,受 YAG∶Nd 晶体多次放大;而在这段时间里,从激光振荡器来的要作放大的激光脉冲透过 TFP_1,被反射镜 M_1 反射后仍然从 TFP_1 透射,不进入放大器。当放大激光脉冲强度放大到峰值,在

传输到 M_2 与偏振薄膜片 TFP_2 之间时，将加在普克尔盒上的电压去除，脉冲将被倒出共振腔，并从偏振薄膜片 TFP_1 反射出来。

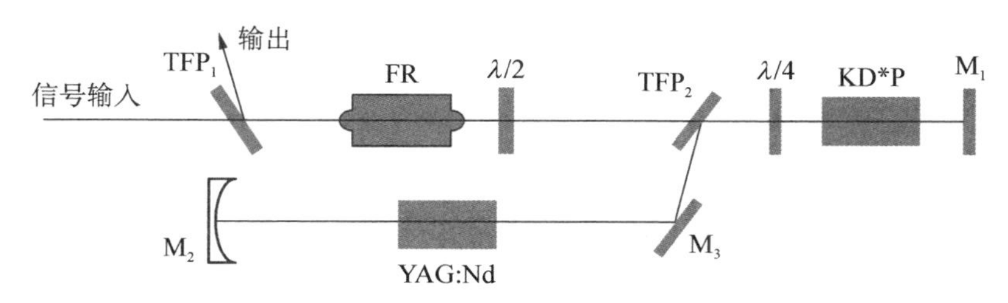

图 3－2－4　再生脉冲激光放大器结构原理图

2. 实验研究

1981 年，华北光电所**刘家彬、于连山**进行了 Nd：YAG 再生放大器实验。实验获得单个放大脉冲能量大于 0.5 mJ，放大倍数大约为 0.5×10^6，未发现放大脉冲宽度有明显增宽，可见再生放大器有很高的放大能力。①

由于光脉冲在放大工作物质中多次放大，其线性位相差和非线性位相差都会累积，会造成激光束输出质量下降。为了减少线性位相差，再生放大器所有元件加工都要保证光学质量。由于这是小信号、低强度激光放大，非线性位相差造成的影响并不十分严重，不过，在高功率大能量放大时就必须考虑非线性位相差的影响。

六、啁啾激光脉冲放大

这是获得高峰值功率、超短脉冲激光的有效手段，其基本思想是，在放大前将超短脉冲（脉冲宽度小于 1 ps）激光进行脉冲宽度展宽（宽度大于 1 ns），放大后再压缩到原先的宽度。这样做可以避免被放大的激光脉冲极高的峰值功率对放大器工作物质造成的损伤，提高了从放大器中提取的激光能量，同时也避免在高激光功率条件下介质的非线性效应，而使放大激光脉冲质量降低。

---

① 刘家彬，于连山，Nd：YAG 再生放大器[J]，中国激光，1982，9(5)：43。

1. 工作原理

图 3－2－5 所示是啁啾脉冲放大原理方块图。超短脉冲激光振荡器作为激光信号种子源，它输出的激光脉冲宽度在几十到几百飞秒之间，重复率在几十到百兆赫兹之间，单脉冲能量为纳焦耳量级。然后通过脉冲展宽器，将脉冲宽度展宽至纳秒量级，这个过程称为啁啾。再把这个被展宽的激光脉冲注入到一台高增益的预放大器中，它可以是多程放大或再生放大或参量放大器。为了获得足够的激光能量，预放大之后再将激光脉冲注入到主放大器中。整个放大过程完毕之后，将其送进由一对平行放置的光栅对构成的脉冲压缩器，完成与脉冲展宽相反的过程，使脉冲宽度压缩，脉冲宽度回复到初始的飞秒或百飞秒量级。

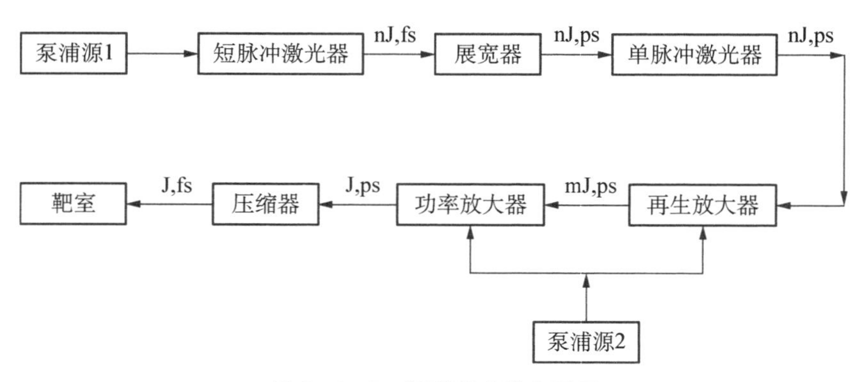

图 3－2－5　啁啾脉冲放大原理

（1）激光脉冲展宽器

脉冲展宽的目的是为了避免由于过高激光光强可能引起的非线性效应，它是啁啾脉冲放大系统的核心部分之一，其性能好坏直接决定了整个放大器系统的性能。展宽器提供给飞秒脉冲正的啁啾，也就是说，波长越长（频率越低）的激光，越是走在脉冲的前沿。其工作基本思想是，激光脉冲通过一个色散延迟线，引入正的色散量，使超短脉冲在放大之前在时域上展宽，以降低放大过程中的激光强度。早期的脉冲展宽器采用光纤，由于其光学损耗过高、展宽率有限、色散与压缩光栅对不匹配、使用不方便等缺点，这种展宽器在20世纪90年代初迅速被透射式望远镜结构的反平行光栅对展宽器取代。因此，在实际中常使用反射式单光栅展宽器。在随后的研究中，还要减少展宽器中望远镜系统引入的高阶色散，如透镜的材料导致的三阶色散、球差带来的四阶色散等。

从原则上说，脉冲的展宽比越大越好，这要求展宽器提供的色散尽可能大。但在相同的条件下，展宽器附加的色散越大，脉冲的展宽比越大，压缩后的信噪比越小，这与展宽脉冲的初衷是矛盾的。因此在设计啁啾脉冲放大的展宽比时，应综合考虑各种效应对系统输出性能的影响，以获得尽可能好的效果。

(2) 高增益预放大

从振荡器输出的种子脉冲经过展宽之后，峰值功率下降很多，为了提高激光脉冲的信噪比，需要采用高增益的前置预放大器，将激光能量只有nJ量级的啁啾脉冲提高到一定数额，如达到1—10 mJ的量级。这种放大器通常是多通放大器、再生放大器或者参量放大器等。一般情况下，多通放大器通常用在全钛宝石的、较低能量的超短脉冲激光系统，而高能超短脉冲激光系统中可以采用再生放大器或参量放大器。

(3) 脉冲压缩器

它用于压缩通过整个放大过程之后的激光脉冲宽度，让它恢复到初始的飞秒或百飞秒量级。一般由一对表面平行而且条纹也平行的衍射光栅组成。宽频带的啁啾脉冲经过压缩器之后，不同频谱的分量产生不同的色散延迟，进而达到补偿展宽器正色散的目的，使激光脉冲宽度恢复到原先几百飞秒的量级。

如果展宽器与压缩器之间没有其他引起色散的元件，那么激光光束在压缩器光栅上的入射角应等于它在展宽器上的入射角，且展宽器和压缩器的有效色散长度相等。从理论上说，可以完全补偿色散而使激光脉冲恢复至初始脉冲宽度。事实上，激光脉冲在展宽器和压缩器之间传播是经过了诸多光学元件，这些元件会给激光脉冲附加上非线性相位，如放大介质中SPM引入的附加相位、展宽和压缩系统光学元件像差引入的附加相位等。因此,需要仔细调节光束在光栅上的入射角及光栅间距,以获得最窄的激光脉冲宽度。

2. 实验研究

1994 年,天津大学精仪系超快激光研究室、香港科技大学物理系**张伟力**、**邢岐荣**等实验研究了 Ti∶Al_2O_3 激光啁啾放大。[①] 被放大的激光种子源是氩离子泵浦的锁模 Ti∶Al_2O_3 激光器,可输出的激光脉冲宽度 20 fs,激光功率 500 mW,光谱中心波长为 800 nm,脉冲重复率为 83 MHz。脉冲展宽器由光栅对和 1∶1 透镜望远系统组成,光栅采用 2 000 l/mm 镀金全息光栅,在波长 800 nm 处 S 偏振面衍射效率高于 90%;一对焦距 f 为 50 cm 的双胶合消色差透镜组成望远系统。激光脉冲进入展宽器时,相对于第一个光栅的入射角及衍射角分别为 56°和 39.4°,展宽器将飞秒光脉冲展宽约 5 000 倍。激光脉冲往返经过展宽器后,脉冲宽度达 250 ps,并进入放大器。

放大器与光栅压缩器之间采用 6 倍望远系统,将放大的激光脉冲光束扩束到 21 mm。光栅对脉冲压缩器采用与脉冲展宽器光栅对相同参数的衍射光栅,入射的激光脉冲相对于第一个光栅的入射角和衍射角与展宽器的保持一致。精确调整第二块光栅的衍射角度及两光栅的间距,以获得放大激光脉冲宽度的最佳压缩。从压缩器输出的放大激光脉冲能量为 84 mJ,脉冲宽度为 75 fs,激光峰值功率高达 10^{12} W(TW)。

3-3 激光频率稳定技术

激光的相干性尽管很好,但光频率并不稳定,受环境温度变化、周围发生的振动等影响,激光频率总在一个频率范围内变动着。比如,气体激光器,温度每变化一度,输出的波长变动量 $|\Delta\lambda/\lambda|$ 就有 10^{-5}—10^{-6};半导体激光器输出的激光波长变动更大,大约为 4×

---

① 张伟力,邢岐荣等,TW 级 Ti∶Al_2O_3 飞秒激光放大器[J],光学学报,1996,16(4):399—402。

10^{-4}，这显然妨碍了激光用作精密测量的应用。

引起激光器输出的激光频率（波长）不稳定的基本原因是，激光频率（波长）是原子或者分子的光谱线中心频率，也属于共振腔的共振频率。由于工作条件起伏，如气体激光器的放电电流起伏、气体温度起伏和气压起伏，都导致光谱线中心频率发生变动；周围环境温度、气压起伏以及振动等因素引起共振腔腔长变化，相应地振荡频率也就有同样程度的漂移。其次，由于激光器是发热体，企图用恒温和减振的方法来得到高振荡频率稳定性是很难的，而且频率的复现性也不易解决。所以要激光器输出激光频率有很高稳定性，除了在激光器设计上考虑外，更主要的是设计一个反馈控制系统，能够自动消除激光器自身工作条件起伏以及外界环境状态起伏对其振荡频率造成的影响，才可以让振荡频率稳定在某个数值或者是在某个很小的频率范围内，这就是激光稳频技术。

提高激光器输出频率稳定性有很重要的科学应用价值，是建立光频标的基础，也是许多实际应用，如光通信、激光分离同位素、光谱学、光学计量等所需要的。例如，长度“米”是基本物理量之一。1960年召开的第11届国际计量会议决定，采用氪的同位素氪86在真空发射的波长605.7 nm作为长度标准，长度“1米”是这个波长的1 650 763.73倍，同时宣布废除1889年确定的米定义和国际基准米尺。这样定义的长度“米”，在规定的物理条件下，在任何地点都可以复现，所以也称为自然基准，其复现精确度可达二亿五千万分之一。

激光单色性比氪86的原子的光辐射更好，采取某些技术措施，确保其输出的激光频率稳定，以及保证以相同制作工艺制造的同种激光器，在相同的工作条件下运转时输出的激光频率准确一致，那么利用激光就可以做成稳定、复现精度非常高的长度基准。随着激光稳频技术的发展，1982年第7届国际计量局“米”定义咨询委员会（CCDM）推荐了5种稳频激光器的频率（波长）值作为长度基准；1992年第8届CCDM总结了稳频激光技术的进步，进一步核定了这5种稳频激光标准波长的标准不确定度，并根据需要又增加了3种新型稳频激光器的激光频率作为复现“米”的标准。

一、频率的稳定性和复现性

激光频率稳定性可以从时域和频域两方面描述，既可以用它随时间的变化，也可以用它的频谱分布描述。不过，频率不稳定噪声谱密度，无论在概念的建立或在测试技术上都比较困难。因此，通常采用时域描述方法，即使用频率的稳定度和复现性这两个物理量来表征激光频率的稳定程度。

1. 频率稳定度

频率稳定度指在一定的观测时间 τ 内频率的变化量 $\Delta\nu$ 与在该时间的频率平均值 ν 之比值，即

$$S(\tau)=\Delta\nu/\nu。\qquad (3-3-1)$$

根据观测取样时间的长短，频率稳定度又可分为短期稳定度和长期稳定度。短期稳定度是指观测取样时间在 1 s 以内的频率变化，观测取样时间较长时的频率变化为长期稳定度，比较恰当的表示法是在稳定度数值后面表明取样时间 τ 值。

根据(3-3-1)式定义的频率稳定度比较简单直观，但描述频率稳定度有一定局限性。比如，激光器 1 和激光器 2 输出的激光中心频率相同，在观测时间 τ 内频率的变化量 $\Delta\nu$ 也相同，即 $\Delta\nu_1=\Delta\nu_2$，那么这两台激光器的频率稳定度应该是相同的。但是，观察激光频率随时间变化曲线，会发现激光器 1 在绝大部分测量时间内频率的波动很小，而激光器 2 在整个测量时间内频率的波动都很大。比较而言，显然激光器 1 的频率稳定性要明显好于激光器 2，但按(3-3-1)式定义的频率稳定度则不能反映出这种差异。

事实上，激光器振荡频率起伏是随机的，起伏概率分布随时间的变化而改变。因此，D·W·阿伦(D. W. Allan)提出估算激光频率稳定度的办法，即通常所说的阿伦方差，在 1971 年得到国际电信联盟(ITU)和电气与电子工程师协会(IEEE)认可。

在相同的运转条件下，先后测量待测激光器相对于标准稳频激光器的差频，假定其频率差分别为 $\Delta\nu_1$、$\Delta\nu_2$、$\Delta\nu_3$、…、$\Delta\nu_n$，其中 n 为

取样测量次数，则激光频率阿伦方差 $\sigma(2\tau)$ 为

$$\sigma(2\tau) = (2/N)\sum\left[(\Delta\nu_{2n} + \Delta\nu_{2n+1})/2\right]^{1/2}。\qquad (3-3-2)$$

式中，N 是总测量次数；$\Delta\nu_{2n}$、$\Delta\nu_{2n+1}$ 为在取样平均时间 τ 内连续测量的两个相邻差频；$\sum$ 是对测量次数 n 求和。用阿伦方差表示的激光频率稳定度 S 是

$$\begin{aligned} S &= \left[\sigma(2\tau)^2\right]^{1/2}/\nu \\ &= (1/\nu)\{(1/2)\sum\left[(\Delta\nu_{2n} + \Delta\nu_{2n+1})/2\right]^{1/2}/2N\}, \end{aligned}$$

$$(3-3-3)$$

式中，ν 为激光平均频率；τ 为取样平均时间；1/2 是假定每一台激光器对差频频率起伏具有相同作用的因子。因此，只要采集到 N 组相邻差频频率序列，通过上式便可计算出在取样时间 τ 内激光器的频率稳定度。

理论要求阿伦方差中的测量组数 N 是无限的，但是在实际测量中这是不可能的。所以，一般认为测量组数 $N \geqslant 100$ 时所得的阿伦方差是准确的。

2. 频率复现性

在不同运转条件下，稳定频率的偏差量与它们的平均频率的比值称为频率复现性，用下面公式表示为

$$R = \delta\nu/\nu。\qquad (3-3-4)$$

式中，$\delta\nu$ 表示激光器在不同条件下输出的激光频率改变量；ν 表示其在不同条件下测量的激光平均频率。频率复现性描述激光振荡频率在不同时间、地点等条件下的频率再现性。比如，激光器在同一地点多次测量时，某段时间输出的激光频率稳定在频率 ν_1 上，相隔一段时间后再次测量时频率稳定度保持不变，但频率会稳定在了另一频率 ν_2 上。输出频率的稳定性和重现性是两个不同的概念，评价一台稳频激光器的稳频性能，不仅要看其频率稳定度，还要看它的频率复现性。

3. 激光频率稳定度测量

激光器输出频率一般都很高。比如，输出激光波长 3.39 μm 的氦-氖激光器，激光频率为 8.85×10^{13} Hz；输出波长 632.8 nm 的氦-氖激光器，其激光频率为 4.74×10^{14} Hz。直接测量激光的频率，要求光电探测器具有极高的响应速度，还要求测量系统有超高频带宽，这在当前的技术条件下是比较困难的。目前，国际上普遍使用的测量方法有 3 种：光学鉴频法、干涉法和拍频法。

(1) 光学鉴频法

利用光学鉴频器，把光频率 ν 的变化转换成光强 I 的变化($\nu-I$ 变换)，测出光强度脉动后，再根据 $\nu-I$ 特性求出激光频率变化。这种方法的测量灵敏度不是很高，但能够在只有一台激光器的情况下测出激光频率稳定性。

(2) 干涉法

用这个方法可以测量激光频率的绝对稳定度。将标准灯发出的光与待测的激光同时输入标准具，产生的干涉花样由光电器接收，用示波器或 X-Y 记录仪观察干涉图。比较待测激光频率与标准频率干涉条纹之间的微小变化，便可测得待测激光频率稳定度。如果激光频率发生微小变化量 $\Delta\nu$(相应的波长变化量 $\Delta\lambda$)，则两组干涉条纹(即由标准光源形成和由激光形成)的间隔也发生相应的移动量 $\delta\varepsilon$，$\Delta\lambda$ 与 $\delta\varepsilon$ 之间的关系是

$$\Delta\lambda = (\lambda_0\lambda/2nL)\delta\varepsilon,$$
$$\delta\varepsilon = \delta d/d_0。\tag{3-3-5}$$

式中，λ_0 是标准光源发出的光波波长；λ 是待测激光器的激光波长；L 是标准具两块反射镜的距离；n 是标准具两反射镜之间的介质折射率；d_0 是标准光波长第 m_0+1 级干涉环与第 m_0 级干涉环的间隔；δd 是激光波长第 m 级干涉环与标准光波长第 m_0 级干涉环的间距移动量。于是，激光波长(频率)稳定度为

$$S = \Delta\lambda/\lambda = \Delta\nu/\nu = (\lambda_0/2nL)\delta\varepsilon。\tag{3-3-6}$$

在时间间隔 τ 内，从干涉图上测量出两组干涉条纹间隔的平均

移动量 $\delta\varepsilon$，就可以得到在这段时间内的激光波长（频率）稳定度。

（3）拍频法

光频率很高，一般探测器无法响应频率很高的光信号。如果使其频率变低至 MHz 数量级，便能方便地测量了。光拍频法就是将光频转化到可以测量的方法。

用拍频法测量激光频率稳定度，首先需要一台作为参考信号的稳频激光器，其稳定性至少好于被测激光一个数量级。频率相近的待测激光与作为标准的稳频激光传播方向近似重合，它们将叠加成拍频光波。当它们垂直入射到光电探测器上时，产生的交流光电流频率（光拍频）即为两束光的频差 $\Delta\nu$，即

$$\Delta\nu = \nu_s - \nu_L \tag{3-3-7}$$

式中，ν_s 是待测稳定度的激光器输出的光频率；ν_L 是为标准稳频激光器输出的光频率。氦-氖激光器的频率差 $\Delta\nu$ 一般为几百 MHz，远远小于激光振荡频率，可以直接测量。由于标准激光器输出的频率稳定度相对于待测激光器高很多，因此可以认为标准激光器的频率不变，即拍频频率的变化主要由待测激光器输出的频率漂移引起的。因此，待测激光器相对于标准激光器的频率稳定度为 $\Delta\nu/\nu_L$。图 3-3-1

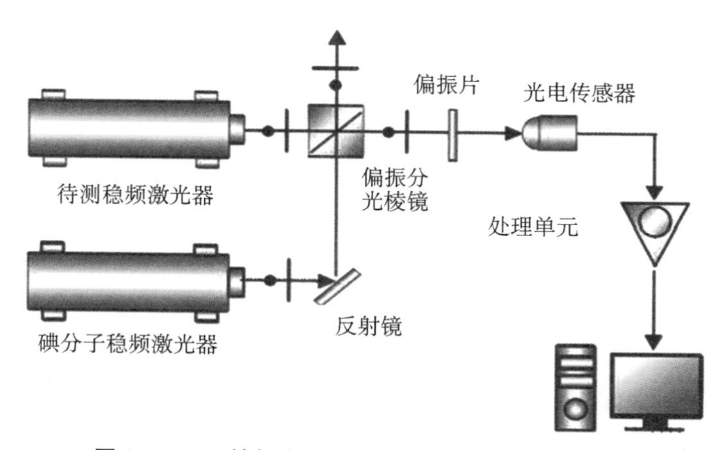

图 3-3-1　拍频法测量激光频率稳定度的测量装置

所示是测量装置原理示意图。参考稳频激光器和待测稳定度激光器的出射光,经光学器件处理沿同一传播方向通过起偏器(PLR)后形成光学拍频信号,由光电探测器(APD)接收,经信号处理电路处理后送入计算机处理,便可以得出被测激光器的频率稳定度。

二、稳频方法

激光频率稳定的方法很多,大体可以分为两大类,一类是用激光输出功率-频率曲线本身来稳频;另一类是利用外界参考频率作为标准稳频。

图 3-3-2 所示是第一类稳频方法的原理示意图,它是基于拉姆(Lamb)凹陷稳频的。

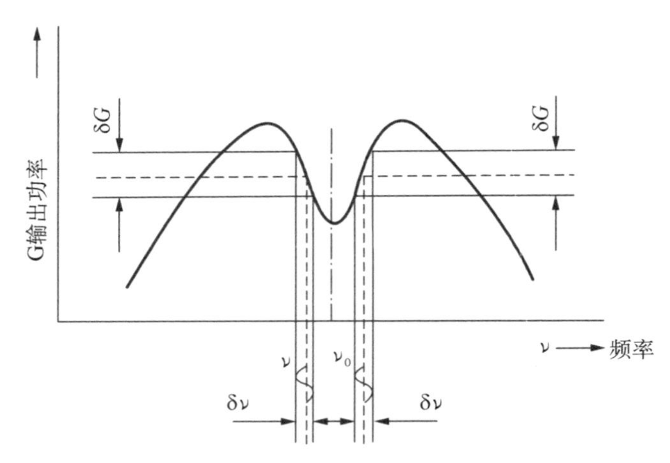

图 3-3-2 利用激光输出功率-频率曲线稳频原理

1962 年,美国科学家拉姆对氦-氖激光器作理论分析,计算激光强度随共振腔参数改变的关系。他原来预计,当共振腔的共振频率与原子辐射跃迁频率一致时,会因为共振而使激光强度达最高值。可是出乎他的意料,计算所得的激光强度与频率关系曲线却在共振频率处呈现极小值,形成凹陷。他花了许多时间反复核算,没有找出错误,肯定计算是正确的。这就是所谓拉姆凹陷。

根据拉姆的理论，激光器振荡频率在原子跃迁中心频率处有一极小值，即谓拉姆凹陷位置。振荡频率在这个拉姆凹陷位置两侧时，激光器输出功率都不一样，如果是在拉姆凹陷的中心位置就没有这个情况。因此，这个拉姆凹陷的中心位置可以作为频率稳定点。假定开始时激光器的振荡频率不在中心频率，而是位于频率 ν 这个位置处，频率在这个位置对应的激光强度为 $G(\nu)$，它与频率在中心频率 ν_0 处的激光强度 $G(\nu_0)$ 有差值 δG，即

$$\delta G = G(\nu) - G(\nu_0)。\qquad (3-3-8a)$$

可近似地写为

$$\delta G = (\mathrm{d}G/\mathrm{d}\nu)\Delta\nu。\qquad (3-3-8b)$$

式中的 $\Delta\nu$ 是频率 ν 与中心频率 ν_0 的差，即 $\Delta\nu=\nu-\nu_0$。这意味着，激光强度变化量 δG 能够反映振荡频率与中心频率 ν_0 的偏离程度，偏离中心频率 ν_0 越远，强度差值 δG 也越大。或者说，可将 δG 看作误差信号，利用它来控制共振腔的腔长。保持激光振荡强度变化量 $\delta G=0$，便能够把激光器振荡频率稳定在谱线中心频率 ν_0 上。

在实际操作时，用频率 f 的信号调制激光器共振腔的腔长，激光器输出的激光强度将产生交流分量 δG，它的变动频率及位相与激光振荡频率 ν 在激光强度-振荡频率曲线的位置有关。当激光振荡频率与谱线中心频率 ν_0 重合时 $\delta G\approx 0$，即交流分量 δG 很小，它的变动频率为 $2f$。激光振荡频率偏离谱线中心频率 ν_0，交流分量 δG 比较大，它的变动频率则是 f。激光振荡频率在谱线中心频率 ν_0 的左侧还是右侧，交流分量的位相彼此相差 $180°$，用鉴相方法可以判别其振荡频率是在 ν_0 的左方或者右方。设计一个频率控制系统，它的选频放大器对频率 $2f$ 的放大率为零。即当激光器振荡频率在 ν_0 时，选频放大器的输出为零；而当激光振荡频率偏离 ν_0 时，选频放大器的输出不为零，并输出一个信号。用光电元件接收激光强 $U(\delta G)$，放大后与调制信号同时输入相敏检波器，相敏检波器的输出经积分放大器后去驱动调整共振腔的腔长，最后便可以将振荡频率控制在拉姆凹陷中心 ν_0，实现了稳定激光器输出频率。

三、稳频激光器

设计反馈控制系统，自动消除激光器自身工作条件起伏以及外界环境状态起伏对其振荡频率造成的影响，将激光器振荡频率稳定在某个数值或者是在某个很小的频率范围内。振荡频率自动控制系统的关键器件是零频率甄别器，它将激光器振荡频率起伏变成误差信号，此信号的振幅、位相能反映振荡频率起伏的数量以及增加或减少。将误差信号放大后，再反过来驱动激光器共振腔的长度，使振荡频率靠近甄别器的零频率。各种稳频激光器的差别主要在于使用的甄别器的零频率，相应地有拉姆凹陷稳频激光器、分子吸收线稳频激光器和塞曼分裂稳频激光器等几种。

1. 拉姆凹陷稳频激光器

1972 年，**中国计量科学研究院激光组**研制成功了利用拉姆凹陷稳定氦-氖激光器输出的激光频率。①

(1) 器件结构

图 3-3-3 所示是他们研制的稳频氦-氖激光器结构方框图。其中，氦-氖激光器共振腔由一平面镜和一凹面镜组成，后者的曲率半径约为 1 m、共振腔长为 230 mm，即纵模间隔约为 650 MHz。调节反射镜，便很容易得到主模输出。使用的激光工作物质是氦、氖混合气体，激光由氖原子发射，所用的氖气体同位素丰度为 99.6%—99.8%，以保证拉姆凹陷线形的对称性。

光电接收器的接收元件是硅光电二极管，采用隔直流电容将它与交流放大器连接，以避免大的直流电流增益引起放大器噪声。交流放大器选用双 T 选频放大，为了减小干扰，除功率放大外，其余均和光电元件一起装在屏蔽盒中，前两级工作在固有噪声尽可能低的状态。整个交流放大器的增益为 95 dB、带宽为 ±20 Hz，输入端的噪声低于 0.3 μV。

---

① 中国计量科学研究院激光组，632.8 nm 氦氖激光器频率稳定性[J]，物理，1973，2(1)：35—39。

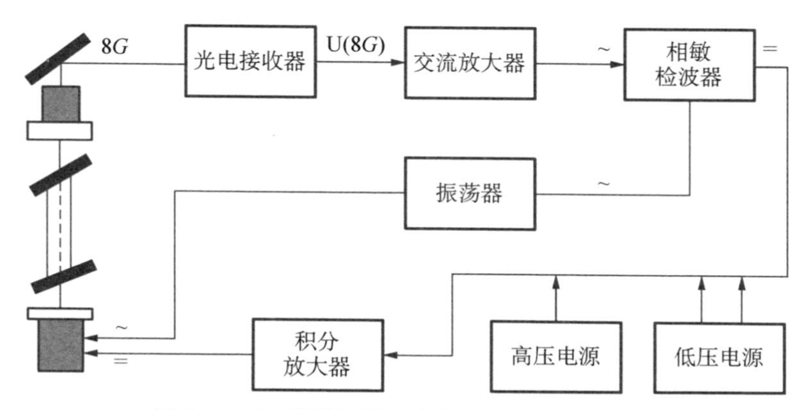

图 3-3-3 利用拉姆凹陷稳频氦-氖激光器结构

相敏检波器采用环形相敏桥。参考源由振荡器供给，是幅度为峰-峰 30 V 的正弦波。相敏检波的时间常数为 0.02 s，传递比为 14 dB。振荡器除供给相敏检波外，还输出一个峰-峰为 0—1 V 的可调正弦波，加到激光器共振腔上的压电陶瓷上，调制共振腔的腔长度，调制频率约为 1 000 Hz。

积分放大器由两级差分放大组成，第二级差分使用两只耐高压管，供电电源为 280 V。这两个集电极的输出电压可在±240 V 的范围内线性调整。积分放大器的无反馈增益约为 80 dB，加入负反馈后的增益为 60 dB，时间常数为 40 s。积分放大器是整个回路的重要环节，对系统的稳定性、时间常数以及控制范围有直接的影响。实验在恒温室中进行，激光器装置放置在防振的地基上。

(2) 实验结果

稳定度是 4×10^{-9}，复现性为 5×10^{-8}。与长度基准 ^{86}Kr 灯的 605.7 nm 谱线对比，得到的激光波长分别是：当使用氖同位素气体 ^{20}Ne 时，是 632.991 418±0.000 006 nm；当使用氖同位素气体 ^{22}Ne时，是 632.990 223±0.000 006 nm。测量得到的输出激光功率为 0.5—0.7 mW。该激光器曾获 1978 年全国科学大会奖。

频率稳定度与拉姆凹陷的形状有关，拉姆凹陷越尖锐，频率稳定度越高。用自然氖气体(其中,同位素 Ne^{20} 的含量占 91%、同位素 Ne^{22} 占 9%)的拉姆凹陷不够尖锐,而采用单一同位素氖时得到的拉姆凹陷则比较尖锐,如图 3-3-4 所示。或者说,制造稳频氦-氖激光器宜采用单一氖同位素气体。

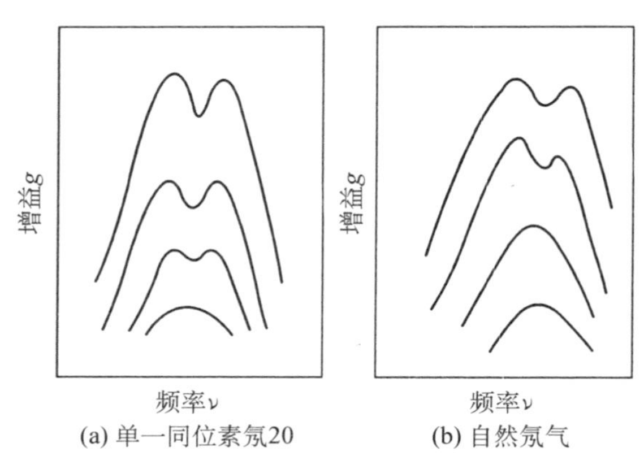

图 3-3-4 自然氖气体和单一同位素氖的拉姆凹陷

2. 反拉姆凹陷稳频激光器

拉姆凹陷稳频激光器有两个不足,一是原子的光谱多普勒宽度比较宽,谱线中心频率受激光器工作条件的影响而发生的频率移动范围比较大;其次,谱线的拉姆凹陷不是很尖锐。这两个不足限制了激光器频率稳定度进一步提高。一般而言,气体分子谱线受电场或磁场的影响比原子谱线小,且气压变化造成的频率移动也较小;而且能够获得尖锐的拉姆凹陷,利用尖锐的拉姆凹陷实施稳定激光振荡稳定,能够获得更高的频率稳定性。

在激光器共振腔内插入分子气体吸收盒,激光器的输出功率会下降。但是,在谱线中心附近,因为其光强度比较大,分子吸收体发生饱和吸收(下面将介绍其道理),受到的光学吸收损失小,所以在激光强度-频率分布曲线上将突出一个尖峰,其形状刚好是拉姆凹陷形状的倒置,如图 3-3-5 所示,称为反拉姆凹陷。这个尖峰宽度一般小于 1—2 MHz,只有谱线多普勒宽度的 1%左右。显然,以这个尖

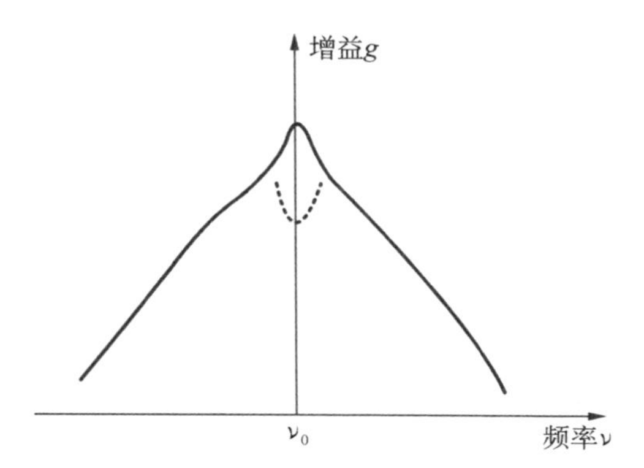

图 3－3－5　激光强度-频率分布曲线的反拉姆凹陷

峰作为稳频基准频率点，控制激光器振荡频率变化就很灵敏，能够获得更高的频率稳定度。因为这种方法用到激光饱和吸收现象，因而也称饱和吸收稳频。

和拉姆凹陷频率稳定做法一样，采用频率 f 的电信号调制激光器共振腔长度，获得控制激光器振荡频率相对反拉姆凹陷中心频率的误差信号，利用它便可以控制激光器振荡频率稳定在谱线中心频率上。

(1) 甲烷饱和吸收稳频氦-氖激光器

1978 年，中国计量科学研究院量子室**赵克功**、**张学斌**等研制成功甲烷饱和吸收稳频氦-氖稳频激光器。①

赵克功，计量科学专家，1936 年生于河北省固安县，1962 年毕业于民主德国伊尔门脑电工大学并获硕士学位，1963 年初回国。历任中国计量科学研究院研究员、室主任、院长。他和同事于 1969 年研制成功拉姆凹陷稳频 632.8 nm 氦-氖激光器，1978 年研制成功甲烷饱和吸收稳频氦-氖激光器，1979 年在国际上

① 赵克功，张学斌等，甲烷饱和吸收稳定的氦氖激光器[J]，科学通报，1978，23(12)：734—736。

首先发现碘-129分子在波长612 nm范围内超精细谱线，并研制成功碘稳频612 nm氦-氖激光器。1982年又发现碘-127在640 μm范围内超精细谱线，并从实践和理论上作了论证，继而研制成功了国际上第一台碘-127稳频640 nm氦-氖激光器。

① 器件结构。它由氦-氖激光放电管、甲烷分子气体吸收室、激光共振腔、稳频器，以及测试用的拍频系统等组成。激光器装置和测试系统放置在同一减震台上。图3-3-6所示是甲烷饱和吸收的反拉姆凹陷，利用它的一阶导数曲线测量了峰宽约为1.2 MHz。氦-氖激光放电管的毛细管有效长度为240 mm、直径为3 mm，内充氦、氖气压比例为9∶1，总气压约为5 mmHg。由于混合气体气压较高，在采用直流放电激励时，产生了较严重的白噪声和固定频率噪声。为了抑制频率噪声，激光器放电管采用分段毛细管，共分3段，每段80 cm，段与段之间距离为30 cm。

图3-3-6 甲烷饱和吸收的反拉姆凹陷

甲烷气体吸收室长300 mm。因为甲烷是球对称分子，基态偶极距为零，因此斯塔克效应和塞曼效应都很小。其次，甲烷在常温下的吸收系数很大，为0.18 cm/mmHg，即使在极低的气压下也有足够大的光学吸收，所以吸收室充的甲烷气压不高，仅为10 mmHg，甲烷饱和吸收峰的峰高为2%以上。

共振腔反射镜支架由4根直径为30 mm的铟钢管及具有微调机构的腔镜支承两块端板组成，共振腔长为715 mm。为了消除低频震动的影响，整个支架放置在大型减震的铸铁平台上。由于腔内光强与吸收峰的高度和宽度有密切关系，所以必须适当选择腔镜的曲率半径和反射率。靠近气体吸收室端的腔镜曲率半径为 6 m，另外一端的腔镜曲率半径为 2 m，腔镜透过率分别为 5%和 10%。这时激光光束的束腰约在气体吸收室的中心部位，这样可以减小由波前曲率产生的吸收峰的附加加宽。腔内光束光斑半径约为 0.95 mm，由于光斑半径较小，容易使腔内光功率密度达到足够的强度，以增大吸收峰的高度。

② 实验结果。采用拍频方法测量激光频率稳定性，两台激光器分别进行频率稳定，用光学系统使两者输出的激光光束完全重合，入射到光电混频元件上，经放大后输入到频谱分析仪监视，利用频率计（或其他测频仪器，如计算计数器）测量差拍数值，利用阿伦方差计算和表示其稳定性。

输出激光波长 3.39 μm。当取样时间为 1 s 和 10 s 时，稳定性优于 1×10^{-11}，复现性在 4×10^{-11} 以上。进一步降低甲烷吸收室的气压，增加吸收长度，扩展光束半径减小谱线渡越加宽，从而使吸收峰宽度窄至几百赫兹，得到的频率稳定度性和复现性可达 10^{-14} 以上。1980 年 4 月，该激光器运到法国巴黎国际计量局（BIPM）进行比对，即测量我们的激光器与国际计量局的同类激光器之间的频率差值。比对结果显示，激光频率的标准偏差为 0.56 kHz，即 $\Delta\nu/\nu=6\times10^{-12}$。1980 年 6 月，国家计量局召开鉴定会，通过了甲烷稳频 3.39 μm 激光器输出激光波长为我国的国家波长标准。

（2）碘饱和吸收稳频氦-氖激光器

1978 年，中国计量科学研究院沈乃澂、安家鸾等研制成功采用碘分子饱和吸收稳频氦-氖激光器，输出激光波长 633 nm。

① 器件结构。图 3-3-7 所示是激光器装置结构，包括氦-氖激光管、碘吸收管、共振腔、压电元件（PZT）和用于控制腔长的电子伺服系统的稳频器等。

氦-氖激光器放电管的毛细管长 110 mm、内径 1 mm，毛细管内壁磨毛，有很好的直线性和圆度，氦、氖混合总气压为 3 mmHg，充气气压比例为 7∶1，工作电流为 5 mA。碘分子（$^{127}I_2$）吸收室长度

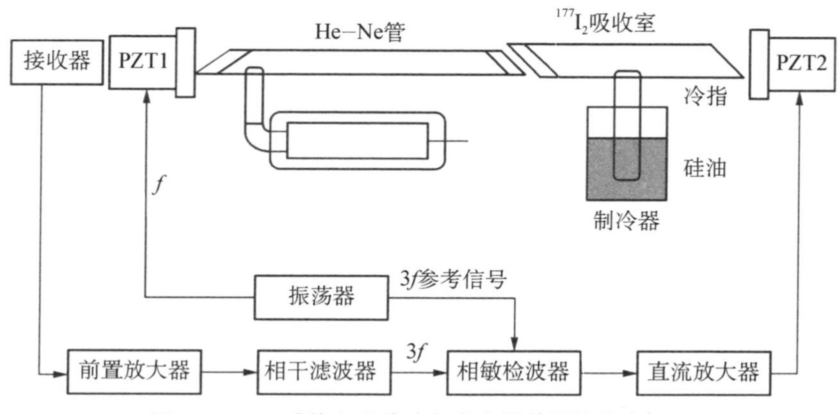

图 3-3-7 碘饱和吸收稳频激光器装置结构方框图

为 100 mm。共振腔腔长为 330 mm，一端腔镜的曲率半径为 1.2 m（靠吸收室这端），另外一端反射镜的曲率半径为 1 m，光学透过率分别为 0.15%和0.3%。共振腔支架具有很好的机械和热的稳定性。

采用的压电陶瓷 PZT 元件是筒状的，壁厚 1 mm，安放在固定于端板上的铟钢筒内，另一端黏一镜套，共振腔反射镜放在镜套内固定。

由于碘分子的光学吸收系数很小，吸收峰高仅为功率的千分之一量级。一次微分信号受功率背景曲线斜率的影响，在确定吸收峰中心时会引人误差。所以，一般的碘饱和吸收频率稳定装置均采用三次谐波锁定技术，以消除背景影响，使在吸收线的真正中心得到相敏检波的零电压。具体实现方法是，用基频 f 调制激光器，而相敏检波在 $3f$ 频率检测。用所检测的误差信号进行有源比例积分直流放大后，加到 PZT 上控制腔长。采用的调制信号频率 f 为 333 Hz，其中含 $3f$(1 kHz)分量小于 60 dB，调制振幅峰-峰值为 2 V 左右，整机开环增益为 10^6—10^7 量级，积分时间常数为秒量级。

② 实验结果。用拍频方法测量了激光频率稳定性，取样时间

为 1 s 时约为 5×10^{-11}，复现性的初步结果为 2×10^{-10}。同年 4 月，将研制的该激光器两套运到法国巴黎国际计量局（BIPM），与国际计量局的同类激光器比对。比对结果显示，两者的频差为 +13.8 kHz，相当于 $+2.9\times10^{-11}$，标准偏差为 ±4.5 kHz，相当于 $\pm0.95\times10^{-11}$，频率稳定度为 6×10^{-13}（取样时间大约 1 000 s）。表明该稳频激光器的频率稳定度和复现性指标达到国际先进水平。同年 6 月，经全国鉴定会通过，该稳频激光器作为我国的激光波长标准使用。

（3）SF_6 饱和吸收稳频 CO_2 分子激光器

1980 年，中国科学院长春光学精密机械研究所林太基、翁兆恒和中国科学院上海光学精密机械研究所黄永楷、卞淑姮等，利用 SF_6 吸收室对 CO_2 激光饱和吸收引起的反拉姆凹陷稳定 CO_2 激光器 P(18) 支线激光频率，研制成功稳频 CO_2 分子激光器。[①②] 图 3-3-8 所示是该稳频激光器结构。

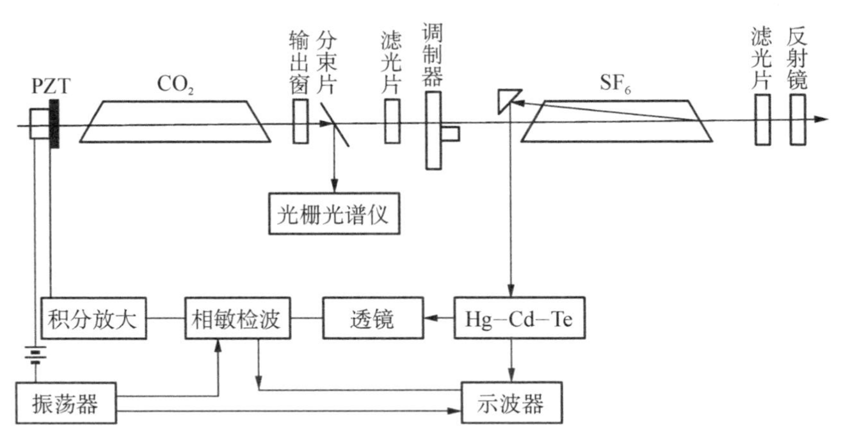

图 3-3-8 SF_6 饱和吸收稳频激光器方框图

① 林太基，翁兆恒等，SF_6 饱和吸收稳频 CO_2 分子激光器[J]，光学机械，1980，(1)：14—16。

② 黄永楷，卞淑姮等，CO_2 激光稳频[J]，中国激光，1980，7(12)：52—53。

CO_2 激光管内工作物质是 CO_2、N_2、H_2、He 的混合气体，混合比例为 3∶3∶3∶14。放电管是石英玻璃管，共振腔反射镜固定在锆钛酸铅压电陶瓷上，利用光栅选择输出的激光支谱线。激光管的压电陶瓷上串接一个锯齿波扫描电压和直流偏压，当激光器振荡频率处于 SF_6 吸收线中央时，示波器上的功率调谐曲线即出现吸收峰。观察了 CO_2 激光器的 P(14)、P(16)、P(18)和 P(20)支线对应在 SF_6 上的吸收峰，发现 P(16)和 P(18)支线的吸收峰较明显，激光器输出单模单频激光，激光功率大约 3 W。

SF_6 吸收室是硬质玻璃管，两端用按布儒斯特角放置氯化钠窗口，用硅胶封接。共做了两种吸收室，一种长度为 90 cm、直径 30 mm，充 SF_6 气体的气压 40 mmHg；第二种吸收室的长度为 220 cm、直径 60 mm，折叠光路，充 SF_6 气体的气压 10 mmHg。

CO_2 激光器输出束穿过吸收室，反射镜使其沿接近原路返回，由三角棱镜反射到碲镉汞(Hg-Cd-Te)探测器，探测器前加锗透镜会聚光束。入射光和反射光的强弱由衰减片Ⅰ和Ⅱ调节。

为了确定 SF_6 的饱和吸收共振中心，并将频率锁定在该中心上，除了在压电陶瓷上加 0.1—0.5 V 交流调制电压外，还用一直流偏压沿一个方向匀速扫动，使激光振荡频率扫过整个 CO_2 的增益轮廓。在选放的输出端，用示波器监测激光调制信号随激光频率的变化，而且在开环状态下用记录仪在相敏检波的输出端记录鉴频曲线。

实验结果显示，用数字频率计测得两台由伺服控制回路稳定的 CO_2 激光器的频率稳定度为：在 24 s 内为 7×10^{-11}，在 72 s 内为 6×10^{-10}。

3. 塞曼分裂稳频激光器

在激光器共振腔内(或腔外)的光学吸收盒上加轴向磁场，激光增益曲线或吸收谱线将产生塞曼分裂，沿磁场方向观察到右旋圆偏振光和左旋圆偏振光。若激光振荡频率与谱线中心频率重合，则这两种圆偏振分量的光强度相等；如果振荡频率偏离谱线中心频率，则两圆偏振光的强度不相等，于是便可以获得误差信号，用它来反馈控制激光器共振腔的腔长，最后使得振荡波长稳定在谱线中心频率 ν_0 上。

1983 年，北京大学**王楚**、**沈伯弘**等和中国计量科学研究院**沈乃澂**、**李泽芬**等共同研制成功纵向塞曼分裂氦氖稳频激光器。①

（1）器件结构

图 3-3-9 所示是稳频该激光器装置方框图，由氦-氖激光管、磁场和稳频器等 3 部分组成。采用全内腔氮氖激光管，毛细管的放电长度为 90 mm，氦、氖混合气体总气压约为 2.7 mmHg，气体混合比为 7∶1；共振腔的腔长 140 mm，输出镜的透过率约为 1%，用接近零热膨胀系数的圆柱形玻璃套管作为间隔器。共振腔一端反射镜外侧黏接压电陶瓷，它连接交流调制信号和直流偏压。

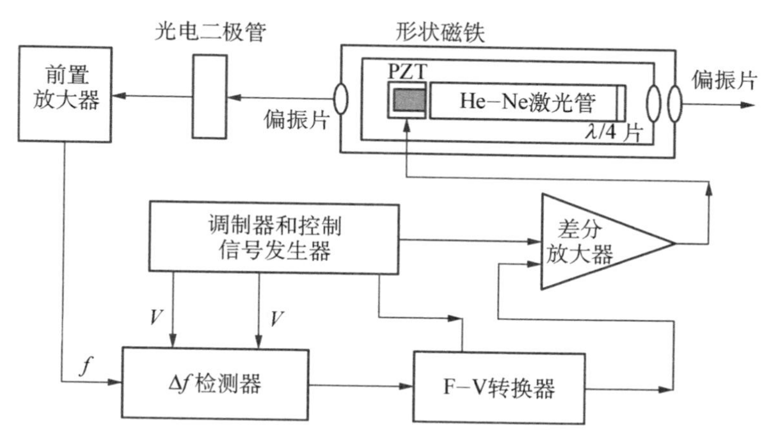

图 3-3-9　塞曼稳频氦-氖激光器装置方框图

磁场由矩形截面的环状永久磁铁提供，激光管放在其中心轴线上，产生的磁感应强度 B 约为 70 G，纵向不均匀性小于 20 G，横向的磁感应强度也小于 20 G。磁体两端的小孔中分别放置 1/4 波片和偏振片。在激光器上加轴向均匀磁场后，谱线分裂成左旋和右旋圆偏振分量。以它们的分裂频率的拍频值为纵坐标，以激光器某一个振

① 王楚，沈伯弘等，633 nm 氦氖激光的纵向塞曼拍频曲线及稳频的原理和实验[J]，光学学报，1984，4(9)：808—813。

荡频率与另一台稳频激光器的振荡频率的差拍为横坐标，作曲线，得到的拍频曲线近似为抛物线，曲线的最小值频率 f_{min} 可以做频率稳定的参考点。在外加磁场强度发生变化时，f_{min} 的数值发生相应的变化，但对应的激光频率仍然是在没有加磁场时的谱线中心频率，所以，它是一个很好的稳频参考点。

稳频器由上述拍频检测器、前置放大器、频率-电压转换器、差分放大器以及调制控制信号发生器组成，其中拍频检测器为 16 bit 双时钟可逆计数器。输出激光经过偏振片变成线偏振光后，进入雪崩光电二极管。后者将检测到的拍频信号输入带宽为 1 MHz 的前置放大器，然后进入频率-电压转换器。在调制信号正半周期中，检测器处于“加法”工作状态；在制信号负半周期中，检测器处于“减法”工作状态。经过一个周期，计数器的读数应与正负半调制周期内的拍频差 Δf 成正比。频率-电压转换器由寄存器和数模网络组成。调制和控制信号发生器由 10 kHz 晶体振荡器、11 bit 二进制分频器和若干逻辑门组成，由它产生所需的各种信号。

(2) 实验结果

激光器输出光通过反射镜与一台碘稳频氦-氖激光器输出光束完全重合后，进入光电倍增管，通过宽带放大后得到差拍信号。一路信号输到频谱分析仪观测，另一路输入数字频率计进行计数。频率计通过专用接口与一台专用计算机相连接，在实测过程中可以打印出两台激光器的差拍平均值和不同取样时间的阿伦方差值。测量结果是，1 s 阿伦方差优于 2×10^{-10}，10 s 阿仑方差优于 1×10^{-10}，比一般拉姆凹陷稳频氦-氖激光器好 3 倍以上。频率再现性均优于 2×10^{-9}，比拉姆凹陷稳频氦-氖激光器约高一个量级。

3-4 非线性光学技术

激光与物质相互作用实验过程中，出现了许多光学新现象，如光学倍频、光学混频、光参量放大、光学上转换、光学饱和吸收、光学自聚焦和自散焦、受激散射等非线性现象，研究和利用这些新现象，开拓了新学科领域，丰富了有关物质的组成、结构、状态、能量耦合及转移、各种内部变化动力学过程的知识，同时也开拓出新技术，并得到广泛的实际应用。例如，光倍频、光参量振荡、受激散射已成为产生新频率相干辐射的方法，开创了产生新型激光辐射光源，填补各类激光器件发射激光波长的空白光谱区；用红外信号频率上转换到可见光频率，将不可见的图像变为可见，同时也提高光学探测器的探测灵敏度。非线性光学技术也为光信息处理提供了新的方法和新的技术，为集成光学、纤维光学、光学逻辑回路与光学计算机技术的发展提供了有关光信息处理与控制的新方法和新技术；利用光学饱和吸收现象，开创了一门新型光谱学：高分辨率激光光谱学。

一、光学倍频

在经典光学的概念里，光波与物质相互作用时，光频率不发生变化，频率 ω 的光波入射到介质上，在界面上的反射光波以及透射光波的频率依然是 ω。然而，用激光器代替普通光源的实验显示，当激光通过某些晶体时，虽然绝大部分光仍按一般光学定律折射，但同时产生按不同光路行进，而且波长不同的光，这些光的频率恰为原来光频率的 2 倍。这种情况就和无线电波通过非线性元件而产生谐波的情况相似，称为光学谐波，或者光学倍频。

1. 产生机制

按照经典光学相互作用理论，在入射光场作用下，组成介质的原子、分子或离子的运动状态和电荷分布都要发生一定形式的变化，形成电偶极子，产生电偶极矩，进而辐射出新的光波。假设入射光的光场为 $E = E_0\cos\omega t$，若晶体的二阶非线性极化率 χ_2 不为零，其前两项电极化强度为

$$\begin{aligned} P &= \varepsilon_0(\chi_1 E + \chi_2 E^2) \\ &= \chi_1\varepsilon_0 E_0\cos\omega t + \chi_2\varepsilon_0 E_0^2\cos^2\omega t \\ &= \chi_2\varepsilon_0 E_0\cos\omega t + (1/2)\chi_2\varepsilon_0 E_0^2 + (1/2)\chi_2\varepsilon_0 E_0^2\cos 2\omega t \text{。} \end{aligned} \tag{3-4-1}$$

式中，第一项是频率不变的出射光波，第二项是导致光学整流，第三项是导致出现频率加倍的光波。

对光学倍频的量子解释是，在非线性介质内两个基频入射光子的湮灭和一个倍频光子的产生。整个过程由两个阶段组成：第一阶段，两个基频入射光子湮灭，同时组成介质的一个分子(或原子)离开所处能级(通常为基态能级)，并与光场共处于某个中间状态(用虚能级表示)；第二阶段，介质的原子、分子重新跃迁回到其初始能级，并同时发射出一个频率加倍的光子。由于原子、分子在中间状态停留的时间非常短暂，因此上述两个阶段实际上是几乎同时发生的，以致介质的原子、分子的能量状态并未发生变化，即原子、分子的动量和能量守恒。

2. 实验结果

1964 年，中国科学院上海光学精密机械研究所**蔡英时**、**李锡善**等利用钕玻璃激光通过 ADP 晶体(磷酸二氢铵 $NH_4H_2PO_4$ 晶体)，观察到了钕玻璃激光频率的倍频光辐射。① 图 3－4－1 所示是实验装置示意图。

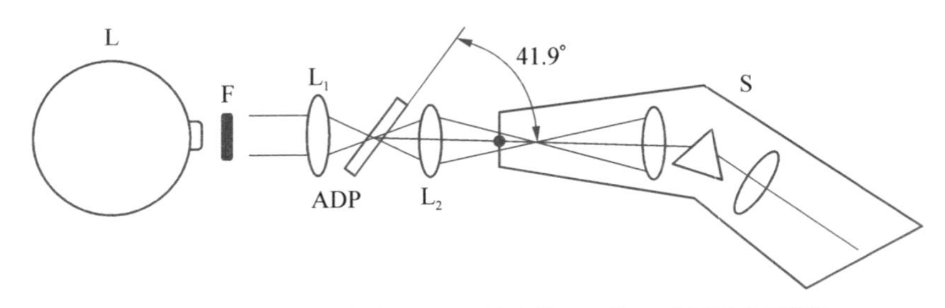

L－激光器；F－红外滤光片；L_1、L_2－聚光镜；S－Higer 中型石英每谱仪

图 3－4－1　观察激光倍频光波实验装置

钕玻璃激光器是用直管氙灯泵浦，激光钕玻璃棒直径 6 mm、长

① 蔡英时，李踢善等，Nd^{3+}激活玻璃受激光发射在 ADP 晶体中产生的二次楷波光谱[J]，科学通报，1964，9(10)：1112—1113。

90 mm，输出激光能量大约 1 J，激光脉冲宽度大约 1 ms，输出激光的波长约为 1.063 μm，谱线宽度为 13 nm。倍频晶体为平板 ADP 晶体，厚度 3 mm。为实现位想匹配，晶体光轴平行于表面，钕玻璃激光入射方向与晶体光轴大约成 41.9°。三棱镜的作用是使倍频光和入射光分开，绿光用对红外不灵敏的 M12 sF 35 光电倍增管接收。用 Hilger 石英摄像仪拍摄辐射光谱，光谱仪的入射狭缝宽度为0.05 mm。

图 3-4-2 所示是光电倍增管输出的信号的示波器显示图形，它显示了倍频辐射的振荡波形。

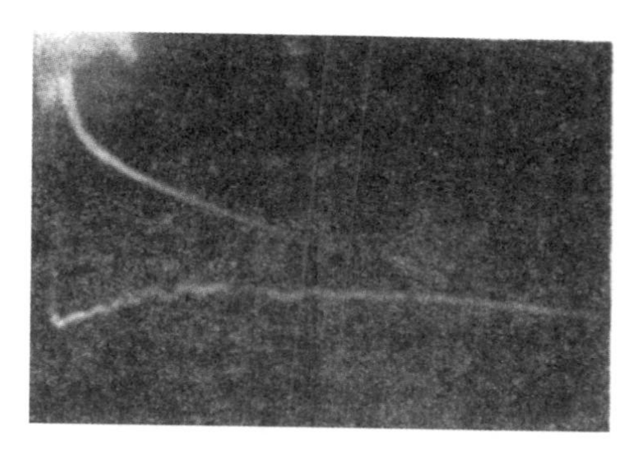

图 3-4-2　倍频光波振荡波形

图 3-4-3 所示是一次闪光获得的光谱照片，上面为水银灯光滑，下面为倍频波光谱。谱线中心位置为 531.6 nm，谱线宽度大约

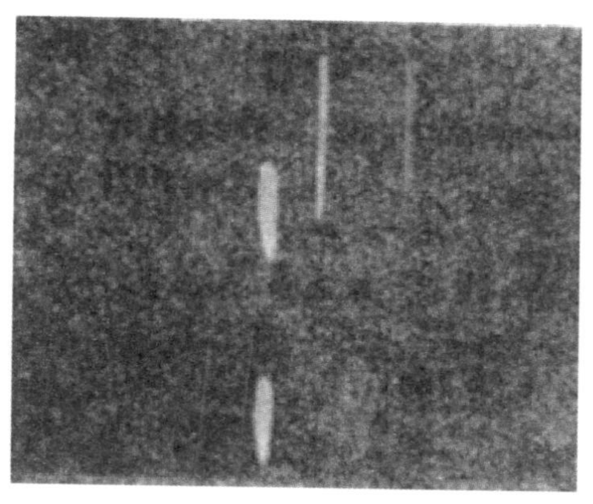

图 3-4-3　倍频波光谱照片(约放大 2 倍)

为 3 nm。即实验获得的闪光波长为入射光波长的一半，或者说频率为入射光频率的 2 倍。

3. 倍频激光器

连续 YAG∶Nd 倍频激光器是重要的，也是常用的绿光激光器。1970 年，**上海交通大学激光教研组**以及中科院上海光学精密机械研究所研制成功连续 YAG∶Nd 倍频激光器。①

图 3－4－4 所示是实验装置示意图。共振腔由一块平面反射镜和一块凹面反射镜组成，凹面反射镜曲率半径为 90 cm。凹面反射镜对波长 1.06 μm 的光学反射率大于 99%，平面反射镜对光波长 0.53 μm 的光学反射率为 94%，两反射镜的距离为 41 cm。工作物质是棒状 YAG∶Nd 激光晶体，直径 45 mm、长度 53 mm，棒中心与凹面反射镜的距离为 13 cm。用两只氪灯泵浦，每只灯的直径 7 mm、长度 70 mm，功率为 2 500 W。用双椭圆聚光腔会聚泵浦光，其长轴 $2a$ 为 32 mm，偏心率为 0.5。

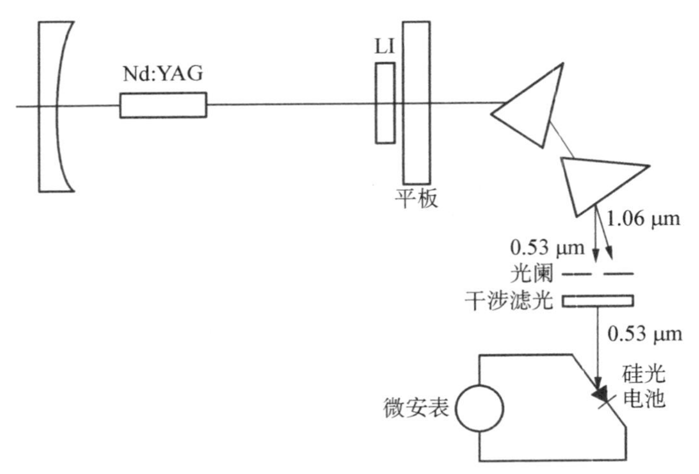

图 3－4－4 YAG∶Nd 倍频激光器和测量系统装置

① 上海交通大学激光教研组，连续 Nd^{3+} YAG $LiIO_3$ 倍频激光器[J]，中国激光，1974，1(1)：10—16。

采用腔内倍频方法，图中 LI 是倍频晶体 $LiIO_3$ 晶体，由山东大学和中国科学院物理研究所提供，其厚度为 18 mm，光轴与激光束的夹角取 30°。

波长 1.06 μm 的基波激光功率使用炭斗和光点流计测量，波长 0.53 μm 的倍频光用硅光电池和微安表测量。实验测得基波激光功率为 10 W，倍频光功率为 100 mW，倍频效率为 1%。

改变共振腔长度，基频波 1.06 μm 和倍频波 0.53 μm 的功率输出变化，如图 3-4-5 所示。随着共振腔的腔长增大，基波功率显著下降，而倍频波 0.53 μm 的功率则在增大，在腔长为 41 cm 时达到极大。改变腔长时，还观察到倍频晶体中绿光斑点随腔长增加而变小。

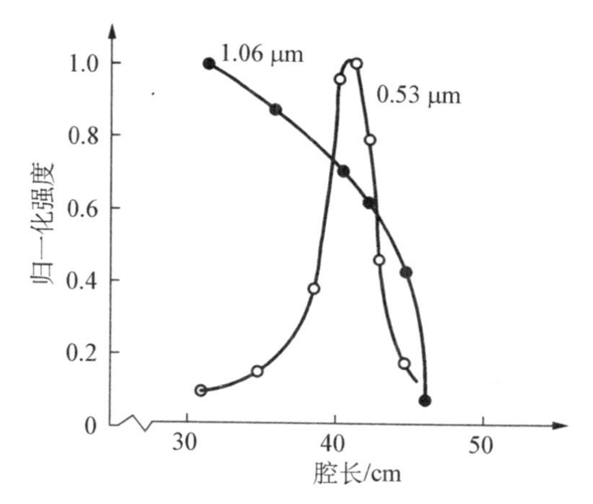

图 3-4-5 基波与倍频波归一化强度随共振腔长度变化实验曲线

1981 年，中国科学院上海光学精密机械研究所**蔡希洁、舒美冬**等研制出输出激光功率更高的倍频激光器，获得万兆瓦级倍频激光输出。[①] 该实验是在 3 万兆瓦级传递激光系统上进行，输出激光总能量 30—60 J，激光脉冲宽度 1 ns。使用 KDP 倍频晶体做倍频器，晶

① 蔡希洁，舒美冬等，万兆瓦级倍频激光输出[J]，中国激光，1982，9(5)：35—36。

体直径 45 mm、厚度 3 cm，放置在空气绝热的恒温圆筒内，温度控制精度为±0.01℃，倍频器对波长 1.06 μm 激光的透过率为 71%。使用一类相位匹配方式工作，实验获得最高倍频输出激光能量为 12 J，总功率达到万兆瓦级。

4. 高次倍频

除了发生频率加倍的效应外，还会发生 3 倍、4 倍甚至 100 多次倍频。利用倍频率效应，便可以借助激光器能量转换效率比较高的红外激光器，获得紫外波段、真空紫外波段，甚至 X 射线波的相干光。比如，利用 KD* P 倍频晶体对常用 YAG∶Nd 激光器输出波长 1.06 μm激光进行三倍频，获得波长 355 nm 紫外相干光。利用 BBO 倍频晶体 4 倍频获得波长 266 nm、5 倍频获得波长 213 nm 真空紫外相干光。

1975 年，山东大学光学系**吕绍兴**、**徐大顺**，中国科学院物理研究所激光研究室非线性光学研究小组，进行钕玻璃激光器输出波长的 1.06 μm 红外激光三倍频实验，产生波长 265 nm 紫外激光，实验装置如图 3-4-6 所示。①

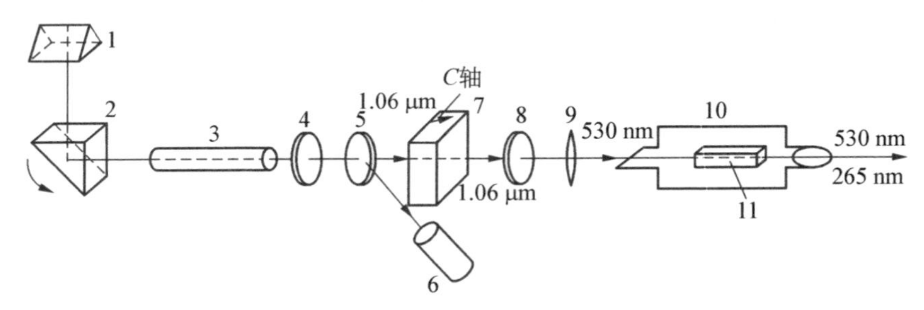

1-固定的全反射棱镜；2-转动棱镜；3-钕玻璃棒；4-输出镜；5-玻璃片；6-基频监视；7-$LiIO_3$ 晶体；8-滤光片；9-会聚透镜（f=420 mm）；10-恒温炉；11-ADP 晶体

图 3-4-6 三倍频实验装置

① 吕绍兴，徐大顺等，利用倍频技术产生 265 nm 紫外激光[J]，物理，1977，6(4)：198—200。

三倍频激光是转镜调 Q 钕玻璃激光器输出的，第一次倍频的晶体是 $LiIO_3$ 倍频晶体。波长 1.06 μm 激光通过一块按布儒斯特角放置的玻璃片，入射到这块倍频晶体上，对倍频效应有用的偏振分量基本上没有损失，而被玻璃片反射的一小部分激光入射到能量计上，监视基频输出，以便在实验过程中测出基频输出的强度起伏。

在 $LiIO_3$ 倍频晶体之后放置一块滤光片，让产生的倍频光(530 nm)通过，而滤掉波长 1.06 μm 的基频激光。然后，530 nm 的激光经透镜聚焦后入射到第二块倍频晶体 ADP 上。实验测得第一次倍频波长 530 nm 的能量大约 100 mJ，峰值功率大约 2 MW，转换效率大约 5%。由于插入的滤光片及其他光学元件的吸收、反射、散射等损耗，入射到 ADP 晶体上的激光能量实际大约就只有几十毫焦耳。用摄谱仪里面的石英棱镜分光，用能量计配上灵敏检流计来测量波长 265 nm 的激光能量，大约为 0.1 mJ，能量转换效率为 1%数量级。

倍频光功率随着倍频晶体温度变化的情况，如图 3-4-7 所示。最佳相位匹配温度 $T_{pm}\approx 45.4$℃，相对强度与温度的关系曲线的半极大全宽度 $\Delta T_{1/2}=4.7$℃，得到的 $\Delta T_{1/2}$ 比较宽。这主要是由于钕玻璃激光的光谱宽度较大，在较宽的温度范围内将总有一定的频率成分可以满足相位匹配条件。

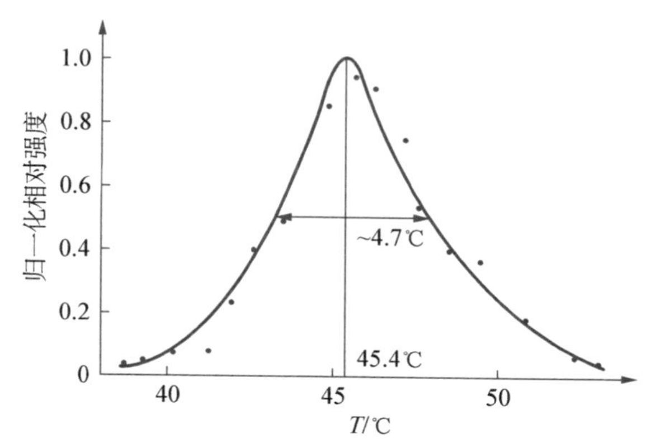

图 3-4-7 三倍频紫外光相对强度与倍频晶体温度的关系

5. 相位匹配

利用同一种倍频晶体材料产生的倍频光强度有时强，有时比较弱。研究表明，除了选择合适的晶体材料外，还需要保持基频光波和倍频光波传播的相速度一致，即满足所谓相位匹配条件。当基频光波和倍频光波的相速度相等时，两者通过倍频晶体的相对位相保持不变，倍频光波强度随着在晶体内传播长度呈线性增加；而如果相速度不同，它们之间的相对位相将沿晶体长度而变化，倍频光波将以振荡形式呈现。初始产生的倍频光波，当相对位相达到 π 时，又把已产生的二次谐波逆向转回到基波辐射中，因而实际得到的倍频光强度便很微弱。假如基频光波和倍频波的相位能够保持一致，基频光波的能量便能够有效地向倍频光波转换，获得较强的倍频光。

实现相位匹配有两种做法，一种称角度相位匹配，又称折射率匹配和临界相位匹配；另外一种称温度相位匹配，又称 90°相位匹配和非临界相位匹配。

1980 年，华北光电所**张世文**、**刘家彬**等研究分析了角度相位匹配条件，即①

$$\Delta K = 2K_1 - K_2 = \frac{4\pi}{\lambda_1}(n_1 - n_2)。 \qquad (3-4-2)$$

式中，K_1 是基波波矢绝对值；K_2 为倍频光波波矢绝对值；λ_1 为基波辐射在真空中的波长；n_1、n_2 分别为基波和倍频光波在非线性晶体的折射率。根据(3-4-2)式，位相匹配条件等效于

$$n(2\omega) = n(\omega)。 \qquad (3-4-3)$$

式中，$n(2\omega)$、$n(\omega)$分别为倍频光波和基频光波在晶体中的折射率。显然，只有采用光学各向异性、非对称中心的晶体材料才满足(3-4-3)式的要求。这类晶体的特性是有光学双折射，即具有不同偏振方向的线偏振光，沿晶体不同方向传播时有不同折射率。因此，

---

① 张世文，刘家彬等，Nd：YAG 激光的倍频实验[J]，激光与红外，1981，11(2)：26—30。

基波光束选择合适的入射角 θ_m 就可以达到 $n(2\omega) = n(\omega)$，满足相位匹配 $\Delta k=0$ 的条件了，这个做法称为角度相位匹配。有两种角度匹配方式，并称第一类和第二类相位匹配。

(1) 第一类相位匹配

即平行相信匹配，相互作用的基波电矢量的偏振方向相互平行。负单轴倍频晶体，o 光（即寻常光）折射率 n^o 大于 e 光（即非寻常光）折射率 n^e（即 $n^o > n^e$），此时的相位匹配条件是

$$n_2^e(\theta_m) = n_1^o。\quad (3-4-4)$$

正单轴倍频晶体其 o 光折射率 n^o 小于 e 光折射率 n^e（即 $n^o < n^e$），相位匹配条件是

$$n_2^o = n_1^e(\theta_m)。\quad (3-4-5)$$

(2) 第二类相位匹配

亦称正交匹配，即相互作用的基波电矢量的偏振方向相互垂直。负单轴倍频晶体相位匹配条件是

$$n_2^e(\theta_m) = [n_1^e(\theta_m) + n_1^o]/2。\quad (3-4-6)$$

正单轴倍频晶体相位匹配条件是

$$n_2^o = [n_1^o(\theta_m) + n_1^o]/2。\quad (3-4-7)$$

式中，n_1^e、n_2^e 分别是基频 e 光波和倍频 e 光波的折射率；n_1^o 和 n_2^o 分别是基频 O 光波和倍频 O 光波的折射率。

温度相位匹配利用了倍频晶体的折射率与温度关系，倍频晶体的温度控制在某个温度，便可以实现相位匹配。比如，对于负单轴晶体，其匹配温度是

$$T = (n_1^o - n_2^e)/[(\mathrm{d}n_2^e/\mathrm{d}T) - (\mathrm{d}n_1^o/\mathrm{d}T)],\quad (3-4-8)$$

式中，$\mathrm{d}n_1^o/\mathrm{d}T$ 和 $\mathrm{d}n_2^e/\mathrm{d}T$ 分别是基频 o 光波和倍频 o 光波的折射率温度系数。因为激光束与倍频晶体光轴成 90°角入射，所以也称 90°相位匹配。

1978 年，第五机械工业部第 209 研究所**韩凯**、**徐绍林**等研究了

$LiNbO_3$ 倍频晶体温度相位匹配倍频 YAG：Nd 激光过程，并实验测量了相位匹配温度以及该稳频激光器的输出。晶体温度在 22.5±0.1℃范围内，能够实现倍频相位匹配。[①]

前面谈的相位匹配条件没有考虑激光谱线宽度，实际上激光也存在一定的谱线宽度，而且在高激光功率实验和应用中，脉冲宽度很窄，根据测不准关系，即激光的频带很宽。为了满足相位匹配条件，发展了几种高功率宽频带激光相位匹配技术，以期获得高效倍频转换。主要技术有：

① 光谱角色散技术。为保证宽频带激光的波矢匹配 $\Delta k=0$，利用光栅等色散元件提供角色散来补偿晶体的色散。频带宽度 $\Delta\omega$ 远远小于 ω 的宽带激光，晶体内的波矢失配是线性的，选择适当光栅角色散可使频带内所有激光频率在晶体内都满足波矢匹配条件。

理论计算表明，频带宽不太大（$\Delta\lambda<0.5$ nm）的激光，利用这个办法能够有效地提高倍频光波转换效率。对于较大带宽，对波矢失配作线性近似误差较大，光栅线性角色散不能补偿晶体的群速度失配，此时采用该办法得到的倍频光波转换效率不是很高。

② 倍频晶体级联技术。由两块正交的倍频晶体倍频，较之用单块晶体，对激光脉冲能量均匀性不敏感，实际上是准相位匹配的一种较简单情形。为防止能量的逆转换，在整体上补偿晶体双折射对宽带激光谐波转换效率的影响，在具体的设计中，两块晶体采用不同厚度。至今晶体级联方式的研究仅局限于二次谐波转换，级联方式只是消除双折射影响，并没真正实现 $\Delta k=0$，因而不适用于较大带宽的宽带激光倍频波转换。

③ 准相位匹配技术。飞秒超短脉冲做光学倍频时，还必须考虑介质中的群速度色散（GVD）。在各向异性晶体中，相位匹配是靠 e 光的相速在各个方向的不同来补偿频率色散的，原则上群速度匹配可以用类似的方法来实现。但这两个方向一般不重合，如果相位匹

---

① 韩凯，徐绍林，腔内全耦合出净二次谐波的激光器[J]，科学通报，1979，29：(2)：67—71。

配条件不能满足，其倍频光波振幅将呈现拍，拍的最大值在相干距离 L_c 上出现，则

$$L_c = \pi/(k_1 + k_2 - k_3)。 \quad (3-4-9)$$

为保证对倍频光波脉冲宽度的要求，非线性晶体的长度 L 应短于由群速度决定的长度。

如果非线性晶体是由多个正交的薄片级联而成，则光在第一片晶体产生的相位失配和群速度色散在第二片晶体中得到补偿。依次类推，随着非线性晶体作用长度增大，倍频效率也提高。这就是准相位匹配技术。

准相位匹配技术拓宽了单块材料的功效。因为实质上它没有双折射，因此能在材料的全光学透明范围内实现非临界相信匹配。此外，准相位匹配中的泵浦波和输出波的偏振方向互相平行。它们在非线性极化张量的对角线元素耦合为零。这些对角线张量元通常很大，但达不到双折射相位匹配。该技术的困难在于，制造这样的材料：每一个相干长度(常为 1—100 mm)，都要求光信号倒向。在红外相互作用的早期工作中，免不了垒叠薄晶片的工作，把晶片一反一正，180°颠倒后垒叠起来，但难以控制倒向，且光学损耗太大。周期性地扰动铁电晶体的生长，控制磁畴取向周期性地颠倒，从而使非线性极化率产生周期性变化。

④ 啁啾匹配型倍频波转换技术。啁啾脉冲通过色散介质时会出现脉冲展宽或者压窄现象。在倍频转换中，由于基波和倍频光波具有不同频率和偏振方向，因而色散不同。如果利用初始啁啾的匹配并加以补偿，可消除群速度色散带来的延迟，从而实现高效率倍频光波转换。

6. 倍频光学晶体

这是产生倍频效应的关键材料。有些晶体的倍频效率比较高，能够获得较高的倍频光功率；而有些晶体材料的倍频效率则比较低，产生的倍频光功率比较弱。光学倍频效率比较高的晶体有一些基本特征：具有非中心对称，有较高的非线性极化系数。当然，为了得到

较好的倍频效果，倍频晶体对基波和倍频光波也应该具有良好的光学透明特性，光学质量要好，能承受高功率激光而不出现损坏等。

(1) 磷酸二氢铵(ADP)倍频晶体

这是最常用的倍频晶体之一，我国首次倍频实验，使用的便是这种倍频晶体。

1961 年，福州大学**张炳楷**、**王曼芳**等实验研究了 ADP 倍频晶体的培养工作。[①] 实验工作包括配制饱和溶液、培养晶种和晶体培养。在小结晶皿中，配制比室温高大约 5—6℃的饱和溶液，然后慢慢地冷却到室温，溶液中就会很快生成许多小晶核，1—2 天就成长为大量小晶体，沉到器皿底部。在这些十分透明并有明显棱角的晶体中，将截面积达到一定大小的切割成晶片，便可选为培养用的原始晶种。切割方向有垂道于 Z 轴的 Z 型切割，以及跟 Z 轴交成某种角度的斜型切割。ADP 晶体成长明显地集中在锥面上，而 Z 型切片并未具有这些面。因此在培养晶体前，必须首先进行晶片的成锥过程，成锥后的晶片便可用来作为进一步培养大晶体的晶种。

溶液的 pH 值和晶体转劫方式对晶体成长速率、晶体的成长形状和晶体大小有重要影响。要得到完整适用的 ADP 晶体，维持锥面和柱面适宜的成长速率，必须适当提高溶液的 pH 值。但当 pH>5 时溶液比较不稳定，一般来说，pH 值取 4.0—5.0 这个酸度范围，锥面和柱面均能同时增长。

如果晶体采用单向转动，且其 Z 轴平行于液面，则两个锥的锥面成长速率就明显不同，迎液面的快，背液面的慢，有时相差达一倍。但如果改为定时换向转动，或者让 Z 轴与液面交成某种角度，便能基本上消除这种差异。所以，采用晶体的偏心定时换向转动或行星式转动来维持溶液均匀性是适宜的。

(2) “中国牌”晶体

自激光器问世后，各国努力探索适用于不同波段范围的变频晶

① 张炳楷，王曼芳等，磷酸二氢铵单晶培养的初步报告[J]，福州大学学报，1961，创刊号，141—143。

体材料，并已成功地研制出一批实用的非线性光学晶体。但是，这些非线性晶体的适用光谱范围都在波长 200 nm 以上，即仅适用于紫外光—可见光—近中红外光波段。因此，目前都在致力于探索适用于 200 nm 以下（即深紫外区）的新型非线性光学晶体。显然，有机晶体不可能达到这个要求，只有无机晶体才有可能。但是，从紫外到深紫外区都透明的无机晶体并不多，特别是能同时满足相位匹配并具有合适大小倍频系数的无机晶体就更少，而且还要考虑尺寸大小、物化性能、稳定性，是否具有实用价值等问题。由此可见，要想找到适用于 200 nm 以下的深紫外非线性光学晶体难度很大。

1969 年，中国科学院福建物质结构研究所**陈创天**提出探索非线性晶体新材料理论模型：阴离子基团理论。

陈创天，1937 年生于浙江省奉化市，1962 年毕业于北京大学物理系，晶体材料学家。1990 年当选为第三世界科学院院士，2003 年当选为中国科学院院士。长期从事新型非线性光学晶体材料的探索研究。1976 年提出晶体非线性光学效应的阴离子基团理论，领导的研究组曾先后发明具有重要应用价值的 BBO、LBO、KBBF 等非线性光学晶体。1987 年度获第三世界科学院化学奖，1990 年获激光集锦（Laser Focus World）杂志颁发的工业技术成就奖，1991 年度获国家发明一等奖，2007 年度获求是基金会颁发的求是杰出科技成就集体奖等荣誉。

非线性光学效应是一种局域化的效应，是组成晶体的基本单元阴离子基团的微观系数的几何叠加，阴离子基团的微观倍频系数可以通过阴离子基团的局域化、量子化学轨道理论，通过二级微扰理论算出来。在这个理论指导下，由陈创天的研究组和合作者一起发明的 BBO、LBO 和 KBBF 等被国际学术界誉为“中国牌”晶体。

① 低温相偏硼酸钡倍频晶体（$\beta\text{-}BaB_2O_4$，BBO）。陈创天研究组从 1979 年 5 月开始在硼酸盐系列中探索新的非线性光学晶体，很快就发现低温相偏硼酸钡非常有希望。1983 年，用熔盐籽晶法生长厘

米级尺寸的低温相偏硼酸钡单晶，[①]它在540—270 nm波段范围内光学透明，有很高的倍频转换效率，是常用的KDP晶体的6倍，KDP晶体的4倍，能实现YAG：Nd激光的2、3、4、5次倍频，相匹配角为47°左右。1984年3月，通过中科院级鉴定。

BBO晶体属于三方晶系，点群3m，如图3-4-8所示。特点是具有大的双折射率和低的色散，可实现多波段的位相匹配，有较高的抗光损伤阈值，光学透明波长范围190—2 500 nm，在紫外光波段有比较高的光学透明度。有微潮解现象，机械性能良好。非线性光学系数(pm/v)是：$d_{31}=-0.19$，$d_{22}=-0.18$，$d_{11}=2.58$。

图3-4-8 BBO倍频晶体

② 三硼酸锂(LBO)倍频晶体。这是一种性能优异的非线性光学晶体，具有透光波段宽、损伤阈值高、接受角大、离散角小等优点。

1984年，陈创天等在BBO晶体的基础上，采用阴离子基团理论，选定B_3O_7基团作为探索新型晶体的基本结构单元。此基团能产生较大的微观非线性光学系数，这给研发、制造有较大宏观倍频系数的晶体提供了必要的条件。局域化分子轨道能级计算表明，只要能够

① 陈创天，吴柏昌等，新型紫外倍频晶体β-BaB_2O_4的生长和光学性能[J]，中国激光，1983，10(8—9)：621。

消除 4 个悬挂键，则由此基本结构单元所组成的单晶结构有可能具有宽的光学透明波段。在此基础上，1987 年，中科院福建物质结构研究所**江爱栋、陈天彬**等用熔盐籽晶法生长出新型非线性光学晶体三硼酸锂。① 随后，人工晶体研究所**赵书清、张红武**等也研制成功这种晶体。②

晶体生长中所用的原料都是分析纯的。鉴于 LBO 的高温分解温度为 834℃，因此合适的生长温度只能在 834—750℃之间。将所得的高温溶液从 834℃缓慢降温，就能长出 LBO 晶体。为了长出高质量的大单晶，需要采取一些严格的技术措施及工艺方案，其中包括原料的预处理。例如，引入一个合适的籽晶，调整熔体的温度场，增加温度控制的稳定性，控制生长速度等。采用高温溶剂法长出尺寸 35 mm×30 mm×15 mm 的透明 LBO 单晶，如图 3-4-9 所示。LBO 为正交晶系，晶胞参数为 a=0.844 6(2) nm，b=0.738 0(2) nm，c=0.514 7(2) nm。在波长 165—3 200 nm 范围内近于光学透明，在

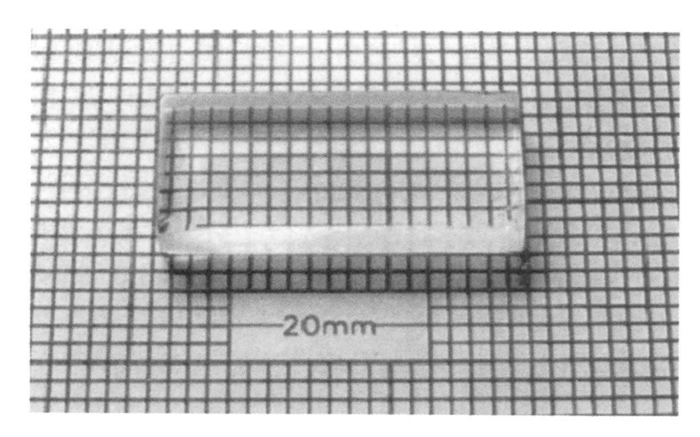

图 3-4-9 LBO 倍频晶体

① 江爱栋，陈天彬等，熔盐籽晶法生长三硼酸锂单晶[J]，硅酸盐学报，1989，17(2)：189—190。

② 赵书清，张红武等，非线性光学新晶体三硼酸锉的生长、结构及性能，人工晶体[J]，1989，18(1)：9—17。

2.7 μm 处无明显的光学吸收峰，说明该晶体不含 O—H 基团。非线性光学系数(pm/V)：$d_{31}=-0.95$，$d_{32}=1.026$，$d_{33}=0.052$，光学透明波长范围 160—2 600 nm。用锁模 YAG：Nd 激光器测定，LBO 倍频器对1 064 nm脉冲激光的倍频转换效率 60%，在温度 148℃时可实现非临界的位相匹配。

③ 氟硼酸钾铍($KBe_2BO_3F_2$，KBBF)倍频晶体。BBO 和 LBO 晶体由于基本结构的原因，不能使用直接倍频的方法产生深紫外(波长短于 200 nm)的倍频光；BBO 晶体的基本结构单元$(B_3O_6)^{3-}$基团的能隙比较窄，紫外截止边只能达到 185 nm，限制了此晶体在深紫外光谱区实现倍频光输出的能力。LBO 晶体$(B_3O_7)^{5-}$基团在空间形成一个$(B_3O_5)_n$的无穷链，此链与 Z 轴方向的夹角几乎成 45°，使该晶体的双折射率只有 0.04—0.05。尽管 LBO 晶体的截止边可达到 150 nm，但是太小的双折射率，使此晶体不能用倍频方法实现深紫外谐波光输出。为了实现深紫外谐波光输出，陈创天课题组在总结基团晶体结构规律的基础上，提出了 4 条结构判据：a. 晶体的基本结构单元应为$(B_3O_6)^{3-}$团；b. $(B_3O_6)^3$基团的 3 个终端氧必须和其他原子相连接，以便消除$(B_3O_6)^{3-}$的 3 个悬挂键；c. $(B_3O_6)^{3-}$基团应保持共平面结构；d. 在晶格中，$(B_3O_6)^{3-}$基团的密度应尽可能大，因为此基团是产生非线性光学效应的基本结构单元。

$KBe_2BO_3F_2$(KBBF)晶体结构满足这些结构判据。经化学合成，通过粉末倍频效应测试，也确认 KBBF 晶体是具有较大的非线性光学效应。1993 年，中国科学院福建物质结构研究所**唐鼎元**、**夏幼南**等采用熔盐法进行了大量生长实验研究，得到最大厚度为 1 mm 的晶体。①

如图 3－4－10 所示，KBBF 晶体有足够大的的非线性光学系数($d_{11}\approx 2>d_{36}$(KDP)，还有很宽的光学透明波段范围(从 155—37 000 nm)，双折射率为 0.07—0.08。这样适中的双折射率，既满足实现宽波段

① 唐鼎元，夏幼南等，一种新型紫外非线性光学晶体 $KBe_2BO_3F_2$ 的生长[J]. 人工晶体学报，1994，23(增刊)：154。

范围相位匹配的要求，又不会造成基波光与倍频光波有明显的离散，而且有一个合适的接收角宽度（大约 1.47 mrad/cm）。在倍频使用中，对激光器输出激光的平行度要求不高，几乎在整个光学透明透光波段范围都能实现相位匹配。激光倍频实验也表明，此种晶体不但能实现 YAG：Nd 激光（1 064 nm）的 2、4、5 次倍频，也能实现 YAG：Nd 激光的 6 次倍频（获得波长 177.3 nm）相干光输出。可以说，目前在波长 200—150 nm 深紫外光谱区，只有 KBBF 倍频晶体才能产生有效相干光功率。到 2002 年，中国科学院北京理化所与山东大学晶体材料所合作，生长这种晶体又有了新进展，能够生长出了厚度达 2 mm 的 KBBF 晶体。

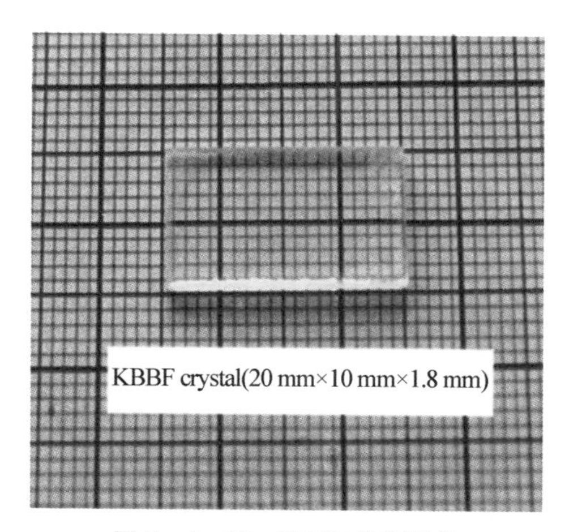

图 3-4-10 KBBF 倍频晶体

二、受激散射

光通过除了真空以外的任何介质时，将有一部分光波偏离原来的传播方向，朝空间其他方向弥散开来，这种现象称为光的散射。在一定条件下，激光散射实验产生了完全新型的光学散射现象。比如：

① 散射光有很好的方向性，空间发散角明显比普通散射光小，通常与入射的激光发散角同数量级，而且受激散射光主要发生在激

光入射的前向和后向两个方向。

② 散射光强度很高，可以达到入射激光束相同数量级。而普通散射光强度很弱，一般只有入射光强的万分之一到10万分之一。

③ 散射光有很好的单色性，光谱线宽度很窄，甚至可以比入射的激光谱线的宽度还窄。

④ 出现多频移谱线，即出现多种不同波长的相干光。

这种散射现象还有明显的阈值特性，即只有当入射的激光强度和功率密度超过一定数值以后才发生。这种新型光学散射，称为受激散射。与普通各类光学散射相对应，有受激拉曼散射、受激布里渊散射以及受激自旋反转拉曼散射等，利用这些受激散射效应可以获得高效率激光频率转换，还发展了一门称为激光光谱的新型光谱技术，广泛应用于无机、有机、分析、高分子等各个领域，成为重要的结构分析和微量物质成分监测工具之一。

1. 受激拉曼散射

拉曼散射是以印度物理学家C·V·拉曼名字命名的光学散射，又称拉曼效应，它是光通过介质时由于入射光与分子运动相互作用而发生光频率变化的散射。1923年，A·G·S·斯梅卡尔从理论上预言了频率发生改变的光学散射。1928年，拉曼在气体和液体中观察到这种散射现象：散射光中在每条原始入射光频率 ω_0 谱线两侧对称地出现频率为 $\omega_0 \pm n\omega(n = 1, 2, 3, \cdots)$ 的光谱线。在频率比 ω_0 低一侧的光谱线称红伴线或斯托克斯线，在频率比 ω_0 高一侧的光谱线称紫伴线或反斯托克斯线；频率 ω 是分子振动模频率，也称拉曼频移，它的值与入射光频率 ω_0 无关，由散射物质的性质决定。每种散射物质都有特定的拉曼频移，有些与介质的红外吸收频率一致。散射光强和激发光强度成正比，其比值也是已知的。激发光强度增加，散射光强度也随之增加，但两者的比值不变。

普通光源产生的拉曼散射光强度大约只有入射光强度的万分之一，即使使用发光强度很高的汞灯激发，一般也需要连续照射几小时，在照相干板上才能显示出拉曼散射光谱。然而，激光产生的拉曼散射强度不仅强，而且还出现新现象。比如，用激光照明某些有机液体(如稍基苯)时,入射的激光功率超过某一限度后,拉曼散射红分支的功率很大,可达入射光的10%,而且不再向各方向散射,而是定向发射。不仅如此,散射光的功率与普通拉曼散射的光功率不对应,某些物质的拉曼散射截面虽小,而拉曼散射光功率却可能超过某些拉曼散射截面大的物质。

1964年,中国科学院**李铁城**、**霍裕平**从哈密顿量出发,导出了描写受激拉曼散射过程的方程式,[①]分析了受激拉曼散射的机制,并指出受激拉曼散射红分支的产生无须附加动量条件,但存在阈值条件;而紫分支的产生则需满足动量守恒条件,而不存在阈值条件。但是,它必须是在有红分支光存在的前提之下。在这个意义上来说,红分支和紫分支两者的频率间值相同。受激拉曼散射中的紫分支的产生与普通拉曼散射不同,它不是一个单过程而需要红分支的光子。

受激拉曼散射效应丰富了受激发射的波长,开拓了强激光与物质相互作用的新领域。从基础研究角度看,这个效应不但促进了已有拉曼散射技术的新发展,为人们了解散射介质的能级结构、对称特性、运动状态、跃迁性质、力学常数以及大量分子的统计规律,提供了一条新途径,而且扩展了产生强相干光辐射的基础。[②]

(1) 产生机制

根据散射的量子理论,频率为 ω_L、光子数为 m_L 的激光入射到介质,产生频率为 ω_s 的拉曼散射斯托克斯光子数 m_s 的净增长速率为

$$\mathrm{d}m_s/\mathrm{d}t = DP_a m_L(m_s+1) - DP_b m_s(m_L+1)。 \tag{3-4-10}$$

式中,右边第一部分为基态分子吸收一个 ω_L 光子,发射一个频率为 ω_s 拉曼散射斯托克斯光子的速率;第二部分为激发态分子吸收一个频率为 ω_s 斯托克斯光子,发射一个频率为 ω_L 光子的速率;D 为

---

① 李铁城,霍裕平,Raman光激射器[J],物理学报,1965,21(12):1933—1950。

② 沈书泊,张兵临等,苯的受激喇曼散射的实验研究,郑州大学学报(自然科学版),1981,(2):82—88。

与分子散射截面等参量有关的常数；P_a 和 P_b 分别为分子处在基态和激发态的几率。

在入射光强度较弱的情况下，散射的光子数是很小的，即 $m_s \ll 1$。所以，上式中右边第二项可以略去，式子可近似写为

$$dm_s/dt = DP_a m_L, \qquad (3-4-11a)$$

或以随距离变化表示

$$dm_s/dz = DP_a m_L n(\omega_s)/c。 \qquad (3-4-11b)$$

对上式积分后得

$$m_s = Am_L L + m_s(0)。 \qquad (3-4-12)$$

式中，$A = DP_a n(\omega_s)/c$，这里的 $n(\omega_s)$是介质的光学折射率、c 为光速；L 是散射介质长度；$m_s(0)$是在散射介质入口处的拉曼散射斯托克斯噪声光子数。对于一定散射长度 L，散射光强与入射光强成正比。

如果入射激光光强足够强(即 m_L 足够大)，以至于它所产生的拉曼散射光也很强，达到 $m_s \gg 1$，这时(3-4-11)式可近似写成

$$dm_s/dt = D(P_a - P_b)m_L m_s(m_L + 1), \qquad (3-4-13a)$$

或者写成

$$dm_s/dz = Dn(\omega_s)(P_a - P_b)m_L m_s/c。 \qquad (3-4-13b)$$

对(3-4-13b)式积分后得

$$m_s = m_s(0)\exp[Dn(\omega_s)(P_a - P_b)Lm_L/c]。 (3-4-14)$$

对于一定的散射介质长度，拉曼散射光强随着入射光强指数增长。继续增加入射泵浦激光强度，拉曼散射强度超过阈值时，其强度将与入射泵浦激光强度有相同数量级，一阶斯托克斯光(其频率用 ω_{s1} 表示)作为新波长的入射光，在介质中又激发起频率为 $\omega_{s2} = \omega_{s1} - \omega_v = \omega_L - 2\omega$ 的二阶斯托克斯光(这里 ω 是拉曼频移)。同样，若二阶斯托克斯光足够强，也会激发起频率为 $\omega_{s3} = \omega_{s2} - \omega_v = \omega_L - 3\omega$ 的三

阶斯托克斯光。甚至能产生四阶、五阶及更高阶的斯托克斯光，拉曼散射由自发拉曼散射转变成受激拉曼散射。

（2）实验观察

① 受激拉曼散射实验。1978 年，**中国科学院物理研究所 101 组**利用大功率红宝石激光照射苯液体，用 ИСП－51 三棱镜光谱仪拍摄散射光谱。[①] 使用的激光功率为 100 MW，液体散射长度为 10 cm。实验获得这些液体的受激拉曼散射光谱，观察到一个最强的拉曼散射模及相应的二阶、三阶斯托克斯谱线及一阶反斯托克斯谱线，谱线的频移分别为 $\Delta v = 992\ \text{cm}^{-1}$ 及 $\Delta v = 656\ \text{cm}^{-1}$，对应于苯分子最强的拉曼振动 $v_2^{C-C}(A_{1g})$ 及二硫化碳分子的全对称振动 v_1。

② 高级受激拉曼散射实验。1978 年，中山大学物理系**梁振斌、马莹莹**等观察到高级受激拉曼散射现象和反常拉曼散射现象。[②] 图 3－4－11所示是实验装置示意图。图中，M_1、M_2 是构成红宝石激光器共振腔的反射镜，M_1 为全反射镜，M_2 为激光器输出反射镜，其透过率为 50%；D 为调 Q 染料盒，厚 3 mm，染料为隐花箐甲醇溶液，对 694.3 nm 光辐射的透过率为 48%；R 为红宝石棒，长 200 mm、直径 10 mm；L_1 为激发光聚焦透镜，把激发光束聚焦在拉曼管的中央，以增大激发光的功率密度，其焦距为 450 mm；C 为玻璃拉曼管，长1 000 mm，管的两端均为平面玻璃，并用真空涂镀上增透膜，两端面并不严格平行，内部分别装光谱纯苯、溴苯、甲苯、CS_2

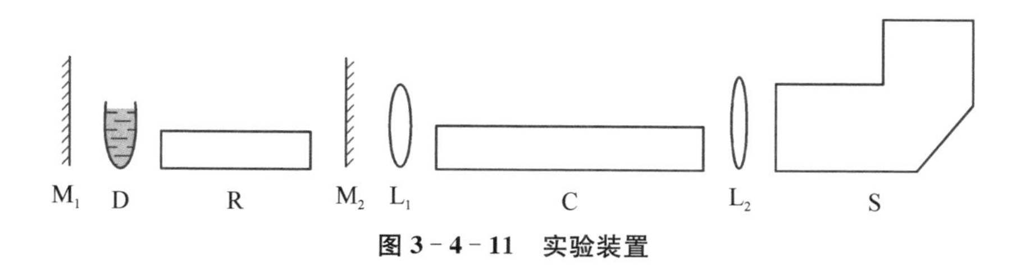

图 3－4－11　实验装置

① 中国科学院物理研究所 101 组，受激喇曼散射实验[J]，中国激光，1978，5(5—6)：22。

② 梁振斌，马莹莹，高级受激喇曼散射的观察[J]，中山大学学报，1979，(3)：53—60。

和 CCl_4 等液体；L_2 为聚焦受激拉曼散射光的透镜，焦距为 150 mm，它把受激拉曼散射光成像于摄谱仪 S 的狭缝。

用峰值功率接近 80 MW 红宝石激光照射拉曼散射管的液体，观察到苯、溴苯、甲苯 CS_2 和 CCl_4 的高阶受激拉曼散射，记录到的一至六阶斯托克斯辐射。图 3－4－12 所示是得到的苯高阶拉曼教射光谱，显示了很清晰的苯的五级斯托克斯谱线 S_1、S_2、S_3、S_4、S_5 等，第一、第二级斯托克斯谱线很强，图中 L 是泵浦激光谱线。还观察到苯的一至四级反斯托克斯谱线 A_1、A_2、A_3、A_4，如图 3－4－13 所示。

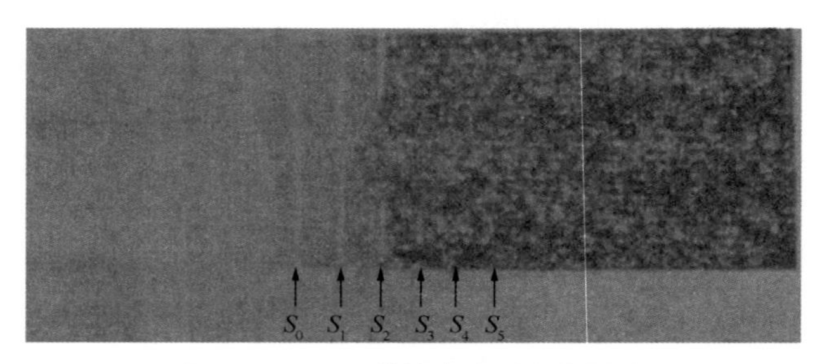

图 3－4－12 苯的高阶受激拉曼谱

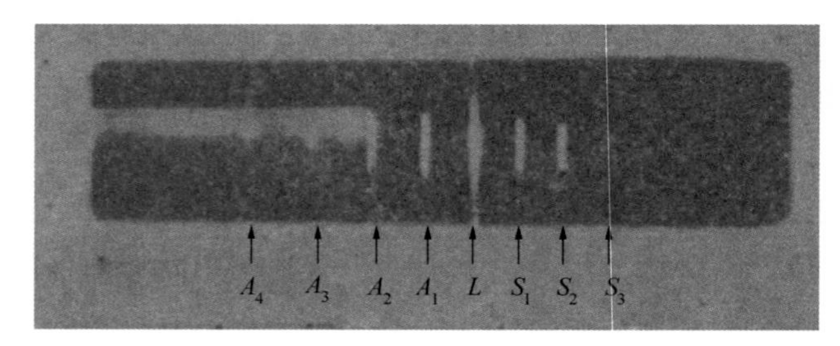

图 3－4－13 苯的高阶反斯托克斯谱线

图中，记录到苯、溴苯、甲苯一至五阶斯托克斯谱线的强度分布出现反常现象。按照高级受激喇曼理论，级序较低的谱线首先出现，然后才出现高级谱线，而且谱线强度随级数增加而减弱。实验中发现级跳现象，往往出现第五级而不出现第三、四级谱线；或者第五级谱线较三、四级强，第三级特别弱，甚至消失在背景中。

③ 后向受激拉曼散射波的位相复共轭特性实验。1978年，中国科学院上海光学精密机械研究所**范俊颖**、**吴存恺**等实验直接证实了受激散射后向散射波的位相复共轭特性。[①] 图3-4-14所示是实验装置示意图。散射介质是长度200 mm的二甲基亚砜，泵浦激光是倍频YAG：Nd激光，波长为532 nm。激光能量约为10 mJ，脉冲波最大全宽度为7 ns。用300 mm焦距的透镜将激光束聚焦到散射介质上，焦点处的激光功率密度大约为5×10^8 W/cm^2。

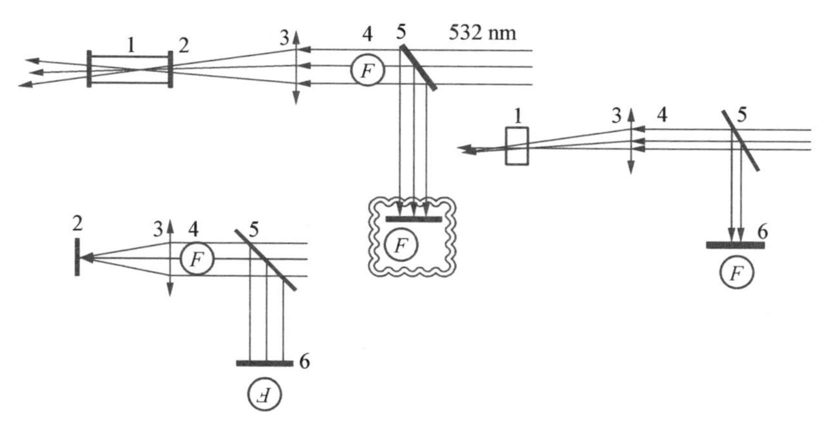

1-二甲基亚砜亚介质；2-介质盒端面(K_8光学玻璃平板)；3-透镜；4-物体(黑色F字母)；5-反射镜(对波长532 nm透过率87%，对波长630 nm反射率88%)；6-照相机。左下图为镜面反射光路，右下图为复共轭反射光路

图3-4-14 实验装置

实验结果显示，受激拉曼后向散射波是泵浦波的位相复共轭，在所用的实验条件下，泵浦波面能得到较好的补偿。图3-4-15(a)所示是泵浦波本身的反射像，图3-4-15(b)所示是受激拉曼散射后向波的非线性反射像。一定方位放置的字母F，复共轭反射像是正立

① 范俊颖，吴存恺等，受激喇曼后向散射波的位相复共轭特性[J]，中国激光，1980，6(3)：14—17。

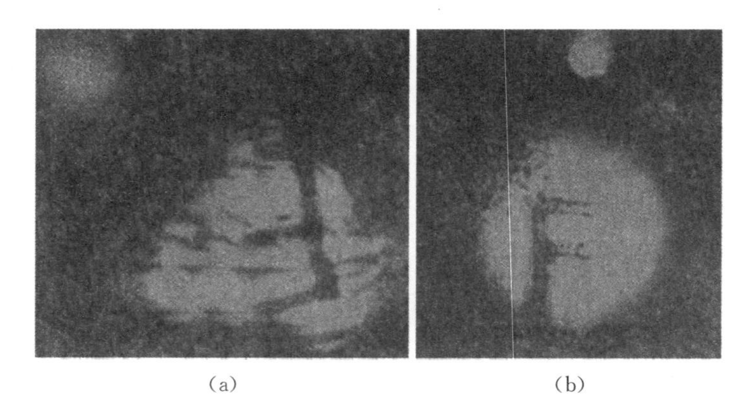

图 3-4-15 泵浦光波和受激拉曼后向散射波的反射像

的字母 F,而泵浦波的反射像将是倒立的字母 F 的镜面反射像。

后向受激拉曼散射光波具有良好的光束质量,与泵浦波光相比获得明显改善。受激拉曼后向散射波这种位相复共轭特性是有条件的,要求泵浦场强度是横向非均匀的,并且受激拉曼频移和散射介质有效长度都直接影响这种复共轭特性。

④ 电子跃迁受激拉曼散射实验。这是散射介质中的原子在不同电子能级间跃迁产生的受激拉曼散射,是扩展红外波段相干光辐射,提供可调谐红外脉冲相干光源的好办法。比如,利用在铯蒸气中的电子跃迁受激拉曼散射,可以获得波长在 2.28—3.18 μm 的可调谐相干红外辐射。分子光谱学、光同位素分离及大气污染远距离探测等研究工作,就很需要在红外波段的可调谐相干光源。

1981 年,中国科学院安徽光学精密机械研究所**何克祥**、**刘颂豪**等和中国科学院上海光学精密机械研究所**崔俊文**、**立群**等实验研究了在铯原子蒸气中产生的受激拉曼电子散射。[①] 图 3-4-16 所示是实验装置示意图,主要由泵浦源、铯蒸气发生器和检测系统 3 部分组

① 何克祥,刘颂豪,崔俊文,立群等,铯蒸汽中受激电子拉曼散射[J],光学学报,1983,3(5):426—430。

成，共线排布。

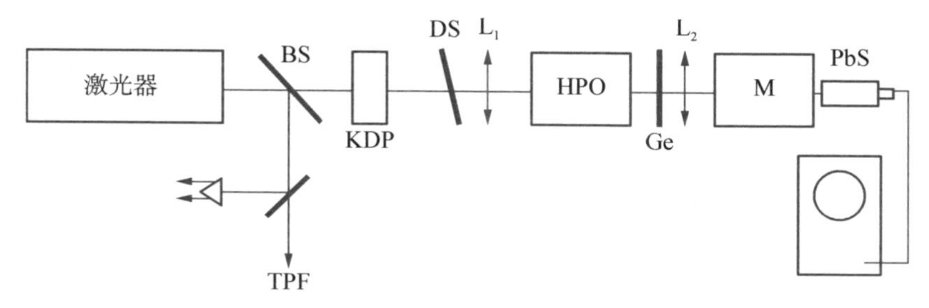

图 3-4-16 受激拉曼电子散射实验装置

使用的激光是钕玻璃激光器输出的倍频光，波长 527 nm，激光能量大约 30 mJ，脉宽为 20 ps。铯蒸气发生器的炉体用不锈钢制成，长 48 cm、内径 2 cm，中央部分用电炉丝加热，加热区长 25 cm，内充有 20 mmHg 氩气体做缓冲气体。炉温用精密温度控制仪自动控制，温度用镍铬、镍铝热电偶测量。温度可在 200—800℃范围内调节，改变加热温度调节发生器内铯蒸气的气压。拉曼散射光由 PbS 探测器探测，由 485 型示波器显示。

实验获得波长为 2.28 μm 的红外受激拉曼相干光，能量 1 mJ，能量转换效率大约 15%。实验测量了，红外相干光强度及受激电子拉曼散射的阈值与铯蒸气压、泵浦光强度的关系。图 3-4-17 所示是拉曼散射光强度与铯蒸气气压的关系，在气压为 195 mmHg 附近的散射光强度最大，气压再高便出现饱和。

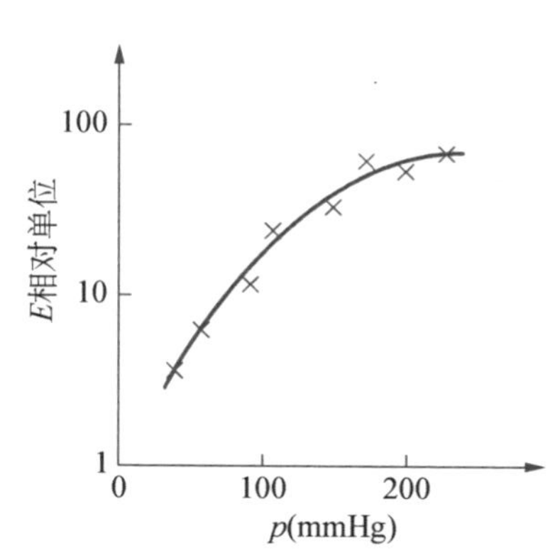

图 3-4-17 受激电子拉曼散射光强与铯蒸气气压关系

⑤ 电子自旋反转受激拉曼散射实验。这是激光与在磁场作用下的传导电子相互作用发生的受激拉曼散射，它把入射的可见光激光转

换到红外波段,甚至远红外波段的相干光,而且调谐外加的磁场强度 B,还可以连续调谐散射光波长。

在磁场中的传导电子与磁场相互作用,除了使电子发生回旋运动之外,自旋运动也发生摆动,摆动频率 ω_e 为

$$\omega_e = \mu g B。 \quad (3-4-15)$$

式中,B 是磁场强度;μ 是玻尔磁矩;g 是电子有效旋磁比。入射激光除了与传导电子的回旋运动相互作用产生拉曼散射之外,还与电子的自旋运动相互作用产生拉曼散射,并称为自旋反转拉曼散射,拉曼频移为 $\mu g B$,斯托克斯分量的频率 $\omega_s = \omega_0 - \mu g B$,其中 ω_0 是泵浦激光的频率。

1979 年,北京大学物理系王学忠、陈辰嘉等使用波长 9.6 μm 的高功率二氧化碳激光照射锑化铟(InSb),观察到电子自旋反转受激拉曼散射现象。[①]

图 3-4-18 所示是实验装置示意图。激光器输出的激光脉冲宽度为 200 ns,能量大约 0.4 J/脉冲,n-InSb 样品尺寸为 4 mm×4 mm×8 mm,放置于铌三锡超导磁体中。产生的自旋反转拉曼散射光聚焦后进入单色仪,分光后由液氮冷却的碲镉汞探测器接收,经放大后在示波器上显示。在磁场强度 27.5—46 kGs 范围内,可观察到斯托克斯自旋反转受激拉曼散射光。磁场强度增加时,散射光频率向长波方向移动,频移率约为 $2\ cm^{-1} \cdot kGs$。

(3) 拉曼散射激光器

这是基于受激拉曼散射效应运转的激光器。在激光器共振腔内放置工作物质,在高强度泵浦下产生的受激拉曼散射辐射,包括红光分支和紫光分支。当其增益超过在共振腔内的光学损耗时,便发生激光振荡,输出激光。能够输出连续可调激光,波长从从真空紫外到红外。

---

① 王学忠,陈辰嘉等,锑化铟(InSb)中自旋反转受激拉曼散射[J],北京大学学报,1980,(3):93—94。

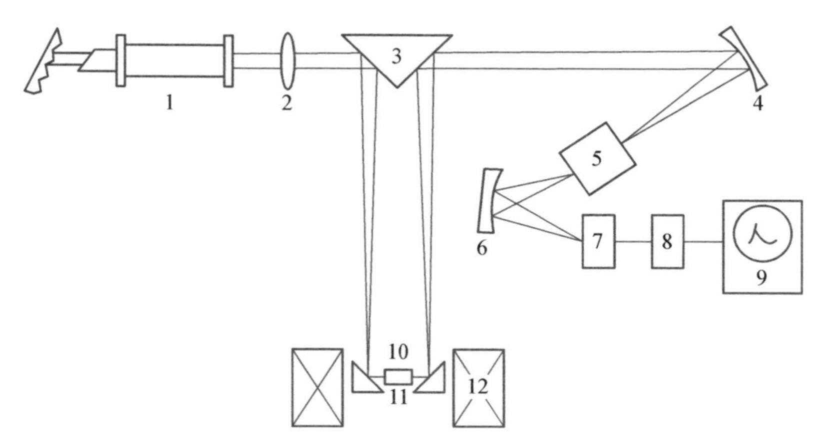

1 - TEA 二氧化碳激光器；2 -焦距 80 cm 锗透镜；3、4、6、11 -反射镜；5 -单色仪；7 -碲镉汞探测器；8 -放大器；9 -示波器；10 - InSb 样品；12 -铌三锡(Nb_3Sn)超导磁体

图 3 - 4 - 18 实验装置

1983 年，中国科学院安徽光学精密机械研究所季汉庭研制了氢分子拉曼激光器。① 工作物质是高压氢分子气体，使用的气压为 20 atm，气体盒长 30 cm，用波长 694. 3 nm 脉冲红宝石激光泵浦。获得了第一级斯托克斯激光，激光波长 975. 4 nm，能量转换效率大于 25%，图 3 - 4 - 19 所示是其激光波形(扫描标度为 5 ns/格)。

也获得了一级和二级反斯托克斯激光脉冲输出，波长分别为 538. 8 nm 和 440. 3 nm，波形如图 3 - 4 - 20 所示。泵浦光强度、氢气体温度不同，输出的激光脉冲形状和脉冲宽度也相应发生改变。

2. 受激布里渊散射

布里渊散射是以科学家布里渊名字命名的光学散射效应，是入射光波场与介质内的弹性声波场相互作用产生的效应。使用普通光源时，得到的布里渊散射光强度非常弱，实验显示不明显。利用激光做实验，不仅效应明显，而且还出现一些新现象：产生的布里渊散射

① 季汉庭，Raman 激光器和放大器[J]，应用激光联刊，1984，4(3)：8—10。

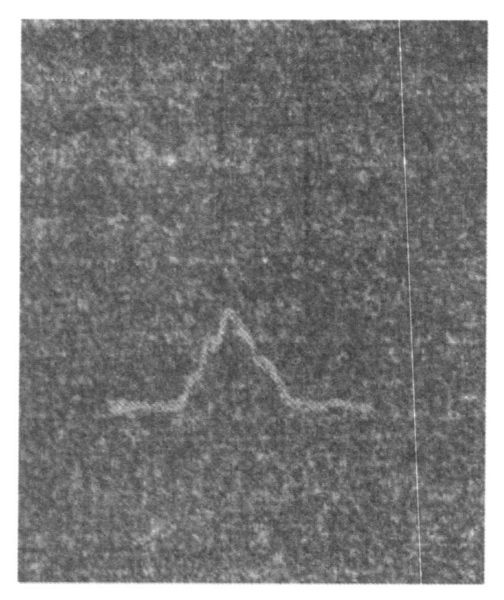

图 3-4-19　连续泵浦 H_2 斯托克斯拉曼激光器的输出波形

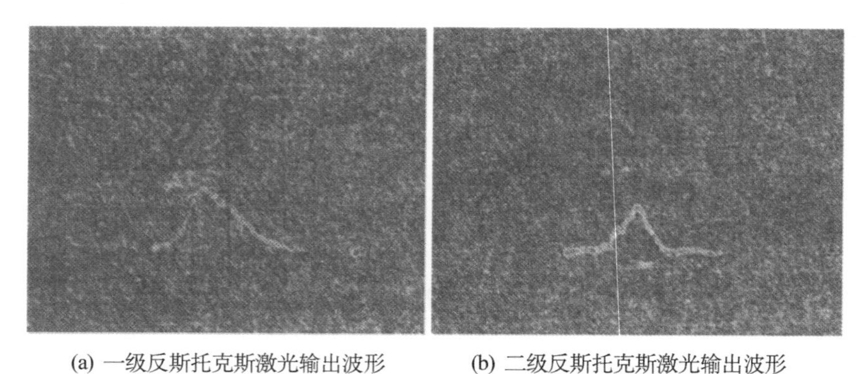

(a) 一级反斯托克斯激光输出波形　　(b) 二级反斯托克斯激光输出波形

图 3-4-20　H_2 反斯托克斯拉曼激光器输出波形

光主要集中沿前向或者后向传播，而且是相干光；后向散射光的空间相干性比泵浦激光还好；散射光脉冲宽度小于入射激光脉宽。还有一个重要特性是相位复共轭特性，即后向散射波是入射激光光波的共轭波，共轭波的等相面与入射波的等相面重叠。

（1）受激布里渊散射实验

1978年，中国科学院上海光学精密机械研究所**刘颂豪**、**陈仲裕**等用强激光照射钕玻璃观察到受激布里渊散射现象，[①]并测得受激布里渊散射的频移为 0.63 cm^{-1}，能量为入射激光能量的5%左右，受激布里渊散射出现的阈值在50—100 MW/cm^2 的范围。图3-4-21所示是实验装置示意图。

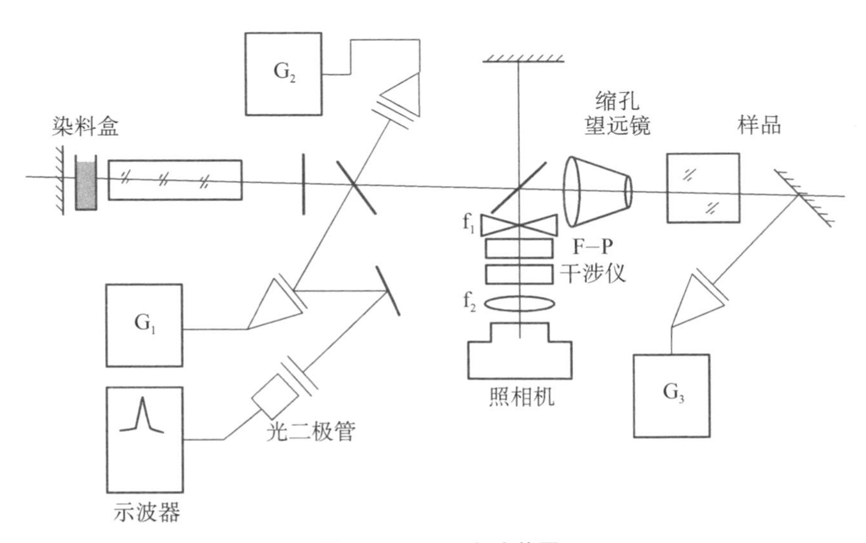

图3-4-21　实验装置

实验使用的是染料调 Q 高功率钕玻璃激光器。激光器输出的激光能量最高可达9 J，激光脉冲宽度约25 ns，激光功率大于200 MW。样品是钕玻璃，其 SiO_2 含量在80%—85%之间。图中 G_1、G_2、G_3

① 刘颂豪，陈仲裕等，钕玻璃的受激布里渊散射[J]，中国激光，1978，17(7)：19—22。

分别用来测量激光器输出的总能量、样品后向散射的激光能量和通过样品后的激光能量。输出波形用硅光二极管接收，并用示波器显示。由于布里渊散射产生的频移较小，需用较高分辨率的光谱仪，这里采用法布里-珀罗(F－P)，干涉仪标准具测量。其通光口径为35 mm，二平板间距5 mm。f_1为发散透镜，f_2为成像透镜，照相机置于透镜的焦平面上。

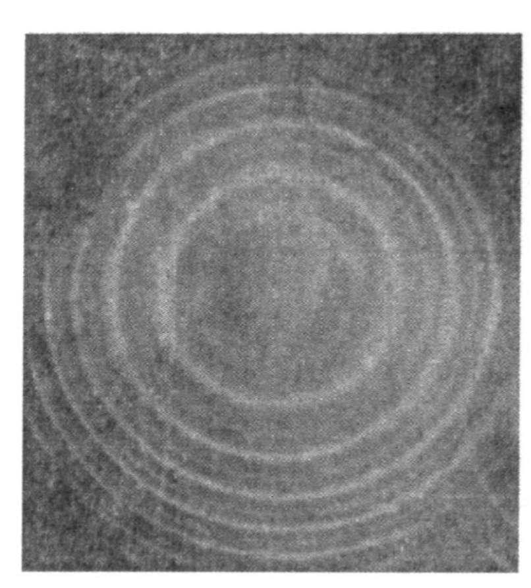

图 3－4－22 受激布里渊散射光的干涉图

图 3－4－22 所示是标准具形成的散射光干涉图，每一个强干涉环内圈都有一弱干涉环，强干涉环是激光器输出的部分激光形成的，弱干涉环则是后向受激布里渊散射光形成的。从某特定波长 λ 与所生成干涉圆环半径的关系，可以判断干涉图中出现的受激布里渊散射光是向低频移动的斯托克斯光。

(2) 后向散射相位复共轭特性观察

受激拉曼后向散射光波有相位复共轭特性，同样地，受激布里渊后向散射光也会有相位复共轭特性。1980 年，中国科学院上海光学精密机械研究所**徐捷**、**陈钰明**等实验研究了受激布里渊后向散射这个特性，[①]图 3－4－23 所示是实验装置示意图。

脉冲红宝石激光器输出功率约 5 MW，脉宽约 20 ns。激光光束经尖劈取样，光学分光板 M 反射，经透镜 L_1 聚焦在底片 F_1 上，用来监视入射光波场。从 M 透射的光束经透镜 L_3 会聚入射到石英布里渊室，在该室内有长 1 m、直径为 4.5 mm 的光导管，内充 CS_2 液体。

① 徐捷，陈钰明等，受激布里渊后向散射波的相位复共扼特性[J]，中国激光。1981，8(5)：41—42。

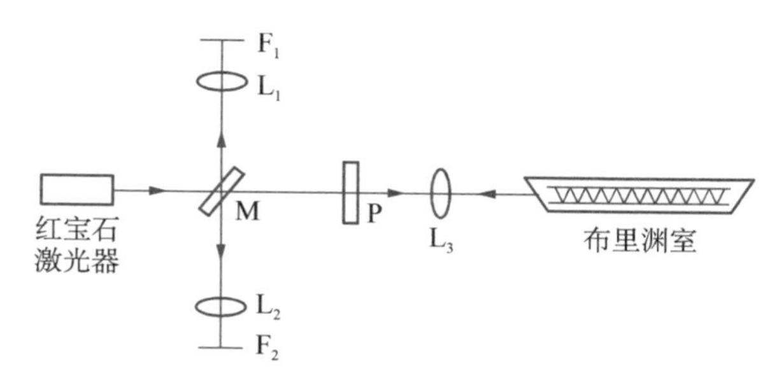

图 3-4-23　受激布里渊后向散射实验装置示意图

透镜 L_3 焦距为 20 cm，其焦点调至光导管入口处。由于石英的折射率小于 CS_2 的折射率，光线在光导管内将呈全反射传播。从布里渊室产生的后向布里渊散射光波经分光板 M 反射到底片 F_2 上，记录布里渊后向散射光场图。

实验观察到了强的后向受激布里渊散射光，用定标的卡计测量其能量转换效率约为 80%。为观察后向受激布里渊散射光的相位复共轭特性，在光路中放置用氟酸腐蚀的平面玻璃 P，作为相位畸变板。图 3-4-24(a、b)分别是此时由后向受激布里渊散射光和用平面镜代替布里渊室时得到的远场光斑。用平面镜取代布里渊室产生的反射光时，其远场图出现严重畸变，而经后向受激布里渊散射光通过 P 板时的远场光图不出现畸变，即相位畸变得到补偿。

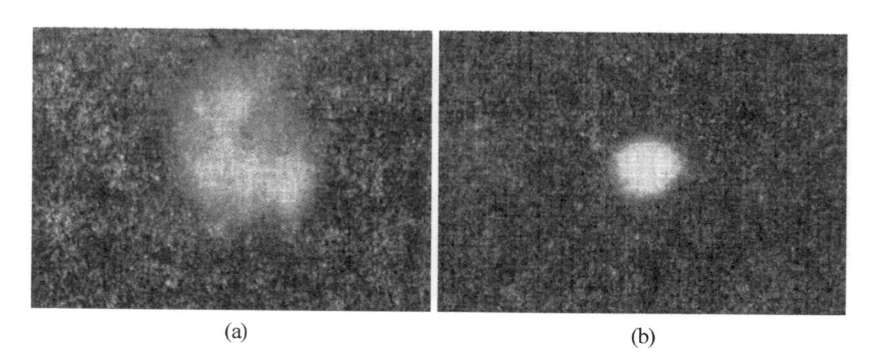

图 3-4-24　后向受激布里渊散射相位复共轭特性

后向受激布里渊散射的相位复共轭特性有重要的实用价值。在研制高功率激光器时，可用于补偿放大器介质引起的位相畸变，获得好的光束质量；在强激光的传输过程中，可用于补偿大气扰动或光学元件引起的相位畸变，保证激光束传输有良好性能。图 3-4-25(a、b)分别为泵浦激光和后向受激布里渊散射光波的近场图，后向受激布里渊散射光斑比泵浦激光光斑均匀，这是由于泵浦激光是多模激光束，有明显的强度分布不均匀性。这显示，由于后向受激布里渊散射光的相位复共轭特性，改善了光束质量。

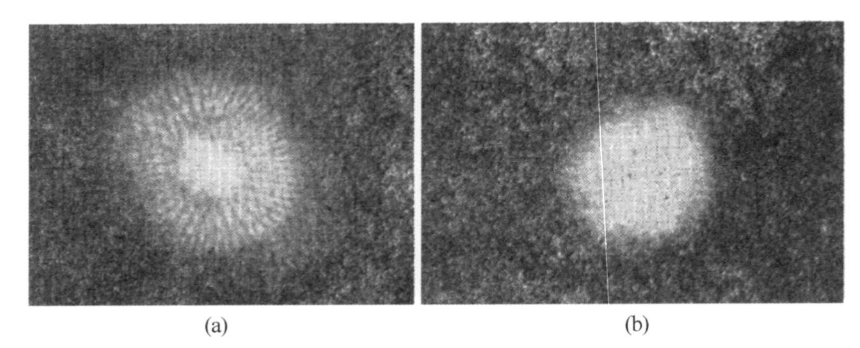
(a) (b)

图 3-4-25 泵浦激光和后向受激布里渊散射光场

三、光学非常吸收

光学吸收是光与物质相互作用的一种最基本的方式。光束通过物质后，它的强度降低，有部分光能量被物质吸收掉了。假定入射的光束强度为 I_0，通过厚度为 d 的物质之后，强度便下降到 I，

$$I = I_0 \exp(-\alpha d), \tag{3-4-16}$$

式中，α 为光学吸收系数。这个公式首先是由科学家布格尔(P. Bouguer)根据大量的光学实验结果得到的，称为布格尔光学吸收定律。这里的光学吸收系数 α 必须是与光束强度没有关系的常数，否则定律便不成立。使用通常光源做实验，的确也证明光学吸收系数 α 与光强度没有关系。比如，前苏联科学家瓦维洛夫以光强度相差 1

万万亿倍(10^{20}倍)的光束，测量玫瑰红银试剂B、结晶紫以及一品红水溶液等的光学吸收系数，得到的结果彼此相差不到5%。光束强度相差如此之大，物质的光学吸收系数也才相差这么一点点，应该说光学吸收系数是与光强度没有关系的一个常数。然而，利用激光做光源时，光学吸收系数不再是常数，而是随着激光强度增大而减少，甚至会降到零，对通过的激光束能量一点不吸收，物质变成了完全的光学透明体。也出现这种情况，本来光学透明性很好的物质，光学吸收系数很小，换用激光通过它，光学吸收系数则会变得非常大，物质变成了光学不透明体。

1. 光学饱和吸收

这是物质的光学吸收系数随光强增加而减小(或透射率增加)的效应。这个效应在激光技术中，以及光谱技术中得到重要应用。比如，做成被动Q开关，它是高功率激光技术中使用的主要关键元件之一；在激光稳频技术中，开发出一种称为饱和吸收稳频技术，它是最重要的稳频技术之一；在光谱技术中，利用这个效应开发了一门高分辨率光谱技术——饱和吸收光谱技术。

(1) 产生机制

这个效应主要是由在基态粒子的非线性吸收所引起的。例如，考虑粒子的基态S_0和一个激发态S_1。在光强为I和频率为ω的激光作用下，粒子吸收激光能量从基态S_0跃迁至激发态S_1，随后粒子以自发辐射的形式，或者以无辐射弛豫(弛豫时间τ_{21})的方式从激发态S_1跃迁回到基态。假定在基态和激发态的粒子数密度分别为n_0和n_1，入射的激光脉冲宽度大于激发态S_1的平均寿命，那么在达到平衡状态时，在两个能级的粒子数差Δn则为

$$\Delta n = n_0 - n_1 = N/(1 + I/I_c)。\qquad (3-4-17)$$

式中，N为粒子总数；I为入射光强度；I_c称为饱和光强，其值$I_c = h\omega/(2\pi\tau_{21}\sigma_0)$，这里的$\sigma_0$为光学吸收截面。如果激发态粒子数$n_1$数量很小，可以忽略不计，介质的光学吸收系数$\alpha_0 = N\sigma_0$；如果激发态粒子数$n_1$的数量与在基态粒子数$n_0$的数量可相比较，则光学吸收

系数 α 将变成 $\Delta n\sigma_0$。根据(3-4-17)式,吸收系数 α 与 α_0 的关系是

$$\alpha = \alpha_0/(1+I/I_c)。\quad (3-4-18)$$

从上式可以看到,光学吸收系数将随着入射光强增大而减少。如果入射的光强度很高,使得在激发态的粒子数目增加到接近在基态的粒子数,即 $n_0 \approx n_1$,那么光学吸收系数 α 降低到接近零,即 $\alpha \approx 0$。这就是光学饱和吸收。

(2) 实验观察

1980年,中国科学院上海光学精密机械研究所毛锡赉、杨佩红分别采用钕玻璃激光和红宝石激光实验研究了掺有CdS、Cdse、PbSe、PbSe∶Ln_2Te_3 等半导体化合物的玻璃块体的激光饱和吸收效应,图3-4-26所示是实验装置示意图。①

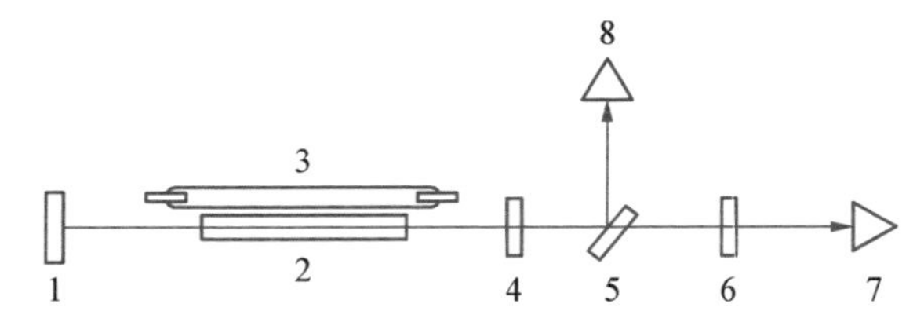

1、4-介质膜;2-钕玻璃棒(或者红宝石晶体棒);3-氙灯;
5-分光板(50%);6-样品;7-激光能量计

图3-4-26 激光饱和吸收实验装置示意图

实验使用的红宝石激光器有两种规格:一种输出激光能量为0.2 J,脉冲宽度300 μs;另外一种输出能量为0.6 J,脉冲宽度1.8 ms。使用的钕玻璃激光器也有两种规格,一种输出激光能量5 J,脉冲宽度400 μs;另外一种输出激光能量80 J,脉冲宽度2 ms。实验用的样品是将CdS、Cdse、PbSe、PbSe∶Ln_2Te_3 等半导体化合物掺入玻璃基质中制成的,随掺入物组成不同,制成两种具有不同本征吸收限的玻璃:HB_{16} 玻璃和IT玻璃,使用SV-50型光谱仪测定样品的透过率。

---

① 毛锡赉,杨佩红,掺有某些半导体化合物玻璃的非线性吸收效应[J],中国激光,1981,8(7):53—5。

如图 3-4-27 所示，不同厚度的 HB_{16} 样品，其光学透过率随输入的红宝石激光功率密度变化的情况；图 3-4-28 所示是 IT 样品光学透过率随输入的钕玻璃激光功率密度变化的情况，变化是非线性的。在一定的功率密度范围内，光学透过率没有随功率密度的变

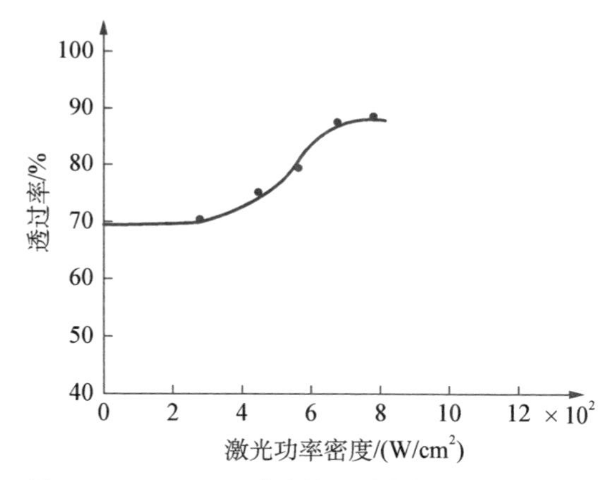

图 3-4-27　HB_{16} 玻璃的透过率与红宝石激光功率密度的关系(样品厚度 d=1 mm)

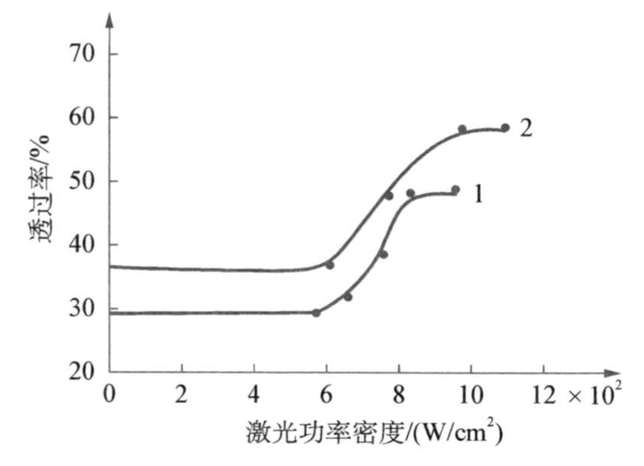

曲线 1-IT 玻璃(厚度 d=3.09 mm)；曲线 2-IT 玻璃(厚度 d=1.18 mm)

图 3-4-28　IT 玻璃的透过率与钕玻璃激光功率密度的关系

化而变化;但激光功率密度超过一定数值后,透光率便随着激光功率密度增加而迅速增大,然后趋向饱和。

2. 饱和吸收光谱

这是利用饱和吸收避开多普勒效应的影响,从而提高光谱分辨率的光谱技术。

(1) 工作原理

在宽多普勒吸收线范围内,用一束较强的激光选择激发样品,由饱和吸收作用导致出现窄的反拉姆凹陷,然后用另外一束比较弱的激光探测反拉姆凹陷。这两束激光以几乎相反的传播方向通过待测样品,图 3-4-29 所示是饱和吸收光谱实验示意图。从可调谐激光器输出的激光束经分束器反射直接通过被测量研究的样品盒,作为泵浦激光束;通过样品盒的激光束被样品盒外面的反射镜反射后,往回射入样品盒,这束反射光的强度比泵浦光束弱许多,它是探测光束。显然,如果这束探测激光也能够“享受”到泵浦激光束在样品中“开创”的饱和吸收状态,那么它通过样品时的吸收系数也几乎为零,接收器将产生一个强度较高信号。否则,探测器输出的光束光信号强度很弱。要探测光束能够“享受”泵浦激光束开创的饱和吸收状态是有条件的,那就是探测光束和泵浦激光束与同一群原子发生相互作用。一般情况下,泵浦激光束和探测光束分别与样品内不相同的一群原子相互作用。因为两束光波的频率虽然相同,但它们的传播

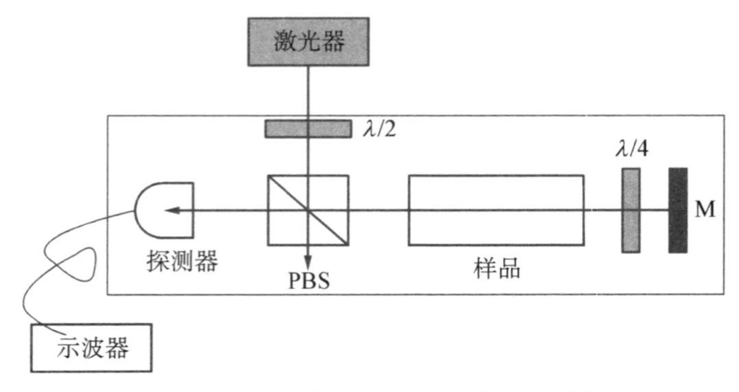

图 3-4-29 饱和吸收光谱实验示意图

方向相反。根据多普勒效应原理，原子实际接收到它们的光波频率并不相同。假定原子在相对静止时吸收的光波频率为 ω_0，也就是原子谱线的中心频率 ω_0。那么，迎着光波传播方向运动的原子吸收的光波频率实际是变为$\omega_0+\Delta\omega$，而顺着光波传播方向运动的原子实际吸收的光波频率则是$\omega_0-\Delta\omega$，这里的 $\Delta\omega$ 是多普勒频移。因此，沿正、反方向传播的光波在原子速度分布曲线中，对称地分布在频率中心 ω_0 两侧属于速度 $+u$ 和 $-u$ 的两群原子吸收。

样品内也有一些原子，它们的运动方向刚好垂直于光束传播方向。这些原子对于相向传播的两束光均不受多普勒效应的影响，没有出现多普勒频移，吸收的光波频率均是谱线中心频率。所以，当调谐激光器输出的激光频率正好是样品原子谱线中心频率时，此时探测光束也“享受”到了由泵浦激光产生的饱和吸收状态，光电探测器此时将输出比较强的信号，也就可以摆脱了多普勒效应对光谱的影响。因而提高了光谱分辨率，光谱分辨率可达 10^8—10^{11}，比先前能够获得最高的光谱分辨率还高了 1 万倍到 100 万倍。

(2) 实验观测

1981 年，**中国科学院安徽光机所饱和吸收光谱组**建立了一套用直流放电激励的 CO_2 激光系统，研究 SF_6 低压气体无多普勒饱和吸收光谱，[①]得到的光谱分辨率大约 10^{-8}。利用该装置观察到了 CO_2 激光 P(18)线内的 SF_6 饱和共振峰，测得的最窄共振峰宽为 1.3 MHz，对应的相对谱线宽为 4.6×10^{-8}，还测量了峰宽与饱和光功率的关系。

1981 年，清华大学**李复胡**、**胡希肯**等利用饱和吸收光谱技术观测到碘分子 B←X 电子跃迁 11－5 带 $R_{(127)}$ 和 6－3 带 $P_{(33)}$ 全部超精细结构分量。[②] $R_{(127)}$ 和 $P_{(33)}$ 各有 21 条超精细结构分量，各精细结构分量之间的频率间隔一般远小于碘分子的多普勒宽度，利用饱和吸

① 中国科学院安徽光机所饱和吸收光谱组，SF_6 无多普勒饱和吸收光谱技术[J]，应用激光，1982，2(1)：49。

② 李复胡，胡希肯等，用 633 nm 光饱和吸收光谱研究 $^{127}I_2$ 谱线的超精细结构[J]，中国激光，1983，10(2)：85—87。

收光谱能够检测这些超精细结构分量，图 3－4－30 所示是实验装置示意图。

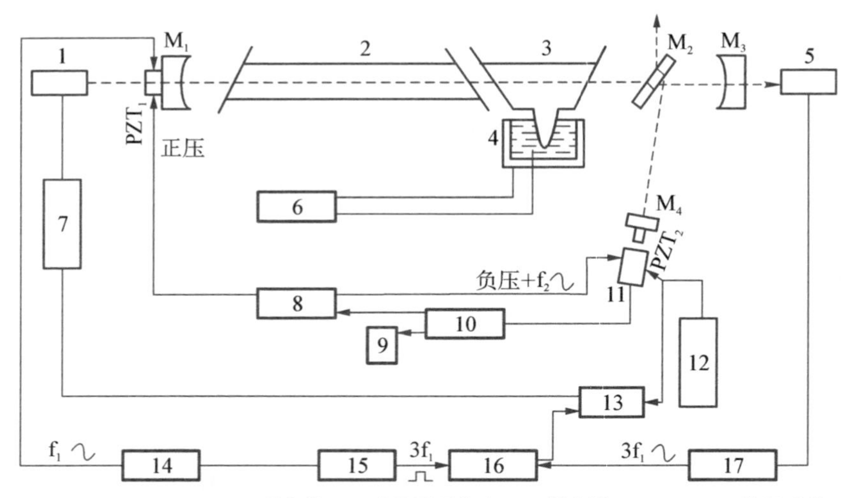

1－PDS；2－He－Ne 激光管；3－碘分子吸收室；4－制冷器；5－PDI；6－控温系统；7－功率计；8－频率跟随器；9－示波器；10－选频放大器 2；11－PD2；12－三角波电压发生器；13－记录仪；14－滤波器；15－晶体振荡器和数字分频器；16－锁定放大器；17－选频放大器

图 3－4－30　实验装置

图中 M_4、M_2、M_3 反射镜构成选频副腔，M_2 是部分透射部分反射镜，按布儒斯特角放置以减少光学损耗；用压电陶瓷 PZT_2 调谐副腔腔长；反射镜 M_1、M_3 构成激光器主共振腔；使用电子频率跟随系统，保证频率扫描过程中主、副共振腔始终谐振。碘吸收室长10 cm，通过温差电致冷器控制碘蒸气压（控温精度＜±0.5℃）。碘室放置在主腔靠近 M_3 反射镜，此处接近高斯光束的光腰。碘室温度为10℃时，腔内最大功率密度约为 30 W/cm^3。

碘饱和吸收所引起的反拉姆凹陷很小，只有背景光强的千分之几，不易直接检测，故使用三次谐波检测技术。为此在 PZT_1 上加频率为 f_1 的正弦电压，以调制激光器共振腔的腔长。用光电二极管接收从 M_3 镜输出光强的三次谐波信号送入锁定放大器，同时将 f_1 的三倍频方波电压送入锁定放大器作为参考信号。锁定放大器输出信号送到 X-Y 记录仪，记录与超精细结构各分量相对应的三倍频波信号，此信号中间零点位置即为该分量的频率位置。调制用的基频正弦电压和三倍频方波电压，用同一晶体振荡器由数字分频及滤波电路产生。

3. 双光子吸收

用激光做光学吸收实验时，又发现新现象：一些本来是光学透明的物质会变成强烈吸收体。比如，半导体材料硫化镉晶体，对红光透明。然而，采用红宝石激光器输出的红光做实验时，出现反常：不仅被硫化镉晶体强烈吸收，还发出绿色荧光。用汞灯发射的紫外光照射硫化镉晶体时，也发射绿色荧光的。而硫化镉晶体对红色光的吸收状态与对紫外光的相同，显示出光学吸收某种秘密。两个红色光子的能量正好是一个紫外光子能量，如果硫化镉晶体对红色激光是一次吸收两个光子，实验出现的现象便得到解答。

根据经典光学的辐射理论，原子、分子每次从基态或者激发态跃迁到高能态吸收的光子数量只有一个。但是，在强光作用下这条规则看来不再被遵守。利用激光做的吸收实验，显示原子在一次吸收跃迁行动中能够吸收两个光子。后来还观察到同时吸收几个，甚至几十个光子。这种非常吸收行为，称双光子吸收和多光子吸收。相应地，通常的经典光学吸收过程，便称为单光子吸收。

双(多)光子吸收在光谱学、三维信息光存贮、激光光限幅、上转换、三维荧光显微术和光动力学治疗等领域有重要应用价值，发挥了重要作用。

(1) 产生机制

双光子吸收是原子或者分子通过虚拟中间能态直接吸收两个光子，跃迁到高能态的过程。这里的中间能态是为了表述方便而虚拟的，跟一些无机上转换晶体通过一个真实的中间能态依次吸收两个光子，跃迁到高能激发态的吸收过程并不相同。这里说的同时吸收两个光子的跃迁属于三阶非线性效应，所吸收的这两个光子的能量可以相同(即 $\omega_1=\omega_2$，称简并双光子吸收)，也可以不相同(即 $\omega_1\neq$

ω_2，称为非简并双光子吸收)，其机理可用图 3－4－31 表示。图中，左边是通常的单光子吸收过程，原子或者分子吸收一个频率 ω 的光子，跃迁到激发态 S_1。右边表示双光子吸收过程，其中一种是原子(分子)吸收一个频率为 ω_1 的光子跃迁到虚拟态，接着再吸收一个频率 ω_1 的光子从这个虚拟态跃迁到激发态 S_2；或者吸收一个频率为 ω_1 的光子跃迁到虚拟态，接着再吸收一个频率 ω_2 光子从这个虚拟态跃迁到激发态 S_2。

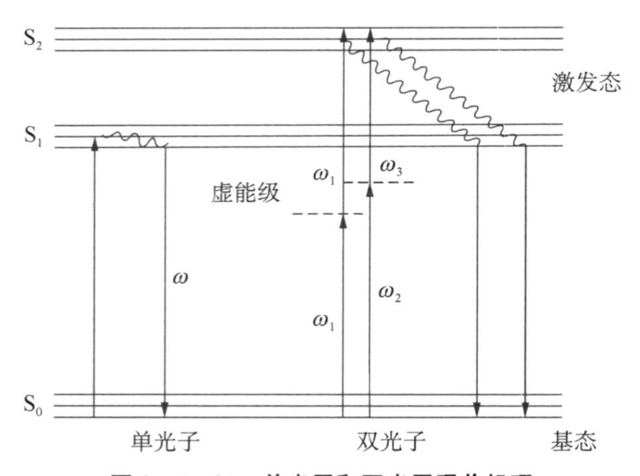

图 3－4－31　单光子和双光子吸收机理

通常用双光子吸收截面 σ_2 表示分子双光子吸收的强弱，可以采用非线性透过率法和上转换荧光法对它作实验测量。

(2) 主要特性

虽然在双光子吸收过程中有两个光子同时被介质吸收，但是，这一般并不等价于两步单光子过程。理论研究显示，双光子吸收较两步吸收要强烈三到四个数量级。与单光子吸收情况相比较，双光子吸收具有以下一些特性。

① 跃迁几率。单光子吸收是物质对光场作用的线性响应，而双光子吸收却是物质对光场作用的三阶非线性响应。求单光子吸收的跃迁几率要用一级微扰计算，而求双光子吸收的跃迁几率则要用二

级微扰计算。双光子跃迁的几率很小，比单光子跃迁的几率小许多个数量级，因此发生双光子吸收的信号通常很弱。不过，双光子跃迁几率正比于入射激发光光强的平方，所以通过使用高光强度的激发光，可以大大提高双光子跃迁的几率。因此，使用高功率激光束做实验，能够显示明显的双光子吸收现象。单光子跃迁几率与光束强度无关。

② 跃迁选择定则。双光子跃迁的始态与跃迁终态必须是有相同的奇偶性，亦即跃迁前后两能级的角动量量子数的变化值 ΔL 必须满足下面的条件，即

$$\Delta L = 0\text{，或者 } \Delta L = \pm 2\text{。} \qquad (3-4-19)$$

显然，双光子跃迁的跃迁选择定则与单光子跃迁不同。单光子跃迁只能在不同奇偶性的两个能级之间进行，即发生跃迁的始态与终态的角动量量子数变化值为 1。由于两种跃迁选择定则不同，对单光子跃迁来说是跃迁禁戒的能级，就可以利用双光子跃迁对这些能级的特性进行研究。

③ 荧光发射。当激光入射到介质上时，介质受到激发而发射荧光。单光子吸收产生的荧光波长比激发波长长，荧光强度与激发光强度成正比；而双光子吸收产生的荧光波长比激发光的波长短，向紫移一倍，产生的荧强度是与入射激发光强度的平方成正比。

(3) 实验观察

1978 年，中国科学院上海光学精密机械研究所**邱佩华**、**赵继然**等实验，研究了掺钕激光玻璃中钕离子的非线性双光子吸收；[①]中国科学院吉林应用化学研究所**徐复兴**、**金昌太**等，观察到钠原子 3S－5S 态双光子跃迁。[②]

邱佩华等使用被动锁模钕玻璃激光器，输出的激光能量为 200 mJ，脉冲宽度为 30 ps。用焦距 2.5 m 的凸透镜会聚激光束，样

---

① 邱佩华，赵继然等，钕玻璃非线性双光子吸收[J]，中国激光，1980，7(1)：13—17。

② 徐复兴，金昌太等，连续波染料激光选择性激发的钠原子双光子跃迁的观测[J]，中国激光，1979，5(7)：22—24。

品放置在焦点的前面，样品中光束截面为 5 mm，进入样品的光能量在 6—170 mJ 之间变化。相应的峰值光强，在 2.23×10^{9} W/cm^{2}—5.73×10^{10} W/cm^{2} 之间变化。样品长度为 18 cm，线性吸收系数为 0.001 5 cm^{-1}，样品的光学透光率随着入射激光强度变化的情况，如图 3－4－32 所示，图中十字是实验点，实曲线是计算结果。

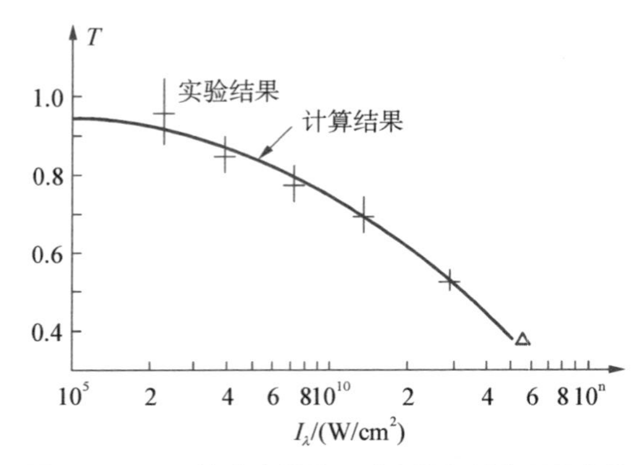

图 3－4－32 钕玻璃样品透过率随入射光强的变化

当入射光强小于 2×10^{9} W/cm^{2} 时，样品的透射率基本上不随入射光强而变化。当光强大于 2×10^{9} W/cm^{2} 时，样品的透射率越来越明显地降低，表现出非线性吸收率增大。钕离子的双光子吸收截面为6.16±1.1)$\times10^{-33}$ cm^{4}/W，双光子吸收系数为(1.66±0.29)$\times10^{-12}$ cm/W。

徐复兴等的实验使用连续波染料激光器，调谐范围在 580—600 nm，调谐后的带宽为 5 nm，图 3－4－33 所示是实验装置简图。

钠蒸气发生装置是一个接有排气台的石英管式炉，石英管内径 16 mm，通激发光长度 160 mm；接收器是 GDM－1000 型单色仪的备用光电倍增管。实验时，染料激光器的输出调谐到所要求的波长 602.23 nm(相当于钠原子 3S—5S 跃迁频率的一半)，并且通过焦距为130 mm 的透镜把它聚焦到钠炉的作用区，使染料激光的输出在 602.23 nm 附近缓慢地扫描。当钠炉温度上升到 200℃时，在记录器

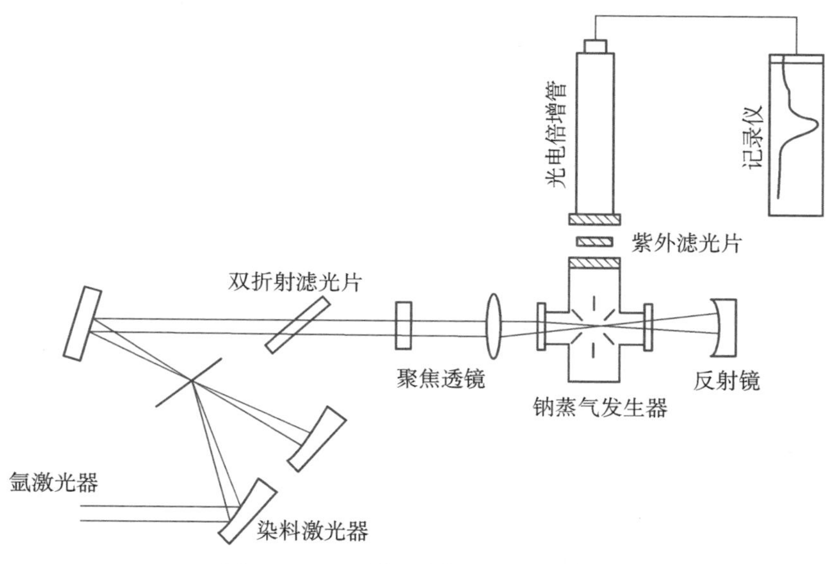

图 3-4-33　钠双光子跃迁实验装置

上就显示出尖锐的探测信号，它便是要观测的、由 3S—5S 跃迁而发射的、波长为 330.3 nm 紫外荧光。

4. 双光子吸收光谱

这是利用双光子吸收效应开发的高分辨率光谱技术之一，光谱分辨率原则上可达 10^{15}，能够测量出原子能态的精细结构和超粗细结构，这对于原子物理学的发展具有十分重要的意义。比如，肖洛等利用这一光谱技术研究了氢原子的 1s—2s 跃迁，因为 2s 是亚稳态，其平均寿命约 1/7 s，即这个跃迁的光谱线宽度仅约 1 Hz。肖洛利用这种高分辨率光谱技术，才测量出这个跃迁的光谱谱线宽度。

(1) 基本原理

用频率同为 ω 的两束激光沿相反方向入射到气体样品中，气体原子(分子)感受到沿光束方向同方向来的光束，光频率 $\omega-\Delta\omega$，这里的 $\Delta\omega$ 是因为原子(分子)运动而产生的多普勒频移；同时，可感受到迎面而来光束的光频率为 $\omega+\Delta\omega$。如果原子从两束反向传播光束中同时各吸收一个光子而发生双光子跃迁，则这种反向双光子跃迁表观吸收频率将为$(\omega-\Delta\omega)+(\omega+\Delta\omega)=2\omega$，即两个能级的吸收频率由激发光频率精确地确定，而不再与原子(分子)的运动速度有关。也就是说，光谱线自动消除了多普勒加宽效应的影响，得到了无多勒增宽光谱。为获得最大双光子吸收过程发生概率，需借助可谐激光器来取得频率满足$\omega=\omega_0/2$的单色强激光束。实际上，通常探测的并不是两束入射激光强度微小的衰减，而是原子(分子)发生双光子吸收后所发射的荧光。图3-4-34所示是双光子吸收光谱实验原理图。

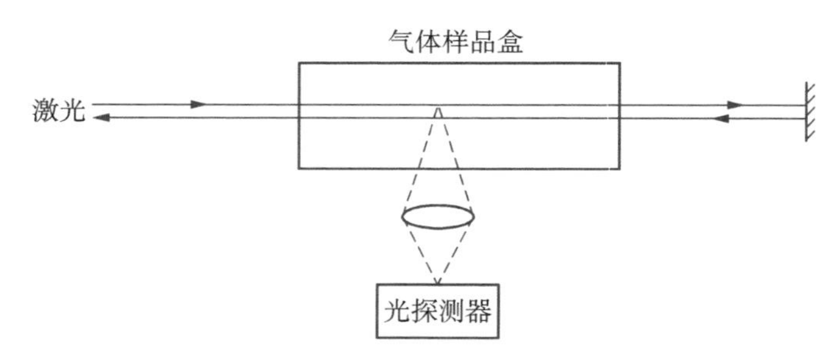

图3-4-34 双光子吸收光谱实验原理

当然，原子(分子)也可以是从沿同一方向传播的两束光中，而不是从两束沿反方向的光束中各吸收一个光子发生双光子吸收，显然这种双光子吸收消除不了多普勒效应的影响。在双光子吸收光谱中，这个吸收过程构成了吸收光谱的本底噪声。不过，从同一束激发光吸收两个光子的截面，比从两束激发光各吸收一个光子的截面低两个数量级，所以，产生的吸收光谱本底噪声并不大。

(2) 特点

与饱和吸收光谱法不同，在双光子吸收光谱中，所有原子不论其运动速度大小如何，均能参加到双光子吸收中来。也就是说，所有原子对光学吸收信号都有贡献。而饱和吸收光谱中，仅有在光传播方向上速度分量为零的那些原子才对吸收信号作贡献。所以，双光子吸收光谱所探测到的原子数目大约是饱和吸收光谱法的10^3—10^6

倍。由于双光子吸收中两个光子是在空间同一点被同时吸收的，所以并不要求光驻波在整个截面上保持严格的波矢方向相同，因而允许使用大截面的光束及较长的样品吸收长度。而在饱和吸收光谱中，由于原子吸收的光频率与粒子运动方向与光传播方向之间的角度有关，所以要求光波通过样品时波矢应尽可能保持相同的方向，光束的截面就不能太大，否则将引进谱线较大的几何增宽。

（3）实验观测

1981 年，中国科学院上海光学精密机械研究所**黄永楷**提出了双光子光谱实验方案，图 3－4－35 是实验装置示意图。① 利用衰减脉冲或衰减多脉冲光，对原子或分子进行双光子吸收激发，不仅可以通过量子相干效应，获得像经典光学多缝衍射效应那样的光谱线变窄的效果（因为线宽与缝数成反比），而且通过匹配终态与激光衰减系数，可进一步使谱线宽度变窄，达到比自然线宽更小的分辨率。利用衰减多脉冲光作双光子吸收相干激发，既可消除多普勒加宽的影响，

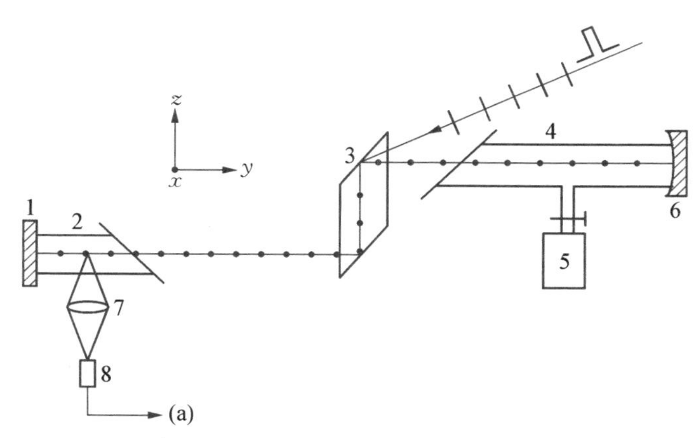

1－平面反射镜；2－样品池；3－电光晶体；4－双光子吸收衰减池；5－贮气室；6－球面反射镜；7－荧光聚光镜；8－接收器；(a)－到信号放大处理显示系统

图 3－4－35 实验装置

① 黄永楷，亚自然线宽双光子光谱学[J]，中国激光，1983，10(4)：193—197。

又可通过量子相干和衰减系数的匹配进一步使谱线变窄，获得高分辨率光谱。

实验的关键工作，一是形成多光脉冲驻波场；二是要求多光脉冲的衰减包迹能够控制调节。利用电光开关或腔倒空技术，将线偏振激光脉冲注入共振腔，激光在输入该共振腔之前为平行偏振光。这时，电光晶体上加有 $\lambda/2$ 的偏压，因此激光通过晶体之后偏振方向将旋转 90°，成为垂直偏振光；当光脉冲通过该晶体之后，立即去掉偏压，激光从反射镜 1 返回，沿腔的光轴方向传播，并在其中产生周期衰减振动。为了使衰减脉冲包迹具有实验要求的指数形式，单靠调整腔的耦合耗损是不行的，必须在腔内附加具有可调吸收系数的线性吸收体。虽然电光晶体和样品池本身就是一种吸收体，但是它们的光学吸收系数不方便调整。因此在这个腔中又增加了一个吸收池，它的物质密度可以控制，其中的气体也可以是待测气体样品本身，不过两者的密度不同。为了减少碰撞加宽，样品池中气体的密度常很低，而损耗吸收池则可以保持较高的密度。为了在样品池中形成脉冲驻波场，可将样品池放在共振腔镜的一端，光脉冲在该镜反射时形成驻波。双光子吸收的线形可通过荧光检测。这里需要指出的是，为了减少频率噪声，激光脉冲在送入吸收腔之前需要利用光学系统进行模式匹配。

1984 年，吉林大学物理系吴东宏、张在宣等采用双光子吸收光谱技术，得到了钡原子高激发态上百条共振结构的谱线，图 3-4-36 所示是实验装置示意图。①

实验使用 YAG：Nd 泵浦的可调谐染料激光器，输出光波长在 470—510 nm 范围内连续可调谐，激光脉宽 15 ns，谱线宽约 1 nm，聚焦后的峰值功率密度 80 kW/cm^2 左右，激光脉冲重复频率 1 pps。

钡原子蒸气在热管炉内产生，控制炉温在 820—870℃之间，得到 7—12 cm 长的均匀工作区，相应钡的饱和蒸气压为 1—1.7 mmHg，

① 吴东宏，张在宣，钡原子高激发态双光子光谱[J]，光学学报，1985，5(12)：1064—1067。

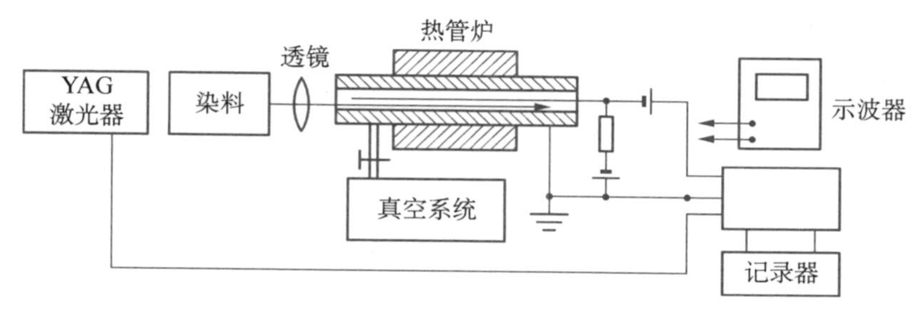

图 3－4－36　实验装置

约 1 mmHg 的氩气用作缓冲气体。图 3－4－37 所示是得到的部分双光子共振吸收光谱。

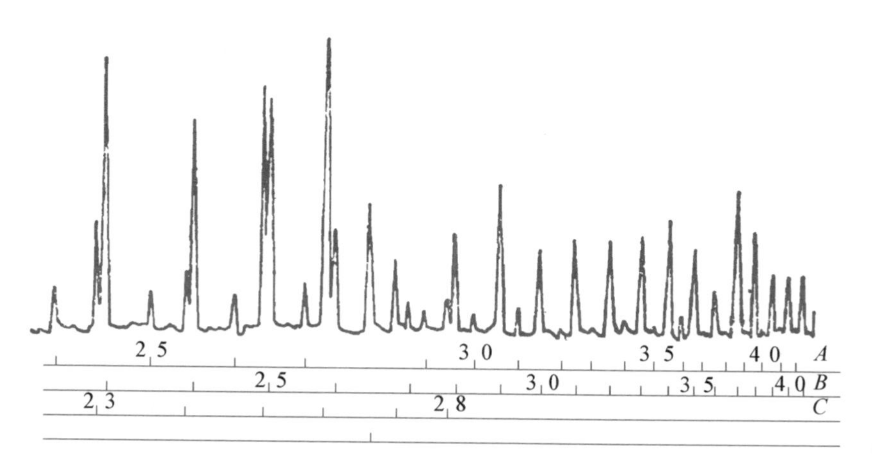

图 3－4－37　钡原子部分双光子共振吸收光谱

5. 激光双光子信息存贮

这是一种高密度三维激光信息存贮技术，目前最高存贮密度已达 1 000 Gbit/cm^3，具有快速响应、大容量信息存贮的特点，而且容易与现有光盘存贮技术兼容。

(1) 工作原理

这是利用双光子吸收过程改变信息存贮介质局部物理特性(如

吸收率、折射率、荧光度等)或者化学特性(比如聚合、变色、漂泊等),实现信息记录、擦除和读取的存贮技术。记录信息时,双光束进行三维扫描,在聚焦点上可以完成双光子跃迁过程,使介质由状态 1 完全变到状态 2,以这两种状态分别表示数字 0 和 1,便可以采用通常的信息记录方法实现信息存贮。在两束激光没有重叠的区域,不发生双光子吸收,不形成信息记录点,这就保证了三维信息记录的可行性。两束照射激光的能量可以相同,也可以不同,两束激光的波长可以相同或不同。

图 3－4－38 所示是两种双光子写入信息的原理示意图。两束激光相互垂直或者相向传播,照射并会聚在信息记录介质同一个区域,在这两束激光重叠的区域发生双光子吸收。

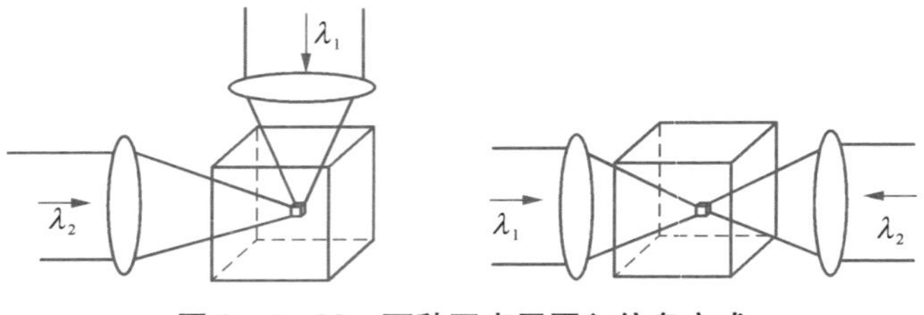

图 3－4－38　两种双光子写入信息方式

由于双光子吸收是一种非线性光学效应,通常只局限在光强足够大的焦点或两束光的交点处。利用这一特点不仅可以减少记录光斑的尺寸,增加单位面积存贮密度,还可以实现三维空间寻址的多层数据存贮。因为只要改变两束光入射的方向,就可改变光束的聚焦点,实现在存贮介质空间中的三维寻址。由于双光子激发局限在焦点附近的很小区域内,这样小的有效作用体积使双光子吸收具有很好的空间分辨率,能够将信息写到焦平面层上,不会对邻近层产生层间串扰,避免了写入与读出过程中产生的擦除作用,同时可以进行多层数据存贮,极大地提高了存贮密度和容量。

采用光强度比记录信息时低的激光照射,使记录介质吸收两个光子后发生物理、化学变化,检测这些变化便可以读出记录的信息;

也可以采用单光子方式获取信息位的反射率或者折射率读出信息。

(2) 记录信息介质

可作为双光子存贮材料的有光致变色材料、光致聚合材料、光致荧光漂白材料等。

① 光致变色材料。光致变色材料有两种同分异构体 A 和 B。在记录光的作用下 A 转化为 B,而 B 只对读出光有吸收作用,不吸收记录光。用 A、B 两种同分异构体分别对应数字 0 和 1,这样便可实现数字式数据存贮。先用只对 A 有吸收的激光波长 λ_1 照射记录介质,使存贮介质由状态 A 转化为状态 B;波长 λ_2 记录光加载了二进制编码的信息后,照射记录介质上被照射的区域转化为状态 A,从而记录二进制编码的数字 0,未被照射区域的介质状态仍为 B,记录的是二进制编码的 1。也可以用介质的透射率或者折射率的变化读出记录的信息。透射率读出是通过波长 λ_2 的激光透射率的不同得到记录的信息;折射率读出则是用 A、B 都不产生光学吸收的波长 λ_3 激光照射记录信息的介质,测量折射率的不同来获得信息。迄今为止,已有多种光致变色材料用于三维数字存贮的研究和实验,主要材料有罗丹明 B、螺吡喃、蒽类衍生物、俘精酸酐类化合物、偶氮类化合物和细菌视紫红质等。

② 光致聚合材料。光致聚合材料是把双光子吸收分子掺入光聚合物体系,在激光的照射下发生双光子吸收,引发聚合物体系的光聚合作用,使聚合区域和未聚合区域的物理性质或化学性质发生改变从而实现记录信息。由于聚合物体系可以做成比较厚的存贮介质,激光经聚焦可以深入到材料的内部,在焦点附近的区域发生双光子吸收,实现三维数据存贮和多层记录。

这种信息存贮介质一般包括光引发剂、单体、黏结剂,以及其他填充物等。但是,目前光致聚合体系中引发剂的双光子吸收效率很低,是该类型存贮介质的一大缺点。

③ 光致荧光漂白介质。在聚合物中掺入荧光染料物质,被双光子激发后发出荧光,荧光强度与入射光光强的平方成正比。当光强高于阈值时,激发点的染料被漂白。漂白点在相同频率光的照射下

不再发出荧光，因此可以用高于阈值的光来记录数据信息。用低于阈值强度的光来读出时，漂白的点不发荧光，对应二进制的0；未漂白的点发出荧光，对应二进制的1。这种材料聚合物的优点是可以掺杂合适的荧光物质，以连续激光作为写入光和读出光，可以使用价格低廉的激光器。但是，连续光照射下的漂白点会随曝光时间的增加而增大，降低了存贮密度，故这种材料也不能用于多次可擦重写记录。

（3）实验结果

1993年，吉林大学魏振乾、费浩生等研究了偶氮基(AZO)染料掺杂薄膜MO－PVA和EO－PVA的双光子光存贮特性，用氩离子激光预激发，实现了He－Ne激光双光子存贮，获得了实时和短时存贮图片，图3－4－39所示是实验装置示意图。①

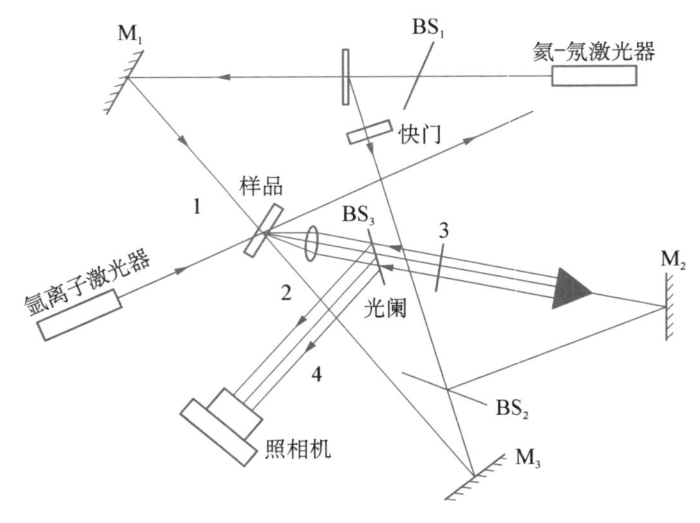

图3－4－39 双光子信息存贮实验装置示意图

与单光子存贮不同，双光子存贮中一般用两台激光器。这里的

① 魏振乾，费浩生等，偶氮基染料掺杂薄膜的双光子图像存贮[J]，光学学报，1995，15(8)：1082—1087。

氩离子激光器作为预激发光源，存贮信息的是波长 632.8 nm He－Ne 激光，它由分束器 BS_1 分成两束进入记录介质。图 3－4－40 所示是双光子存贮的图像。其中，图(a)是实时图像；图(b)是关闭记录光束 He－Ne 激光束大约 10 s 的图像，时间再长图像更弱。氩离子激光激发对实现双光子信息存贮起着关键作用，用氩离子激光波长 514 nm 激发时，使用的激光功率密度大于 2.5 W/cm^2，或者小于 0.08 W/cm^2，双光子存贮效率都很低，最佳的激光功率密度大约为 0.28 W/cm^2。也可以使用氩离子激光波长 488.0 nm 激发，但记录介质对它的光学吸收率及光子能量不同，对应最佳存贮状态使用的激光功率密度不同。在最佳氩离子激光预激发强度下，He－Ne 激光最低可存贮功率密度为每束光 0.2 W/cm^2 左右。

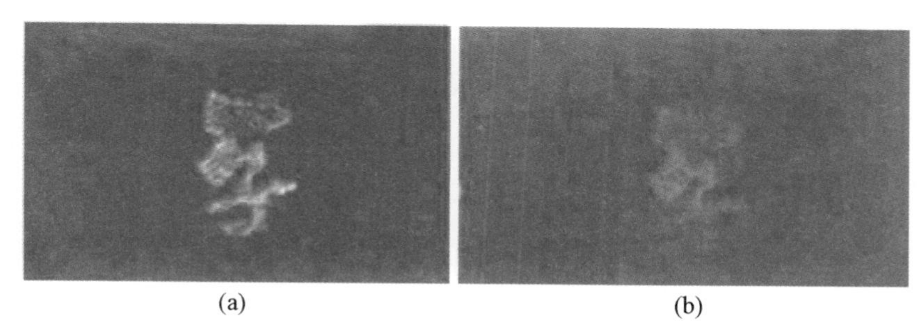

(a)　　(b)

图 3－4－40　双光子存贮的图像

3－5　激光束控制技术

激光在各个领域的应用中，往往对激光的时间或者空间分布有某些要求。比如，对激光脉冲的形状、激光的空间能量均匀性以及激光的时间周期分布等。

一、激光脉冲整形

脉冲整形有主动法和被动法两种。主动法利用声光、电光效应制成的调制器，来控制激光脉冲的宽度、形状和频率。一般情况下，主动法都采用电脉冲控制调制器产生整形光脉冲，调整电脉冲的形状来改变输出激光脉冲的形状。被动法整形技术主要是利用光栅等色散元件、材料的非线性效应和堆积等方法，实现对激光脉冲的宽度、形状和脉冲重复率的控制。采取哪一种方法，在很大程度上取决于激光系统的主振荡器结构，同时也考虑到对激光束空间均匀性要求。

1. 小功率激光束整形

大多数小脉冲功率激光器输出的激光为高斯型光束。许多场合需要激光来光强空间均匀分布，此时可以采用某种元件调制激光束，实现对激光强度空间分布整形。

1983 年，南开大学光学教研组**董孝义**、**盛秋琴**等采用超声驻波实现激光空间强度整形，图 3-5-1 所示是实验装置原理图。[①]

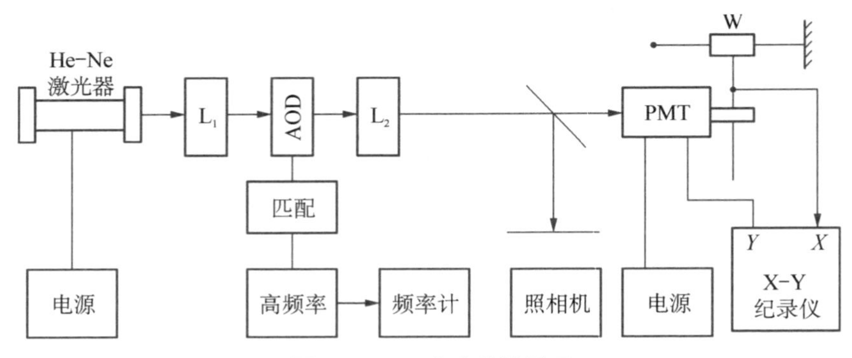

图 3-5-1 实验装置原理

He-Ne 激光器输出为高斯光束(激光波长 632.8 nm，激光功率 30 mW))，光斑尺寸为 1.5 mm。经透镜系统 L_1 压缩到束经 0.5 mm，射入到声光调制器 AOD。AOD 由高频驱动源驱动产生驻波超声场，驱动频率为 8—10 MHz。L_2 是变换透镜，在其会聚的某个位置用光电倍增管测量整形光强分布。图 3-5-2 所示是没有加

① 董孝义，盛秋琴，激光高斯光束的声光整形[J]，中国激光，1984，11(7)：412—415。

超声场和加上超声场时记录的光斑分布照片。

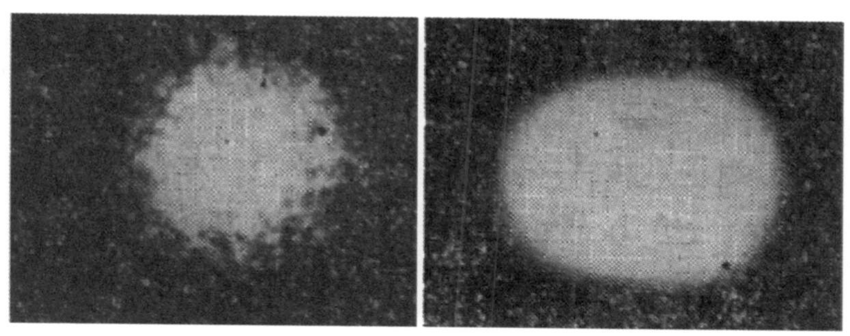

(a) 没加超声场　　(b) 加上超声场

图 3-5-2　没加超声场和加上超声场时记录的光斑照片

激光束经过超声场处理后，原先的高斯光束转变成了基本上平顶的光束，即变成了光强空间分布基本均匀的光束。

1984 年，中国科学院上海光学精密机械研究所梁向春、陈泽尊等采用另外一种办法进行激光束整形，方法更为简便，而且能量转换效率比较高。① 采用二元矩形位相光栅对 He-Ne 高斯激光束进行调制实现整形，获得近似于平顶状的光强分布激光束，如图 3-5-3 所示。

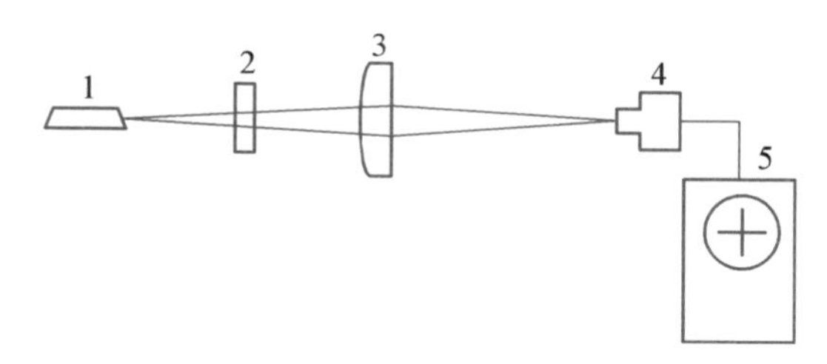

1-He-Ne 激光器；2-位相光栅；3-长焦距透镜；4-探测器；5-记录器

图 3-5-3　实验装置

① 梁向春，陈泽尊，位相光栅整形激光束剖面[J]，光学学报，1985，5(8)：761—764。

所用的二元矩形位相光栅结构示意图如图 3－5－4 所示。$2A$ 为光栅周期（$2A$＝0.6 mm），且中心具有空间 π 位相反转；d 厚度具有 π 位相差。探测器是CCD，它放置在透镜的焦面上，其光敏面积为 21×30 μm，两个光敏元件之间距离 27 μm。采用照相方法记录光信号强度分布，实验结果如图 3－5－5 所示。其中，图(a)是移去整形器，即光路上没有放置位相光栅时在焦面上记录的光强分布，呈高斯分布；图(b)是光路上放置位相光栅时在焦面上记录的光强分布，已经见到相当明显的平顶分布形式，计算得到能量转换效率为 90％。

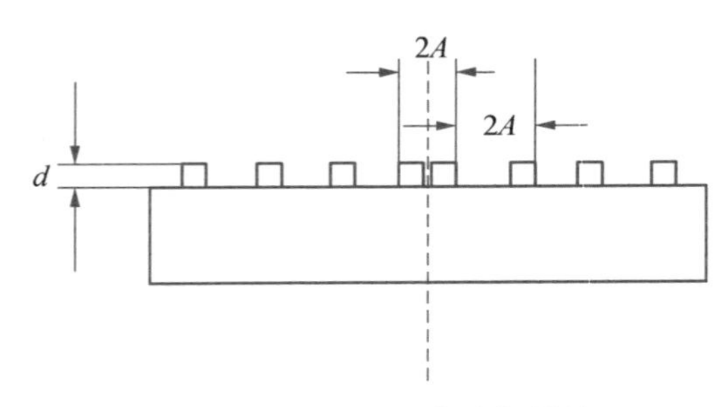

图 3－5－4　二元位相光栅结构

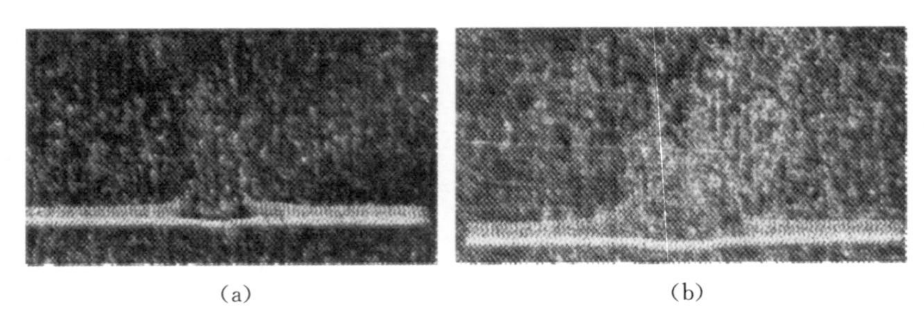

(a)　(b)

图 3－5－5　整形后在焦面上的平顶光强分布

2. 高功率激光整形

有些应用需要使用高功率激光，而且激光脉冲需要特殊形状。比如，激光核聚变实验需要的高功率激光系统的主脉冲，就需要特殊形状的激光脉冲，它不可能通过激光系统直接产生，依靠不同的激光源来实现也是十分困难，通常采用对主激光脉冲进行整形。

1990 年，中国科学院上海光学精密机械研究所**支婷婷**、**顾冠清**等研制出一种高功率激光脉冲整形器，对 ns 长脉冲整形出上升、下降时间小于 400 ps、脉宽 1 ns 的激光脉冲，并且脉宽变化可进行调节。

脉冲整形器包括 4 部分：①相互并联的一对硅半导体微带型光导开关；②一定负载输出的脉冲高压电源；③匹配合适充电电阻的、一定长度的微带线段；④一对并联的普克尔盒开关。

1995 年，中国科学院上海光学精密机械研究所**许发明**、**陈绍和**等采用时空变换方法，①利用电光偏转器在脉冲的整形区域内、不同时刻的光脉冲通过不同的空间位置，改变不同空间位置光通量的透过率，实现激光脉冲整形，而且基本上具备了任意所需脉冲形状的整形能力，时域分辨率达到 280 ps。

(1) 工作原理

利用电光偏转器将入射光脉冲随时间变化的光强分布扫描成随空间分布，在适当位置取出部分光强特定分布的光，然后用另一个性能相同的电光偏转器将它还原成光强随时间分布(反向扫描)，便得到了形状特定的整形光脉冲。

整形器的光路分布如图 3-5-6 所示，主要由电光偏转器、高压同步脉冲电源和滤波光栅 F 构成。电光偏转器 D_1、D_2 性能相同，透镜 L_1、L_2 焦距相等。两个偏转器和透镜构成 4f 系统，A 平面是两个透镜的共焦面。在共焦面上放置可调滤波光阑 F，电光偏转器 D_1 将入射光脉冲在时域上扫描(扫描方向与光传播方向正交)，不同时刻的光束被偏转到滤波光阑 F 的不同位置而形成一条扫描线，把随时间分布变换变成随空间变化的光强分布。滤波光阑经过特殊设计，其形状和大小可调，调节它可以使上述扫描线上不同位置处的激光透过率不同。L_2 完成光脉冲空间像传递。由于两个偏转器性能相

① 许发明，陈绍和等，复杂激光脉冲波形的整形[J]，光学学报，1996，16(7)：943—947。

同、偏转方向相反，加在两个偏转器上的电脉冲幅值相等且与光脉冲同步，结果偏转器 D_2 将 D_1 的偏转光复原到原光轴上传播，入射光脉冲经过该系统后被改造，形成新的出射光脉冲。该光脉冲的形状由滤波光阑的形状决定，它的时间宽度由偏转器的扫描速度和光阑形状决定，从而实现了脉冲整形。上述时空变换整形技术使用了两个电光偏转器，因此，该方案也称为双偏转器整形技术。

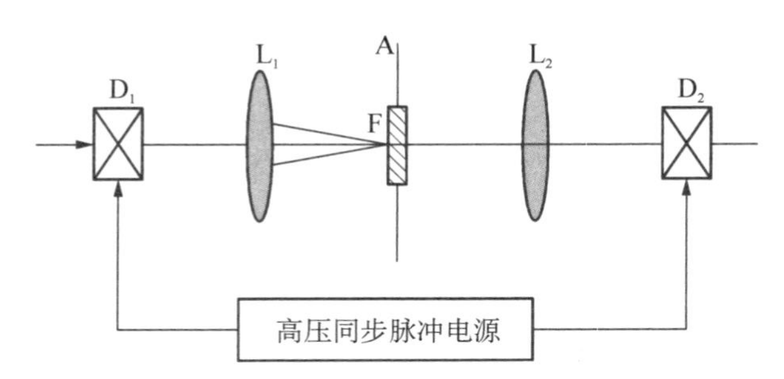

图 3-5-6 双偏转器时空变换整形系统光路

(2) 实验结果

原则上能产生任意形状的整形激光脉冲，图 3-5-7 所示是得到的复杂形状脉冲和柱形激光脉冲，输出整形脉冲的信噪比大于 10^5。

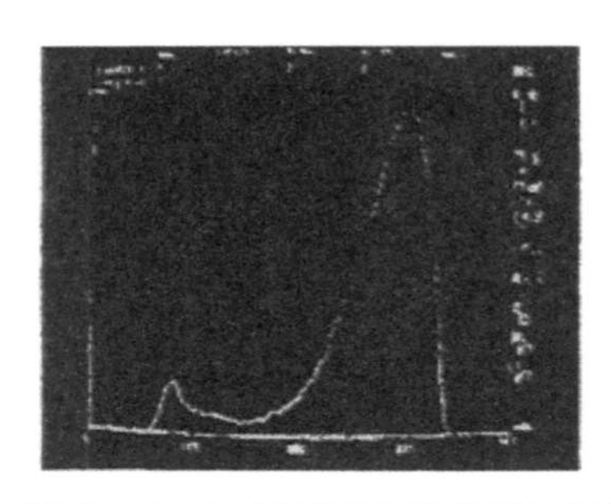

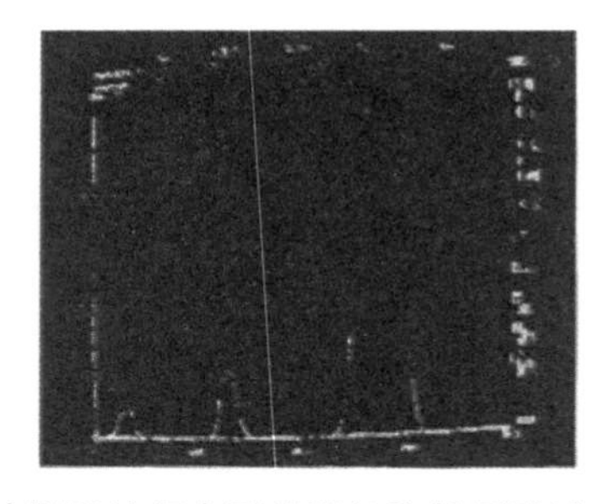

图 3-5-7 采用时空变换脉冲整形系统得到的复杂形状脉冲和柱形脉冲

3. 激光脉冲腔内时间整形

1994 年，中国工程物理研究院上海激光等离子体研究所郭小

东、王世绩等和中国科学院上海光学精密机械研究所**陈绍和、顾冠清**等，研制出输出平顶调 Q 激光脉冲的高功率激光器。① 在激光器内调 Q 脉冲建立过程中，在腔内引入随时间线性递减的损耗，使腔内增益与损耗相互平衡，净增益为零，激光器便输出稳定的平顶激光脉冲，图3－5－8 所示是实验装置示意图。

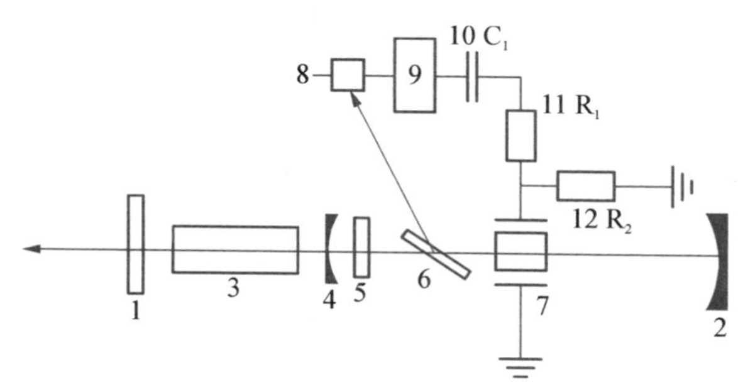

1、2－分别为激光器共振腔输出反射镜和全反射镜(凹面曲率 $R=$ 3 000 mm)；3－YLF：Nd 激光晶体棒(直径 4 mm，长 60 mm)；4－小孔光阑(直径1.5 mm)；5－LiF：F_2^- 色心晶体，用做被动 Q 开关；6－介质膜偏振片；7－KD* P 晶体(普克尔盒)；8－GaAs 光电导开关；9－脉冲成形器；10－高压电容；11、12－耦合电阻

图 3－5－8　激光脉冲腔内时间整形实验装置

当 GaAs 光电导开关接收到从偏振片反射出来的光信号后，GaAs 光电导开关导通，输出与光脉冲形状一致的电脉冲至高压电脉冲成形装置。高压电脉冲成形装置由两部分电路构成，前级是 ZCJ1C 硅阶跃恢复二极管电脉冲幅度检测电路，其阶跃时间为 0.6 ns；后级是 2N5551 雪崩三极管串，高压电容 C_1 的一个电极接三极管串的高压端，另一个电极接耦合电阻 R_1。GaAs 光电导开关输出的电脉冲幅度大于预定幅度后，阶跃恢复二极管即向雪崩三极管串输出一个阶跃触发电信号，雪崩三极管串导通，高压电容 C_1 上的

① 郭小东，王世绩等，调 Q 激光脉冲的腔内时间整形[J]，光学学报，1995，15(8)：995—998。

电压随即加在 KD^*P 晶体上。预定的比较电压大小，是通过在阶跃恢复二极管上加一定的正向偏置电压确定。通过选择 R_1、R_2、C_1 的参数大小，并调节高压电脉冲的初始作用时间，即调节电脉冲在光脉冲前沿的作用位置，获得了平顶形调 Q 激光脉冲。

图 3-5-9 所示是激光器在两种工作条件下输出的激光脉冲图形，图中上端的轮廓图形是普克尔盒上不加任何电压时的，激光器输出光滑的高斯型激光脉冲，下面较低幅度的激光脉冲是普克尔盒加上电压时的，激光器输出光滑的平顶形激光脉冲，脉冲平顶宽度为 20 ns。

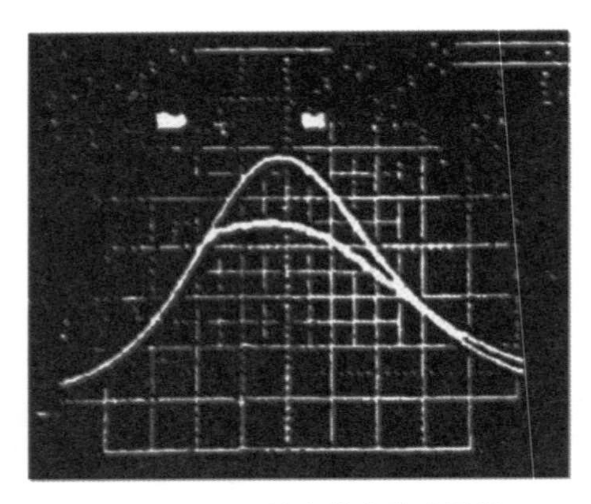

图 3-5-9　输出激光脉冲形状

二、激光焦斑光强均匀化

在激光核聚变研究以及诸如激光切割、焊接和激光表面强化处理等应用技术中，往往要求靶面或者被照射的物件上得到空间非常均匀的光强分布。在一般情况下，即使激光器输出的近场光强分布是均匀的，经聚焦透镜后，不论是远场光强分布还是焦前、焦后的准近场光强分布都不可能是均匀的。1983 年，中国科学院上海光学精密机械研究所邓锡铭、梁向春等用近百个相同透镜组成的列阵，插入到普通的聚光系统中，显著改善靶面照射均匀性，并且基本上不受激光束近场分布的影响，在入射光束近场分布均匀性很差的情况下，仍然可以在“综合”焦平面上得到大尺度范围内均匀平滑的光照效果，该方法后来被誉为“上海方法”。①

1. 基本原理

图 3-5-10 所示是这种聚焦系统的结构，它是在主聚焦透镜 A 前面加上一组小远镜 B 构成。D 为入射光束口径，d 为列阵透镜单元的尺寸。B 为列阵透镜，A 为非球面会聚透镜，F 为非球面透镜的焦距，f 为小透镜单元的焦距。

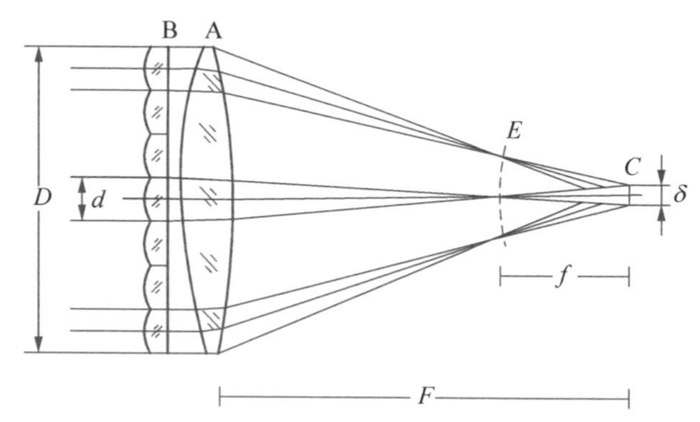

图 3-5-10 列阵透镜大焦斑面均匀照射光学系统

口径为 D 的激光束入射到由 $N \times M$ 尺寸为 $d_1 \times d_2$ 组成的列阵透镜后，波分割成 $N \times M$ 个子光束。子光束之间的主光轴相互平行，同时又与非球面会聚透镜的主光轴平行。这些子光束经过非球面透镜后，在其焦面 C 上叠合。只要列阵单元数目足够大，就可以大大减少入射光近场分布不均匀性的影响，获得近乎平顶形的光强分布。从物理光学角度看，靶面焦斑处于子光束的准近场区，因此每个子焦斑形成典型的菲涅尔衍射花样，而多个子焦斑的叠合，又在靶面上产生细密的二维多光束干涉条纹，所以叠加焦斑是由近似“平顶”的菲涅尔

① 邓锡铭，梁向春等，用透镜列阵实现太焦斑面的均匀照射[J]，中国激光，1985，12(5)：257—260。

衍射图样包络的多光束干涉条纹构成,具有陡边、无旁瓣的特性。

2. 实验结果

非球面主聚焦透镜口径 $D=200$ mm,焦距 $f=400$ mm;透镜列阵每个单元的口径为 20 mm,焦距 $f=20$ mm,同心度偏差角小于 5″(弧秒),焦距一致性 $\Delta f/f \leqslant 1.5\times10^{-2}$。

采用硅靶管二维图像显示系统直接显示光斑的强度分布,图 3-5-11 所示是实验记录的焦斑光强分布。其中,图(a)和图(b)是光路上没有放置列阵透镜时得到的光斑图像,图(a)是光斑直径处一维光强度分布图,图(b)是二维强度分布图;图(c)和图(d)是在光路上放置列阵透镜时得到的光斑强度分布图像,图(c)是一维强度分布图,图(d)是二维强度分布图。图中,显示了得到的均匀准近场焦斑。

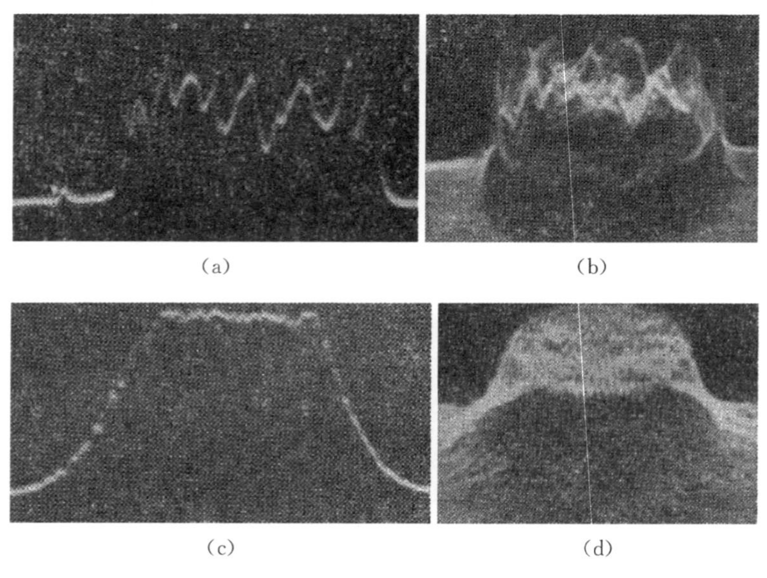

(a) (b) (c) (d)

图 3-5-11 焦斑光强分布

三、激光束调制

用激光做通信(激光通信)的载波,或做其他检测工作时,都需要激光束随某种外来信号发生变化，这一过程叫激光调制。根据不同的需要，可以按外加信号的变化规律改变激光的振幅，它称为振幅调制（也叫强度调制），简称调幅；也可以按信号的变化规律改变激光的频率和相位，分别叫频率调制（简称调频）和相位调制（简称调相）。

1. 直接调制

把调制信号直接加在激光器共振腔，使腔长受调制信号调制；或者加在激光器泵浦源，使激光器的泵浦功率受调制信号调制，激光器的输出强度也就随之变化。注入式半导体激光器及发光二极管采用这种调制方式最为简便。

1980年，中国科学院长春物理所**赵鲁光**、**周愈波**对注入式GaAs-GaALAs双异质结激光器，在低于阈值的直流偏置下进行200 Mbit/s直接调制实验。[①] 注入式半导体激光器是光纤通信适用的光源之一，采用简单的电注入方法进行高速直接调制，省去了光调制器，同时也避免了调制器所带来的耦合和插入损耗等问题。

图3-5-12所示是实验装置示意图，直流稳压电源提供直流偏置，脉冲电源提供快速电脉冲。

图(a)是实验装置方块，由电驱动器调制的激光器输出光信号，由Si-P1N探测器接收，其输出直接送入示波器显示。

图(b)是激光器和驱动器结构，半导体激光器串接同轴电缆的终端50 Ω电阻，放置在屏蔽盒中。由于激光器导通后的电阻只有零点几欧姆，因而它对同轴终端匹配影响很小。在激光器正极与稳压电源之间串联60 Ω的电阻和100 mH的电感，电路上接100 mH电感是为防止对脉冲驱动电路造成可觉察的分路影响。在调制速率200 Mbit/s时，100 mH对基频至少可提供120 kΩ的感抗，高次谐波的感抗会更大，因而对内阻大约1 Ω激光器的分路作用可以忽略。串接电阻为了稳压电源提供近似的稳定电流。

---

① 赵鲁光，周愈波，200兆比特/秒注入式GaAs-GaAlAs双异质结激光器的调制实验[J]，中国激光，1981，6(8)：19—22。

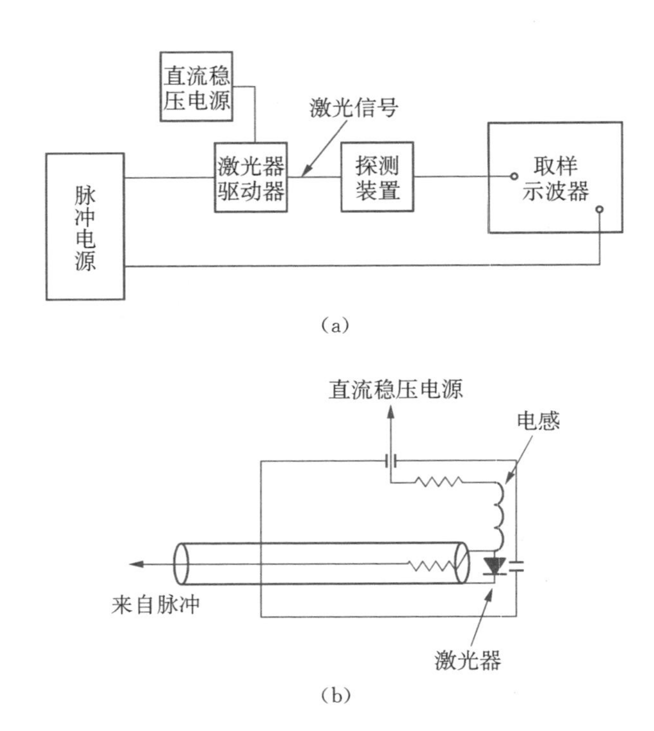

图 3-5-12　实验装置

图 3-5-13 所示是调制实验结果。其中,图(a)是驱动电源的电脉冲波形;图(b)是激光器输出的激光波形。该激光器的直流阈值是230 mA,使用 190 mA 的直流偏置,脉冲电流幅度 100 mA。使用的电脉冲的前沿 1.3 ps,即相当于带宽 300 MHz 左右。

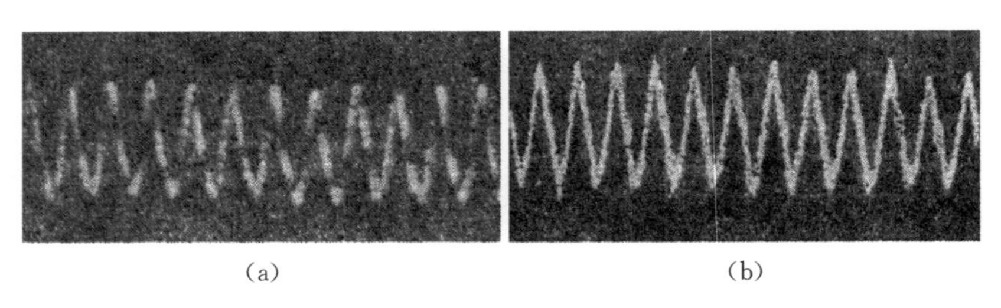

图 3-5-13　泵浦电源电脉冲和输出激光波形(5 ps/格)

1981 年，南京工学院凌一鸣和四机部 1027 所张小屏采用直接调制氩离子激光器电源，获得调制激光输出。调制电源由三相半波整流电源、滤波电路和晶体管线性调制器构成，以便输入不同波形的信号。当输入正弦波时，其极限调制频率约 50 kHz；当激光管的工作点远离激光振荡阈值电流并作小信号调制时，激光输出波形失真不大。当输入矩形脉冲电波时，激光波形的前沿和后沿均比放电电流波形大，而且激光波形的宽度明显地小于放电电流波形的宽度。

2. 电光调制

这是根据晶体在电场作用下折射率发生变化的效应对激光实施调制的技术。电光晶体在调制信号的电场作用下折射率发生变化，激光通过晶体之后的相位也将按调制信号规律发生变化，从而实现相位或频率调制。考虑到电场引起电光晶体发生的双折射效应，利用互相垂直偏振方向的两偏振分量通过检偏器之后产生的干涉，还可以实现振幅调制或强度调制。

图 3－5－14 所示是电光调制器结构示意图。其中，P 是起偏器、A 是检偏器，它们之间放置双折射晶体，其光轴向与起偏器 P 的光轴向成 45°，P 和 A 的偏振方向相互垂直。进入晶体的一束光将被晶体分为两束，利用晶体的电光效应，改变两束光通路上的折射率，即两束光的传播速度，那么这两束光的相位差就被电信号所调制。如果从起偏器出来进入晶体的光强为 I_0，那么从检偏器 A 出来的光强 I 为

$$I = I_0 \sin^2(\delta/2), \qquad (3-5-1)$$

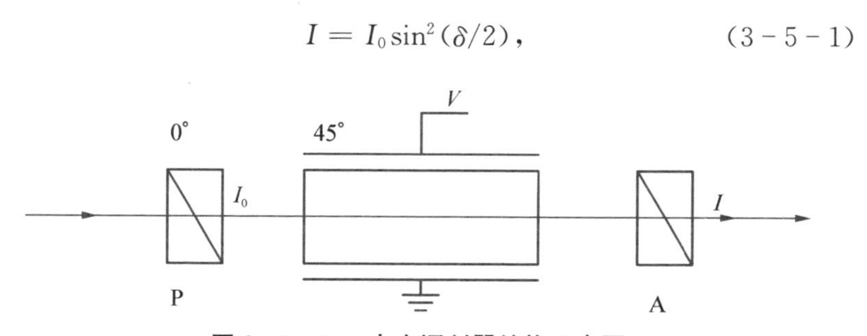

图 3－5－14　电光调制器结构示意图

式中，δ 是电致两束光波出现的相位差。两束光波的相位差被电信号所调制，输出的光强度 I 也相应地被调制。再利用干涉原理，使相位差随信号改变的两束光相叠加。因为透出晶体的两束偏振光是由同一束入射偏振光分解而来，它们的频率相同，有固定的相位差，从检偏器出来，在相遇处偏振方向相同，满足干涉条件，从而实现光强度调制。

调制方式有两种：纵向调制和横向调制。激光入射的传播方向和加在电光调制晶体上的电场方向相同的调制，叫做纵向电光调制；激光传播方向和外加的电场方向垂直的调制，称为横向电光调制。纵向电光调制要求在晶体上使用电极，而且调制指数只能靠提高电压来增大。常用来作电光调制的晶体有 KDP 晶体和 GaAs 晶体。KDP 晶体是单轴晶体，要避开双折射的影响可采用纵向电光调制。如果采用横向电光调制，必须进行自然双折射的温度补偿。GaAs 型电光晶体是各向同性的，不存在上述问题。

(1) KDP 电光调制器

1978 年，复旦大学**王昌平**研制成功 KDP 电光调制器。经测试，整个调制器光学透过率为 80%，调制器消光比大于 3 000 ∶ 1。[①] 调制器由两块互为补偿的晶体组成，两块等长的补偿晶体安装在一块半圆柱型铜板上，铜板的晶体安装面在精密磨床上磨平，铜的良好热导使两块晶体几乎没有温度差异。整个调制器腔内共有 10 个界面，需要消除界面的光反射损失，为此在调制器腔体内填充折射率 $n=1.47$ 国产 YG250 苯甲基硅油，硅油经滤纸过滤 3 次，去掉杂质。充入硅油后，既解决了光的界面反射损失，也解决了晶体吸湿问题。在大功率激光下工作，硅油是一种理想的冷却介质，调制器在输出功率为 5 W 的激光下连续使用 4 小时没有发现明显的相位漂移。腔体外形是圆柱的，腔体内除去两个电极面外均需“发黑”处理，并设有气囊，能自行调节压力，腔体严格密封。图 3 - 5 - 15 所示是其结构图。

---

① 王昌平，$KDPr_{63}$ 激光调制器[J]，复旦学报(自然科学版)，1979，(2)：108—112。

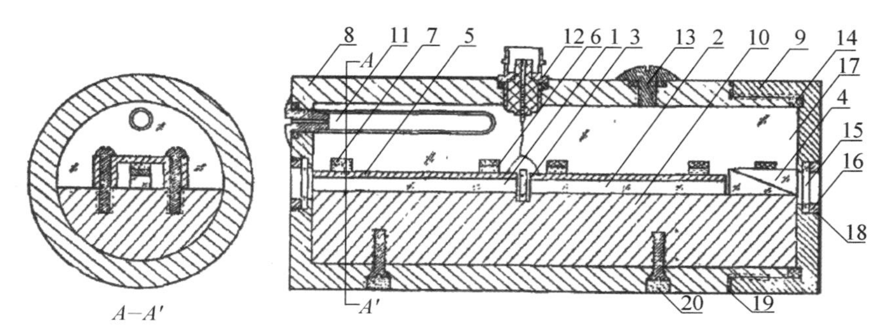

1、2 - KDP 晶体；3 - λ/2 石英波片；4 -尼科尔棱镜；5 -电极；6 -硅橡胶；7 -锁定架；8、9 -腔体外壳；10 -半圆柱平台；11 -气囊；12 -电缆插座；13 -硅油注入孔；14 -氟橡胶密封圈；15 -窗；16 -压圈；17 -硅油；18、19、20 -环氧密封处

图 3 - 5 - 15　$KDPr_{63}$激光调制器结构

1978 年，北京光学仪器厂李公瑾、李学正研制成功了串联式纵向 DKDP 电光调制器。① 采用 4—6 块晶体纵向串联进行电光调制，即光学上串联、电学上并联，降低半波电压。这种调制器的特点是光束传播方向平行于光轴，原理上不存在自然双折射，因而输出的光信号不随温度漂移，信号的相位稳定性好。实验测得该调制器的半波电压大约为 620 V，消光比大于 100∶1。图 3 - 5 - 16 所示是该调制器的结构图。

(2) 铌酸锂($LiNbO_3$)电光调制器

这是一种具有半波延迟电压低、调制速率高和不潮解，以及高效率宽带化的调制器。1978 年，方启万分析了 $LiNbO_3$ 电光调制器设计要求，主要是晶体取向、组合、尺寸和电学性能，并研制成功一种用于光通信使用的 $LiNbO_3$ 电光调制器。②

① 结构设计分析。

a. 晶体通光方向和电场方向。晶体通光方向和电场方向选取时，考虑的基点是让其半波电压低。因为半波电压高的话，制作高电

---

① 李公瑾，李学正，串联式纵向 DKDP 电光调制器[J]，中国激光，1979，6(9)：49—52。

② 方启万，铌酸锂电光调制的研究[J]，邮电研究，1979，(2)：39—65。

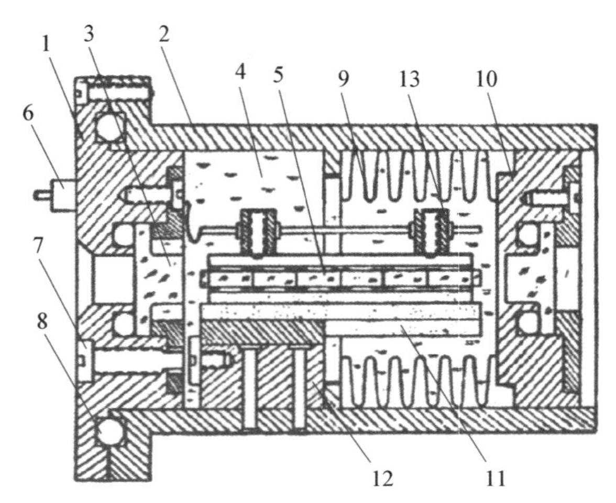

1-前盖；2-外壳；3-凸形玻璃帘；4-苯甲基硅油；5-DKDP电光晶体；6-外接电极柱；7-排气栓；8-密封橡胶圈；9-弹性波纹管；10-滑动后盖；11-陶瓷基板；12-燕尾基座；13-半圆形保持板

图 3-5-16 串联式纵向 DKDP 电光调制器结构

压的推动放大器比较困难，特别是在高频率宽频带的情况下更是如此。其次是调制功率要大。采用横向调制方式的半波电压比纵向调制的低，因此选晶体的 Z 向加电场、X 向通光比较合适。

b. 晶体组合。选取横向调制方式遇到的问题是，必须消除自然双折射带来的影响。于是，采取晶体组合方式抵消自然双折射，使由它们引起的相位差为零。用两根尺寸相同的晶体，使其光轴反向，并在两晶体之间插入一个半波片或旋光片(它能使偏振光的振动面旋转 90°)，这样的结构称为组合调制器，能够自动消除自然双折射引起的相位差。

c. 晶体尺寸。晶体长度与其宽度的比值称为细长比，比值愈大，半波电压愈小。增大细长比可以选长度长的晶体，但这受消光比的限制。消光比的大小与晶体长度的平方成反比，设计的调制器都希望消光比大，这样，光强的变化范围大。在激光传送模拟电视信号时，可使图像的明暗对比度高，层次清楚，在 PCM 通信中，可使信号动态范围大，信噪比高。减小厚度则受加工条件和光斑直径的限制，经过权衡比较，确定制造的调制器每块晶体的尺寸选取为 $X\times Y\times Z=20\ \mathrm{mm}\times 2\ \mathrm{mm}\times 0.4\ \mathrm{mm}$。

② 器件性能。调制器经性能测试，光学透光率为 90%，半波电压为 32 V，消光比为 18，最高调制频率可达 164 MHz。

3. 声光调制

这是利用声光效应实现对激光调制的技术。超声波通过介质时，在介质内产生周期性的应变场。由于光弹性效应，引起介质折射率发生周期性变化，形成相位光栅，光波通过此介质时会被衍射，衍射光的强度、频率和方向等都随超声场而变化。

1979 年，一四二六研究所**何桂鸣**、**周树生**等设计研制成功用于汉字信息处理系统的行扫描激光照排机，以及激光印字记录、传真和显示等方面使用的声光调制器。[①]

(1) 器件性能设计参数选择

调制速率可以用光脉冲上升时间 t_{p} 表示，它的值受发散比 a 的影响。a 定义为

$$a\approx \delta\phi/\delta\theta=4\lambda L/(\pi d\Lambda), \qquad (3-5-2)$$

式中，$\delta\phi$ 和 $\delta\theta$ 分别是激光束和声束的发散角；Λ 和 λ 分别是超声波和光波在声光介质中的波长；d 为光束直径；L 是声光互作用长度。根据理论结果，$a=1.5$ 时，

$$t_{\mathrm{p}}=0.85d/u。 \qquad (3-5-3)$$

式中，u 是声光介质中的声速。所以，可通过选用适当的声光介质材料，特别是控制光束尺寸来达到提高调制速率。

消光比定义为，当向换能器输入工作频率下的载波，得到一级衍射光的最大值与关断这个载波后剩余的一级衍射光的最小值之比，设计的调制器其消光比应该很高。为此，一方面应减小剩余衍射光，

---

① 何桂鸣，周树生等，激光照排机用的声光调制器[J]，压电与声光，1980，(8)：37—41。

主要靠抑制声光调制器电子学驱动系统的信号漏泄和减小声光介质内部引起杂乱光散射因素；另一方面是提高一级衍射光的衍射效率，这可以通过调整输入的声功率和换能器的宽度与声光互作用长度的比值 H/L 实现。在实际使用上，一般要求输入的声功率小，为此，结构上 H/L 应取适当的比值，并应选声光优值指数高的声光介质材料。

（2）调制器结构

声光调制器主要包括电子学驱动系统、压电换能器、声光介质、散热器等几部分。选用的声光介质是铝酸铅晶体，声光相互作用长度 18 mm；用高机-电耦合系数、旋转 360°切割的铌酸锂晶体做压电换能器，其厚度 34.1 μm、宽度 0.8 mm；驱动电路在工作频率下能够提供足够的驱动功率，并且具有相应的调制脉冲重复频率和调制深度，驱动功率 0.75—1.5 W；器件工作区不应有来自声学终端的回波，这需要在声学终端安装吸声器，吸收的声能变成热耗散出来，所以也是散热器。通常将声光介质末端磨成几度的斜角，这也能消除回波。

（3）主要结果

实验测量制作的调制器工作频率 90 MHz，脉冲重复频率 5 MHz，脉冲上升时间大约 35 ps，消光比 1 000∶1。图 3-5-17 所示是 5 MHz 调制脉冲及检测到的光脉冲。

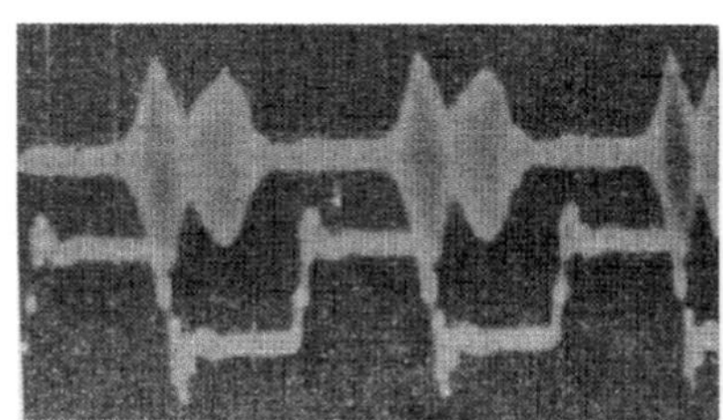

(a) 调制脉冲(200 mV/格)

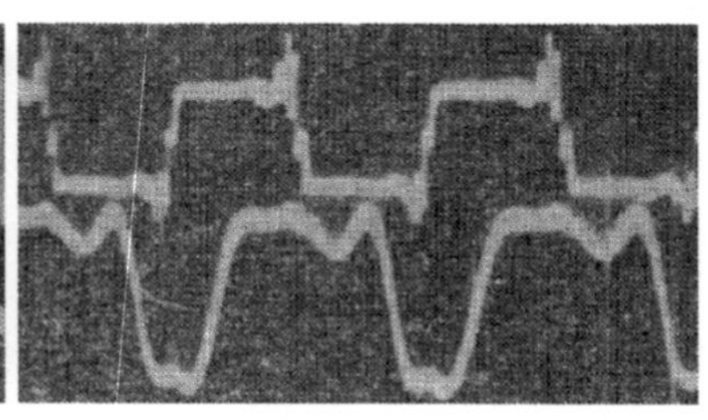

(b) 检测到的光脉冲(X：0.05 μs/格，Y：20 mV/格)

图 3-5-17 调制脉冲及检测到的光脉冲信号

4. 磁光调制

这是利用法拉第效应实现对激光调制的技术。光学介质在磁场作用下具有旋光作用，线偏振光沿磁场方向通过光学介质时偏振方向发生旋转，旋转角度正比于磁场强度。用信号控制磁场强度的变化，在其中传播的激光偏振方向也作相应的变化，光束通过检偏器之后，就得到光偏振或光强度按调制信号而变化的信号，图 3－5－18 所示是工作原理图。

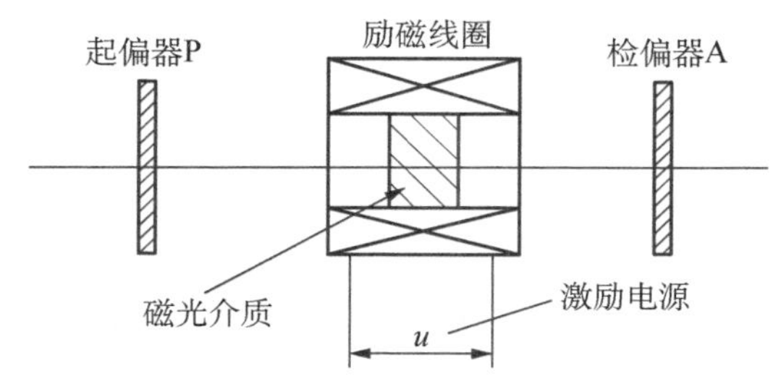

图 3－5－18　磁光调制原理

(1) 重火石玻璃磁光调制器

1975 年，**厦门大学物理系**研制成功重火石玻璃做成的磁光调制器，并用于光通信模拟实验。[①] 激光光束经起偏器后，形成线偏振光。当该光束通过重火石玻璃棒时，被来自调制电源的音频电流形成的磁场所调制，使其偏振面跟随音频电流旋转。实验未见明显的声音畸变和噪声。

(2) 石榴石单晶薄膜磁光调制器

1980 年，**中国科学院上海冶金所磁光组**研制成功以液相外延生长的 $(Bi, Tm)_3(Fe, Ga)_5O_{12}$ 单晶薄膜为磁光介质的磁光调制器，[②] 外形尺寸(包括起偏器和检偏器等的组合装置)为直径 38 mm、长

---

① 厦门大学物理系激光变流器研究小组，采用磁光调制器的光通信实验[J]，厦门大学学报(自然科学版)，1975，(1)：89—95。

② 中国科学院上海冶金所，石榴石单晶薄膜磁光调制器[J]，中国激光，1980，7(9)：63。

40 mm，声光介质单晶薄膜厚度 2—12 μm。对氦-氖激光器输出波长 632.8 nm 作激光调制，调制功率为毫瓦量级。图 3-5-19 所示是调制的光信号图形。其中，图(a)是调制频率为 1 kHz 的调制光信号图形；图(b)是频率 50 Hz—1 kHz 进行调制的调制光信号图形。为实验音频调制效果，将半导体收音机的音频信号作为调制信号，输入调制器的磁化线圈，并使通过磁光调制器的光信号传输 20 多米后再放大，从扬声器能够听到清晰而不失真的广播内容。

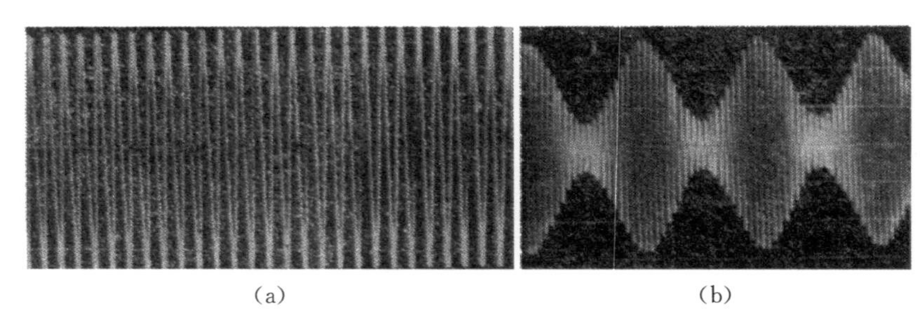

(a) (b)

图 3-5-19 调制的光信号图形

四、激光选模

在激光技术中，激光器光学共振腔中满足激光振荡条件的稳定光场分布称为激光振荡模(或者波型)，又分为横模和纵模。前者是垂直于传播方向横截面上的稳定光场分布，通常用符号 TEM_{mn} 表示，下标 m、n 表征每种模式的阶数。其中，$m = n = 0$ 的横模称为基模，其余的称高阶模。图 3-5-20 所示是几阶横模光强空间分布花样，其中图(a)是圆形对称共振腔的模花样，图(b)是矩形对称共振腔的模花样。纵模是沿共振腔光轴方向传播的稳定光场分布，两个纵模之间的频率间隔 $\Delta\nu = c/2L$，这里的 c 是光速，L 是共振腔的长度。

激光器共振腔的尺寸一般都远大于光波的波长，因此共振腔内可存在的模数量很大。如果激光工作物质的增益线宽大于共振腔的纵模频率间隔，就有可能产生多个模同时振荡。共振腔的菲涅耳数

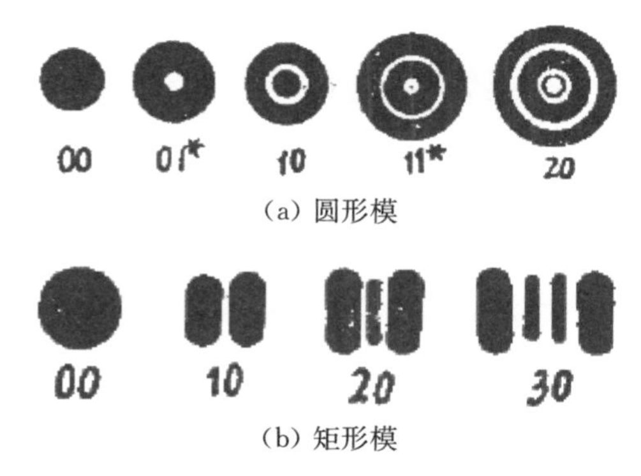

(a) 圆形模

(b) 矩形模

图 3－5－20　几阶横模花样

一般也比较大，可能产生多个横模同时振荡。然而，在许多实际应用中多模振荡的激光器并不符合要求，因为各个振荡模之间的相互作用会引起激光功率涨落和噪声；多模激光器输出的激光相干长度也比较小。如果激光器是单模运转，上面这两个问题便得到解决。在需要激光器稳定地单模输出时，就需要采用选模技术。

1. 选纵模技术

两个纵模之间的频率间隔 $\Delta\nu = c/2L$，激光器采用短腔长共振腔，让共振腔两个纵模的频率间隔大于工作物质增益线宽，就可以实现单个纵模激光振荡。这种做法很直观，也很简单，但是限定了工作物质的长度，以致激光器往往无实际使用价值。

在激光器共振腔内插入 F－P 标准具后，如果在众多的纵模中仅有一个其共振频率通过标准具时有最大光学透射率，如图 3－5－21 所示，其余的光学透射率都比较低，达不到激光振荡阈值，不能产生激光振荡，激光器便实现单模输出，即达到了选模目的。

1974 年，中山大学物理系梁振斌、郭斯淦等利用腔内放置 F－P 标准具对红宝石激光器进行选模实验。① 激光器的红宝石棒直径 11 mm、长 150 mm，共振腔长 570 mm，双脉冲氙灯泵浦。所用的 F－

① 梁振斌，郭斯淦等，脉冲全息激光器的选模[J]，激光与红外，1975，(6)：351—356。

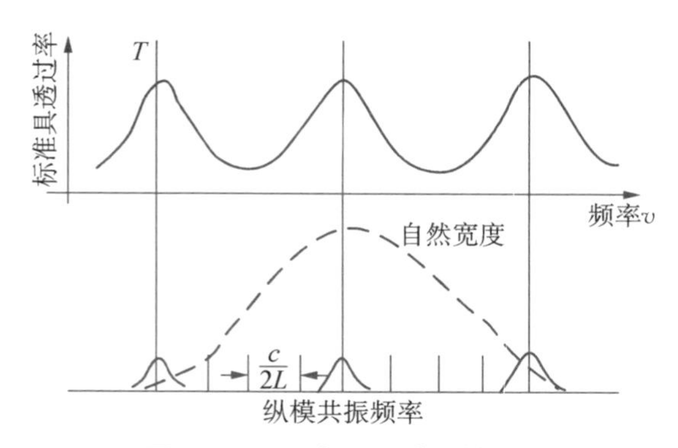

图 3-5-21 标准具选纵模原理

P 标准具是一块平行平面玻璃板，厚度为 7.5 mm，有效孔径 32 mm，两端面平行度小于 6″，两端面没有镀反射膜，它与激光器共振腔光轴成 5°倾斜放置。实验获得了单纵模激光输出，用 F-P 干涉仪测量激光器输出的激光纵模分布，图 3-5-22 所示是纵模干涉图照片。其中，图(a)是共振腔内放置 F-P 标准具时的照片，干涉环接近 20 个，条纹十分清晰，按 F-P 干涉仪测量谱线宽度的公式，根据干涉圆环半径和圆环厚度数据，算得激光谱线宽度大约为 0.007 nm；图(b)是共振腔内没有放置 F-P 标准具时得到的照片，在每一干涉级圆环上有明显的双环，甚至多环，激光谱线宽度也宽得多，大约为 0.025 nm。

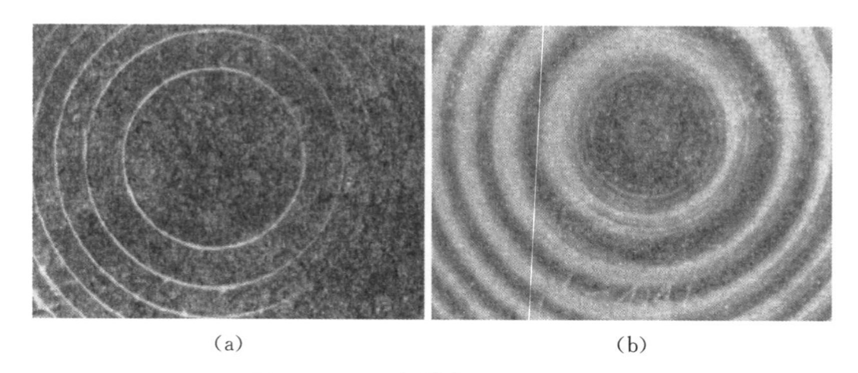

(a)　　(b)

图 3-5-22 纵模激光干涉图照片

使用几种不同厚度、不同表面反射率的标准具实验研究的选模能力，结果显示，适当选取较厚的标准具可以显著地提高选模能力。

2. 选横模技术

各阶振荡横模的衍射损失大小不同，于是便可以通过改变共振腔内光路或者共振腔的参数，让其中某种模式的衍射损失最小，能够达到激光振荡阈值，而其他模式的衍射损失都比较高，不能达到激光振荡阈值而被淘汰，便可以实现激光横模式选择。

（1）腔内放置小孔光阑选模

一般要求激光器输出最低阶横模，即 TEM_{00} 模，在共振腔内激光束光腰位置上加光阑（称它为限模孔）便可以实现。由于高阶横模的光腰比基模的大，加了孔径适当的光阑后，会使高阶模的衍射损失大于低阶模的，选择光阑合适的通光孔径，就会让各高阶模的衍射损耗大于激光增益，以致不能发生激光振荡；而基模的衍射损失依然低于激光增益，它获得了激光振荡，激光器输出基横模激光。

1974 年，中山大学物理系**梁振斌**、**郭斯淦**等利用腔内放置小孔光阑对红宝石激光器进行选横模实验。激光器的红宝石棒直径 11 mm、长 150 mm，共振腔长 570 mm，双脉冲氙灯泵浦。小孔光阑是在一块平面镍片上打孔，孔的直径 1.5 mm，它可以上下、左右调节。

实验结果显示，在共振腔内没有放置这只小孔光阑时，激光器输出的是许多模式的激光，经透镜会聚后的光斑尺寸很大；当在共振腔内放置孔径 1.5 mm 的光阑时，激光器输出基模（即 TEM_{00}）激光，经透镜会聚后看到的光斑比较圆。改变光阑几种孔径和对激光器的泵浦能量实验，结果显示，采用孔径 2 mm 的光阑，改变泵浦能量也得到单横模激光输出，但它是高次横模 TEM_{10}，只有在阈值泵浦附近才得到接近 TEM_{00} 模的图案，但光斑并不很圆。

（2）自孔径选模技术

各阶横模的衍射损耗与共振腔的费涅尔数、腔的参数有密切关系，选择激光器共振腔型及其参数，可以调整各阶模的衍射损耗。各阶振荡横模的衍射损失大小不同，最低阶横模（即 TEM_{00}）的衍射损耗最小。因此，可以设计一个合适的共振腔结构和工作参数，使基模的衍射损耗小于腔内的激光增益，能够满足激光振荡条件，而其他模都因为衍射损耗高于激光增益而被抑制振荡。这便实现了模式选择。

1980 年，1411 所竺佩芳、季长春和北京工业学院阎吉祥在 Nd：YAG 激光器中使用虚共心介稳腔，[①]当输入泵浦功率 3 kW 时，很容易获得 5 W 的单横模输出。图 3－5－23 所示是用红外变像管在距离输出镜 2.5 m 处拍摄的远场光斑，它是单模光斑。改变共振腔的腔长，激光器会出现多横模振荡，此时记录的光斑形状将改变，图(b)是在距离 0.6 m 处拍摄的近场光斑，即是多模光斑。

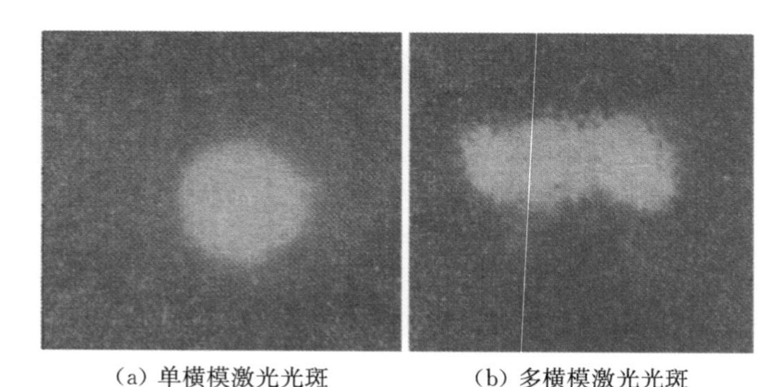

(a) 单横模激光光斑　　(b) 多横模激光光斑

图 3－5－23　激光光斑图像

① 竺佩芳，季长春等，固体激光器自孔径选模，激光与红外，1981，(9)：21—23。

第四章　开发激光应用

在激光器问世后不久，各种激光应用探索工作便在世界范围展开。应用题材很广泛，开发了各种激光应用技术，如激光加工技术、激光医疗技术、激光通信技术、激光能源技术、激光武器技术、激光信息处理技术、激光计量检测技术和激光科学技术等。这些应用提高了生产技术水平、国防建设技术水平、科学技术研究水平，也提高了生活质量水平。

4－1　机械工业应用

采用激光替代传统的钻头、锯子、焊枪，对各种类型的金属材料和非金属材料做打孔、切割、焊接等机械加工。因为激光的光子简并度很高，用光学系统可以把激光束汇聚成尺寸很小的光点，激光束加工的精度会很高。利用光学系统可以把光束朝任意方向摆动，画出各种形状的平面图形或者立体图形，利用激光可以很方便地加工各种形状的零件。总起来说，激光机械加工的加工质量高，加工速度又快，激光质量又好，大大提高了工业生产技术水平，并得到了非常好的经济效益。

一、激光打孔

传统的打孔工艺是利用各种钻头和电火花打孔。用激光能够替代钻头在材料上打孔，比传统的钻头做得更好，技术更先进。

1. 工作原理

材料吸收了光辐射的能量后温度升高，随后发生燃烧、融化和气化，如用一只透镜聚焦的太阳光能够点燃火柴和纸片。激光的亮度比太阳光高万亿倍，经光学系统汇聚的激光束更强。输出的激光发散角 10^{-3} rad、脉冲宽度 1 ms、激光能量 100 J 的普通激光器，当通过焦距 1 cm 的透镜汇聚时，在焦点上产生的激光功率密度便高达 1.3×10^{11} W/cm^2，作用在物质上产生的效应更强烈。不同材料对激光的吸收率不同，数值在 0.010—0.98，就以 1%来计算，材料吸收的激光功率密度也达到 10^9 W/cm^2，这个数值的光辐射功率也足以把大多数材料在瞬间加热熔化或者气化，并在照射点留下一个洞。

2. 激光打孔实验

1965 年，中国科学院上海光学精密机械研究所**汤星里**、**孙宝定**等研制成功红宝石激光打孔机①。

汤星里，1935 年生，研究员。1957 年毕业于复旦大学物理系，同年入中国科学院长春光学精密机械研究所，从事光学设计、光测高温和国内第一台红宝石激光器、激光打孔机的研究。1964 年，在中国科学院上海光学精密机械研究所从事激光技术及其应用研究，开拓了激光在工业上和医学上的应用。先后参加和负责激光 12# 工程和原子法激光同位素分离等重大工程项目，获得国家科学技术进步一等奖、二等奖，中国科学院科学技术进步一等奖、二等奖、三等奖，上海市技术进步奖，交通部、文化部、总后等 24 项奖；发表论文 40 余篇。1989—1992 年任美国 CLEO 会议中国地区主席，曾任《中国激光》主编，《光学学报》副主编，上海市府科技咨询委员会委员，八五国家科技攻关项目总体专家组成员。研究工作包括激光分离同位素激光工程、高功率铜蒸气、金蒸气激光、染料激光等。

---

① 汤星里，孙宝定等，红宝石激光打孔机，中国激光史概要[M]，邓锡铭主编，北京科学出版社，1991，32。

该机有 4 组不同焦距的工作镜头和柱面镜、锥面镜，使用的激光器最大输出激光能量 8 J，重复脉冲频率为每分钟 10 次。能够打异形孔，最大打孔孔径为 150 μm，最小的孔径为 10 μm，小孔椭圆度为±2%。

1970 年，上海钟表元件厂在中国科学院上海光学精密机械研究所等单位的协助下试制成功钕玻璃激光和二氧化碳激光的激光自动打孔机，应用于手表宝石轴承打孔工序。[①] 图 4-1-1(a)所示是钕玻璃激光打孔机结构示意图，(b)所示为该打孔机外形照片。

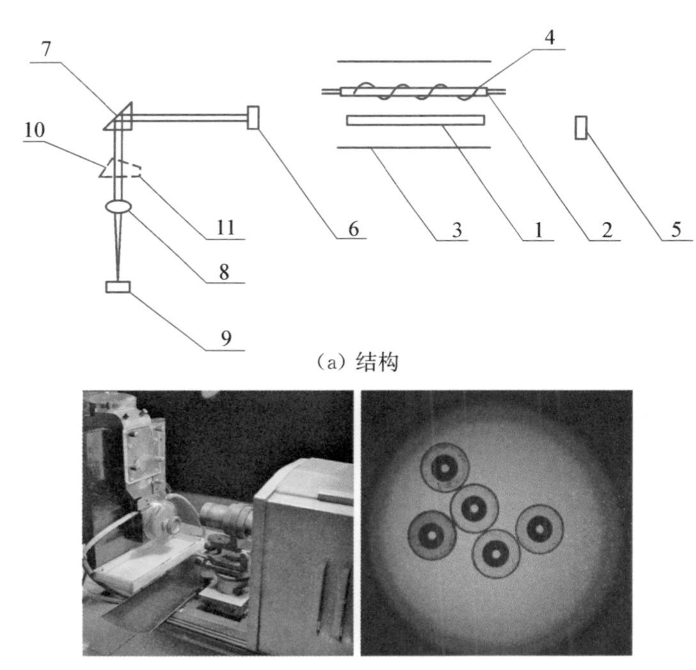

(a) 结构

(b) 打孔装置外形　　(c) 加工产品

1-钕玻璃激光棒(直径 5—8 mm，长 150—180 mm)；2-氙闪光灯；3-聚光器，表面镀银；4-氙闪光灯高压触发丝；5-共振腔全反射镜；6-共振腔输出反射镜；7-直角棱镜；8-聚焦透镜(直径 9 mm，焦距 20—25 mm)；9-被加工件；10-附加观察显微镜(放大倍数 60)；11-附加转向棱镜。

图 4-1-1　激光打孔机

① 上海钟表元件厂生产组，激光自动打孔机，物理，1974，(3)：22—24。

宝石轴承是机械手表中的关键元器件，材料的硬度高，可达莫氏9级，仅次于金刚石。加工时，所使用的激光能量为1—5 J。被加工的轴承厚度一般为0.30—0.40 mm，打出的小孔孔径大小分别为0.05—0.03 mm，成品率大约95%，生产效率提高10倍以上。1977年7月，又进一步研制成功YAG∶Nd激光快速打孔机，每秒可以加工10—14只轴承，孔径精度±(5%—7%)，圆孔内壁损伤小于10 μm，废品率为2%。

3. 激光打孔优越性

激光打孔技术有几方面的优越性。首先是能够被它加工的材料适应性强。因为孔不是靠机械力"钻"出来，而是靠光的能量产生出来，所以，原则上任何材料都能够用激光打孔，而且打孔的速度与材料的硬度没有关系。不存在硬度高的材料比硬度低的材料难打孔，硬度非常高的金钢石和普通钢材，激光打孔速度一样快；容易碎裂的和容易变形的弹性材料也能打出高质量小孔。其次是激光有很好的相干性，用光学系统可以聚焦成直径很微小的光点(小于1 μm)，可以打直径很小的孔。只要激光器输出稳定，选择好激光参数，就能够获得质量很好的小孔，保证打出的各个小孔尺寸和形状统一。第三是能够打各种形状的小孔，用传统技术打孔时打圆形孔容易，打不同形状的孔就难了，用激光则很容易打各种形状的孔，圆的、方的、椭圆的，或者有一定锥度的平滑孔都容易办到；传统打孔工艺获得的孔的径深比值一般不超过10，用激光来做则可以达到300以上。

4. 关键技术

首先是使用脉冲宽度窄、高脉冲重复率的激光打出来的小孔质量，比用单个光脉冲打出来的小孔质量好。因为激光加热材料须至熔化、气化才能打出孔，如果使用单个激光脉冲打孔时，被激光融熔了的材料没有被充分气化，不仅吸收后续的激光能量，阻挡激光向深处加热，而且将在附近的材料加热、气化，打出来的小孔形状和大小就不规整，孔的深度也受到限制。如果使用的是脉冲宽度窄的高重复率脉冲激光，每个光脉冲平均的能量并不很高，但由于光脉冲宽度窄，功率水平却不低，每个激光脉冲在材料上形成的融熔体不多，主要是发生气化，打出的小孔形状和大小将规整得多，也能够加深孔的深度。

其次是注意激光焦点位置的选择。选择焦点位置的原则大致是：比较厚的材料，激光束焦点位置应位于工件的内部；如果材料比较薄，激光束焦点需放在工件表面的上方。这样安排，打出的小孔上下大小基本上一致，不出现桶状小孔。

二、激光切割

氧乙炔火焰切割技术、数控步冲与电加工技术等，切割精密程度不高，加工后还需要修整。激光束切割技术，为激光应用开辟了一个新的加工领域。

1. 工作原理

激光切割与激光打孔的原理基本相同，利用激光能量加热材料，使之熔化、气化，在材料上生成小孔。当激光束沿着材料表面移动时，材料便将沿激光束运动的轨迹被切割下来。

2. 激光切割实验

1973年，中国科学院上海光学精密机械研究所 CO_2 激光加工研究组研制成功激光加工机床，并进行激光切割实验。① 加工机由两部分组成：折叠式 CO_2 激光器和样品加工台，图 4－1－2 所示是加工机照片。激光器输出激光功率 300 W 以上，加工台备有透射式和反射式两种光学系统，可以按具体加工要求更换。前者为 n 型锗透镜，焦距 90 mm；后者为镀金全反射凹面反射镜，焦距为 350 mm。加工台可作匀速直线运动或者手控圆周运动。

该加工机可以切割加工金属材料、玻璃材料、木材和布料等。采用氧气助喷时，能够连续切割厚度 5 mm 45# 钢板、RC62 高速工具钢锯条、2 mm 厚度不锈钢板、锰钢板等，切缝为十几微米，断面平滑，如图 4－1－3 所示。

---

① 中国科学院上海光学精密机械研究所 CO_2 激光加工研究组，CO_2 激光加工机床[J]，中国激光，1975，2(4)：10—11。

图 4-1-2　CO_2 激光加工机照片

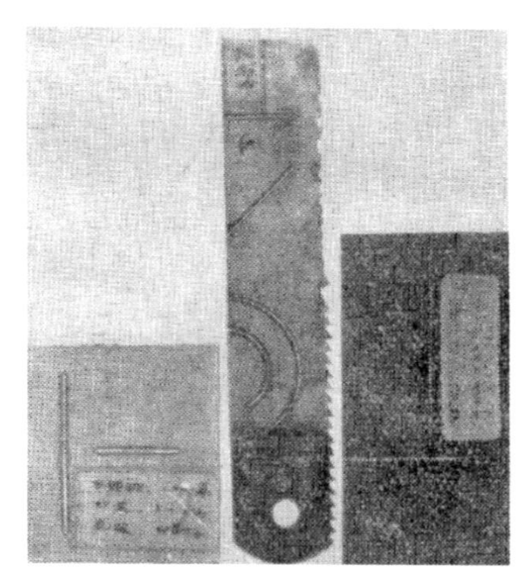

图 4-1-3　激光切割金属材料样品

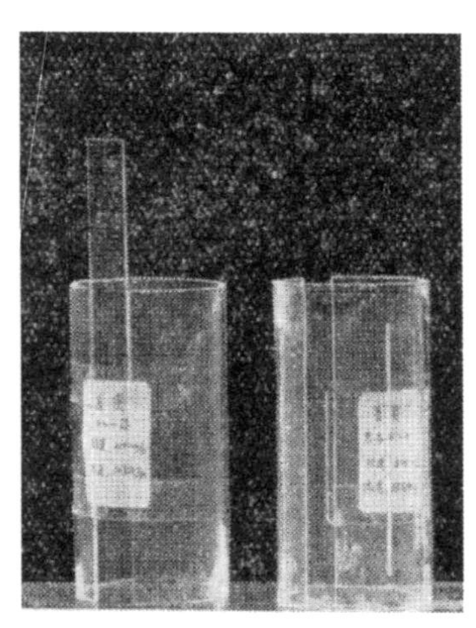

图 4-1-4　激光切割石英管样品

能够迅速切割壁厚度 3 mm 以下的石英管、石英板，切口均匀、光滑透明，没有出现一般方法加工出现的崩边现象，如图 4-1-4 所示。切割 2 mm 以下的陶瓷效果很好，其切缝仅能插进一张薄纸条。

1974 年，中国科学院上海光学精密机械研究所又与上海沪东造船厂合作采用 CO_2 激光切割船体用钢板。此后，在汽车工业和造船工业、电子工业、生物工程等都使用上激光切割，并成功地开发了相应的激光加工设备。

3. 激光切割特点

激光切割有如下一些优点。

（1）切割材料适用性大

任何硬度的材料都可以切割，切割速度一样；由于在加工时没有对工件产生机械压力，容易破碎的材料或者柔软的材料也能够方便地切割。对于精密机械加工来说，加工时因为不会使工件产生变形这点尤为宝贵。

（2）切割精度高

用普通切割工具切割的切口比较大，切割精度不高，尺寸很小的工件很难切割。激光的相干性好，利用光学系统可以把它聚焦成尺寸很小的光斑，所以激光切割的切缝细窄，一般为 0.1—0.5 mm；切割精度高，一般缝中心距误差 0.1—0.4 mm，轮廓尺寸误差 0.1—0.5 mm；能够切割尺寸很小的零件。这些特点在切割贵重材料和要求精密度高的工件时非常宝贵。比如，火箭、航空航天的飞行器，它们的工件加工要求非常高，各种材料的尺寸精密度要求都非常严，必须相互准确匹配，激光切割技术就能够满足其要求。

（3）切割质量高

激光切割的切口平滑、热影响区小、变形极小，而且由于切割的热影响区小，引起工件变形极小，没有毛刺，一般 Ra 为 12.5—25 μm，切割后基本上不需要再修整，成品率大幅度提高。比如，制衣生产中用剪刀剪裁化纤衣料，其切口边缘化学纤维容易出现毛头散开，剪裁后需要锁边，而用激光裁剪后边沿没有毛刺，不需要再锁边。

（4）切割速度快

用激光切割可以达到很高的切割速度。例如，采用 2 kW 激光功率切割 8 mm 厚的碳钢，切割速度为每分钟 1.6 m；切割 2 mm 厚不锈钢的切割速度每分钟为 3.5 m。

（5）方便切割异形工件

普通切割工具只能沿着直线行走，要切割有弯曲边缘的零件就很困难。用反射镜可以方便地控制激光束朝任何方向摆动，切割圆形的、椭圆形的、梅花形的，或者其他各种复杂曲线边缘的零件，也和切割直线边缘零件一样方便。

4. 激光切割工作模式

基于使用的激光功率密度大小和实施切割过程的不同，激光切割可以分成3种模式。

(1) 激光熔化切割

这是工件被激光局部产生熔化，但不到气化的激光功率密度(对于钢材料来说，在 10^4—10^5 W/cm^2 之间)作用下，借助高纯度惰性气流把熔化的材料吹走，实现分离工件，实现切割过程。因为材料的分割是发生在液态，所以该过程称为激光熔化切割。

在激光熔化切割中，激光束能量只被部分吸收，最大切割速度随激光功率的增加而增加，随着板材厚度的增加和材料熔化温度的增加几乎反比例地减小。在激光功率一定的情况下，限制因素就是割缝处的气压和材料的热传导率。激光熔化切割铁制材料和钛金属时，可以得到无氧化切口，比气化切割速度更高。

激光切割切口断面会出现周期性的波纹，严重影响激光切割的表面质量。研究和提高切割质量，很大程度上是针对波纹的抑制。至于波纹的形成，有各种不同的解释。液体层振动理论认为，这是熔化液层振动先于熔化层被气流从切缝中吹走所致。有人认为这是由烧蚀前沿熔化层厚度的波动和振荡产生，熔化层以切割速度运动，其厚度若有变化，将在切口留下波纹。熔化层厚度的波动可能是激光切割过程自激振荡的结果。由于等离子体的形成和其对激光的吸收，在连续不变的激光功率辐照下，工件表面所吸收的激光功率周期性变化。熔化层厚度的波动也可能是由于外部搅动因素引起的切割过程的受迫振荡。由于激光器激励电源的波纹系数引起激光功率周期性的变化，频率为300 Hz左右，在激光切割的板材切口上留下同一频率的波纹。测量从切口发射的光信号，利用快速傅里叶转换可以建立切口波纹频率与该光信号间的关系式。利用相关的微分变量替换，建立简化的非线性微分方程，通过理论分析与实验发现，韦伯数、毛细数(韦伯数与雷诺数之比)及熔化前沿几何形状和熔流是影响挂渣的主要因素。由于加工中存在的不可避免的工艺参数(如激光功率密度)的变化,引起切割前沿宽度随时间的变化,是形成切口波纹的内在原因。重点研究了切口波纹形成机理,监测到了切口波纹存在3个不同特征区域(划分为第1、2、3类波纹)。分析认为,第1类波纹直接与热吸收和扩散有关,由于表面薄层厚度小、含热少、质量流微小,因而切割前沿熔流影响不大;而第2类波纹直接与热对流有关,主要因第1类波纹导致的轴向传播波及随后而来的热传递间的不一致引起,并提出了控制措施。

(2) 激光火焰切割

激光火焰切割与激光熔化切割的不同之处在于它使用氧气作为切割辅助气体,借助于氧气和加热后的金属之间的相互作用,产生化学反应使材料进一步加热。对于相同厚度的金属材料,采用这种切割方法得到的切割速率比熔化切割要高,但切口质量较熔化切割差,其切缝宽度较宽,有明显的粗糙度,热影响区也较宽,使用脉冲重复率激光可以限制热效应的影响。激光功率决定着切割速度,在激光功率一定的情况下,限制因素就是氧气的供应和材料的热传导率。

这种切割过程的切口断面也出现周期性的波纹,对其成因也有各种解释。为此,提出了一种基于铁和氧气扩散反应管材切口条纹形成模型,认为材料的去除是气流与熔化前沿间的摩擦力而导致的剪切力和切口上气流压力梯度所引起,压力梯度的出现导致稳定熔化材料的切除不稳定。计算表明,只有相对剪切应力十分小的时候才能得到抑制。然而,实际工艺中两者均大,因而熔池流必不稳定,导致切口波纹产生。利用高脉冲重复率激光切割不锈钢时,发现切口波纹频率与激光脉冲重复率大致相等,认为波纹形成由钢的氧化性质决定。通过能量和质量平衡方程,得出了激光切割切口波纹频率公式,与实验获取值相近。基于相似的测试原理,利用光谱分析技术研究了切口波纹频率与测量信号间的关系,并发现利用脉冲激光切割时,在中间一定频率范围,切口波纹频率随着激光频率的增加而增加,从而可获得低粗糙度值的高质量切口;而低于这一范围,由于材料的过热和过烧,导致切口宽度增加,波纹频率低,切口粗糙度值高,质量降低;若高于这一频率,则导致材料的不完全去除和切口底部明显的挂渣，甚至可能发生切不透的现象。

(3) 激光气化切割

这是材料在切缝处发生气化实现切割，这种切割过程需要非常高的激光功率，所需的激光功率密度要大于 10^8 W/cm^2，与切割的材料、切割深度和光束焦点位置等因素有关。在板材厚度一定的情况下，假设有足够高的激光功率，最高切割速度受气体射流速度限制。这类激光切割只适合于必须避免切割时出现熔化材料的情况，通常是属于铁基合金很小的材料。为了防止材料蒸气冷凝到切割的割缝壁上，材料的厚度也限定在不要超过激光光束直径太多。

5. 关键技术

(1) 聚焦透镜焦距选择

激光束被聚焦成的光斑直径小，切割的切缝窄，使用的聚焦透镜焦距短，可以获得直径较小的光斑。但是，切割时因为出现飞溅物，使用短焦距的透镜离工件太近容易被飞溅物损坏，因此一般大功率 CO_2 激光切割工业应用中使用的透镜焦距取 120—190 mm，焦点处的光斑直径在 0.1—0.4 mm 之间。对于要求高质量切割，有效焦距可根据透镜直径及被切材料性质作出选择。

(2) 离焦量选择

离焦量是指焦点距工件上表面的距离，在工件表面以上为正，以下为负，离焦量直接影响切割的切口宽度、坡度、切断面粗糙度及黏渣附着情况。焦点位置不同，被加工物表面的光束直径及焦点深度不同，进而引起加工沟的形状变化，影响加工沟内的加工气体及熔融金属的流动。

焦点位置的选取对不锈钢板切割质量有重要影响。当焦点位置滞后时，切割材料下端单位面积所吸收的能量减少，切割能量削弱，导致材料不能完全熔化便被辅助气体吹走，以致未完全熔化的材料附着在切割板材下表面，切口呈前端尖锐且短小的黏渣，如图 4-1-5(a) 所示；当焦点位置超前时，切割材料下端单位面积所吸收的平均能量增大，导致所切割下的材料与切割沿附近的材料融化，并呈液体流动状，这时由于辅助气压及切割速度不变，所熔化的材料呈球状黏附在材料下表面，如图 4-1-5(b)所示；当焦点位置合适时，切割下的材料熔化，而切割沿附近的材料并未熔化，渣滓即被吹走，形成无黏渣的切缝，如图 4-1-5(c)所示。故在切割过程中，可以通过观察黏渣形态来调节焦点位置，保证切割质量。

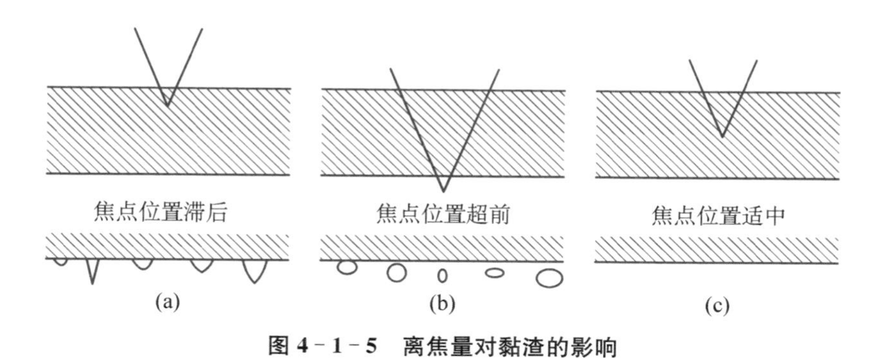

图 4-1-5 离焦量对黏渣的影响

原则上，切割 6 mm 碳钢，激光焦点位置可选在表面之上，切割 6 mm的不锈钢时焦点在表面之下，具体尺寸由实验确定。在工业生产中，确定焦点位置的简便方法有两种：①打印法：使激光切割头从上往下运动，在塑料板上进行激光束打印，打印直径最小处为焦点位置；②斜板法：用和垂直轴成一角度斜放的塑料板使其水平拉动，激光束的最小处即为焦点位置。

对实验数据分析可知，离焦量 Δ 的大小随板厚的增大而减少，与板厚大致满足的关系为

$$\Delta \approx -T+1, \tag{4-1-1}$$

式中，T 是被切割的板厚。在实际生产加工中，可以通过上式初步确定离焦量的值，作为试切割的依据，然后根据所切割的具体材料调节离焦量，以得到最佳的切割质量。

(3) 喷嘴设计及气流控制技术

激光切割钢材时，辅助气体通过喷嘴形成一个气流束，喷射到被切割的工件上。对气流束的基本要求是，进入切口的气流量要大、速度要高，以便在工件上通过足够的氧化使切口材料发生充分放热反应，或者

有足够的动量将已经熔化的材料吹走。气流的压力、流量是影响切割质量的重要因素，气流压力过低，吹不走切口处的熔融材料；压力过高的话，容易在工件表面形成涡流，反而削弱了气流去除熔融材料的作用。

氧气流的气体纯度会对激光切割质量产生影响，对于厚度 10 mm 以内的板材，氧气流的纯度影响并不严重，但厚度超过 10 mm 以后，则会出现切口宽度和表面粗糙度值增加，切口挂渣甚至切不透等现象。激光熔化切割以氩气为辅助气体时，切割质量最好、切缝上表面热影响区较窄、下表面较宽，一定条件下，较低的激光功率和较快的切割速度有利于减小切缝宽。实践证明，不同结构的喷嘴对切割也会产生不同的影响。因此，除光束的质量及其控制直接影响切割质量外，喷嘴的设计及气流的控制（如喷嘴压力、工件在气流中的位置等）也是十分重要的因素。目前，激光切割用的喷嘴通常采用简单的结构，即一锥形孔带端部小圆孔。

（4）激光束质量

使用的激光束应有高的光束质量。为保证沿不同方向切割时的切割质量一致性，激光束应有良好的绕光轴旋转对称性和圆偏振性，以及高的发射方向稳定性，以保证聚焦光斑位置稳定不变。模拟计算得出，虽然材料对圆偏振光的吸收率小于线偏振光，但由于局部热传导原因，利用圆偏振光切割反而可获得更高的切割速度和更好的切割质量。

激光切割最常用的激光器有 CO_2 激光器、YAG：Nd 激光器和光纤激光器。

（5）切割速度

切割速度取决于激光的功率密度，以及被切材料的热物理性质及其厚度等。在一定切割条件下，应有一个合理的切割速度范围。切割速度过高，切口清渣不尽，甚至切不透；切割速度太低，则材料过烧，使切口宽度变宽和热影响区增大。

（6）切割轨迹

复杂轮廓或具有拐点的零件的切割，由于在拐点处出现加速度变化，容易使拐点处过热熔化而形成塌角，采用合理的切割轨迹是避免这一现象的有效办法之一。

三、激光焊接

在工业生产中，经常遇到需要将几个工件焊接起来的工作，通常采用的焊接方法主要有电阻焊、氩弧焊、电子束焊、等离子体焊等。现在，激光技术已经广泛用于航天航空工业用的铝合金、钛合金、镍合金和不锈钢的焊接，水下作业服装的缝焊接，汽车工业的焊接，造船工业焊接，在医学上还用于血管焊接。

1. 工作原理

激光焊接是将高强度的激光束照射至金属表面，通过激光与金属的相互作用，金属吸收激光能量转化为热能，使金属熔化后冷却结晶而焊接。

按焊接熔池形成的机理区分，激光焊接有两种基本焊接模式：热导焊接和深熔接焊。前者所用激光功率密度较低，一般是 10^5—10^6 W/cm^2，工件吸收激光能量后仅使表面熔化，然后依靠热传导向工件内部传递热量形成熔池，最后将两焊件熔接在一起。这种焊接模式的熔深较浅，深宽也比较小。后者使用的激光功率密度比较高，一般是 10^6—10^7 W/cm^2，工件吸收激光能量后迅速熔化乃至气化，熔化的金属在蒸气压力作用下形成小孔，激光束可直照至该小孔底部，使小孔不断往深处延伸，直至小孔内的蒸气压力与液态金属的表面张力和重力平衡为止。随着激光束与工件的相对运动，小孔周边金属不断熔化、流动、封闭、凝固而形成连续焊缝，其焊缝形状深而窄，即具有较大的熔深与熔宽比值。在高功率器件焊接时，深宽比值可达 5∶1，最高可达 10∶1。在机械制造领域，除了那些薄型零件之外，一般选用深熔焊。

2. 激光焊接实验

1973 年，**上海无线电十三厂激光小组**进行了激光焊接实验，分别焊接不同性质（0.1 mm 金丝和锗）、不同尺寸（0.05 mm 的铜箔和 0.5 mm的 ICr18Ni9Ti 不锈钢）的材料，以及熔点极高的材料（直径 0.2 mm钨镧丝）。① 1994 年，**华中工学院激光焊接组**进行了集成电路

---

① 上海无线电十三厂激光小组，激光焊接，中国激光[J]，1974，1(1)：51—54。

外引线，以及各种不同金属的箔与箔、箔与丝、丝与丝的激光焊接实验。①

(1) 实验装置

图 4－1－6 所示是实验装置结构示意图。

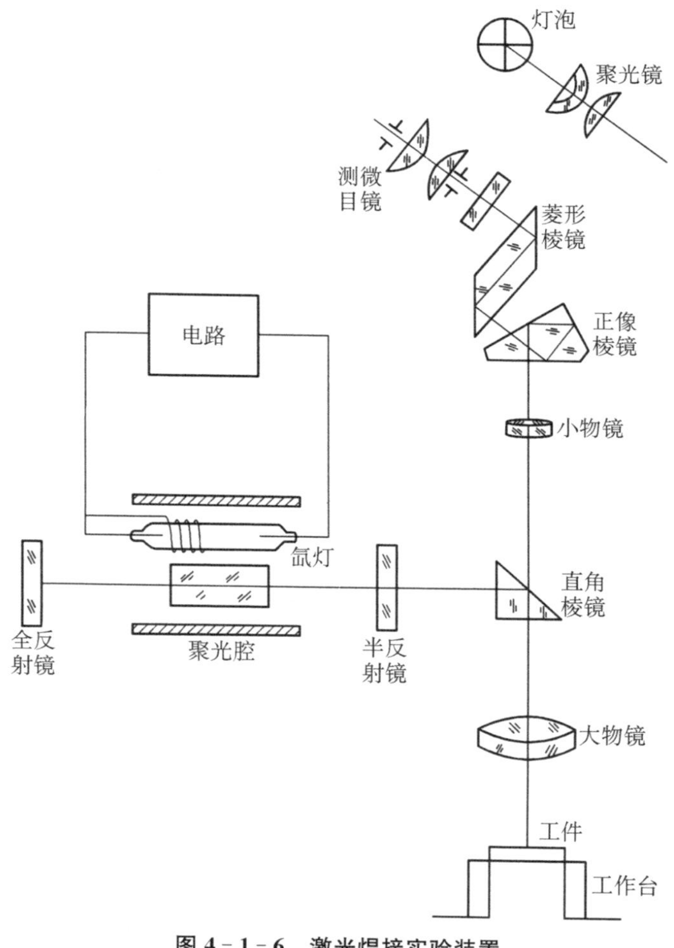

图 4－1－6 激光焊接实验装置

① 华中工学院激光焊接组，微型件的脉冲激光焊接的研究[J]，华中工学院学报，1974，(4)：64—76。

激光焊接实验装置由钕玻璃激光器、光学系统、电气系统及工作台4个主要部分组成，其中钕玻璃激光器由聚光腔、共振振腔、工作物质(钕玻璃棒)和光泵(氙灯)组成。聚光腔采用内表面镀银抛光的椭圆柱面，光泵是直径16 mm、长200 mm的脉冲重复频率氙灯，钕玻璃棒直径10 mm、长220 mm。氙灯和钕玻璃棒分别套在GG17的玻璃管中，分别通自来水和加入滤光物(重铬酸钾)的蒸馏水冷却。共振腔由两块平行度小于10″、直径25 mm的多层介质膜反射镜构成，一块是全反射的，一块是部分反射的。激光器输出沿水平方向传播的激光束，经直角棱镜转为向下传播，再经过物镜聚焦在工件上。由测微目镜、菱形棱镜、正像棱镜、小物镜、大物镜构成38倍的显微镜，可观察焊接情况。采用晶体管整流和可控硅控制电路。工作台能升降，水平方向前后左右移动，又可以调整水平位置，工件放在物镜焦平面或其附近焊接。

(2) 实验观察和结果

上海无线电十三厂激光小组采用物镜焦距50 mm、工件置于偏离焦平面约3—4 mm的位置上焊接，焊点直径约为0.63 mm，对高速固体电路外引线(可伐合金)和印刷线路板(铜箔)进行了激光焊接实验。在50倍的显微镜下观察焊接结果，发现激光焊接强度高、焊接牢固可靠，而且焊点光洁美观。相比之下，普通热压焊接强度低、焊区表面有针压的凹点缺陷、容易虚焊，表面粗糙不光滑，图4-1-7所示是两种焊接结果的对比。

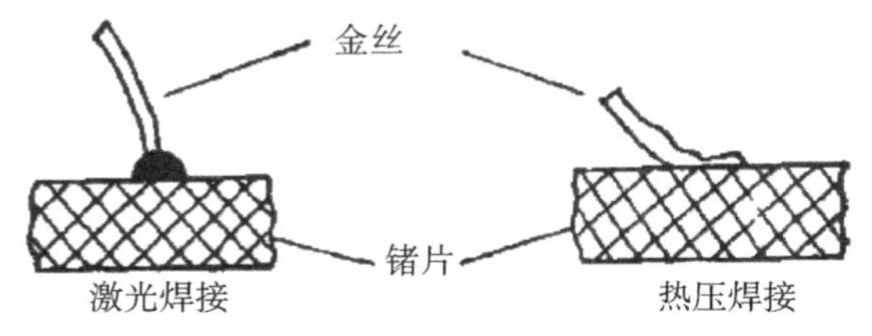

图4-1-7　两种焊接技术比较

华中工学院激光焊接组采用激光能量0.3—0.5 J、脉冲宽度0.7—0.9 ms的脉冲激光，对50 μm厚的铝箔与0.3 mm厚的柯伐合金、50 μm 厚的铝箔与 0.15 mm 厚的不锈钢进行焊接，获得良好的焊接效果。对 600 个焊点作了质量检查，成品率在 99%以上，避免了蒸发穿孔，获得良好成形，焊点的剪切力达 200 g 以上，超过技术指标要求。还进行了集成电路的封装焊接实验，质量要求较高的集成电路采用陶瓷封装，最后需要加一个金属封盖。金属盖的尺寸为 9 mm×6 mm，材料为柯伐合金。激光焊接结果显示，气密性能技术指标比原先焊接技术提高 1—2 个数量级，图 4-1-8 所示是激光焊缝形状。

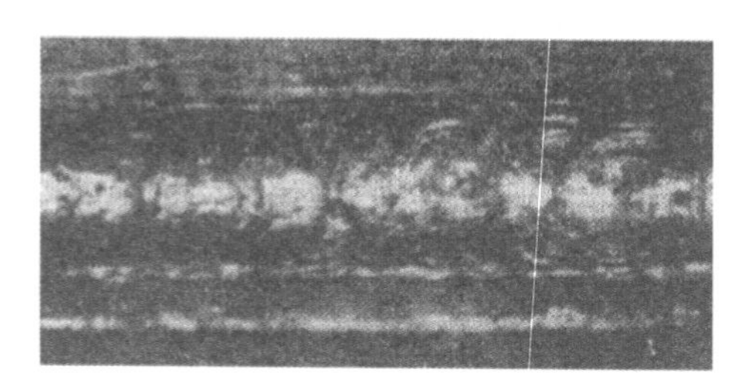

图 4-1-8　激光焊接缝形状(焊缝宽度 0.7 mm)

3. 激光焊接优越性

与传统的焊接工艺相比较，激光焊接的主要优势有以下几点。

(1) 焊接材料不受限制

任何两种不同种类的材料几乎都能够焊接。在生产中会遇到不同种类材料的焊接，如铜与铝、钨与钼、金属与陶瓷等的焊接，用传统焊接工艺很难焊接，用激光则能够获得高质量焊接。比如，铝合金、钛合金、镍合金和不锈钢等的焊接，采用激光都能焊得快，且焊接质量好。

(2) 焊接质量高

激光焊接的焊缝很细窄，也很平整，焊的深度也能很深，焊缝的机械强度、韧性也很好，至少相当于母材的性能，甚至还会超过母材的性能。而且焊接过后零件不会产生热变形，脉冲激光焊接时间都是毫秒级的，所以合金体系的基本冶金性质一般不会改变；其次，脉冲激光焊接的组织比电子束焊接的还细，因为后者是连续的焊接，冷却速度较低。激光焊接不需要焊料，靠激光的能量就可以把材料焊接起来，这对于避免由焊料可能给焊接件带来污染有重要意义。例如，用激光给食品罐头封口焊接就能保证食品质量。

（3）能够非接触焊接

激光焊接能够做非接触焊接，可以隔着玻璃或者某些透明材料进行焊接。比如真空管里面的电子线路断了，激光就可以隔着玻璃壳进行焊接。

4. 焊接工作方式

（1）复合焊接

在激光焊接过程中，容易出现一些不利因素。首先，母材受热熔化、气化，形成深熔小孔，孔中充满金属蒸气，金属气体与激光作用形成等离子体云，离子云将吸收、反射激光，降低金属材料对激光能量的吸收率，相应地也就降低了激光的能量利用率；其次，焊接时对焊接母材端面接口的要求高，常常容易出现对接错位；第三，容易生成气孔疏松和裂纹；第四，焊接后在母材焊接接口部位可能存在凹陷，还有焊接过程不稳定；等等。激光器与其他热源一起进行激光复合焊接，可以消除或减少单使用激光焊接的缺陷。主要有激光与电弧、激光与等离子体弧、激光与感应热源复合焊接，以及双激光束焊接等。激光与电弧结合起来的复合焊接工艺，综合了激光与电弧焊接的优点，将激光的高能量密度和电弧的较大加热区组合起来，其优点一是可增加焊接熔深度，二是提高焊接速度与生产率，三是改善焊接区的性能，四是降低设备成本。同时，可以改善激光能量与工件的耦合特性和电弧的稳定性，获得综合效果。但是，由于电弧的引入增加了焊接的热输入，必然使焊接热影响区和热变形增大。

（2）激光拼焊

经不同表面处理、不同钢种、不同厚度的钢板通常采用这种激光拼焊方法，它具有减少零件和模具数量、减少点焊数目、优化材料用量、降低零件重量、降低成本和提高尺寸精度等好处。这种焊接技术被许多大型汽车制造商和配件供应商采用，是目前汽车车身设计中广泛应用的新技术。在建筑业、桥梁、家电板材焊接生产、轧钢线钢板焊接（连续轧制中的钢板连接）等领域中，也获得广泛应用。

（3）激光束旋转焊接

使激光束旋转，可以大幅度地降低焊件装配精度要求，以及对激光束质量的要求。例如，2 mm 厚高强合金钢板作对接焊接时，容许焊接件之间的间隙可以从 0.14 mm 增大到 0.25 mm；4 mm 厚的板材焊接时，容许焊接件之间的间隙从 0.23 mm 增大到 0.30 mm，激光束中心与焊缝中心的对准允许误差从 0.25 mm 增加至 0.5 mm。

5. 激光焊接质量控制

（1）激光焊接过程监测

实际上，激光焊接过程中存在很多与物理现象有关的信息。所谓过程监测，就是指通过对焊接过程产生的等离子体发射的光辐射、熔池压力变化产生的声音、焊件中机械应力引起的超声波、金属蒸气等离子介电常数的变化、反射的激光束功率等的监测，以及熔池及小孔的直接观察，判定焊接过程中发生的变化。

（2）工艺参数选择

激光焊接具有多参数特点，通常情况下包括激光波长、激光束模式（或发散角）、激光功率密度、激光偏振特性、激光脉冲重复率、激光脉冲宽度、聚焦镜焦距、激光照射角度、焊接速度、离焦量（或称焦点位置）等，优化这些参数，可以提高焊接质量。

① 激光功率密度。功率密度是激光加工中最关键的参数之一。在较高激光功率密度作用下，在微秒时间内工件表层即可被加热至沸点，大量气化。因此，高功率密度对于材料的去除加工，如打孔、切割、雕刻时有利。在较低激光功率密度作用下，工件表层温度达到沸点需要经历数毫秒时间，在表层气化前底层已经达到熔点，容易形成良好的熔融焊接。因此，在热传导型工件激光焊接中，使用的激光功率密度适宜范围是在 10^4—10^6 W/cm^2。

② 激光脉冲重复率。激光脉冲重复率在激光焊接中也是一个重要参数，尤其对于薄片工件的焊接更为重要。当高强度激光束照射到金属工件表面时，将会有 60%—98%的激光能量被工件表面反射而损失掉，而且反射率是随表面温度变化而变化，在一个激光脉冲作用期间内，金属表面的光学反射率变化很大。

③ 激光脉冲宽度。它既是区别于材料去除和材料熔化的重要参数，也是决定加工设备造价及体积的关键参数。

④ 透镜聚焦的离焦量。激光焊接通常需要一定的离焦量，因为在激光焦点处光斑中心的功率密度过高，容易蒸发成孔。离开激光焦点的各平面上，激光功率密度分布相对均匀。离焦方式有两种：正离焦与负离焦。焦平面位于工件上方的为正离焦，反之为负离焦。按几何光学理论，当正、负离焦平面与焊接平面距离相等时，所对应平面上激光功率密度近似相同，但实际上所获得的熔池形状却不同：在负离焦时，可获得更大的熔深，这与熔池的形成过程有关。实验表明，材料受激光加热 50—200 μs 时开始熔化，形成液相金属并出现气化，形成高压金属蒸气，并以极高的速度向外喷射，发出耀眼的白光。高浓度金属蒸气使液相金属运动至熔池边缘，在熔池中心形成凹陷。当负离焦时，材料内部功率密度比表面还高，易形成更强的熔化、气化，使激光的能量能够向材料更深处传递。所以，在实际应用中当要求熔深较大时，采用负离焦工作方式；当焊接薄材料时，宜用正离焦工作方式。

⑤ 焊接速度。焊接速度的快慢会影响单位时间内输入材料单位体积的激光能量。焊接速度过慢，激光输入能量过大，有可能会导致工件烧穿；而焊接速度过快，则输入的激光能量过少，会造成工件焊接不透。

四、激光表面强化处理

1. 激光淬火

这是用具有一定功率密度数值的激光束扫描金属工件表面，提高工件表面性能的技术。

（1）工作原理

当金属表面受到激光束照射时，吸收了激光能量而立即被加热到很高温度，而当激光束离开照射点时，由于金属是热的良导体，照射点的热能迅速向四周传导，结果这个地方的温度便随即迅速下降。这一热一冷的过程与传统的淬火处理十分相似，但得到的效果却比传统的处理技术好。

（2）激光淬火实验

1979年，上海激光技术研究所**陆汉云、陶梓豪**等对8种规格V形导轨进行激光表面强化处理实验。[①] V形导轨要求刚性好、变形小，与滚珠接触部分要求硬度高。冶金部长沙矿冶研究所**丁朝选、孙阳智**等开展了激光对汽车活塞环热处理研究。[②]

① 实验装置。包括激光器、聚光系统和工作台等3部分，采用高功率CO_2激光器。反射聚焦系统由曲面反射镜组成，它把激光束聚集在被强化处理的工件上，会聚距离可以根据需要调整。工作台在Z方向手动升降，在X、Y方向均可以在每秒钟4—30 mm范围内无级调速。激光波长为10.6 μm。在室温下金属材料表面的反射率比较高，经过机械加工后的金属表面光洁，其反射率更高，因此需要在金属表面涂敷一种对该波长光学吸收率比较高的涂料，以减少金属表面的光学反射率，这一工序通常称为黑化。实验是选取了悬浮在黏结剂中的结晶物质，如金属氧化物、磷酸盐和炭粉等无机化合物。

② 实验结果。陆汉云、陶梓豪等的实验结果显示，零件经激光热处理后硬度达RHC65—70，淬硬深度0.4 mm、宽度2.24 mm，淬火后变形量为0.015 mm，比原来采用盐浴整体淬火处理的变形量0.3—0.5 mm低20多倍，大大提高了成品率。激光处理后，表面组织为隐针状马氏体、针状马氏体、碳化物及残留奥氏体。

丁朝选、孙阳智等用输出功率为120 W的CO_2激光器处理活塞环，获得宽0.35—0.41 mm、深0.10—0.12 mm的硬化层，显微硬度为797 kg/mm^2(Hv, 100 g)的莱氏体组织；用激光功率为300—360 W处理时，获得宽0.75—1.0 mm、深0.28—0.24 mm的硬化层，显微硬度为988—1 205 kg/mm^2(Hv, 100 g)的莱氏体组织。活塞环外圆表面莱氏体薄层能提高活塞环的耐磨性能，且不拉伤气缸，对气缸壁

---

① 陆汉云，陶梓豪，金属表面激光热处理探讨[J]，机械制造，1981，(7)：19—20。

② 丁朝选，孙阳智等，活塞环的激光热处理[J]，矿冶工程，1981，(12)：44—50。

的磨损量仅为传统表面处理技术的65%。经台架实验和装车实验表明，耐磨性能、使用寿命比传统处理技术提高一倍，与喷钼处理技术相当。

（3）主要特点

① 硬化层结构。经激光淬火后，硬化层分为3层：第一层为完全淬硬层，显微组织由针状马氏体和残留奥氏体组成；第二层为过渡层，由针状马氏体和回火索氏体组成；第三层为受热影响的基体组硬化层，厚度决定于被加热材料的散热系数、热导率和激光束的移动速度、功率密度的大小等。

② 极快的加热和冷却速度。激光对金属的加热速度很快，达10^4—10^6℃/s。激光束移开后则迅速冷却，冷却速度达10^6—10^8℃/s。淬火处理后，工件表面得到的耐磨性和硬度与升温速度和冷却速度有密切关系，升温和降温速度越快，得到的效果越好。研究测定结果显示，激光淬火处理后金属表面的硬度比常规淬火处理提高15%—20%，铸铁材料激光淬火后其耐磨性可提高3—4倍。

③ 形变量小。实际上，需要做表面淬火处理的往往只是工件的某个部位，并非整个工件，但常规淬火处理在给工件加热时却只能“一锅煮”，不能单独对工件需要处理的那些表面加热，这不仅浪费能源，而且导致工件发生较严重的热形变。处理过后需要对工件再加工，纠正形变引起的尺寸变化，才能与其他工件配合，这无形之中增加了工作量。激光淬火可以只对需要处理的部位照射激光，如对槽壁、盲孔、深孔以及腔筒内壁等部位的处理，避免了传统工艺中的“一锅煮”做法；而且激光表面淬火处理时进入工件材料内部的热量少，由此带来热变形少，变形量仅为高频淬火的1/3—1/10，因此特别适合高精度要求的零件表面处理；同时也减少了后道工序，如矫正或磨制的工作量，降低工件的制造成本。

④ 不污染环境。激光淬火是自冷淬火，不需要油或水等淬火介质，避免了环境污染。

（4）工艺参数选择

① 金属表面预处理。金属材料表面吸收激光辐射的能力主要

取决于表面状态，一般金属材料表面经过机械加工，表面粗糙度很小，光学反射率很高，可达 80%—90%，这会影响金属材料表面吸收激光能量的效率。为了提高金属表面对激光的吸收效率，在激光硬化处理前要进行表面预处理，主要方法有磷化法、提高表面粗糙度法、氧化法、喷涂涂料法、镀膜法等，其中最常用的是磷化法和喷涂涂料法，把磷化锰、碳黑、石墨等涂于金属表面可以大大提高其对激光能量的吸收率。

② 选择合适的工作参数。激光在金属表面产生的硬化层尺寸参数，包括硬化层宽度、硬化层深度、表面粗糙度、显微硬度、耐磨性、组织变化等，均与激光功率密度（激光功率、光斑尺寸）、激光在金属表面的扫描速度、金属材料的性质（成分、原始状态）以及金属表面性能等有密切关系，也与被处理零件的几何形状、尺寸和激光作用区的热力学性质有关。在其他工艺因素不变的条件下，主要工艺参数是激光功率、激光束在表面扫描速度和作用在材料表面上的光斑尺寸，三者的综合作用直接反映了激光淬火过程的温度及其保温时间。三者可互相补偿，经适当的选择和调整可获得良好硬化效果。另外，还应考虑各参数值的选择范围，不能过大或过小，以免冷速不合适，不能实现马氏体转变。激光功率过大，容易造成表面熔化，影响表面的几何形状。奥氏体的临界转变温度与材料的熔点之比值越小，允许产生相变的温度范围越大，硬化层深度就越深。除此之外，硬化带的扫描花样（图形）和硬化面积的比例、硬化带的宽窄，在激光作用区吹送气体的状况、光路系统以及光束焦距等，均对激光表面淬火质量有一定的影响。

③ 激光束在金属表面的扫描方式。激光的扫描方式有圆形或矩形光斑的窄带扫描和线形光斑的宽带扫描，窄带扫描的硬化带宽度与光斑直径相近，一般在 5 mm 以内。要求大面积硬化处理时，必须逐条扫描，各扫描带之间需要重叠，重叠部分将留下回火软化带。回火软化带的宽度与光斑形状有关，一般均匀矩形光斑产生的回火软化带较小。为了减少软化带产生的不良影响，可采用宽带扫描技术。宽带扫描将聚焦的圆光斑变成线形光斑，使一次扫描宽度大为

提高。获得线形光斑的技术主要包括采用柱面镜、二元光学器件和振动聚焦光束等，宽带扫描的宽度可达十几毫米。

2. 激光表面熔敷

它包含两方面的内容。第一是利用激光在性能较差、成本低的金属工件上熔敷一层高性能合金表面层，显著改善基体材料表面的耐磨性、耐腐蚀性、耐热性、抗氧化性等性能的激光表面强化技术。目前已成功开展了在不锈钢、模具钢、可锻铸铁、灰口铸铁、铜合金、钛合金、铝合金及特殊合金表面的钴基、镍基、铁基等自熔合金粉末及陶瓷相的激光熔敷。镍基合金粉末适用于要求局部耐磨、耐热、耐腐蚀及抗热疲劳的构件，钴基合金粉末适用于要求耐磨、耐蚀及抗热疲劳的零件。陶瓷涂层在高温下有较高的强度，热稳定性好，化学稳定性高，适用于要求耐磨、耐蚀、耐高温和抗氧化性的零件。从功能上说，可以制备单一或同时兼备多种功能的涂层，如耐磨损、耐腐蚀、耐高温等以及特殊功能性涂层。从构成涂层的材料体系看，可从二元合金体系发展到多元体系。图 4－1－9 所示用激光做钻杆熔敷过程。

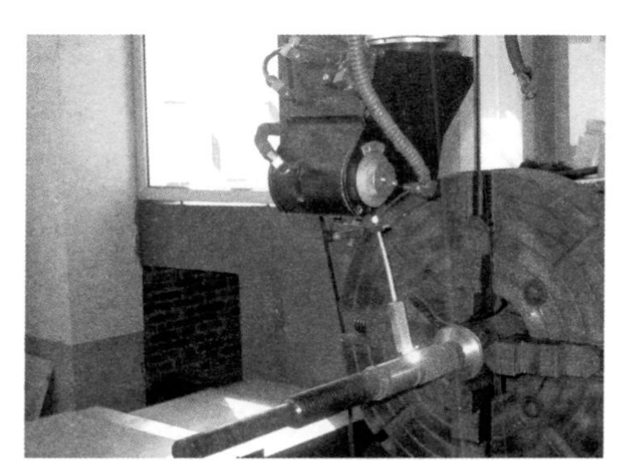

图 4－1－9 激光熔敷钻杆

第二是利用激光对各种金属部件的几何缺失，按照原制造标准恢复其几何尺寸和工作性能，修复后的部件机械强度可达到原强度的 90％以上，修复费用不到重制部件价格的 1/5。更重要的是，缩短了维修时间,解决了大型企业重大成套设备连续可靠运行所必须解决的转动部件快速抢修难题。对关键部件表面通过激光熔敷超耐磨抗蚀性合金,可以在零部件表面不变形的情况下大大提高零部件的使用寿命。对模具表面进行激光修复处理,不仅提高模具强度,还可以降低 2/3 的制造成本,缩短 4/5 的制造周期。这种技术目前主要用于大型、贵重设备失效部位的修复。图 4-1-10 所示是激光修复的挤压模具。其中,图(a)是修复前的模具,表面镀 Cr 层剥落,工作面磨损严重,模具变形量超差;图(b)是采用激光表面修复后的情况。

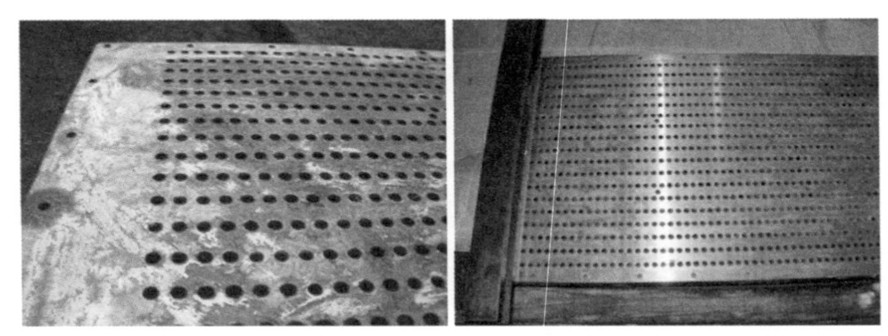

(a) 修复前　　(b) 修复后

图 4-1-10　激光熔敷修复

(1) 激光熔敷实验

1985 年,中国科学院上海光学精密机械研究所苏宝熔、黄德群等进行了熔敷灰铸铁、10# 钢和 20# 钢表面实验。[①]

① 实验装备。在灰铸铁、10# 钢和 20# 钢这 3 种材料表面上,分别喷涂铁基粉、镍基粉、钴基粉和氧化铝粉。使用 JC-3 型 CO_2 激光器,额定输出激光功率为 1 200—1 500 W,处理样品时使用激光功率为 900—1 100 W,激光束在试样上的扫描速率为 3—33 mm/s。

② 实验观察和结果。在垂直于激光束方向移动试样截面,用扫

① 苏宝熔,黄德群等,几种钢材表面激光涂复与合金化的实验研究[J],中国激光,1987,14(1):52—56。

描电镜观察其组织形态。结果表明，在钢基体上的涂层经激光处理后，所形成的熔化区和热影响区界线分明。用X射线能谱分析结果指出，在两区交界线上的元素成分为Al-0.3%、Si-0.59%、Cr-0.02%、Fe-89.7%、Ni-9.34%。作为涂层主要成分的Ni、Cr、Al 3种元素，在分界线上的含量显著降低。所以，10#钢和20#钢的涂层经激光处理后形成的表面属于激光涂复层。经硬度测量结果显示，激光束熔化处理后的材料表面，显微硬度成倍提高。10#钢基体硬度为Hv140，涂了镍基粉再经激光处理后的硬度高达Hv400；20#钢的基体硬度为Hv220，涂了钴基粉再经激光处理后的硬度最高可达Hv1049；灰铸铁基体硬度为Hv200，涂了铁基粉再经激光处理后的硬度可提高到Hv598。

（2）熔敷层显微组织

图4-1-11所示是用Ni60镍基自熔合金以激光熔敷和传统喷焊这两种表面改性技术得到的表面层组织。由图可见，它们的组织基本相同，均包括富镍的γ-固溶体（白色）、碳化物弥散共晶（灰黑色）和沿晶界分布的粒状金属间化合物（黑点）。但是，两者的形态、分布却不尽相同。采用喷焊技术的γ-固溶体呈粒状，存在大量呈弥散分布的碳化物等硬质相，分布不均匀。采用激光熔敷技术的大部分组织处于非平衡、亚结晶状态，即合金元素含量很高的非平衡γ-

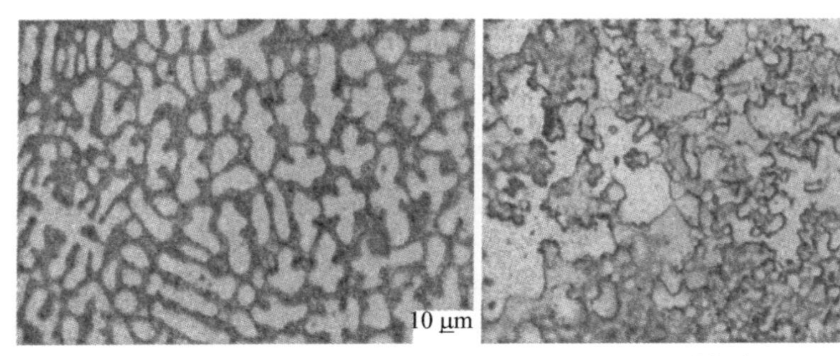

(a) 激光熔敷层　　(b) 喷焊涂层

图4-1-11 两种表面熔敷技术得到的改性层显微组织

固溶体。碳化物和 γ-固溶体的共晶组织均匀致密，其中碳化物等硬质相分布比较均匀。这是由于激光熔敷时基材迅速导热，在极高冷却速率（10^6—10^8℃/s）下，熔敷层发生快速凝固所形成的，具有强、韧两相微观结构特征。

（3）主要熔敷材料

按材料的初始状态，熔敷材料可分为粉末状、膏状、丝状、棒状和薄板状，其中应用最广泛的是粉末状材料。按照材料成分构成，主要分为金属粉末、陶瓷粉末和复合粉末等。在金属粉末中，自熔性合金粉末的研究与应用最多。自熔性合金粉末是指，合金中加入了具有强烈的脱氧作用和自熔剂作用的 Si、B 等元素的熔敷合金材料。最先选用的是镍基、钴基和铁基自熔性合金粉末。镍基自熔性合金粉末的优点是有良好的润湿性、耐蚀性、高温自润滑作用和适中的价格，适用于局部要求耐磨、耐热腐蚀及抗热疲劳的构件。钴基自熔性合金粉末的浸润性较好，熔点较碳化物低，受热后钴元素最先处于熔化状态，而在凝固时，最先与其他元素结合形成新的物相，对熔敷层的强化极为有利。该种合金粉末主要用于钢铁基合金基体上，适用于要求耐磨、耐蚀和抗热疲劳的零件。其品种比较少，所用的合金元素主要是 Cr、Fe、Ni 和 C。此外，添加 B、Si 以形成自熔性合金。

铁基自熔性合金粉末最大优点是成本低且抗磨性能好，适用于要求局部耐磨且容易变形的零件，基材多用铸铁和低碳钢。但其熔点高，合金自熔性差、抗氧化性差、流动性不好、熔层内气孔夹渣较多，这些缺点也限制了它的应用。

以上几类自熔性合金粉末对碳钢、不锈钢、合金钢、铸钢等多种基材有较好的适应性，能获得氧化物含量低、气孔率小的熔敷层。但对于含硫钢，由于硫的存在，在交界面处易形成一种低熔点的脆性物相，熔敷层易剥落，因此应慎重选用。

陶瓷粉末主要包括硅化物陶瓷粉末和氧化物陶瓷粉末，其中又以氧化物陶瓷粉（Al_2O_3 和 ZrO_2）为主。由于陶瓷粉末具有优异的耐磨、耐蚀、耐高温和抗氧化特性，所以常用于制备高温耐磨、耐蚀涂层和热障涂层。陶瓷粉末的主要缺点是，与基体金属的热膨胀系数、弹性模量及导热系数等差别较大，这些性能的不匹配将会造成熔敷层中出现裂纹和空洞等缺陷，在使用中将出现变形开裂、剥落损坏等现象。为解决这些问题，提高与金属基体的高强结合，使用中间过渡层，并在陶瓷层中加入低熔点、高膨胀系数的 CaO、SiO_2、TiO_2 等来降低内部应力，缓解了裂纹倾向，但问题并未得到很好解决，还有待进一步深入研究。

在滑动、冲击磨损和磨粒磨损严重的条件下，单纯的镍基、钴基、铁基自熔性合金已不能胜任使用要求。可在上述自熔性合金粉末中加入各种高熔点的碳化物、氮化物、硼化物和氧化物陶瓷颗粒，制成复合熔敷粉末。目前，应用和研究较多的复合粉末体系主要包括碳化物合金粉末（WC、SiC、TiC、B_4C、Cr_3C_2 等）、氧化物合金粉末（Al_2O_3、Zr_2O_3、TiO_2 等）、氮化物合金粉末（TiN、Si_3N_4 等）、硼化物合金粉末、硅化物合金粉末等。其中，碳化物合金粉末和氧化物合金粉末研究和应用最多，主要应用于制备耐磨涂层。复合粉末中的碳化物颗粒可以直接加入激光熔池或者直接与金属粉末混合成混合粉末，但更有效的是以包覆型粉末（如镍包碳化物、钴包碳化物）的形式加入。在激光熔敷过程中，包覆型粉末的包覆金属对芯核碳化物能起到有效保护、减弱高能激光与碳化物的直接作用，可有效地减弱或避免碳化物发生烧损、失碳、挥发等现象。

目前，已开发研究的熔敷材料体系还有铜基、钛基、铝基、镁基、锆基、铬基，以及金属间化合物基材料等。利用铜合金体系存在液相分离现象等冶金性质，可以设计出激光熔敷铜基复合粉末材料。其激光熔敷层中存在大量自生硬质颗粒增强体，具有良好的耐磨性。钛基熔敷材料主要用于改善基体金属材料表面的生物相容性、耐磨性或耐蚀性等，目前研究的钛基激光熔敷粉末材料主要有纯 Ti 粉、Ti_6Al_4V 合金粉末，以及 $TiTiO_2$、TiTiC、TiWC、TiSi 等钛基复合粉末，它们的熔敷层具有良好的润湿性，形成良好的冶金结合。镁基熔敷材料主要用于镁合金表面的激光熔敷，以提高镁合金表面的耐磨性能和耐蚀性能。

（4）工艺参数

熔敷工艺参数主要涉及激光功率、激光光斑直径、离焦量、熔敷粉末的送粉速度或粉末预置厚度、激光束扫描速度、熔池温度等，这些参数对熔敷层的稀释率、裂纹、表面粗糙度以及熔敷部件表面的致密性都有着很大影响。良好的熔敷层应该具有较低的稀释率，无开裂、无气孔、无夹渣，使用时无脱落，熔敷层与基体呈冶金结合，性能均匀、外观平整，能满足预定的使用性能要求。

① 选择合适的激光功率密度。激光功率密度过低，将导致稀释率太小，熔敷层和基体结合不牢，容易剥落，熔敷层表面出现局部起球、空洞等现象；而激光功率密度过高，则会导致熔敷材料过热、蒸发，表面呈散裂状，而且还会导致稀释率过高，严重降低熔敷层的耐磨、耐蚀性能。激光功率密度控制在适当范围，能够避免出现气孔和开裂现象，获得高质量的熔敷层。

② 选择合适的扫描速度。对于每一对熔敷材料和基体材料存在一个极限扫描速度，在这个扫描速度下激光束只能使熔敷材料熔化，而几乎不能使基体材料熔化。要使熔敷层成形完好，要求激光扫描速度必须小于极限速度。熔敷层材料和基体材材不同，其极限速度也不同。在保持其他工艺参数不变的条件下，如果激光束扫描速度较小，熔敷材料容易被激光束加热过度，从而导致熔敷层表面的粗糙程度变大；但是如果扫描速度较快，短时间内熔敷材料熔化不透，也难形成完好的熔敷层。所以，对扫描速度的控制也是一个很关键的因素。

③ 选择合适的搭接率。大面积激光熔敷层需要采用搭接的办法，主要是因为激光束光斑尺寸有限，只能通过扫描带间的相互搭接扩大熔敷层面积。搭接率提高，会降低熔敷层表面粗糙度，但很难保证搭接部分的表面均匀性。熔敷道之间相互搭接区域的深度与熔敷道正中的深度有所不同，从而影响了整个熔敷层深度的均匀性。而且残余拉应力会叠加，使局部总应力值迅速增大，增大了熔敷层的裂纹敏感性。研究表明，预热和回火能显著降低激光熔敷层的裂纹倾向性。其次，搭接率也直接影响熔敷层表面的光洁度。搭接率过小

会使各熔敷道之间出现凹陷，但是如果搭接率过高就有可能产生气孔和裂纹。因此，选择合适的搭接率也是获得具有平整表面成形件的关键。

④ 选择合适的稀释率。稀释率是衡量熔敷层微观质量的主要指标之一。由于基体材料元素混入熔敷层，引起熔敷层元素稀释。基体材料元素在熔敷层中所占的百分比称为稀释率，通常用几何稀释率和熔敷层的成分实测值表示。高的稀释率会提高熔敷层和基体的结合强度，但是同时也会降低熔敷层的机械性能；而低的稀释率熔敷层凝固后呈球形，与基体结合较差。一般认为，稀释率保持在10%以下，且最好在5%左右为宜。激光熔敷过程的稀释率主要取决于激光参数、材料特性、加工工艺和环境条件等。

3. 激光合金化

这是先把需要合金化的物质（合金元素或化合物）直接或间接黏合到金属基体材料表面，然后在高能激光束的加热下和在它下面的基底材料一起快速熔化后迅速凝固，并形成厚度为10—1 000 μm的合金覆盖层。这种合金化层与基体之间有很强的结合力，且具有高于基材的某些性能：高耐磨性、耐蚀性和高温抗氧化性，使得能够以廉价的普通金属材料获得优异的耐磨、耐蚀、耐热等性能表面。

与前面介绍的激光表面熔敷不同在于，激光表面合金化是使添加的合金熔敷材料和基材表面全部熔合；但激光表面熔敷是熔敷材料全部熔化而基材表面仅微熔化，熔敷层的成分基本上不变，只是使基材结合处的元素变得稀释。或者说，激光表面合金化是一种既改变材料表面的物理状态，又改变其化学成分的激光表面强化技术；而激光表面熔敷只是改变材料表面的物理状态。

(1) 实验研究

1985年，兰州大学物理系郑克全、张思玉等和河北省科学院激光研究所刘锡璋、林燕妮等实验研究了60号钢表面激光合金化。①

① 郑克全，张思玉等，60号钢表面激光合金化的研究[J]，中国激光，1987，14(9)：571—574。

① 实验以 60# 钢为基体材料，加工成 20 mm×20 mm×6 mm 的金属块。合金化元素使用的是 Cr、C、Mn 和 Al 等单元素粉末，其粒度都在 40 μm 以下。合金元素配制成如下 4 种比例：①100% Cr；②85% Cr，15% C；③25% Cr，50% C，25% Mn；④24% Cr，48% C，24% Mn，4% Al。分别称为 1# 样品、2# 样品、3# 样品和 4# 样品。将合金元素按上述比例配制好后，用有机溶剂作黏合剂，把合金粉浆分别涂敷在 4 块基体金属的表面上，涂层厚度均在 0.3 mm 左右。

实验采用 JL－6 型横向流动 CO_2 激光器，输出功率为 500—2 000 W，连续可调，激光光束用焦距 300 mm 的砷化镓透镜聚焦。通过调节焦点与实验样品表面之间的距离来改变光斑的大小；通过可控硅控制伺服电机带动丝杆构成的机械装置，调节工件表面激光扫描所需要的动作和速度。

② 实验观察和结果。用多功能探针俄歇能谱仪测量经激光处理过的 4 种合金样品的俄歇电子能谱图，根据俄歇电子能谱图定量地计算了各个样品中各种合金化元素的重量百分比含量。结果显示，所生成的各种合金层中，外加合金元素的比例与每种元素在合金化处理过程中添加混合粉末的比例并不完全相同。比如，在 4 个样品中合金层碳的含量 2# 样品变成最高，而 4# 样品最小。

将激光合金化样品在常温下，在 5% H_2SO_4 溶液和 5% NaOH 溶液中分别进行了 420 小时和 530 小时的腐蚀实验，以重量法确定耐腐性。实验结果显示，2# 样品经激光合金化处理后耐酸、耐碱的效果最佳，经酸、碱腐蚀处理后采用精确度为万分之一克的分析天平未能观察到重量有减少，即腐蚀速度趋于零。激光处理后得到的合金层典型剖面结构也显示，合金层的硬度值与合金中含碳量有关，2# 样品表面硬度最高，其合金层中碳的含量也是最高。

（2）合金化材料

选择合金化材料时，首先考虑的是对合金化层的性能要求，如硬度、耐磨性、耐蚀性及高温下的抗氧化性等要求；其次是合金化元素与基底金属材料熔体间的相互作用性质，如它们之间的可溶解性、形成化合物的可能性、浸润性、线膨胀系数及比容等；第三是合金层与基底金属材料之间呈冶金结合的牢固性，以及合金层的脆性、抗压、抗弯曲等性能。

常用的合金化元素主要有 Cr、Ni、W、Ti、Co、Mo 等金属元素，也有 C、N、B、Si 等非金属元素，以及碳化物、氧化物、氮化物等难熔颗粒。

将合金化材料引入到高能光束与金属母材表面相互作用区的方式很多，概括起来有以下 3 种：一种是预置法，把合金化粉末材料用黏合液或喷涂或蒸镀等方法预先放置于要合金化的金属材料表面，然后用激光加热、熔化，使其表面形成新的合金层。理想的预置涂层应是厚度均匀、气孔少、有良好的附着性、具有洁净的基体——涂层界面和光洁表面，这种方法在铁基材料表面合金化时普遍采用。蒸镀和溅射等方法预置的合金材料涂层比较致密，同母材结合好，而且合金层的成分和熔深的控制简单。但在合金元素添加种类比较多的场合，必须多层涂敷，过程复杂一些。

另一种方法是将硬质粒子用惰性气体直接喷射进入激光作用区，在随后的冷凝过程中，这些硬质粒子保持原来的形状镶嵌在基体材料中。在铝及其合金中注入硬质粒子，能大幅度提高铝合金的表面硬度及耐磨性。但这种工艺不如前一种易实现，且许多技术上的问题还待解决，故发展速度较慢。

第三种是同时法，在激光束辐照需要合金化的金属材料表面的同时，将合金化粉末直接送入相互作用区，合金化粉末和母材熔化并生成合金化层。此法易于控制和调整工艺参数、可以充分利用激光能量，气孔率低、生产效率高。但合金化粉末在粒度、密度不一致时，难以保证送粉过程稳定、送粉率均匀，容易导致合金化层成分和组织不均匀。对于 Al、Ti 及其合金等软质材料，也可以在激光束照射母材的同时，向相互作用区吹送气体，气体与熔化的母材组分反应，生成具有特殊性能 TiN、TiC、TiCN 等化合物的表面强化层。此法的特点是，母材表面不需涂敷金属粉末就可以直接形成合金化层。

（3）合金化层化学成分和组织结构

不论合金化元素是金属元素还是非金属元素，它们在合金化层中的成分基本稳定，而且是均匀分布，浓度几乎不随渗层深度变化，但在基体区合金元素分布逐渐减少。

一般来说，处理条件和合金化学成分不同，合金化层微观组织结构各异。

① 非金属元素合金化层。在铁基材料表面激光合金化碳氮硼等非金属元素，激光束以不同的扫描速度处理，得到的合金化层显微组织分别出现胞状晶、胞状树枝晶和粗大树枝晶等组织结构。当合金化层扫描速度比较大时，输入合金化层表面的激光能量比较少，基体受到加热程度较小，结晶时液相中出现的温度梯度较大，从而形成胞状晶；随着扫描速度减小，将得到胞状树枝晶组织，继续减小扫描速度，将得到粗大的树枝晶组织。晶粒是沿未熔化表面长大，成长方向与散热最快方向一致，垂直于熔合线，连结成柱状伸向未熔区内部，即合金化层与基体之间形成了良好的冶金结合。热影响区由针状马氏体和少量的残余奥氏体组成。

② 钴基合金化层。合金化层组织由马氏体、残余奥氏体及不同形态碳化物组成。合金化层马氏体的形核有两种方式，一种是沿基体马氏体位向生长，另一种是新形核生长，和基体位向不同。对高速钢激光钴合金化得到的合金化层组织形态在表层为等轴状，在中间为树枝状，在合金化层与基体界面为粗大的树枝状。在激光熔化合金区，用低倍显微镜观察，可看出合金化层与相变区的明显分界线。用电镜扫描可看到呈枝晶胞状组织，提高 G/R（这里 G 为熔池内的温度梯度，R 为凝固速度），则会使组织向完全树枝晶、枝晶胞状晶和胞状晶的三维平面生长，枝晶的尺寸取决于 G 与 R 之积 $G \cdot R$。这种胞状晶的网格尺寸随着熔化区的深度的加深而变大。在涂层厚度大于 0.2 mm 的试样中，组织并未出现树枝晶，而完全由胞状组织组成，其胞状晶的尺寸也较之涂层薄的试样大。只有在激光扫描速度比较快的（对应薄的涂层和足以熔化整个涂层厚的激光功率密度）情况下，表面显微组织的树枝晶胞状晶才更为明显。由于激光快速加

热和快速凝固,使得激光合金化组织具有与一般合金不同的特征。

③ 铬基合金化层。铬单质比铁更易形成碳化物。X射线衍射分析发现,激光表面铬合金化层形成了许多新的物相。铬的碳化物与铁的碳化物相比,不但化学稳定性高,而且硬度更高。铬含量不同,组织也不尽相同。表层显微结构主要是马氏体组织,组织中还含有均匀分布的微小颗粒。低碳钢表层铬合金化后,表面合金层微观组织基本上由柱状晶和等轴晶组成,形态似条状和网状;在合金层中,存在一种互成角度、相互交错的晶内网络状的特殊组织。中、高碳钢铬合金化层组织外侧为极细小的激冷晶区,晶粒尺寸小于10 μm。深度增加,晶粒逐渐变为枝晶,而后又过渡为柱状晶,枝状晶主干和柱状晶长度方向均与热流方向一致。一般球墨铸铁经激光重熔后,表面形成细小的莱氏体。有研究者对球墨铸铁进行的激光铬合金化发现,铬加入后显微组织急剧发生变化,不但尺寸大小不同,而且形态也各不相同,呈花状。这是由于铬的加入改变了相结构,形成了多种铬的碳化物。

④ 镍基合金化层。因为镍是奥氏体形成元素,固溶于基体大大增加了奥氏体的稳定性,可能使单相奥氏体保留到室温。在高碳钢表面,以镍、铬为合金元素,合金化层组织是以奥氏体为基体的胞状树枝晶,其中碳化物在奥氏体晶间形成连续网。合金化层的组织形貌受工艺参数的影响:在一定激光功率下,随扫描速度增加,熔池凝固组织细化,胞状-树枝状定向发展明显,交界区界面白层宽度减小,凝固层的硬度提高。中碳钢的激光镍合金化层组织具有枝晶网(胞)状结构,而且越靠近热影响区,越具有明显的网状特性,且网状逐渐变大。合金化层的小片状碳化物在胞状组织的枝晶区,是以不规则方式沿枝晶组织的弯曲路线分布的。在热影响区,可得到晶粒细小的板条状马氏体组织。在铸铁的合金化层,则呈现出莱氏体共晶结构,热影响区得到淬火马氏体,并看到有未溶解的石墨的残痕。

⑤ 其他合金基合金化层。由于在不同的基体上合金化,则将得到不同的合金化层组织特征。工艺参数对组织形貌的影响也不容忽视。例如,合金化碳化物,当以硬质碳化物(主要是WC)为合金化物质时,在合金化层内存在已熔解或部分熔解的硬质相,熔解在内的合

金元素将起固溶强化作用，或是重新形成细小的硬质相而起弥散强化的作用，使合金化层得到细小的凝固组织。其中，具体形貌主要取决于合金成分和冷却条件。

4. 激光非晶化

这是用高能激光束直接在金属表面快速加热，依靠金属本身的快速热传导冷却，在金属表面形成一种非晶层的技术。

固体材料可分为拓扑有序的点阵晶体结构和长程拓扑无序的非晶体结构两类，金属及合金一般呈晶体结构态。在熔融状态下，则呈非晶结构态。由于晶态系统的内能最低，属稳定态，因此熔融态的金属在冷凝过程中一般总是向晶态转变。但是，如果液态金属是以超过某一临界值的冷却速度超急制冷，如液态钢以 10^5℃/s 速度冷却凝固，则变成另外一类新型材料，即非晶态金属，又称金属玻璃。与通常的晶态金属相比，非晶合金属具有优异的物理和化学性能。比如，强度很高，铁系非晶态金属强度极限可达 400 kg/mm^2；塑性也很好，室温下冷压延 30%—50%；耐腐蚀性与晶态相比提高 1—10 倍。非晶合金还具有高的导磁率，低的矫顽力、磁损耗，良好的韧性和抗疲劳性等。

(1) 工作原理

用能量密度很高的激光束以很高扫描速度加热金属表面，表面迅速升温、迅速熔化，产生厚度 1—10 μm 的薄熔化层，只有很少的一部分热能传入基体。熔化层将以高达 10^5—10^6℃/s 的速度冷却，迅速凝固，使液态金属来不及形成核结晶，而形成了玻璃状的非晶态。熔体在急冷过程中是否形成非晶体，取决于晶相与非晶相在热力学和动力学两方面的综合竞争结果。在急速冷却的过程中，当金属熔体冷却至熔点 T_m 时并不会马上凝固或结晶，而是先以过冷液的形式存在于熔点之下，新的晶相形成需经过晶核的孕育期以及晶粒的长大期。在通常的冷却速度(10^5—10^1)℃/s 下，过冷液将逐步结晶形成多晶金属或合金；而当冷却速度超过临界值 R_c 时，过冷液将避免结晶而凝固为非晶态。对于一般金属或合金，此临界速度 R_c 约为 10^6℃/s。要达到这么高的冷却速度通常比较困难，需要特别的工艺。

临界冷速 Rc_L 与合金成分、处理工艺过程有关，在一定激光功率和扫描速度范围内，照射的激光功率密度越高，形成的金属熔池成分越均匀，越容易得到非晶态；扫描速率越大，金属熔池冷却速率越大，越易得到非晶态。

（2）实验研究

1982 年，中国科学院上海光学精密机械研究所黄德群、王浩炳等进行了激光非晶化实验研究。①

实验样品是铁基(Fe－Ni－P－B－O、Fe－B 和铝基(Al－Si、Al－Si－Mg－Mn)共晶体，使用 YAG：Nd 固体激光器，激光脉冲重复频率为每秒 5—20 次、激光波长 1.06 μm，激光脉冲宽度为 200 μs，光斑尺寸为直径 4.5 mm，激光脉冲峰值功率密度 6.4×10^6 W/cm^2。用扫描电镜观察两类共晶体在激光照射处理前后的显微组织。图 4－1－12(a)所示是激光处理前，铁基共晶体的显微组织形态，有鱼骨状、菊花状及网络状等；图(b)所示是铝基共晶体的显微组织形态，在铝的基体上均匀分布着树枝晶硅；图(c)和(d)是经激光熔化急冷处理后再观察其组织形态，原有的共晶特征已完全消失，变成一片无定形的微颗粒。

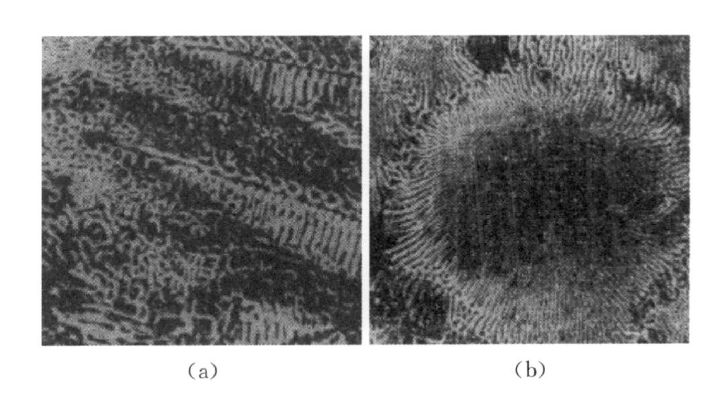

(a)　　　　　　(b)

① 黄德群，王浩炳等，用扫描电子显微镜研究激光法制备的非晶态金属[J]，中国激光，1983，10(11)：782—784。

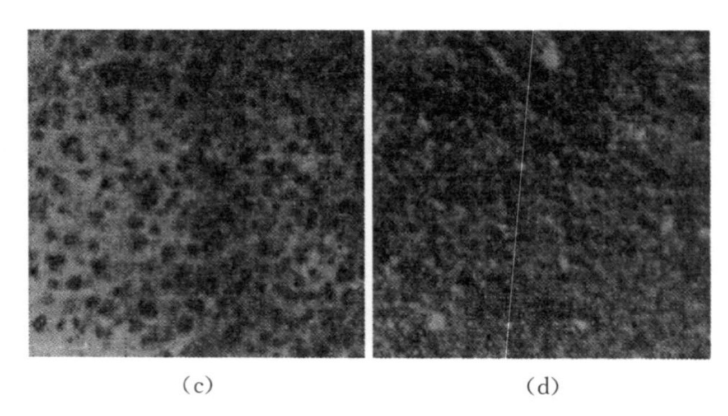

图 4－1－12　激光照射处理前后金属的显微组织

为了进一步确定这些微颗粒的显微组织，拍摄了电子衍射照片。经激光处理后，铁基样品的电子衍射花样为漫散晕面，而铝基样品的电子衍射花样为漫散晕环加不清晰的衍射环。这说明，铁基样品实现了较完全的非晶态转变，铝基样品的非晶态转变不完全，中间还夹杂着一定数量的超细微晶颗粒。

将非晶试样在一定温度下回火处理，然后用扫描电镜观察其显微结构，由此确定铁基试样的析晶温度为 800℃左右，铝基试样的析晶温度为 450℃左右。

5. 激光冲击表面强化

金属材料发生疲劳和腐蚀均始于材料表面，所以金属材料表面的结构和性能直接影响着材料的综合性能。为了改善表面性能，采用了喷丸、滚压、内挤压等多种表面强化工艺。脉冲激光能在材料中产生高强应力波，在材料表面涂上一层能透过入射激光的材料，产生的应力波强度还会明显升高，峰值压力可以达万帕，足以使金属产生强烈塑性变形，类似于传统喷丸等以冲击方式改变金属材料性能，出现包括金属表面硬度、屈服强度以及金属疲劳寿命获得大幅度改善的效果，从而开发出一种新型表面强化技术，即激光冲击强化技术。

(1) 工作原理

高峰值激光功率密度的脉冲激光束(脉宽小于 1 μs)作用于工件表层，使表层约几微米的薄层迅速加热气化；在极短的时间内，金属蒸气由于受到外部介质的限制而在照射区形成超高压力波，并穿过金属薄层。随着压力波向金属基体内的传递，在表层形成压应力区，并产生某些微观特性的改变。随着应力波对金属材料的应力（或应变）状态、压力的峰值大小及变化速率、脉冲作用时间的变化以及金属本身的原始特性的不同，金属将有可能产生 3 种变化：改变已有的显微组织、生成新组织、两者同时产生，从而对金属材料的力学性能产生影响，使得材料的抗疲劳和抗应力腐蚀等性能获得显著提高。

与激光表面熔敷、合金化和非晶化等技术有些不同，在激光冲击强化处理时，工件表面需要预置光带吸收层和约束层。吸收层是涂对激光波长吸收比较强的材料，使它吸收了强脉冲激光的能量后气化，产生的蒸气被限制在工件表面和约束层之间，并继续吸收激光束的能量，进而产生强烈膨胀，形成强冲击压力作用于金属材料表面。此外，它还起着防止金属表面层被激光束熔化和气化。如果没有这吸收层，在激光辐照下金属表面层将发生的是熔化和气化，正如在前面介绍过的激光表面熔凝、熔敷和合金化时遇到的那种情况。

约束层是置于金属表面的一种光学透明材料，它将吸收层产生的强烈膨胀压力波限制在金属表面和这一层之间，以进一步提高压力波的峰值压力。此外，使用约束层能在金属表面产生残余压应力。如果没有约束层则可能产生残余拉应力，不仅不能提高金属的疲劳寿命，还会降低其疲劳寿命。目前，所用的约束层材料多为玻璃和水。玻璃有更高的声阻抗，可获得更高的峰值冲击压力。但水的成本低，能够均匀地流过激光冲击强化区域，并形成一层透明的约束层，容易实现自动化。

（2）激光冲击表面强化实验

1991 年，南京航空学院杨怡生、刘志东等进行了激光冲击强化金属材料的初步实验。①

① 实验装置。图 4－1－13 所示是实验装置示意图。调 Q 玻璃

---

① 杨怡生，刘志东，激光冲击一种金属表面局部强化的新工艺[J]，应用激光，1992，12（3）：111—114。

激光振荡器输出宽频激光束，经扩束和中心取样获得均匀场分布；而后送入空间滤波器系列和放大器系列，获取较高的激光功率及均匀场分布的脉冲激光能量输出。其中，激光波长 1.06 μm、光斑直径 10 mm，冲击激光能量 25—35 J，脉冲宽度 30 ns，试件是 7475－T761 铝合金板和 30CrMnSiNi2A 高强度合金钢。

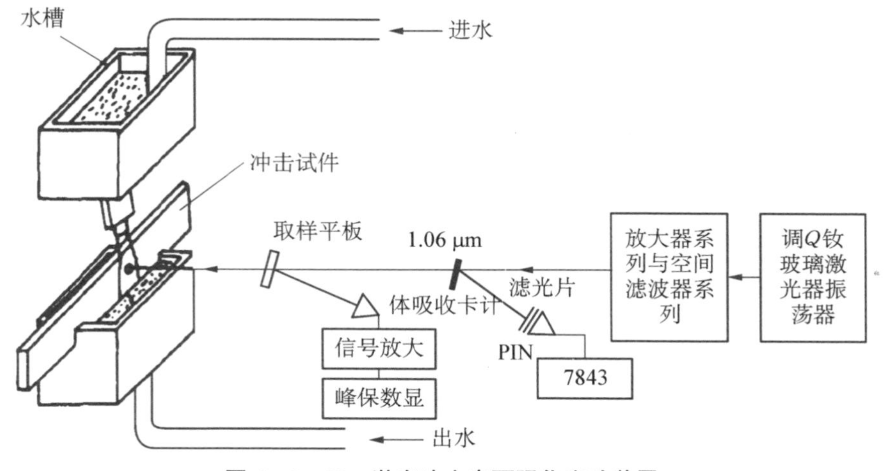

图 4－1－13 激光冲击表面强化实验装置

② 实验结果。采用单面冲击方式，即先冲击试样的一个表面，再冲击另一表面，每个表面连续冲击两次。冲击时，自来水均匀流过冲击区域，形成一透明的薄层。在激光的作用下，瞬时高温使其蒸发为气体，形成冲击波传入工件内部，其瞬间压力峰值可达10 GPa。

分别测量了 7475－T761 及 30CrMnSiNi2A 激光冲击处理后的硬度和拉-拉疲劳寿命。结果显示，激光冲击使 30CrMnSiNi2A 的表面显微硬度提高 30％左右，拉-拉疲劳寿命提高 74％；7475－T761 激光冲击后其拉-拉疲劳寿命可提高 89％，而硬度则无明显变化。

(3) 优越性

激光冲击表面强化和传统的机械冲击强化相比具有鲜明的特点和具有更大的优势，主要有：

① 激光冲击强化适用材料范围广，如碳钢、合金钢、不锈钢、可锻铸铁、球墨铸铁、铝合金、钛合金以及镍基高温合金等均适用。

② 激光的光斑大小可调，可以对狭小的空间，如狭缝、沟槽等进行冲击强化处理。比如，可对微电机开关中的微米级金属零件进行激光冲击强化处理。对小尺寸孔、异形孔、盲孔等做冲击强化处理，传统处理工艺效果都不够好，而激光冲击强化处理都能够得到好的结果，满足生产技术要求。例如，对 7050 铝合金表面先进行激光冲击强化处理后再进行钻孔，同样可以大幅度提高孔的抗疲劳性能。

③ 激光冲击强化处理的工艺参数和冲击作用区域可以精确控制，因而残余压应力的大小和压应力层的深度可以精确可控。

④ 激光冲击强化形成的残余应力大，形成残余压应力层深度深，深度可达传统机械工艺的几倍。

⑤ 激光冲击强化零件表面塑性变形的深度为微米级。光滑零件表面冲击强化后，基本不改变粗糙度，因而激光冲击强化适合航空发动机叶片的强化，不但使表面改性，还保持了工作时表面气流的通畅和原先设计时力的平衡。

五、激光成形

利用激光可以制造机械零件原型或者直接制造零件，是 20 世纪 80 年代发展起来的一门高新技术。在工业生产过程中，零件原型的快速制作是改变传统生产技术的关键。快速制作出的三维实体模型可以给设计人员提供快速反馈，以便他们评估自己的设计思路，能够大大缩短新产品研究周期，保证新产品以最快速度投入市场。同传统的制造方法相比较，激光成形技术显示出诸多特点：

① 能够快速、直接、精确地将设计思想转化为具有一定功能的实物模型(样件)，从 CAD 设计到完成原型制作通常只需几个小时到几十个小时，不仅缩短了新产品开发周期，而且降低了开发费用。

② 制造工艺与零件的复杂程度无关，不受工具的限制，可实现自由制造，原型的复制性、互换性高，特别适合新产品的开发和单件小批量零件的生产。

③ 制作原型所用的材料不受限制，各种金属和非金属材料均可使用，可以制造树脂类、塑料类、纸类、石蜡类、复合材料，以及金属材料和陶瓷材料的原型。

④ 是集计算机、CAD/CAM、数控、激光、材料和机械等一体化的先进制造技术，整个生产过程实现自动化、数字化，与CAD模型具有直接的关联，所见即所得，零件可随时制造与修改，实现设计制造一体化。

⑤ 可用于产品的部分性能测试、分析，如运动性能测试、风洞实验、有限元分析结果的实体表达、零件装配性能判断等制作原型所用。

⑥ 在医学领域以医学影像数据为基础，利用激光快速成型技术制作人体器官模型，对外科手术有极大的应用价值。

⑦ 在航空航天技术领域倍受关注。在航空航天领域中，空气动力学地面模拟实验（即风洞实验）是设计性能先进的天地往返系统（即航天飞机）必不可少的重要环节。该实验中所用的模型形状复杂、精度要求高，又具有流线型特性。采用激光快速成型技术，根据CAD模型，由激光快速成型设备自动完成实体模型，能够保证模型质量。

1. 激光固化快速成形

这是利用光敏树脂受激光照射后，由液态变为固态的原理来实现制造过程的技术。由于光聚合反应是基于光的作用，而不是基于热的作用，也没有热扩散，加上链式反应能够很好地控制，能保证聚合反应不发生在激光点之外，因而加工精度高，可以控制在0.01 mm；表面质量好；能制造形状复杂、精细的零件，效率高。对于尺寸较大的零件，则可采用先分块成形，然后粘接的方法进行制作。

(1) 工作原理

计算机按照零件设计的计算指令，控制激光束对光敏树脂表面进行逐点扫描。这种光敏树脂在通常状态下呈液体状态，被激光照射后产生光聚合反应而固化，形成零件的一个薄层（厚度约十分之几毫米）。工作台往下移一个层厚的距离，在已固化的层面上铺上新的一层树脂层，再进行第二层激光扫描，形成新的固化层，并与已固化层黏结在一起，如此重复进行到整个原型制造完毕。当所有的层都完成后，原型的固化程度大约是95%，最后要用很强的紫外光源对其作后固化处理，以达到性能指标的全部要求。

成型系统由数控系统、控制软件、激光系统、树脂容器，以及后固化装置等部分组成。数控系统和控制软件主要由数据处理计算机、控制计算机，以及CAD接口软件和控制软件组成。数据处理计算机主要是对CAD模型离散化处理，使之变成适合光固化立体成型的文件格式，然后对模型定向切片。控制计算机主要用于X－Y扫描系统、Z向工作平台上下运动和重涂层系统的控制。CAD接口软件包括：对CAD数据模型的通信格式、接受CAD文件的曲面表示、设定过程参数等。控制软件包括：对激光器光束反射镜扫描驱动器、X－Y扫描系统、升降台和重涂层装置等的控制。

因为大部分光引发剂在紫外区的光吸收系数很大，仅需很低的激光能量密度就可以使树脂固化，所以多数采用输出在紫外波段的激光器。输出波段在紫外区常用的激光器有He－Cd激光器（激光波长325 nm）、氩离子激光器（激光波长351—364 nm）、氮分子激光器（波长337 nm）、二极管泵浦YOV_4：Nd三倍频激光器（波长355 nm），以及准分子激光器（波长308 nm、222 nm、172 nm）。

（2）实验研究

1996年，西安交通大学激光红外应用研究所乐开端、王创社等设计了激光快速成型系统，图4－1－14所示是其结构示意图。①

首先利用计算机对将要制造的模型分层，使之成为一系列有顺序的二维图像。利用光扫描头产生一行同步信号，触发计算机输出图像的行信号；用行信号控制光开关，使系统扫出受图像调制的一行，扫描完一行后，光扫描头沿X方向移动一规定距离，逐行扫描便可以扫描完一幅二维图像。扫描完一幅图像后，由场同步信号去触发Z方向移动平台，使之下降0.1 mm，再由液面刮平系统刮平，使液

---

① 乐开端，王创社等，激光快速成型技术研究[J]，光子学报，1997，26(4)：365—367。

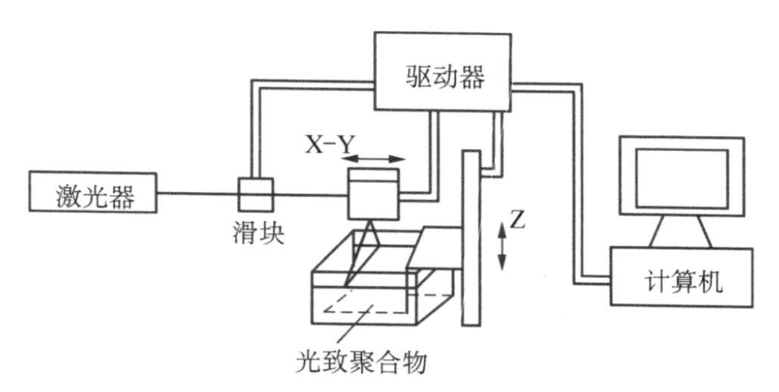

图 4-1-14 激光快速成型系统结构示意图

面覆盖已固化部分，从而可固化下一层。这样逐层固化，就可制造出设计所要求的模型或零件。

1996 年，西安交通大学 RPM 中心，**王军杰**、**刘廷章**等对光敏树脂固化深度进行了实验研究，主要研究了树脂固化深度与扫描速度、激光功率的关系。① 扫描速度不变时，固化深度和激光功率的对数呈线性关系；激光功率不变时，固化深度随速度的增大而减小，与扫描速度的对数成线性关系；要在加工中保持相同的固化深度，则必须使激光功率和扫描速度保持非线性关系。

(3) 固化树脂

固化树脂通常由光引发剂、预聚物、单体及少量助剂组成。

① 光引发剂。目前所用大多是紫外光引发剂，要求光学吸收峰与激光波长匹配良好，对光的敏感度高。合适的光引发剂能提高光引发效率，有利于光聚合，提高成形速率。紫外光引发剂一般可分为自由基型和阳离子型等。自由基型光引发剂有苯偶姻类、苯偶酰缩酮类、苯乙酮类、二苯甲酮类、硫杂蒽酮类、酰基膦氧化物等。其中，酰基膦氧化物光引发剂分解速率快，产生两种自由基，都引发单体聚合，光固化速度快。芳基重氮盐是最早商业化的阳离子引发剂，典型

---

① 王军杰，刘廷章等，激光快速成型加工中光敏树脂固化深度实验研究[J]，化学工程，1997，25(2)：44—49。

的是苯基重氮氟硼盐。为了提高固化灵敏度可加增感剂，常用的增感剂有蒽、硫杂蒽酮等。可见光引发剂目前还处于研究中，阳离子菁染料与有机硼的复合物作引发剂在可见光范围(波长 556 nm 附近)感光，阳离子菁染料化学结构中的不饱和共轭链长度增长可以使最大吸收波长红移至 780 nm，有机染料曙红和紫外光引发剂组成协同引发体系可应用于波长 514 nm 可见激光快速成形。

在光固化材料中，光引发剂的含量也是一个重要参量。含量太低感光树脂不能固化，太高则由于吸光严重而不利于深层固化，得不到三维结构。固化深度和光引发剂的浓度存在着一定的关系，一般随着光引发剂浓度的升高，固化深度最初随之增大，但达到一个临界值或是最佳光引发剂浓度后，却随浓度的增加，固化深度反而降低。

② 预聚物和单体。可以分为自由基型、阳离子型、混杂型 3 类。

a. 自由基型预聚物。是激光固化快速成形最早使用的材料，主要有环氧丙烯酸酯、聚酯丙烯酸酯、聚氨酯丙烯酸酯。环氧丙烯酸酯的特点是聚合速率较快、价格便宜、终产品硬度高，但脆性较大，产品易泛黄；聚酯丙烯酸酯的特点是流平性好，固化速率快；聚氨酯丙烯酸酯具有聚合慢、价格昂贵等缺陷，但终产品具有柔韧性好、耐磨性好等优点。使用的单体主要有单官能度和多官能度丙烯酸酯类。一般来说，官能度的密度越高，固化速率越快。近年来，非丙烯酸酯无毒性单体，已部分代替有毒的丙烯酸酯单体。

这类预聚物的最大缺点是固化后体积收缩较大。体积收缩是由于树脂固化时液态单体分子之间的范德华距离转化为共价键距离，同时聚合后分子的有序性提高而引起的。体积收缩大会使成型零件精度降低，而且成型零件容易翘曲变形，特别是悬臂和大平面零件，更容易造成层间开裂和刮平障碍而使制作过程中断。因此，许多研究者都致力于采用各种方法来降低体积收缩率。未来主要发展方向在低黏度和特殊功能这两方面。低黏度可以减少单体用量，降低刺激性，固化膜机械性能优异，光固化速度快。特殊功能的开发主要是改善其物理、化学性能等，如黏附力、耐磨性、耐候性、柔韧性、耐化学性等。新的预聚体有胺基、脂肪酸、酸酐等改性的环氧丙烯酸酯，聚丙烯酸酯的丙烯酸酯、聚烯烃丙烯酸酯，棕榈油改性以及聚酰胺改性的聚氨酯丙烯酸酯，(甲基)丙烯酸化超支化聚合物。

b. 阳离子型预聚物。是第二代激光固化树脂，最早使用的是环氧化合物。它固化前后体积变化很小，收缩和翘曲性小，力学性能优异；对氧气不敏感；与金属、塑料的黏附力强；可加热固化，三维形状和厚层可以在激光照后通过加热发生后固化，使光线不易达到的部位固化充分。主要缺点是固化速度慢，容易受碱和湿气的影响。新开发的此类预聚体有 3，4 -环乙烷环己基的衍生物，包括单、双官能团环氧树脂；带有一个或两个环氧丙烷的脂肪型预聚体；改性的羟基为末端基的超支化齐聚物；硅氧烷环氧树脂，其造型速度与多官能团丙烯酸酯和甲基丙烯酸酯相当，甚至更快。乙烯基醚、烯丙基醚类是阳离子固化较好的单体。催化型环氧树脂有望成为一类新型的光功能材料和新的造型体系。

c. 混杂型预聚物。鉴于自由基型和阳离子型树脂各自的优缺点，近几年又发展了自由基-阳离子混杂预聚物。它充分发挥了自由基和阳离子预聚物各自的特点，以达到功能互补、协同提高的效应，可以控制固化时的体积变化，减小体积收缩率，从而减小内应力和增强附着性能。这类预聚物可分两大类：一类是由丙烯酸酯与环氧化合物组成的混杂体系；另一类是由丙烯酸酯与乙烯基醚类化合物组成的混杂体。

2. 激光烧结快速成形

这是利用激光能量直接烧结金属粉末制造金属模具和金属零件，或者烧结陶瓷粉末或铸砂，制成精密和表面质量较高的壳型和壳芯的新型激光制造技术。它能够一次成形复杂的零部件或模具，不需要任何工装。由计算机控制激光束以一定的扫描速度，在选定的扫描轨迹上作用于粉末材料，使粉末黏结固化，完成一层烧结；然后由电机驱动，使粉末固结面下降一定的高度，铺上一定厚度的新粉末后重复以上工序，直到形成整个零件。该技术在航空航天、机械电子以及医疗卫生等领域获得广泛应用，成为先进制造技术的重要组成部分。

（1）工作原理

先在计算机上建立零件的三维 CAD 模型，并利用切片软件将模型按一定厚度分层“切片”，即将零件的三维数据信息离散成一系列二维轮廓信息，然后将分层后的数据处理传给数控系统，形成数控代码，最后在计算机的控制下，用激光烧结的方法将粉末材料按照二维轮廓信息逐层堆积，最终获得三维实体零件或仅需少量后续加工的近形件。工艺过程包括 CAD 模型的建立及数据处理、铺粉、烧结以及后处理等，如图 4-1-15 所示。

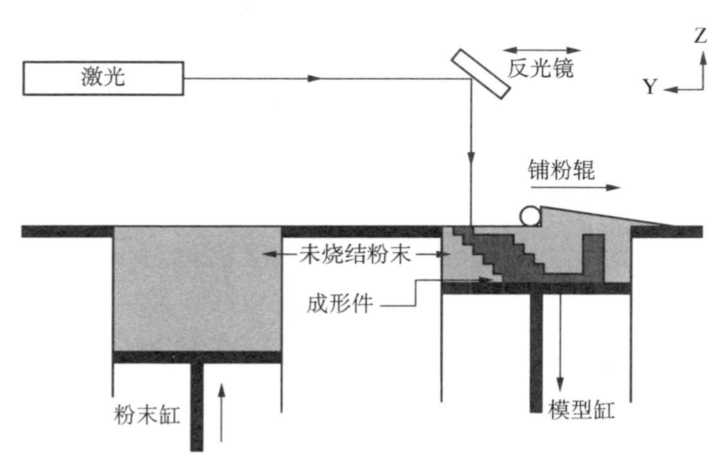

图 4-1-15　激光烧结快速成形系统工作原理图

工作装置由粉末缸和成形缸组成，工作时粉末缸活塞（送粉活塞）上升，由铺粉辊将粉末在成形缸活塞（工作活塞）上均匀铺上一层。计算机根据原型的切片模型控制激光束的二维扫描轨迹，有选择地烧结固体粉末材料以形成零件的一个层面。粉末完成一层后，工作活塞下降一个层厚，铺粉系统铺上新粉，控制激光束再扫描烧结新层。如此循环往复，层层叠加，直到三维零件成形。最后，将未烧结的粉末回收到粉末缸中，并取出成形件。在烧结之前，整个工作台被加热至一定温度，可减少成形中的热变形，并利于层与层之间的结合。

(2) 激光烧结成形实验

1997 年，南京航空航天大学**白俊生**、**赵剑峰**等实验研究了激光烧结快速成形试验。[①]

实验使用二氧化碳激光烧结，激光波长为 10.6 μm，激光功率为 8 W，光斑尺寸为 0.6 nm。试样尺寸为 60 mm×10 mm×10 mm 的长方体，粉末为还原铁粉和聚甲基丙烯酸甲醋粉末的混合物。扫描方式有长行、短行和轮廓扫描 3 种方式；扫描速度、扫描间隔，则根据实验需要做改变。烧结时，粉末层无预热，室内温度约为 20℃，无保护气体。

实验研究了，激光烧结快速成形的烧结件机械强度与烧结粉末层的密度、烧结粉末中黏结剂含量、激光功率，以及激光束的扫描速度、扫描间隔、扫描路径的关系。实验结果显示，在一定的工作条件范围内，激光烧结件的机械强度与黏结剂的含量基本上成正比；随着激光功率的增大而增大，但功率超过某一数值后机械强度不仅没有增大反而减小。这可能是因为在相同的扫描速度和扫描间隔的情况下，单位面积的粉末层在单位时间内受到高密度的激光照射使得黏结剂大量烧蚀挥发，从而使试样的强度降低。烧结件的弯曲强度还与激光束的扫描轨迹有关，长行扫描的烧结件其机械强度总的来说高于短行扫描的。

(3) 烧结方法

基本上有 3 种方法，它们分别是：

① 金属粉末和黏结剂混合烧结。首先将金属粉末和某种黏结剂按一定比例混合均匀，用激光束对混合粉末进行选择性扫描，使混合粉末中的黏结剂熔化并与金属粉末黏结在一起，形成金属零件的坯体。再将金属零件坯体进行适当的后处理，如烧失黏结剂、高温焙

① 白俊生，赵剑峰等，激光烧结快速成形试样强度的研究[J]，航空精密创造技术，1997，33(5)：29—31。

烧、金属熔渗(如渗铜)等工序进行二次烧结,进一步提高金属零件的强度和其他力学性能。这种工艺方法较为成熟,已经能够制造出金属零件,并在实际中得到使用。

② 激光直接烧结金属粉末。这是用激光直接烧结金属粉末制造零件,研究较多的是两种金属粉末混合烧结,其中一种熔点较低、另一种较高。激光将低熔点的粉末熔化,熔化的金属将高熔点金属粉末黏结在一起。由于烧结好的零件强度较低,需要经过后处理才能达到较高的强度。目前也在开展对单一种金属粉末,如 CuSn、NiSn、青铜镍粉复合粉末的激光烧结成形。

③ 金属粉末压坯烧结。金属粉末压坯烧结是将高、低熔点的两种金属粉末预压成薄片坯料,用适当的工艺参数进行激光烧结。低熔点的金属熔化,流入到高熔点的颗粒孔隙之间,使得高熔点的粉末颗粒重新排列,得到致密度很高的试样。

3. 激光冲击成形

在机械生产中,常常需要将一些板材改变形状,通常使用专门冲床设备加工。激光冲击成形与传统的成形工艺相比具有无需模具、易于控制、加工柔性高、成形后材料性能好等优点。尤其对于一些难加工的材料成形来说,这种优点更为突出。

(1) 工作原理

利用高功率密度(功率密度大于 1 GW/cm^2)、短脉宽(小于 100 ns)的脉冲激光和材料相互作用,诱导高强度冲击波,通过逐点冲击和有序的击点分布获得大面积板料的复杂形状,实现激光成形零件原形,工作原理如图 4 - 1 - 16 所示。高能短脉冲激光束穿过透明约束层(比如水),照射到涂覆在金属板料表面的能量吸收层(比如黑漆)上,它吸收激光能量后温度升高并发生气化。蒸气吸收激光能量形成等离子体,继续吸收能量发生迅速膨胀,形成动量脉冲。在约束层的作用下,产生向板料内部传播的强冲击波,成为板料塑性成形的变形力。当冲击波峰值超过板材动态屈服极限时,金属板发生宏观塑性变形,如图 4 - 1 - 17 所示。

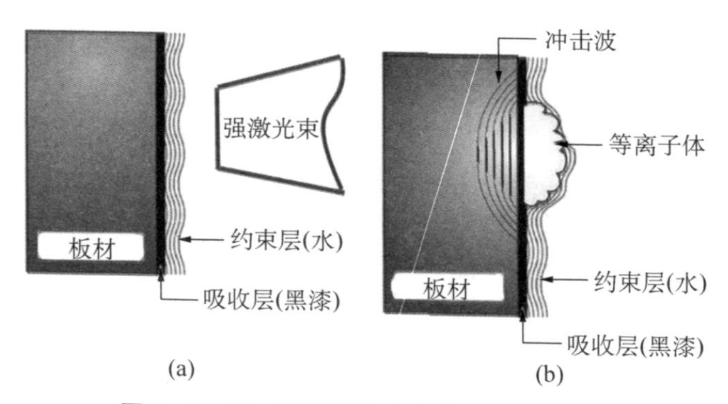

图 4-1-16 板料激光冲击成形原理示意图

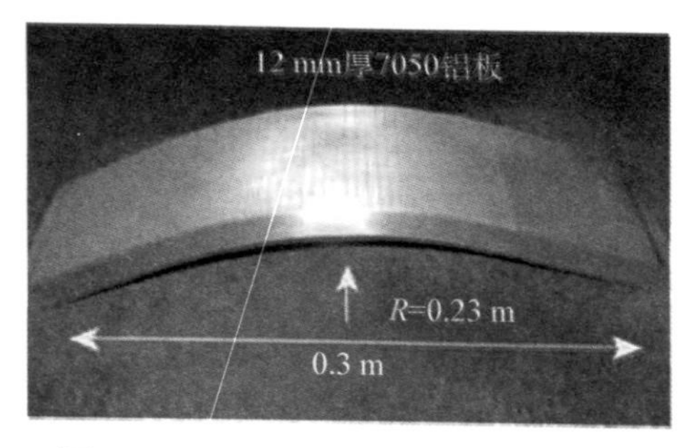

图 4-1-17 激光冲击成形的铝材元件

激光冲击金属材料表面强化也是利用激光诱发的冲击波实施的,不同在于,此时被加工的部件在成形方向上无约束,为成形提供了空间。如果将激光冲击强化在冲击区域产生的微凹坑也作为一种成形,那么两者的概念是同一的。

(2) 激光冲击成形实验

2001 年,江苏大学机械学院周建忠、张永康等对金属板料进行了激光冲击成形实验研究,实现了金属板料的激光冲击成形。①

① 周建忠,张永康等,金属板料激光冲击成形技术研究[J],应用激光,2002,22(2):165—168。

图 4-1-18 所示是实验装置结构示意图。工件冲击体系及夹具安装在数控工作台上，工件冲击体系由工件-涂层-约束层组成。数控系统发出的数控指令通过通信线路控制激光脉冲的激发、工作台和导光头，使之做多轴联动，从而实现多工位上工件的立体冲击成形。

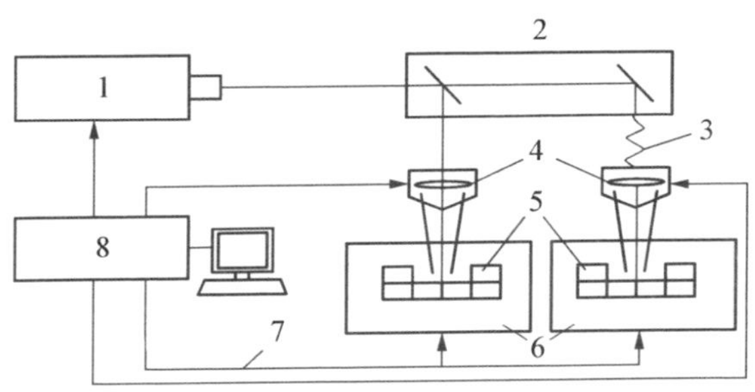

1-激光发生器；2-导光和分光系统；3-光纤传输的导光分光体系；4-冲击头；5-工件冲击体系及夹具；6-数控工作台；7-通信线路；8-计算机数控系统

图 4-1-18 激光冲击成形实验装置结构

实验使用高功率钕玻璃激光器，波长为 1.06 μm，典型脉冲宽度(FWHM)为 20 ns，能量最大为 30 J，最大脉冲功率 1.2×10^{9} W，激光束直径 6 mm。实验试样是 304 奥氏体不锈钢薄板，直径 40 mm、厚度 0.5—1.0 mm；吸收层为专用黑漆，厚度 0.05 mm；约束层为厚度 2 mm 的有机玻璃。

采用不同的激光能量对不同厚度的板料在相应的约束边界下进行单次冲击，并测量其变形量。激光单次冲击板料所形成的典型轮廓剖面形状像球冠状锥体，这与实验中的激光模式为准高斯型有关。随着激光能量增大，板料的成形深度也增加。但在激光脉冲能量太大时，板料的变形深度随激光能量的增加趋于缓慢。成形顶部的曲率半径与激光能量几乎成反比关系，随着激光能量增加，成形顶部的曲率半径减小。当激光能量增大至诱导的冲击波压力超过材料的抗拉强度时，板料发生冲裂破坏，因此需要根据具体情况选择适当的激光能量。

成形区表面的残余应力分布与成形轮廓形状类似，在成形件顶部的残余应力达到最大值。而且在成形区凸面（非冲击面）的残余应力都属于压缩应力，在成形顶点的最大残余压缩应力为－301 MPa，逐渐变化到基体的－28 MPa左右；在成形区凹面（冲击面）的残余应力有的是拉伸应力，有的是压缩应力。当板料的厚度或激光能量密度在某一临界值以上时，在冲击区表面形成的是残余压缩应力。在该实验条件下，当板料厚度大于0.7 mm时，在冲击面形成的残余压缩应力30—300 MPa。这表明，对于一定厚度的板材，选用适当的激光能量进行冲击成形，可使表面避免残余拉伸应力而形成有益的残余压缩应力，从而改善零件的使用性能。

（3）主要特点

激光冲击成形技术有许多特点，主要是：

① 克服了板材成形过程中的回弹问题，提高了工件的抗疲劳和抗腐蚀性，有高成形精度和对异形凹模的高复现性，并且对板材表面质量要求不高，是一种极具发展潜力的高效无模或半模冷成形技术。

② 成形速率快（大于10^5/s），与准静态成形相比，材料的成形极限明显提高。

③ 属于非热效应成形，避免了激光热应力成形时，因剧烈温度梯度导致的不良组织和性能，以及由于应力波前沿所引起的大量位错和严重塑性变形，反而能使组织结构均匀。

④ 继承了激光冲击强化和塑性成形技术的优点，在材料表面能够形成残余压缩应力，从而显著提高了零件的硬度、耐磨性、耐蚀性和疲劳寿命。

⑤ 适用的材料类型多，可以加工硅等非金属材料，也可加工铝、铜、钛、铁等金属基材料。

⑥ 工艺范围广，加工柔性大。采用不同形状凹模或按不同路径渐进成形，可制造简单弯曲件、复杂曲面的异形件、轴对称或非轴对称的拉深及胀形件等。

⑦ 能够进入常规工具无法进入，或无操作空间的区域进行加工成形。在微零件的精细成形、微装配，或装配后微零件的整形等具有

其独特性。

(4) 主要应用领域

激光冲击成形技术作为一种快速敏捷的先进制造技术,在金属板料的塑性精确成形领域显示出巨大的生命力。主要应用领域包括:

① 航空航天工业。金属板料冲击成形后形成很深的高幅值残余压应力,显著提高疲劳寿命,特别适合于制造有抗疲劳要求的钣金件。飞机的机翼整体壁板结构较大,型面复杂,而且壁板内部存在加强筋,因此机翼壁板成形是飞机制造的重大课题。与通常使用的喷丸成形技术相比,激光冲击成形的成形曲率更大,产生的残余压缩应力更深,更容易控制成形参数。由于能进行大型板件的精密成形,因而能减少焊接件和联结件的数量,从而实现飞机零部件等的轻量化设计,承载更多的燃料等有效载荷,因而将对航空制造业产生重大影响。

导弹、火箭及核反应金属罐容器等零部件,由于特殊应用场合,除了要有精确的外形外,表面要求有很高的机械力学性能和质量。激光冲击成形能实现难以加工材料的精密成形加工,减少了零件的加工工序,因而在国防产品的加工中具有潜在的优势。

② 汽车和模具制造业。一辆汽车上80%的零部件是用模具加工制造的,模具的制造成本极为昂贵。由于汽车覆盖件大都属于浅拉延件,很适合于激光冲击成形加工,这样可省去或减少汽车覆盖件模具数量,节省大量的制造费用,大大缩短汽车开发周期,因而产生巨大的经济效益和社会效益。

③ 微电子制造业。理论上,激光束直径可达波长级,能量聚焦效果好、强度高,适合微零件精细成形,目前激光冲击成形已经向微观领域拓展。微冲击成形是微尺度下基于激光诱导冲击波效应的,适用微构件的柔性成形方法。面向MEMS的微加工工艺和技术是在集成电路的基础上发展起来的,主要依赖于深反应离子蚀刻、光刻、LIGA等微细加工技术。而采用硅基材料制作微器件的工艺复杂,设备投资大,可重复性差,无法满足三维复杂形状微器

件的加工，也限制了加工材料的多样性，不适合微型器件的批量生产。其他利用微细电火花、微切削和超声波微加工等方法成形微构件，也都具有各自的加工适用范围和限制。微细电火花加工的前期准备工序复杂，加工材料和效率受限；微切削能加工的构件精度和尺寸受限；超声波微加工方法在加工复杂型面时，超声波极难以安置。

4－2 化学工业应用

利用激光能够制造优质原材料，比如纯度非常高的，或者有特殊性质的，或者特别结构的材料。利用激光技术还开发了一系列原材料制造新技术，制造出各种性能特别的新原材料，以满足了现代科学技术、现代工业生产发展的需要。

一、激光提纯化学原料

微电子学、医药、精细化工、宇航、能源等领域都需要超高纯的原材料。激光是先进的提纯技术，能够获得利用一般常规化学提纯技术和物理提纯技术所难以达到的纯度，其杂质含量降低至亚 ppm 量级或 ppb 量级。原材料中，有些杂质和主体的物理性质和化学性质非常相似。比如，生产半导体材料所需要的高纯硅原料之一四氯化硅（$SiCl_4$），与伴随的杂质四氯化碳（CCl_4）的物理性质和化学性质就非常相近，不论是采用传统的化学提纯技术还是物理提纯技术难度都很大，提纯效果也很差，现在利用激光做提纯就很有效。

1. 基本原理

激光提纯是利用激光的单色性好，对原子和分子有选择性地激发。比如，只激发混合物质体系中某一种分子，而其他分子不被激发。在化学原材料中，主体物质和杂质的化学性质和物理性质即使很相近，但因为它们的分子中含有不同的原子，比如，主体四氯化硅和杂质四氯化碳，前者的分子中有硅原子，后者的分子中含有的是碳原子，因此它们的分子光谱是有差别的，即它们的吸收光谱中峰值吸收光波长不一样。尽管彼此的吸收波长相差的数值不大，但因为激光的单色性非常好，就能够做到让激光器输出的某一个波长符合其中一种分子的峰值吸收波长，而不符合另外一种分子的，于是便能够有选择性地激发其中某种分子，或者电离、离解其中某种分子。被激发的分子化学反应速率获得提高，往下便可以采用化学反应方法把它单独从混合物中“提拔”出来；被电离的分子利用电场便可以分离出来；而被离解的杂质化合物分子，也自动从混合物中消失。

2. 提纯六氟化硫

纯品六氟化硫无毒无害，也是一种理想的电子蚀刻剂和气体绝缘体，大量应用于微电子技术、电子设备、雷达波导、粒子加速器等领域。但生产的产品中，可能混杂有毒的低氟化硫、氟化氢、六氟化二硫等，所以需要对工业生产用的六氟化硫提纯，清除其中的杂质。

1976 年，中国科学院安徽光学精密机械研究所所三室、中国科技大学化学物理专业利用 CO_2 激光进行提纯六氟化硫（SF_6）实验研究。[①] SF_6 的红外吸收光谱显示，含硫同位素 ^{34}S 的六氟化硫，即 $^{34}SF_6$ 的振动光谱峰值吸收波长是 10.747 μm，而含硫同位素 ^{32}S 的六氟化硫，即 $^{32}SF_6$ 的振动光谱峰值吸收波长是 10.55 μm，正好落在 CO_2 分子 00^01—10^00 的振转跃迁 P 分支内。于是，在 CO_2 激光器输出的 P(16)激光作用下可以产生多光子吸收离解，而含硫同位素 ^{34}S 的六氟化硫的吸收光谱峰值波长离开 P(16)激光波长比较远，发生离解的几率比较小。在经激光照射后的残留物中，$^{34}SF_6$ 相对于 $^{32}SF_6$ 的比例便发生增加，即在混合物中 $^{34}SF_6$ 的含量占的比例获得大幅度提高。

（1）实验设备

实验使用紫外光预电离的 TEA CO_2 激光器，输出频率主要落在 P 支光谱中的 P(22)到 P(16)这个范围内的谱线。脉冲能量 2—4 J，

① 中国科学院安徽光学精密机械研究所三室，中国科技大学化学物理专业，利用 TEA CO_2 激光浓缩硫同位素[J]，中国激光，1977，4(6)：35—38。

脉冲半宽度为 100 ns，脉冲重复率为 05—1/s。激光束经焦距为 11.2 cm 的锗透镜聚焦，焦点落在六氟化硫反应管的中部，焦点处的激光功率密度为 1—7 × 10^9 W/cm^2。反应管由玻璃制成，内径 2.4 cm、长 15 cm，窗口贴 NaCI 晶体片。反应管内充 SF_6 与 H_2的混合气体，分压比为 1∶10，总气体为 2 mmHg。

(2) 实验结果

共得到 9 个样品的数据，浓缩系数 β 分别为 7、11 和 58。浓缩系数 β 由下面式子定义计算，即

$$\beta = (P_1/P_2)/(P_{10}/P_{20})。\qquad (4-2-1)$$

式中，P_{10}、P_{20} 和 P_1、P_2 分别为两种同位素 SF_6 在分离前后的分压比。在天然 SF_6 中，$^{34}SF_6$ 与 $^{32}SF_6$ 比例为 4.2∶95。初步考察了脉冲辐照次数以及初始压力对浓缩结果的影响，证实了 β 随脉冲数目按指数增长，以及随初始压力的降低而上升的规律。对激光辐照后的残留物作后继化学处理，获得毫克量级的硫同位素产物。

1976 年 6 月，中国科学院电子学研究所**万重怡**、**王瑞泉**等用激光浓缩同位素 $^{34}SF_6$，浓缩系数为 8；同年 7 月，中国科学院安徽光学精密机械研究所和中国科技大学**汪良才**、**张福敏**等也成功地进行了浓缩同位素 $^{34}SF_6$ 实验，浓缩系数为 58，得到毫克同位素 $^{34}SF_6$。

二、浓缩铀- 235

开采出来的铀矿石并不能直接用作核燃料，即使是经过提炼也不能用。提炼出来的铀里面包含 3 种成分，即 3 种铀同位素，它们分别是铀- 234、铀- 235 和铀- 238。其中，只有铀- 235 的原子核在受到中子轰击时能够发生裂变，释放出核能，其他两种同位素的原子核都没有这种性能，成了杂质。然而，开采的铀矿石，或者提炼出来的金属铀，铀- 235 成分却很低，只占 0.7%，其他两种同位素占了 99.3%。铀- 235 的含量达到 90%才能做原子弹的“炸药”，铀- 235 的含量达到 2%—3%才能做核电站的燃料。这就意味着，开采出来的铀矿石提炼后还需要浓缩铀- 235。

因为各同位素的物理性质和化学性质都非常相似，采用通常的化学提纯办法和物理提纯办法都难以奏效。20 世纪 40 年代，利用铀-235 与铀-238 原子质量的微小差别，发明了称为气体扩散法的分离方法，获得了浓缩铀-235，并制造了原子弹。不过，这种方法的分离系数小，生产投资大，耗电量惊人，成本很高。而激光分离铀同位素技术，则大大降低了制造成本。

1. 工作原理

同位素原子光谱和分子光谱上都存在谱线位移效应。用和其中某种同位素原子光辐射波长相同的激光去激发该原子，不会激发其他同位素原子，可以单独把同位素中的一种原子激发到高能态，或者电离。再用化学或者物理方法，就可以把它从同位素混合物堆中单独“拉”出来并收集。铀元素的谱线波长 424.63 nm 的同位素位移量是 0.28 cm^{-1}，据此可以用光化学方法选择分离铀同位素。

目前，利用激光浓缩铀-235 主要有以下两种方法。

(1) 原子法

铀原子有大量光谱线，而且谱线宽度都很窄，电离阈值能量是 6.187 eV，所以一般采用多步激发或者电离。比如，先用一种频率的激光把基态的铀原子激发到某个高能态，再用另外一种频率的激光把它电离，即两步光电离，被电离形成的铀离子可以采用电场或者磁场收集起来。**中国科学院长春应用化学研究所**从 1981 年起开展原子法激光分离铀同位素的研究，并在安徽光机所协作和长春光机所的支持下，成功地完成了原理性实验。①

(2) 分子法

六氟化铀分子(UF_6)强吸收带位置在波长 16 μm 处，含同位素铀-235 的六氟化铀分子($^{235}UF_6$)与含同位素铀-238 的六氟化铀分子($^{238}UF_6$)在这个吸收波长上产生的同位素位移为 0.65 cm^{-1}。分子法浓缩铀-235 就是用红外激光，或者红外激光加紫外激光，选择激发-离解含同位素铀-235 的六氟化铀分子($^{235}UF_6$)，回收离解产物

① 周大凡，原子法激光分离铀同位素[J]，中国科学院院刊，1986，(4)：342—343。

五氟化铀分子($^{235}UF_5$),便可以获得浓缩铀-235的产物。与原子法相比,分子法所用的铀化合物的挥发性比原子蒸气大几个数量级,而且可在较低温度下进行,产额也较大。另外,分子振动能级所需的内能比原子约小100倍,可用较为经济的红外激光器。因此,近年来国内外都在致力以分子体系的激光分离铀同位素的研究。

2. 浓缩铀实验

1981年,中国科学院长春应用化学研究所开展了原子法激光分离铀同位素实验研究,成功地完成了原理性实验。分离实验是采用准分子激光二步电离铀原子方法,并解决了一系列的重大技术问题。

① 成功解决了在实验室内高温铀蒸气技术问题。铀的蒸气压很低,要达到分离浓缩所需的蒸气压(10^{12}—$10^{13}/cm^3$),必须将金属铀加热到2 400 K以上。但在此高温下,金属铀将腐蚀任何材料的坩埚,经过多次实验才找到一种经济有效的办法,解决了高温液态铀的腐蚀问题,能够长时间地、稳定地发生铀蒸气。

② 测量了铀原子同位素位移光谱及精细结构。铀-238与铀-235的同位素位移在1 nm左右,在原子束中铀同位素的吸收光谱的线宽仅为200 MHz左右。为保证铀原子发生共振吸收,对激光波长测定精度要求很高,采用研制的八位数字波长仪,测量精度($\Delta\lambda/\lambda$)达到1×10^{-8},满足了分离实验的要求。

③ 解决了铀同位素脉冲离子信号探测,以及原子束系统、激光系统、探测系统及各单元技术的协同问题等。

三、制造纳米材料

纳米材料是特征维度尺寸在1—100 nm范围内的一类固体材料,包括晶态、非晶态和准晶态的金属、陶瓷和复合材料等纳米粒子、纳米薄膜。由于纳米材料具有表面与界面效应、尺寸效应、量子尺寸效应和宏观量子隧道效应等,在磁性、非线性光学、光反射、光吸收、光电导、导热性、催化、化学活性、敏感特性、电学以及力学等方面表现出独特的性能。现在已经制成的纳米材料主要有SiC-N粒子、Fe/C/Si粒子、Fe_2O_3粒子、Si纳米线、纳米碳管、YBCO纳米线、

$Cd_{1-x}Mn_xTe$ 纳米晶，以及纳米薄膜、纳米 AlN 薄膜、纳米晶硅多层膜、纳米 Cu、Al_2O_3 复合膜膜。

1. 激光诱导气相沉积法制造纳米材料

也称 LICVD 法制造纳米材料，它是利用反应气体分子（或光敏剂分子）对特定激光波长的吸收，引起反应气体分子的激光分解、激光裂解、激光光敏化和激光诱导化学反应，在一定激光功率密度、反应池压、反应气体配比和流速、反应温度等工艺条件下，获得超细粒子空间成核和生长。该方法也可使用液体雾化，激光诱导雾化体或液体与气体的混合物反应，来获得纳米材料。这种方法主要用来制备多元素的非金属与金属间化合物，以及非金属与非金属间化合物的纳米材料，能制备几纳米至几十纳米的晶态或非晶态纳米粒子。

1993 年，中国科学院金属研究所快速凝固非平衡合金国家实验室**李亚利**、**梁勇**等采用高功率 CO_2 激光诱导高纯硅烷气相反应，制备出平均粒径为 10—120 nm 纳米结晶硅粉。[①] 纳米硅粉不仅具有优越的粉体性能，如纯度高、分散性好、粒度小，而且表现出较高氮吸附活性。这些特性大大改善了硅粒子的氮化行为，而纳米硅粉经氮化制成的纳米 Si_3N_4 陶瓷体有出乎意料的韧性和强度。

(1) 实验装置

实验在千瓦级 CO_2 激光器和公斤级制粉装置上进行。激光光斑直径 5.5 mm，气流喷嘴直径 4 mm，光斑中心距喷嘴距离 2.5 mm，以惰性气体氩做稀释气体。实验变化的参量为硅烷流量、激光功率、反应压力，以及氩气体的加入量。

(2) 实验结果

利用透射电镜（TEM）观察了制备的硅粉颗粒的形貌，如图 4-2-1 所示，得到的硅粉颗粒呈球形，颗粒度均匀，由图测得平均粒径为 100 nm。也有部分粒子间有烧结，这可能是由反应气流波动使得刚形成的、具有较高表面温度的粒子在冲出反应区后发生非

---

① 李亚利，梁勇等，激光诱导硅烷气相合成纳米硅粉研究[J]，中国激光，1994，21(7)：509—612。

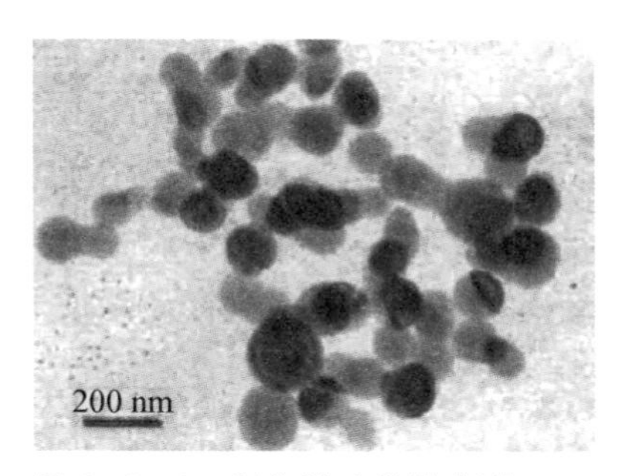

图 4-2-1 制备的硅粉的典型 TEM 形貌

弹性碰撞产生的。由 X 光衍射测量发现,粉粒多数为多晶粒子,晶粒度为 37 nm,晶粒度与粒径之比为 0.37。

实验研究了,硅烷流量、激光功率、反应压力及氩气体的加入量各自独立变化对颗粒的粒径和晶粒度的影响。结果显示,平均粒径随着激光功率、反应压力的增加而增加,随硅烷流量、氩气体与硅烷气体的摩尔比值的增加而减小;而晶粒度的变化范围相对比较小,对反应压力、硅烷流量的变化不敏感,但随激光功率、氩气体与硅烷气体的摩尔比值的变化比较明显,激光功率降低,晶粒度明显减小。

2. 激光气相合成纳米材料

这是采用高速流动的反应物气体与高能量激光束垂直正交互作用,利用气相反应物中的某一化学键模的振动频率同激光频率相匹配,产生选择性共振吸收,在极短时间内(10^{-9}—10^{-12} s)该反应物的原子(分子)迅速从基态激发至激发态,并由此引发高速的化学反应,在交汇区形成一高速反应区。反应物在瞬间发生分解化合,生成物经气相凝聚、形核和生长,在气流惯性和与反应气同轴的载气带动下,离开反应区的超微粒生成超微粒,每颗微粒的圆球形直径均一、圆粒表面及内部结构坚固的纳米粒子。通过调整激光参数(如激光频率、激光功率密度、辐照时间)及反应气流参数(如反应区压力、反应物配比、流速、载气等),可以按应用需要调整控制纳米粒度以及分子空间结构与其表面层的键结构。

1991 年,浙江大学光仪系**李士杰、陈根生**等采用这种研制了高纯纳米材料 Si_3N_4。①

---

① 李士杰,陈根生,激光引发化学气相合成 Si_3N_4 超细粉末[J],精细加工技术,1992,(1):49—50。

（1）实验装置

图 4－2－2 所示是实验装置结构示意图。实验采用 50 W 连续输出 CO_2 激光器，激光经 ZnSe 透镜（$f=150$ mm）聚焦后入射到反应池内，聚焦后的激光束焦点横截面直径约为 1.5 mm。直径为 1.0 mm的喷嘴垂直于光路安置，喷口中心在焦点前方约 10 mm 处，其顶端离激光束约 2 mm。实验中反应区截面直径约 1.7 mm，按 ZnSe 透过率 70％计，反应区激光功率密度约为 1 542 W/cm²。实验采用的气体均为高纯度的，NH_3 的标称纯度为 99.9％、SiH_4 的浓度 60％，其稀释气体为 H_2，载气 Ar 的标称纯度为 99.9％。以上气体经流量计控制进入混气室混合，然后经气阀进入反应池。合成粉末由载气 Ar 托运进入收集瓶中，在收集瓶的细颈部加上多层铜网阻隔层。生成的粉末微粒在瓶内回流沉积，部分粉末随气流由微孔过滤器进行气、固分离，粉末也沉积在过滤薄膜上，而剩余气体被真空泵排空。

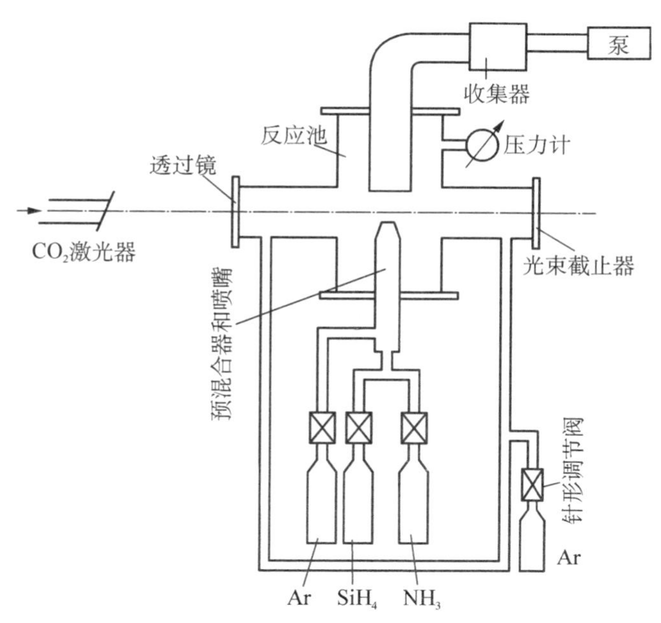

图 4－2－2　研制纳米材料 Si_3N_4 装置

（2）实验观察和结果

实验制作的粉粒属于无定型的，图 4－2－3 所示是摄取的粉体的透射电镜照片。实验制备的粉体粒径分布均匀。颗粒的形貌与反应池压力有关，当池压大于50 Pa时，基本上呈球形，平均粒径为20.1 mm；小于 50 Pa 时，基本上呈椭球形。得到的 Si_3N_4 的纯度达98％，与 Si_3H_4/NH_3 流量比、反应池压力、载气流量等参数有关。Si_3H_4/NH_3 流量比、载气流量有一最佳值，在这个比值、载气流量时得到的纯度最高；反应池压力的增大，Si_3N_4 粉体纯度增加。

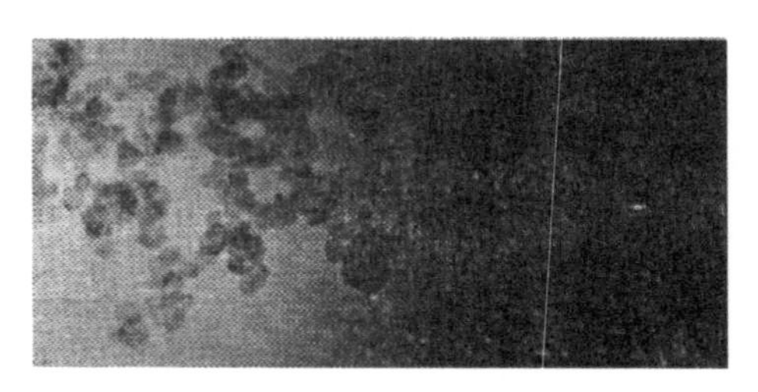

图 4－2－3　粉体的透射电镜照片

4－3　通信应用

电磁波作为信息载波时，传送的信息量与电磁波频率成正比。光波频率比微波高大约 10 万倍，原则上用光波传送的信息量会比微波高 10 万倍。但是，因为普通光源的亮度和光子简并度都不高，光波通信一直没有达到实用要求。激光通信系统需要的光功率将比微波通信系统少得多，通信速率每比特每秒大约只需要 10^{-16} W 光功率，而同样通信性能的微波通信系统所需要的功率则为 10^{-7} W，两者相差 10 亿倍！

一、大气激光通信

激光信号在大气中传送的通信方式，称为大气激光通信。它不需要铺设线路，使用很方便。比如，宇宙飞船之间和飞船与星际航行站之间的点对点通信，地对空、地对海等通信，简单易行、经济、通信覆盖面广。缺点主要是受大气条件影响比较大，激光束在传播过程中强度会出现衰减、抖动、偏移，强度和相位起伏等现象，通信质量因此而变得不稳定。尤其在恶劣天气里，可能通信无法进行。不过，在太空中的通信基本上没有大气影响，具有微波通信相同的优点，而且能量更集中，传输信息容量更大，保密性更好。

1. 激光传送电视图像实验

1964 年 9 月，中国科学院上海光学精密机械研究所**吴瑞琨**、**汪淑娟**等实验，用激光传送电视图像。[①] 用工业电视摄像机拍摄现场图像，视频信号经放大后直接调制 GaAs 半导体激光器的泵浦电源，产生的激光信号用光学系统准直后发射至远处。接收到的信号经放大后由电视屏显示，可看到清晰的电视图像，实验传送距离 10 m。

2. 激光电话通信实验

1964 年 11 月，中国科学院电子学研究所**万重怡**、**黄非玄**等实验激光远距离通话，通话距离分别为 3 km、6 km、13 km 和 30 km，使用的激光波长是 2.027 μm。[②] 实验结果显示，无论白昼和黑夜，杂光造成的影响很小，通话音质良好，在不利的天气条件下，如在下雨天、雾天等能见度差的情况下也能够顺利通话，但在浓云密雾天气时通信中断。

3. 氦-氙激光器通信实验机

1973 年，武汉邮电科学研究院赵梓森、张兆绂等进行了波长 3.5 μm 氦-氙激光通信实验。[③]

赵梓森，1932 年生于广东中山，武汉邮电科学研究院高级

---

① 吴瑞琨，汪淑娟等，用激光传送电视图像，邓锡铭主编，中国激光史概要[M]，北京科学出版社，1991，24。

② 万重怡，黄非玄等，激光通信，邓锡铭主编，中国激光史概要[M]，北京科学出版社，1991，26。

③ 赵梓森，张兆绂等，大气传输氦-氙激光通信系统，邓锡铭主编，中国激光史概要[M]，北京科学出版社，1991，62。

技术顾问，中国工程院院士，国际电气电子工程师协会高级会员。他是我国光纤通信技术的主要奠基人和公认的开拓者，被誉为中国光纤之父。编著了国内第一部光纤通信系统的书籍《数字光纤通信系统原理》。编著的《单模光纤通信系统原理》获国家优秀科技出版物二等奖。共发表论文 50 余篇，著书和合著 10 本。

使用的通信实验机可以同时传送 3 路电话或一路宽带广播，在一般气象条件下通信距离可达 10 km 左右。

（1）实验装置结构

图 4-3-1 所示是激光通信实验机装置方框图。平均激光功率 5—8 mW，脉冲功率大于 10 mW，光束发散角 5—8 mrad。激光功率与泵浦功率有密切关系，因此可以在一定范围内改变泵浦激光器放电电流实施对激光强度调制（IM）。激光在大气传输过程中，光强度的起伏，即所谓光闪烁，对连续信号的影响最为严重。因此，采用脉冲信号对激光进行强度调制，并采用脉冲调频（PFM）的方式，得到较好的抗干扰能力。脉冲调频的中心频率为 70 kHz，频偏为±40 kHz。为实现多路传输，并考虑到与现有通信网的连接，用频分制调幅

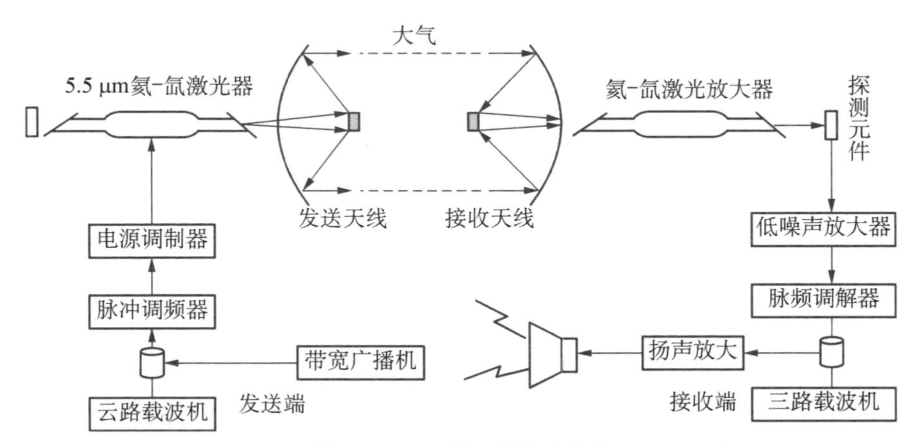

图 4-3-1　激光通信实验机

(AM)3路载波机输出的群信号对脉冲信号频率进行调制。因此，整个通信机的调制方式是AM－PFM－IM。

激光电源调制采用束射四极管6P13C与激光器串联的方式，在束射四极管的栅极加入调制电脉冲对激光调制，效果较好。无脉冲时激光器不发射激光，加入脉冲后发出脉冲激光。

使用的氦-氙激光放大器频带宽度约为200 MHz，只有在中心频率附近这一窄频带之内的光信号才可能得到放大，就是说能起窄带滤光的作用，可抑制大量的背景噪声。放大器输入端的等效噪声功率在10^{-11} W左右，氦-氙激光放大器得到的增益为500—800倍。

发送端天线用直径为153 mm的卡塞格林望远镜系统，使发出的激光光束能量更为集中，经这一天线发出的激光束发散角约为0.6 mrad。接收端天线是直径为253 mm的卡塞格林望远镜，以接收到更多的激光信号能量。从接收天线送出的光信号是直径细小的光束，准确通过氦-氙激光放大器放电管，需要比较严格装校调整。

采用常温碲镉汞光电导探测器探测激光信号，响应峰值波长为4.8 μm，峰值波长探测率$D^*=10^9\ \text{cm}\cdot\text{Hz}^{1/2}/\text{W}$。据探测率随波长变化曲线估计，在信号激光波长3.5 μm处的探测率约为$D^*=5\times10^8\ \text{cm}\cdot\text{Hz}^{1/2}/\text{W}$。

(2) 实验结果

用本实验机进行了2 km、5 km、10 km的实地通信实验。2 km实验主要观测不同气候条件对通话质量的影响，前后进行约一个月的实验。在晴天、雾天、阴天、小雨、中雨，能见度大于500 m的情况下，都能良好通信，语音清楚、杂音极小；在大雾天，能见度小于100 m时收不到信号，能见度为500 m时即能收到信号，通话良好；在晴天中午前后，能观测到由于大气湍流引起信号强度的剧烈起伏，有时达数十倍，使通话质量下降；在晴天能见度很好的情况下，5 km传送广播语音质量极好，但中午前后信号强度有剧烈抖动，有时会引起“卡嚓”的干扰声。在深夜相当于雨后初晴能见度较好的情况下，10 km通信质量较好，语音清楚。中午，能见度为2—3 km的中雾情况下，也能收到较强的信号，语音质量也很好。

4. 便携式 GaAs 激光通信机

1975 年,吉林大学物理系光学专业**谢观赞**、**郑永成**等研制出便携式 GaAs 半导体激光器激光通信机。

(1) 装置结构

通信机整机由光学、电学和机械 3 部分组成。光学部分包括半导体注入式 GaAs 激光器、硅光电二极管和光学系统;电学部分包括发射电路、接收电路、控制系统、检测电路和话筒、耳机等;机械部分包括主、副机壳、轻便三角架等。

由于是大气传输方式,大气湍流的起伏对调幅信号影响很大,因此不宜采用调幅工作方式。宽脉冲要求激光器具有较高的平均功率,在当时的激光技术水平下不易实现,因此也不宜采用调宽工作方式。经讨论分析,确定采用脉冲相位调制方式(PPM)。

(2) 实验结果

利用这台通信机进行了大量的野外通话实验,距离由近到远,由几十米到几百米,由一二千米到三四千米,直到 7 千米以至更远。通信话音质量良好,经两天两夜的连续实验,通信距离达 2.7 km。白天能见度较好,用很小的(2 W)激光功率就可以很顺利地通话,而在晚上和清晨有雾的时候则需要较大(6 W 左右)的发射功率才能正常通话,有时甚至还带有噪声。雨的影响没有雾那样严重。

二、空间激光通信

空间激光通信系统是构建星际通信链路,进一步构造宇宙空间宽带网的新技术。

1. 工作原理

空间激光通信系统主要由激光发射机、激光信号接收机和空间光通道 3 部分构成。激光发射机和激光信号接收机如果是放置在地面,光束通过地表或大气传播时,该通信系统就是前面介绍的大气激光通信系统;当把激光发射机和激光信号接收机分别置于地球卫星、航天飞机和人造空间站,光束通过宇宙空间传播,这便是空间激光通信系统。

根据卫星、飞行器件所处的位置，空间激光通信可划分为几个层面，即深空、地球同步轨道(GEO)，中、低地球轨道(MEO、LEO)或轨道间的卫星间的激光光通信，还包括地面站与各层卫星间的激光通信，空间机群的指挥、战略导弹防御系统的指挥控制等通信。

2. 空间激光通信实验

2009 年，武汉大学电子信息学院张清、颜卫等设计研制了一套空间移动平台激光通信演示系统。[①] 由运动仿真台控制箱控制运动仿真台以一定速度旋转，在通信接收终端与发射端间产生特定相对运动，以此模拟卫星轨道运动，进行空间激光通信实验。

(1) 实验系统结构

图 4-3-2 所示是空间移动平台无线激光通信演示系统框图，由多通道 1.25 Gb/s 速率的激光发射机、激光接收机、光接收天线和大气信道，以及 APT 子系统(捕获、瞄准、跟踪)组成。发射机由通信机和发射光天线组成，使用的激光波长为 1 550 nm，光束发散角约为

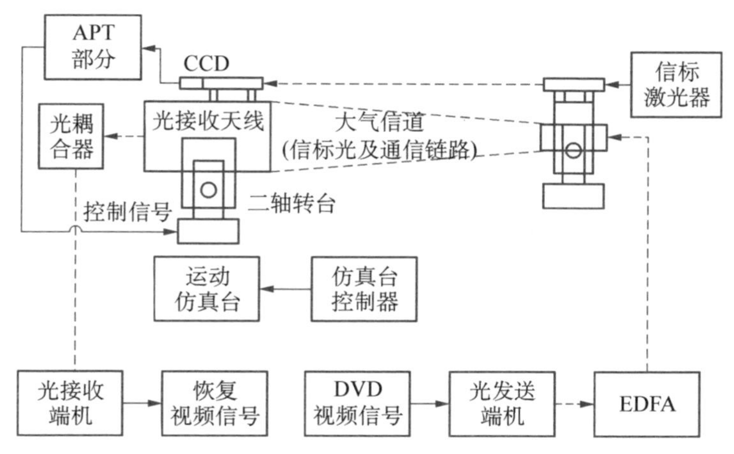

图 4-3-2　空间移动平台无线激光通信演示系统框图

① 张清，颜卫等，2.3 km、1.25 Gb/s 空间移动平台激光通信实验[J]，无线光通信，2009，(11)：50—52。

100 μrad,经过 2.3 km 传输后光斑直径约为 22 cm,激光光束远场斑近似为高斯分布。激光接收机由通信机、运动仿真台及控制器、APT子系统和光接收天线组成。运动仿真台及控制器由电控旋转台和控制器组成。光接收天线包括接收通信光的 203 mm 口径望远镜和接收信标光的 50 mm 口径平行光管。发射系统和接收系统的系统损耗共为 6 dB。APT 子系统为粗跟踪系统,主要包括二轴电控转台、图像处理和伺服控制两大部分。

(2) 实验结果

实验在相距 2.3 km 的两栋高楼间进行。固定点对点的光通信实验时,收、发双方利用终端内置望远镜对准后,经过人工微调,并通过检测接收光功率计的功率变化,完成精密对准。之后发射端同时传输两路信号,分别是 DVD 播放的视频和 CCD 摄像头现场拍摄的视频。接收端将接收到的信号解调,恢复出来的两路视频信号稳定,通信画面清晰。然后,启动运动仿真台以 0.42°/s 速度旋转模拟卫星轨道运动,此时接收端与发射端间出现运动,信标光斑偏离视场中心,通信中断。当 APT 子系统发现信标光斑偏离中心时,立刻计算光斑偏离误差,控制电机转动捕获光斑并将光斑移至视场中心,使之精确对准并保持,此时通信恢复且保持通信状态。分析稳定跟踪阶段信标光光斑录像,显示跟踪标准差为 56.882 7 μrad,可以满足移动平台间的激光通信要求。当 APT 子系统进入稳定跟踪阶段时,启动通信子系统进行通信实验,接收端接收到的光信号功率检测值为−20 dB,解调恢复出来的两路视频信号显示在显示器上,两路视频信号画面清晰稳定,表明通信实验成功,效果良好。

三、光纤通信

1. 通信光纤

光纤用玻璃材料制成,表面出现损伤时容易折断;同时,光纤很细,直径一般在 100—200 μm,因此通信线路不用单根光纤,而是许多根光纤集合在一起,外加保护套制成光缆。

（1）低光学损耗

光纤做光通信线路，光学损耗要很低。英籍华裔科学家**高锟**(Kao. C. K)博士发现，无机玻璃在近红外光谱区损耗低，光通信使用这个光谱区的激光是适合的。玻璃中的杂质过渡金属离子在近红外区有强吸收带，是玻璃光纤光学损耗的主要来源，铁、铜、镍、铬和钴是玻璃的主要杂质。降低这些杂质浓度，光学损耗会成比例下降。只要解决好玻璃纯度和成分等问题，就能够利用玻璃制作出低光学能量损耗率的光学纤维。如果光纤的能量损耗率达到 20 dB/km，实际通信线路便有可能成功。高锟分析了光纤的光学吸收、散射、弯曲等因素产生的影响，确信被包覆的石英基质玻璃光纤有可能满足低光学损耗的要求，将会成为光通信信号传输波导。高锟发表的论文"光频介质表面光波导"，开创性地提出光纤在通信上应用的基本原理，描述了长程及高信息量光通信所需绝缘性光纤的结构和材料特性。

在高锟的理论指导下，制造出了光学损耗很低的光纤，能量损耗比在微波通信中使用的同轴电缆的能量损耗率低得多，完全可以用来做光通信的线路。因此，高锟获得了2009 年度诺贝尔物理学奖。

图 4－3－3　物理学家高锟(Kao. C. K)博士

（2）研制实践

1978 年，**一机部上海电缆研究所**研制成功 2 000 m 六芯通信光缆，其中 1 000 m 光缆交付 619 厂进行室内 8. 448 Mb/s 光缆通信系统联机实验。

掺磷的梯度型石英光纤和掺锗的梯度型石英光纤，芯径 40 μm，采用丙烯酸环氧树脂涂敷和直径 2. 0 mm 聚丙烯松包的套管结构。成缆时没有出现光纤断裂现象，也没有发现有显著引入附加衰减，光纤的衰减均小于 15 dB/km。

2. 光纤电视信号传送实验

1978 年，中国科学院长春物理所**范俊清、赵鲁光**等研制了异步脉冲相位脉位调制(PIM－IM)光纤通信装置,并进行了电视信号传送实验。[①]

实验采用电视摄像机($4G_2$ 工业电视)输出的电视信号,经过视频放大并预加重后,在 PIM 调制器中变成 PIM 脉冲,此脉冲经功率放大后驱动激光器发射 PIM 光脉冲,光脉冲经耦合器耦合到光纤中传输到接收端。在接收端,探测器将光脉冲转换成电脉冲再放大,并由解调器解调成电视信号。此信号放大、去加重后,送至电视接收机。使用的光源是双异质结 GaAIAs 半导体激光器,耦合到光纤的峰值光功率大约 1 mW,光纤总光学损耗是 13 dB。用 Si－Pin 探测器接受光信号,灵敏度≥0.5 μA/μW。电视图像信号带宽大约 6 MHz, PIM－IM 的平均取样频率需大于 18 MHz,实验时选取 22.2 MHz。实验系统工作稳定,传送的图像清晰,电视信号的解调信噪比达到50 dB 以上。

3. 电话光纤通信

1979 年,**武汉邮电科学研究院**建成能开通 120 路电话的光缆通信实验系统。[②] 该研究院原先从事微波通信研究,从 20 世纪 70 年代开始研究光通信。光纤通信当时在国外也还刚始步,是一个全新的技术领域。他们克服各种技术困难,在武汉多所高校协助下研制成功了低损耗光纤,并且架设了光纤通信实验线路。实验使用的光源是砷镓铝双异质结半导体激光器,输出激光波长 0.83 μm 左右,激光功率为 1—5 mW。使用阶跃指数多模光纤,外套包塑,外径大约 150 μm,芯径为 45—61 μm,做成 4 芯光缆,5.75 km 光缆光纤线路总光信号衰减为 33.29 dB。在发射端机,从激光器尾巴输出的光脉冲信号的平均功率 35 μW,接收端光缆线路端面的实测光功率为 8 pW。探测器是 APD 雪崩光电二极管,响应时间为10 ps。实验系统

① 范俊清,赵鲁光等,PIM－IM 光纤传输电视的实验[J],中国激光,1979,6(8):15—20。

② 武汉邮电科学研究院科技处,5.7 公里光纤通信系统实验[J],邮电研究,1979,(2):1—5。

具有一次群、二次群编码端机，经过院内小交换机接入市话网，可以用光通信和院内、市内，甚至长途接通通话，声音良好。系统接入两路传真、一路书写电报，传输速率 8.448 Mb/s，误码率优于 10^{-10}。

4. 光纤通信特点

与电缆或微波通信相比较，光纤通信的优点主要有：

① 激光的频率比微波、毫米波高 3—5 个数量级，通信容许频带很宽，传输信息容量很大。一根小同轴电缆传输信息容量 960 路电话，中同轴电缆通信传输容量 1 800 路电话，一根光纤的通信容量是万路电话。光纤通信传输信息量很大，在相同传输距离需要设立的中继站数量减少，中等同轴电缆通信每隔 6 km 需要设一个中继站，而光纤通信则可以隔 50—100 km 设一个，减少了建设费用和运行费用。

② 抗电磁干扰性能好。电磁波通信容易受外来电磁干扰，电缆一般不能和高压电线平行架设，也不宜在电气铁路附近铺设。光波不受电磁干扰，光纤又是由电绝缘的石英材料制成，光纤通信线路不受各种电磁场的干扰和闪电雷击干扰，所以抗电磁干扰性能很好。在存在强电磁场干扰的高压电力线路周围和油田、煤矿等易燃易爆环境中，也能够维持正常通信。

③ 信息泄漏小，保密性能好。在光纤中传输的光信号泄漏非常微弱，即使在弯曲路段也无法窃听。没有专用的特殊工具，光纤不能分接，因此信息在光纤中传输非常安全。

④ 光纤重量很轻，直径很小，即使做成光缆，在芯数相同的条件下，其质量也比电缆轻得多，体积也小得多，并且节约金属材料，有利于资源合理使用。制造同轴电缆和波导管的铜、铝、铅等金属材料，在地球上的贮存量是有限的，而制造光纤的石英（SiO_2）在地球上基本上是取之不尽的材料。制造 8 km 同轴电缆需要 120 kg 铜和 500 kg 铝，而制造 8 km 光纤只需 320 kg 石英。

5. 光源

光源是光纤通信系统中不可缺少的部分，它将电信号转变为光信号并耦合入光纤中，其性能的好坏会直接影响光纤通信系统的特性。光纤通信系统中使用的光源，主要是半导体激光器(LD)和发光二极管(LED)。起初光纤通信实验采用波长 800—900 nm 的 LED 做光源，目前在短距离、小容量光纤通信系统中一般不用 LED。LED 输出的是非相干光，光束的发散角比较大，表面发光型 LED 的发散角约为 120°，侧面发光型 LED 的发散角约为 30°。发散角大会直接降低 LED 和光纤的耦合效率，影响尾纤的出纤光功率。光辐射谱线较宽，约为几十纳米。即使是较高偏置电流情况下，其调制带宽也是由载流子自发复合寿命所决定，一般约为 200—300 MHz。在 25℃ 工作条件下，GaAs 材料的 LED 平均失效时间(MTTF)可大于 10^7 h，而 InGaAsP 材料的 LED 接近 10^9 h。

半导体激光器(LD)输出相干光，单色性好，光谱线宽度比 LED 窄得多，单频半导体激光器的谱线宽度约为 1 nm 数量级；发光效率高，光束发散角小，水平发散角一般约为 10°，垂直发散角为 40°—60°，与尾光纤的耦合效率比 LED 高很多；限于电子线路的响应极限，调制频率也达 10 GHz；使用寿命长，平均失效时间约为百万小时。半导体激光器是大容量、高传输速率和长距离光纤通信系统中最理想的光源。半导体激光器温度变化也会使其输出的激光波长漂移，变化率大约为 0.2 nm/℃(GaAs 激光器)、0.4—0.5 nm/℃(InGaAsP 激光器)。

6. 光调制

这是将需要传递的信息加载到激光束上去的工作，也是光通信重要的技术环节之一，可分为间接调制(又称外调制)和直接调制(又称内调制)两大类。

(1) 直接调制

改变注入电流，能够使半导体光源输出光强度快速变化。将带有信息的电流信号以驱动电流的形式注入 LD 或 LED，输出的光束便载有对应信息。经直接调制后的光载波振幅的平方与调制信号成正比，即光强变化可反映调制信号的变化，通常可用光调制度 $m = \Delta I/(I_B - I_{th})$ 来表示电信号对半导体光源的调制特性，式中 I_B 为偏置电流、I_{th}为阀值电流。图 4-3-4 所示是数字电脉冲串调制半导体激光器示意图，电脉码流变成了相同编码规则的光脉码流。调制度 m 应小于 1，否则 LD 会产生消波效应，影响光输出特性。如将图中的电（光）脉码流改为电（光）正弦波，同样反映模拟信号的调制特性。从原理上讲，由于 LED 和 LD（大于阈值电流部分）的光功率与注入电流的 $P-I$ 变化曲线大致上呈线性，因此 LED 的调制特性与 LD 是一样的。

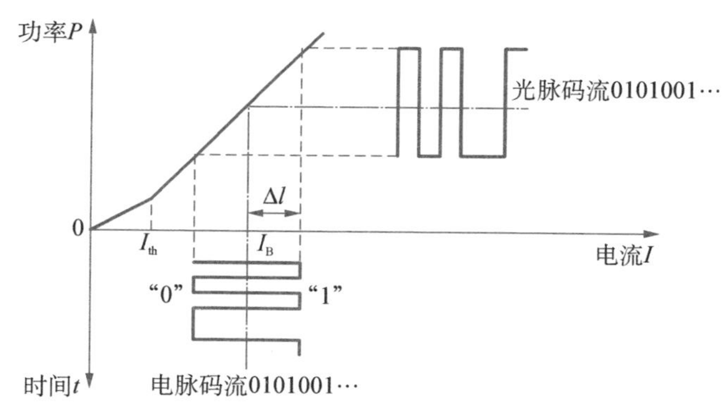

图 4-3-4　半导体激光器的数字调制特性

在调制过程中，还存在着电光延迟、张驰振荡和自脉动 3 种瞬态响应，作为噪声会直接影响到半导体激光器对注入电信号的调制效果。其中，电光延迟反映激光器输出与注入电脉冲之间的时间差，一般为纳秒的数量级，为了减少电光延迟，对 LD 加直流预偏置电流，使有源区内的电子密度预先达到一定值；张驰振荡是 LD 内部电光相互作用所固有的特性，以输出激光衰减式振荡的形式表现出来，振荡频率 ν_z 通常在几百 MHz—2 GHz 的数量级，决定于载流子寿命和光子寿命。普通输出波长 800 nm 的半导体激光器，当注入电流为阈值电流 2 倍时，最大调制频率是几千兆赫兹量级，调制频率也受与激光器连接的电子线路频率响应的限制。

（2）间接调制

这是把激光器与调制器分开，用独立的调制器调制激光。调制器主要是利用半导体晶体的电光、声光和磁光等效应制成，分别称为电光调制器、声光调制器和磁光调制器。

① 电光调制。在调制信号的电场作用下，电光晶体折射率发生变化，激光通过晶体之后的相位也按调制信号规律变化，从而实现对激光的相位或频率调制。考虑到电场引起电光晶体发生的双折射效应，利用互相垂直偏振方向的两偏振分量通过检偏器之后产生的干涉效应，还可以实现激光振幅调制或强度调制。调制方式有纵向调制和横向调制两种。激光入射的传播方向和加在电光调制晶体上的电场方向相同时的调制，称为纵向电光调制；激光传播方向和外加的电场方向垂直时的调制，称为横向电光调制。纵向电光调制要求在晶体上使用电极，而且调制指数只能靠提高电压来增大。常用来作电光调制的晶体有 KDP 晶体和 GaAs 晶体，KDP 晶体是单轴晶体，要避开双折射的影响可采用纵向电光调制。如果采用横向电光调制，必须进行自然双折射的温度补偿。GaAs 型电光晶体是各向同性的，不存在上述问题。

② 声光调制。超声波通过介质时，在介质内产生周期性的应变场。由于光弹性效应，也就引起介质折射率发生周期性变化，形成相位光栅。光波通过此介质时会被衍射，衍射光的强度、频率和方向等都随超声场而变化。因此，用信号控制超声波的波长或场强，衍射光强也就按调制信号的规律变化。

声光调制器由电源、换能器、声光介质和吸声材料组成。电源产生的调制电压加在换能器上，获得射频超声波。换能器由压电晶体(如石英、铌酸锂等)制成，从换能器产生的超声波耦合到声光介质中，在介质中形成超声场，常用的声光介质有玻璃、钼酸铅、锗、铌酸钽等。吸声材料一般是金属铝。

③ 磁光调制。光学介质在磁场作用下具有旋光作用，线偏振光沿磁场方向通过光学介质时偏振方向发生旋转，旋转角度正比于磁场强度。用信号控制磁场强度的变化，在其中传播的激光偏振方向也作相应的变化，光束通过检偏器之后，得到偏振方向或强度按调制信号而变化的光信号。

此外，半导体材料中光学吸收系数正比于载流子浓度，用调制信号控制载流子浓度，透射的光强度也将按调制信号而变化，可以调制激光器输出的激光强度。

7. 光电接收器

它将来自光纤线路的光信号转换成电信号，即把光子变换成电子。对光电接收器的基本要求是，对工作波长的光辐射有足够高的灵敏度，量子效率高（生成的光电子数与入射光子数的比值高）、响应速度快、噪声低，能在室温条件下使用等。目前，光纤通信系统中常用的半导体光电接收器有两种，一种是光电二极管（PIN），另外一种是雪崩光电二极管（APD）。

（1）光电二极管

在光功率为 P 的入射光照射下，PIN 管的输出光生电流可表示为

$$I = RP,$$

式中，R 是响应度，一般的光电接收器的响应度在 0.3—0.7 μA/μW 范围内。

光电二极管均存在截止波长，接收器只对入射光波长小于截止波长的光信号有响应。但是，如果光波波长太短，半导体材料吸收就会增强，大量的入射光子在 PIN 管的表面被吸收掉，也会降低光电转换效率。同时，也都存在最佳工作波长响应范围和峰值波长。例如，Si 光电二极管的波长响应范围为 0.5—1.1 μm，峰值波长为 0.85 μm；InGaAs 光电二极管的波长响应范围为 1.1—1.6 μm，峰值波长为 1.26 μm；Ge 光电二极管的波长响应范围为 0.5—1.8 μm，峰值波长为 1.5 μm。

响应速度常以响应时间（上升时间和下降时间）表征，它反映了光电转换的速度。影响响应速度的主要因素是结电容与负载电阻的时间常数，以及载流子的渡越时间。

暗电流是在无光照射时，光电二极管的反向电流。暗电流会产生噪声，而且是随着温度升高而急剧增大，直接影响光电二极管的接收灵敏度。

(2) 雪崩光电二极管(APD)

与光电二极管不同,雪崩光电二极管主要特性在于它的雪崩倍增效应,是一种高灵敏度的光电接收器件。雪崩光电二极管的倍增效果用平均增益系数 G(平均倍增因子)表示,它与偏压有关,偏压大,倍增因子 G 也大。但是,偏压大过击穿电压时,雪崩光电二极管就会被击穿。击穿电压 V_B 对温度比较敏感,会随温度变化而产生漂移,通常需采用温控电路控制其工作状态。

雪崩增益是一个随机过程,必然会引入噪声。雪崩光电二极管在对信号进行倍增的同时,也会对噪声产生倍增放大效应。雪崩管的倍增噪声称为过剩噪声,即使是理想工作状态下的雪崩光电二极管,其噪声水平也是光电二极管的 $2G$ 倍。此外,平均倍增因子 G 增大,也将降低其响应带宽。

4-4 医疗诊断应用

激光能治疗包括内科、外科、妇科、儿科、眼科、喉科、耳科、鼻科、口腔科、皮肤科等临床各科大约 300 种疾病,包括激光外科手术、激光理疗术、激光针灸术、激光内窥术和激光动力学术等。

一、激光治疗眼科疾病

1961 年,用兔子的眼睛做透镜,把激光聚集在其视网膜上,观察激光通过眼睛的状况。发现在激光强度比较低时,不造成损害;而当强度比较高时,经眼睛的晶状体聚焦,激光能够对视网膜进行焊接缝合。于是,激光医疗便从眼科开始。

眼球的组织结构非常精密,一旦某个地方出现病变,即使发病的范围很小,只有直径 30—40 μm,给病人造成的痛苦也非常大。1954 年,研制成功使用人造光源的眼科医疗机。比如,采用氙弧光灯的光凝固治疗机,比使用太阳光的光凝治疗机前进了一大步。1956 年,还用这种医疗机成功地进行虹膜切除手术。但是,这种人造光源发射的光辐射包含各种波长的辐射,其中包括会对眼睛组织造成损伤的辐射成分，而对治疗必要的光辐射成分则强度不够高，以致疗效不够理想；其次，光束发散宽度比较大，对眼睛造成的损伤面通常都比较大，病人手术之后的视力也受到影响。

采用激光替代氙弧光灯制造的光凝固医疗机，性能获得了大幅度提高，不会伤害到临近的正常组织。此外，激光凝固医疗机治疗时间很短，通常不到千分之一秒，不必担忧眼球的转动。

1. 激光视网膜焊接机

当眼睛发生病变，视网膜出现裂孔，液态的玻璃体会通过裂孔进入视网膜下，造成视网膜剥离，视力急剧减退。通常的治疗手术是用电焊接办法封闭裂孔，并放出积聚的液态物使视网膜恢复到原来位置。这种手术很精细，成功率不是很高。

1965 年，中国科学院上海光学精密机械研究所汤星里、王洪锵等研制出手持式红宝石激光视网膜焊接机，并在上海第六人民医院进行了动物和临床实验。[①] 在 1970 年，上海合力电机厂、上海激光技术实验站、上海第六人民医院组成协作组，进一步发展完善，制成了激光视网膜凝结机[②]。将小能量的红宝石激光射入患者眼内，视网膜色素上皮层和脉络膜色素吸收后转化为热能和光化能，引起组织反应，继而发生机化、形成疤痕，使脱离的网膜与脉络膜牢固地黏连起来，使裂孔得以封闭而网膜重新复位。

(1) 焊接机结构组成

激光视网膜凝结机大致可分激光器和机箱两大部分。使用红宝石激光器，输出波长为 694.3 nm，激光能量大约 0.6 J，脉冲宽度为几个毫秒，脉冲重复频率为几分钟一个脉冲。为方便在检查病人眼底时同时治疗，将检眼镜和激光器结合成一体，机箱内有电源控制系统和循环水冷却系统，如图 4－4－1 所示。

---

① 汤星里，王洪锵等，激光视网膜焊接器，中国激光发展史[M]，邓锡铭主编，北京：科学出版社，1991，29

② 上海合力电机厂，上海激光技术实验站，上海第六人民医院协作组，激光视网膜凝结机[J]，物理，1974，3(1)：24—27。

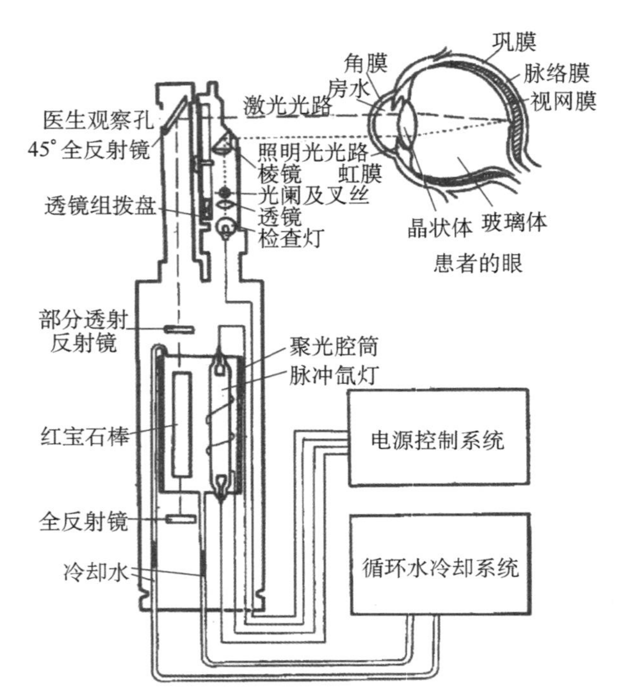

图 4-4-1 激光视网膜凝结机结构和治疗示意

(2) 医治操作和效果

电源控制系统将检查灯点亮,照亮患者眼底。在光阑上有一叉丝,经过透镜成像在视网膜上,以便瞄准患区。触发红宝石激光器发射的激光从部分透射反射镜输出,经45°全反射镜转向射入患者眼内。只要患者的眼间质(角膜、房水、晶状体、玻璃体)没有病变,射入患者眼内的激光会自行会聚在视网膜上。不过,近视或者远视眼将不再会聚在视网膜上,需要拨动透镜组,根据眼睛的不同屈光度,选择合适的透镜加以矫正,使激光束准确地会聚在患者眼睛的视网膜上。

2. 激光虹膜切除仪

虹膜切除是眼睛复明的重要手段之一,也是眼科手术中比较多的一种。它不仅适用于原发或继发性青光眼,而且也适用于角膜白斑、虹膜睫状体炎后遗症、前后极及绕核性内障,以及各种原因引起的瞳孔畸形等常见眼病。传统手术采用各种形状的特种解剖刀，并发症比较多。激光虹膜切除技术，可以避免普通光源切除时遇到的麻烦，而且手术更简便，容易掌握要切除的虹膜部位、大小和形状，能够获得良好的治疗效果。

1973 年，**合肥工业大学激光组、安徽省人民医院眼科**合作研制成功激光虹膜切除仪。①

（1）仪器结构

仪器由激光瞄准系统、裂隙灯显微镜和电源 3 部分组成。激光瞄准系统包括激光头、聚焦透镜和瞄准光源，装在国产 HH－731 型裂隙灯显微镜上，可绕定轴转动和前后移动。激光瞄准系统、双目显微镜和裂隙照明系统三者不同轴，既可以作为裂隙灯显微镜进行一般眼科检查，又可在检查的同时进行激光治疗。红宝石激光器输出波长 694.3 nm，后装有一照明光源，提供一束平行光供激光束瞄准用。这束平行光穿过介质膜片和红宝石棒，经透镜聚焦于人眼虹膜治疗部位，指示激光束照射作用的部位。

（2）操作和效果

患者头部置于裂隙灯显微镜架上，注视标灯，开亮模拟瞄准光源，使模拟瞄准光点以适宜的方向斜照在欲切除虹膜的某一部位，调节焦距，使光点最小、最亮，说明聚焦位置合适，然后控制激光器发射激光切除虹膜。使用的激光能量视病眼情况而定，一般取 1—1.5 J，一次照射即可使虹膜穿孔。若需两次照射，则应适当地降低能量，选取合适的斜照方向，以免损伤眼底，尤其黄斑部分。

对 300 多位患者临床手术治疗结果显示，疗效显著，手术后反应轻，恢复比较快，而且不需要住院，手术中基本上没有痛苦。

3. 激光视力测量仪

在手术治疗白内障和角膜白斑之前，需要知道患者的间质混浊情况、视网膜功能，以及手术后视力恢复情况等，传统检测仪器有眼

---

① 合肥工业大学激光组，安徽省人民医院眼科，激光虹膜切除仪的诞生[J]，物理，1975，4(4)：193—196。

底镜和裂隙灯等光学仪器。1984年,合肥工业大学**陈国鉴**、**许家华**以及安徽医学院**石锦辉**等研制成功激光干涉视力仪,能够测量患者视网膜的分辨能力,并获得视网膜-脑系统的质量数据。①

(1) 测量原理

这是基于激光在视网膜上形成的光学干涉图像检查眼睛视力功能。这种检查不受眼屈光与调节的影响,也不受中轻度屈光间质混浊的影响,即使复杂的屈光异常,不用矫正眼镜及接触镜也可以知道视功能。白内障与角膜混浊的患者,只要稍有缝隙,照射眼睛的激光束就有两束光线射入眼内。如果这两束光线的集光点与眼的结点一致,将在视网膜上形成干涉条纹,如图4-4-2所示。改变两光点的距离,将相应改变条纹的间距;改变两光点的相对位置,就可改变条纹的空间取向。干涉场上将观察到不同图像特征,反映眼底视网膜不同程度的视觉功能,也反映造成视力低下的不同病因。比如:

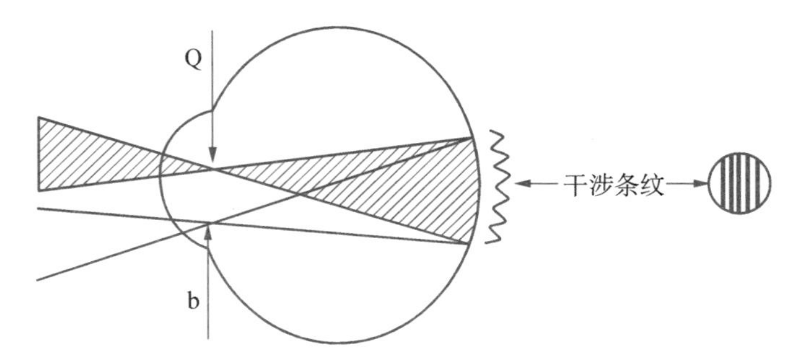

图4-4-2 激光束在眼内形成干涉场原理图

① 在激光干涉视力场中看不见任何标志,仅见一片红光,表明眼底以及视路部分有严重损害,不可能产生形觉,不可能恢复有用的视力。

---

① 陈国鉴,石锦辉等,激光干涉视力仪及其应用研究[J],中国激光,1986,13(5):310—313。

② 在干涉视力场中看到星点闪动，表明眼睛屈光间质完全混浊，视力只有光感或眼前手动，这类患者经手术或药物治疗后能恢复形觉。

③ 在干涉场中看不到完整的干涉条纹图像，只看到部分干涉条纹，表明屈光间质不完全混浊，或眼底有相应部分病变。

④ 在干涉场中看到完整干涉条纹图像，这意味着眼睛混浊的屈光间质中存在局部透明区，眼底存在不同程度的视觉功能。看到粗、中、细不同程度的干涉条纹，反映眼底不同程度的分辨能力。把粗细不同的条纹间距换算为不同的视分角，则可定量描述对眼底视觉功能(分辨力)；见到细密干涉条纹，显示被检查者有特别好的干涉视力。

(2) 仪器结构

图 4-4-3 所示是激光干涉视力仪光路系统图。He-Ne 激光器 1 输出的光束经反射镜 2 反射、聚光镜 3 会聚于入瞳 4 处。这个

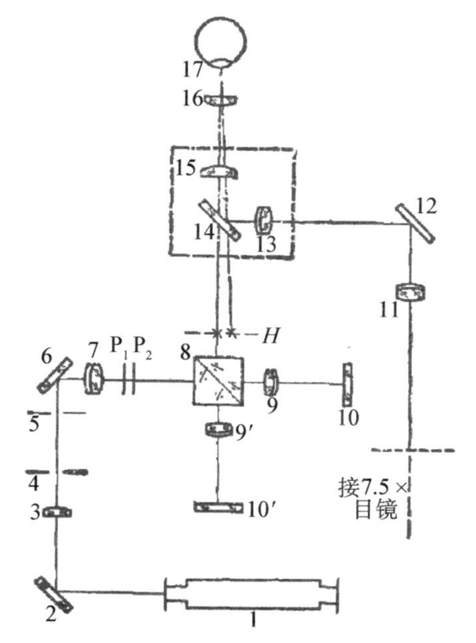

图 4-4-3　激光干涉视力仪光路系统图

位置处于聚光镜 7 的两倍焦距上。入瞳 5 位于聚光镜 7 的物方焦面上。激光束经立方体 8 分光后入射到前置镜 9 和 9′。前置镜 9 和 9′的位置是这样设计的：入瞳 4 经透镜 7 所成的像正好在镜 9 和 9′的物方焦面上。9 和 9′的像方焦面上放有全反镜 10 和 10′，光束经它们反射返回后，分别成像在 9 和 9′的像方焦面 H 上。若使前置镜 9 沿垂直光轴方向移动距离 h，出瞳分离成间距为 a 的两光点，这两光点经后置镜 16 成像于患者眼球的节点处。进入眼球的双光束，在眼底视网膜上产生正弦变化的干涉条纹。

改变前置镜的位置(垂直于光轴方向)，即可改变视网膜上干涉条纹的间距 p，改变干涉条纹的视分角，这就实现了激光干涉视力的定量描述。若前置镜 9 沿垂直其光轴移动 h 距离后，再绕原光轴旋转某个角度，即改变干涉条纹的空间取向(斜条纹)，改变偏振片 P_1 和 P_2 的相对取向，可控制进入眼球的激光能量。

(3) 临床实验

选择视觉功能低下的眼科常见病例 90 人，125 只眼，其中包括各种类型的白内障 64 只眼、青光眼 17 只眼、角膜病 7 只眼，前房出血、前房积脓、玻璃混浊 5 只眼，以及眼底视神经、视网膜等其他病变的 32 只眼。对其中患各种类型的白内障的患者在手术前利用激光干涉视力仪检查，视力干涉场中有 21 只眼出现星点闪动的图像，手术后的确都恢复了不同程度的视力；而手术前在干涉场看到一片红光的患者，手术不能恢复形觉。

同样地，由于各种原因、各种部位的屈光间质混浊患者，只要在检查时干涉场中的图像有星点闪动，药物或手术治疗后都能产生形觉。

二、激光矫正视力缺陷

角膜是眼睛成像系统的透镜，视力出现缺陷的眼睛，如近视、远视和散光等可以修改角膜来矫正视力。由于角膜对温度特别敏感，使用常规办法修正的效果往往不佳，使用特定波长和合适的激光能量密度会获得很好的修正效果。准分子激光器输出的激光波长在紫外波段，角膜对这个波段的激光有比较大的光学吸收系数，而且与角膜组织的作用是光化学反应，几乎不产生热损伤。

1. 工作原理

利用激光束切削角膜中心使其变扁平，曲率半径增加，角膜的屈光力削弱。角膜中央部分切除相当于加上一个凹透镜，外界物体的反射光线通过角膜折射后，其焦点将后移到视网膜上，近视的缺陷便获得矫正。

利用激光束切削角膜中央附近或旁组织，使中央角膜表面变陡、曲率半径变小、屈光力增加，角膜切除后相当于加上一个凸透镜。物像焦点将往前移至视网膜，远视缺陷便得到修正。

用准分子激光切削或切割角膜，也可以矫正一定程度的散光。前者是椭圆形切削角膜表面，而实现矫正散光的目的；后者是通过一扩大的狭长形切口切割，达到矫正散光的效果。

2. 临床实验结果

1993 年 5 月—1994 年 10 月，北京协和医院眼科**王造文**、**庞国祥**等对 1 426 例近视患者实施激光切削手术。[①] 使用的激光波长为 193 nm，激光能量密度 180 mJ/cm^2，脉冲频率 10 Hz，最大切削直径均为 5.0 mm，每一激光脉冲切削角膜的深度 0.25 μm。角膜中央切削深度为 51.50±22.25 μm，最大中央切削深度为 94.75 μm。用 He－Ne 激光三维空间定位聚焦，保证激光切削在角膜光学中央部位。用标记环确定角膜中央直径 6.0 mm 的上皮刮除区，然后用圆头刀机械性刮除上皮。待输入预定的屈光参数后，发射激光切削，由计算机控制激光脉冲重复频率、激光能量密度和光圈扩大的方式。

手术后 1、3、10 天和 1、3、6、12 个月复查，内容包括疼痛、角膜上皮的再生、视力（裸眼视力和最佳矫正视力）、角膜上皮下雾样混浊、屈光状态、角膜地形图和压平眼压等。实际矫正度在预测矫正度±0.50 D、±1.00 D 范围内者分别为 86.7%和 97.4%；最佳矫正视

---

① 王造文，庞国祥等，准分子激光光学角膜切削术治疗近视随诊结果分析[J]，中华眼科杂志，1995，31(3)：172—175。

力下降 1 行或 2 行者分别为 7.60%和 0.48%。手术后一年所有被治疗眼睛的眼压均在正常范围内，眩光、光晕、暗处视力下降等也基本消失。

三、激光手术刀

激光手术刀手术时出血量少，大约只有普通手术刀的 1/3—1/2，原因是在切割组织的同时，也在封闭周围的小血管；不会引起交叉感染，因为不存在手术刀黏上病人血液或者病毒等；不管对什么器官、组织动手术，这把手术刀一样锋利，一样切割快速。普通的手术刀在给软组织或者坚硬的器官，如对骨做手术会感到吃力，切割速度放慢。

激光手术刀可分为两类，一类是热激光手术刀，它是利用激光束与生物组织作用时产生热能把组织切开；另外一类是利用光子能量比较高的紫外激光，把组织中的一些分子键直接打断，实施对组织微结构的消融手术。

1. CO_2 激光手术刀

1973 年，**中国科学院电子学研究所 上海第一医学院眼耳鼻喉科医院、上海医疗器械研究所**研制成功 CO_2 激光手术刀，如图 4-4-4 所示。[①]

手术刀由激光器、机械控制、电器控制和导光系统等部分组成。封离式 CO_2 激光器，输出功率为 10 W 左右；采用直接聚焦法，透镜焦距为 80 mm；机械控制部分采用平台式，平台能左、右各转动 30°，能前后、左右、上下移动和仰俯；带有冷却泵，冷却激光器；电器部分包括激光器激发电源和电源控制器、过荷载保险装置以及冷却水温度报警装置等，电源控制采用脚踏开关；导光部分主要是锗透镜，采用镀膜的棱镜折叠激光光束。

该手术刀在 1973 年 6 月开始临床应用，进行上颌窦囊肿切除和上颌窦炎根治等手术。

---

① 上海医疗器械研究所，激光手术器[J]，物理，1974，(5)：277。

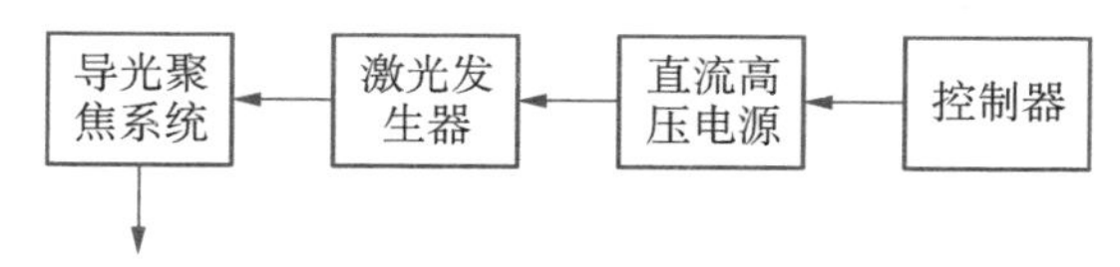

(a) 原理方框图

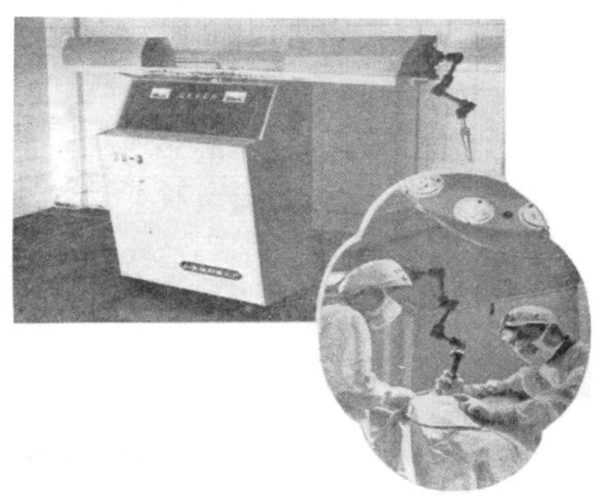

(b) 外形

图 4-4-4　CO_2 激光手术刀的工作原理和外形

2. YAG 激光手术刀

1975 年,上海交通大学激光研究室、上海第二医学院生物物理教研组研制成功 YAG 激光手术刀。[①] 它由激光器、导光系统和激光电源组成。连续输出 YAG∶Nd 激光器,激光波长 1.06 μm,激光功率为 20—30 W;导光系统是由 3 000 多根光纤组成的光纤束,每根光纤芯外面覆盖低折射率玻璃,整束光纤套在直径 10 mm 的软管中,如图 4-4-5 所示,能承受 80 W 的激光功率。导光系统轻便灵活,使用方便。

该手术刀治疗了 30 名血管瘤患者,包括海绵状血管瘤、混合型血管瘤、肌皮血管瘤、血管痣和黑色素痣等。显效的为 50%,有效的

① 上海市激光技术实验站一室光刀组,上海第二医学院激光室,二氧化碳激光手术器及其应用[J],中国激光,1976,3(6): 12—17。

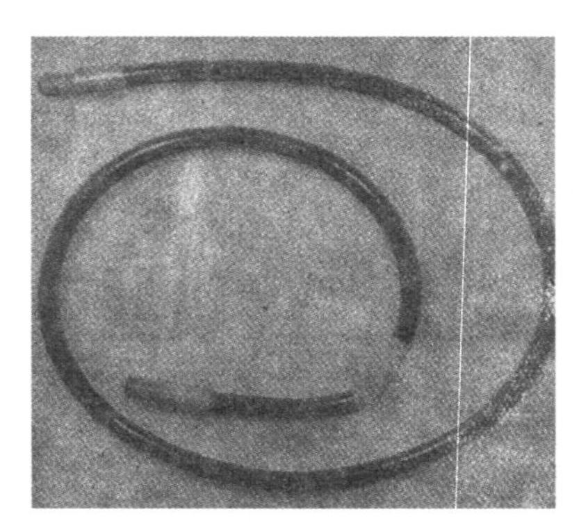

图 4-4-5　光纤束导光系

为 15%。这里的“显效”是指血管瘤经处理后全部消失，“有效”是指血管瘤治疗后明显缩小。

3. 临床实验和效果

1976 年，**上海市肿瘤医院**用 CO_2 激光手术刀治疗了 219 例良性和恶性肿瘤病例，其中良性病例 117 例(病灶 381 个)、恶性病例 102 例(病灶 215 个)。结果显示，浅表良性肿瘤、增生性及癌前期病变总治疗有效率 94.2%。只要气化深度适宜，清除病灶时就无疤。对于恶性肿瘤，原发病灶小、病期早的治疗有效率达 90.2%。图 4-4-6 所示是患者治疗前后的对比照片。

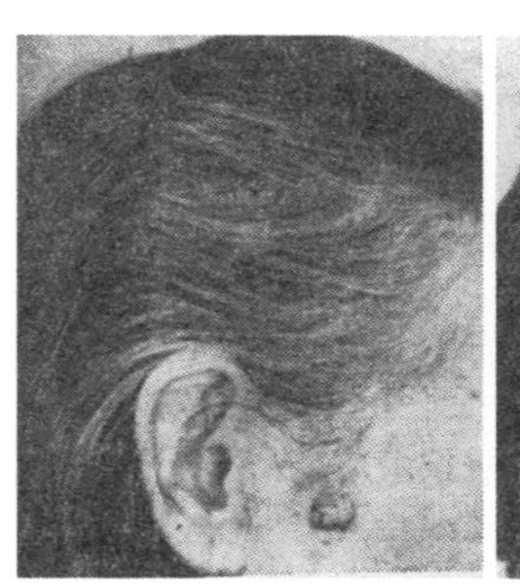

(a) 治疗前

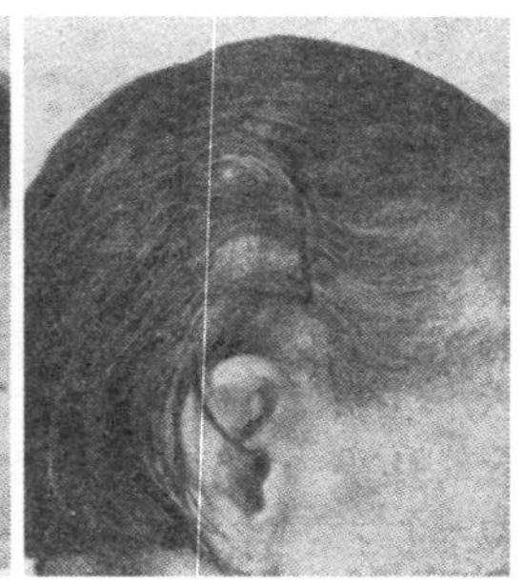

(b) 治疗后

图 4-4-6　激光手术刀治疗右面部鳞状细胞癌

1975—1976年间,上海第二医学院激光室利用CO_2激光手术刀实施口腔外科、妇科、皮肤科、神经外科、耳鼻喉科52种疾病、1 055例手术。其中,在口腔科已用于治疗血管瘤、淋巴管瘤、黏液囊肿、下唇癌、面部疵、乳头状瘤、舌白斑、舌扁平苔藓等8种疾病、130病例;妇科已用于治疗慢性宫颈炎、宫颈原位癌、宫颈间变(癌前期)、宫颈囊肿、宫颈息肉、外阴搔痒、外阴白斑等7种病、350病例;皮肤科已用于治疗血管瘤、皮肤癌、牛皮癣、寻常疵、各种痣以及各种痒症等35种病、570病例,治疗效果很好,有效率达90.2%。

1981年,武汉市第三医院激光研究组**石益龄、安炳仁**利用YAG:Nd激光手术刀施行胃大部切除23例,其中男性18例、女性5例。[1] 结果显示,手术安全可靠,出血量少,切割胃体一周最多出血量不超过1 mL。切缘整齐光滑,手术视野干净,不做黏膜下血管缝扎,简化了手术操作及缩短了手术时间,患者术后恢复良好,住院期间无1例发生术后并发症,平均住院时间为11天。

1980年四五月,**上海第一医学院附属中山医院、中国科学院上海光学精密机械研究所、上海医疗器械研究所**利用YAG:Nd激光器手术刀成功地施行了3例人体肝癌手术,手术效果良好,手术两个星期后病人便能自由活动。手术刀的刀头激光功率170 W,刀头光斑直径为1.5 mm。

四、激光针灸

用一束低强度激光束照射穴位,也起到针灸的医疗效果,称为激光针灸。激光针不仅对某些针灸临床常见病,如劳损及慢性炎症等具有银针的类似效能,并能对某些神经系统疾病(如瘫痪)及肿瘤等疾病提高疗效。[2] 激光针还具有完全无菌、无痛的特点,特别适宜年

---

① 石益龄,安炳仁,激光在胃大部切除的临床应用[J],武汉医学,1982,6(4):244—245。

② 上海市肿瘤医院,CO_2激光治疗良恶性肿瘤的初步临床研究[J],中国激光,1977,4(6):6—12。

老体弱的患者，更消除了儿童和病人怕针、晕针的顾虑。

1. 激光针灸仪

1977年，福建师大激光研究室谢树森、郑则东将氦-氖激光经柔软的光导纤维传输，准确照射穴位，进行针灸治疗。① 仪器还可配发散透镜，使激光发散输出，进行较大面积病灶的照射治疗。

图4-4-7所示是仪器光学系统的光路示意图和外形，由氦-氖激光管1、匹配物镜3、光导纤维4、转向反射镜2、发散透镜6和保护

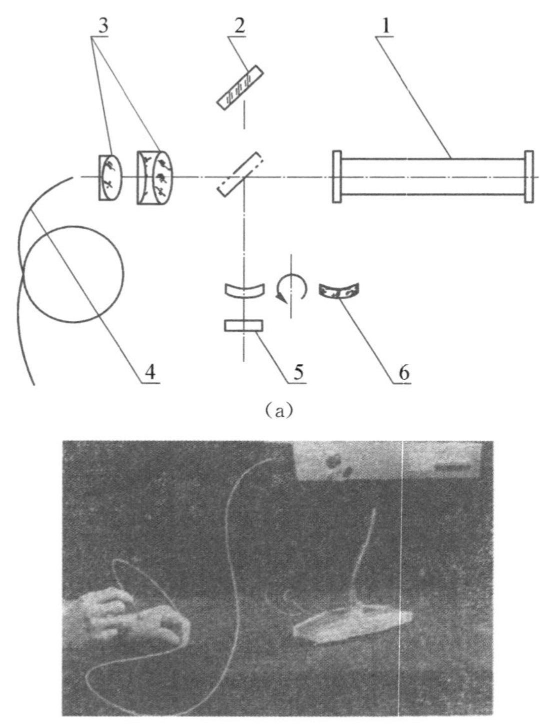

(a)

(b) 仪器外形

图4-4-7 激光针灸仪光学系统的光路示意图和外形

---

① 谢树森，郑则东，耦合光导纤维氦-氖激光针疗仪的设计和研制[J]，医疗仪器，1979，(3)：1—5。

窗片 5 组成。氦-氖激光器 1 发出波长 632.8 nm 的激光，通过物镜 3（生物显微镜 10×标准物镜），像方束腰位置在其像方主平面后 15.7 mm处。光腰处的波阵面为平面，所以在光腰处可看成平行光。将光导纤维 4 的端面放在这一位置上，使光束垂直注入光纤的端面。光纤为玻璃多组分自聚焦型光学纤维，经光纤传输的激光在其末端出射，光针直径 0.1—1 mm（可调），输出最大激光功率密度 10^4 mW/cm^2。如果是做照射治疗，可通过转向反射镜 2 将激光从窗片 5 射出，若需要发散激光束照射，在光路上加入发散透镜 6（月牙型透镜，焦距 38.77 mm）。

2. 临床实验和疗效

（1）治疗高血压

1976 年，**河南省洛阳市第二人民医院**采用激光针对 66 位高血压患者施行激光针治疗。[①] 这 66 位高血压患者中，患发性高血压的 64 位，继发性高血压 2 名，患病时间最短 6 个月、最长的 16 年。采用氦-氖激光针照射颈部交感神经节，临床观察显示，经一次穴位照射后血压立即下降的有 32 人，其余均在照射 2—10 次后下降，部分病人血压下降后一直稳定在正常水平。

1977 年，牡丹江地区医院、鸡东激光仪器厂**林治瑾**、**申家钘**等也进行了激光照射穴位治疗高血压，治疗患者 53 名，[②]年龄在 22—68 岁之间，患病时间最长的 15 年、最短的 3 个月。光针是波长 632.8 nm的氦-氖激光，功率 1.5 mW，光斑直径 1 mm。每日用激光束作为光针照射一侧人迎穴 7—10 min，连续 14 次（日）为一疗程，治疗总有效率为 88.7%。

（2）治疗急性扁桃体炎、美尼尔氏病

1977 年，**西安医学院第一附属医院耳鼻咽喉科教研室**利用激光

---

① 河南省洛阳市第二人民医院，He-Ne 激光照射颈部交感神经节能引起血压下降[J]，中国激光，1977，4(3)：63。

② 林治瑾，申家钘，激光照射穴位治疗高血压病的观察[J]，黑龙江医药，1978，(2)：20—21。

针穿透皮肤刺激穴位，引起了人体的反应性调节，改变了病理性经过，治疗急性扁桃体炎、美尼尔氏病，收到一定效果。[①] 以 20 mW 氦-氖激光针照射急性扁桃体炎患者双侧颊车、合谷各 5 min，次日复诊时咽痛明显减轻，扁桃体表面眼栓消失；用 20 mW 氦-氖激光针做穴位照射治疗美尼尔氏病患者，第一次照射耳穴双侧晕点、内耳各 5 min，第二次照射原耳穴加双侧神门、劳官各 5 min，两次治疗便治愈。

(3) 激光针刺麻醉

1977—1988 年，哈尔滨市第一医院**毛树林**、**葛通远**等使用氦-氖激光针实验对 18 例各种甲状腺病人在激光针穴位刺激麻醉下进行腺瘤摘除术、甲状腺次全切除手术。[②] 刺激的穴位是双侧扶突和双侧合谷或内关透外关，前一个穴位刺激 20 min，后者刺激 10 min。激光功率 3—5 mW，光斑直径 2 mm。取得了良好的麻醉效果，其中有 16 例获得了成功。

五、激光光动力学治疗(PDT)

常用治疗癌症方法主要有手术法、化学法、放射治疗等，激光光动力学治疗效果则具有以下优点：①主要破坏癌细胞，不损伤正常细胞；②光敏剂无毒性，安全，不会抑制人的免疫功能，也不会抑制骨髓而引起白细胞、红细胞和血小板减少；③对使用手术、放疗和化疗等有辅助作用，可同时应用；④多疗程不会产生耐药性；⑤治疗时间短，一般 48—72 h 后即可出现疗效。

1. 基本原理

在光敏化剂的参与下，通过光动力学反应治疗癌症。光敏化剂是一种能够被病变组织选择吸收，而正常组织吸收很微弱的材料。例如，血卟啉衍生物(HpD)是从血红蛋白中提取的化合物，呈暗红

---

① 西安医学院第一附属医院，氦-氖激光穴位照射治疗急性扁桃体炎、美尼尔氏病[J]，中国激光，1977，4(3)：62。

② 毛树林，葛通远，应用激光麻醉施行甲状腺手术的探讨[J]，黑龙江医药，1978，(3)：19—22。

色。对肿瘤的亲和力比正常组织大 2—10 倍，注入人体后优先集中到肿瘤组织，并且紧紧地结合在肿瘤表面，然后与肿瘤的细胞膜和细胞器相结合。HpD 有这种特性，一方面是因为癌症组织与正常组织之间在生理学上有差异，在癌症组织内部有较大的组织间隙，含有更高比例的巨噬细胞，而淋巴引流能力较差；另一方面是 HpD 的结构引起它与癌症细胞之间相互作用。HpD 从肿瘤组织排出体外的时间也比正常组织慢得多，一般停留在组织的时间长达 72 h。HpD 在红色光照射下会发生一系列光动力学作用，产生出活泼的单态氧。这是瞬时存在的强氧化剂，具有强烈的氧化能力，使细胞膜蛋白质凝聚，溶酶体、线粒体等受到破坏，从而杀死癌细胞，达到治疗的目的。

2. 临床治疗效果

中国人民解放军军医进修学院**黄英才**、**郑文尧**等在 1981 年下半年开始激光光动力学治疗工作，1982 年 5 月开始胃癌临床治疗。[①] 北京结核病医院激光室**赵树德**、**李竣亨**等 1982 年 9 月至 1983 年 4 月治疗中心型肺癌 21 例，24 个癌病灶。[②]

(1) 实验装置和方法

氩离子激光泵浦染料激光器输出波长 620—640 nm，激光束通过耦合器聚集在一根直径为 400 μm 的石英光纤里，在其输出端激光功率为 100—250 mW。患者在住院避光条件下治疗，HpD 剂量为 5 mg/kg 体重，溶于 100—250 mL 生理盐水中静脉滴注，每分钟 70—80 滴，注药后 48—72 h 进行激光治疗。治疗前 15—20 min 肌注硫酸阿托品 0.5 mg、安定 10 mg，服去泡剂。用 4%利多卡因进行咽部麻醉后，插入纤维胃镜，找到病灶后先做荧光检测。从胃镜的活检钳孔插入石英光纤，用氩离子激光器发出的 488 nm 波长激光照射病变区，通过滤光片便可看到癌瘤组织发出红色荧光，非癌区则无荧

---

① 黄英才，郑文尧等，激光血卟啉治疗胃癌初步探讨(附 10 例报告)[J]，中国人民解放军军医进修学院学报，1983，4(1)：43—47。

② 赵树德，李竣亨等，激光配合血卟啉衍生物治疗中心型肺癌 21 例的初步报告[J]，激光杂志，1984，5(4)：226—269。

光，以此确定癌瘤的范围。然后用氩离子激光泵浦的染料激光器发出的红色激光照射癌病灶，光距 1.0—1.5 cm、光斑直径为 1.0—1.5 cm，功率密度为 100—250 mW/cm^2，每个照射区照射 15—20 min。

赵树德、李竣亨等做肺癌肺 PDT 治疗也是采用氩离子激光泵浦染料激光器输出的红色激光，传输激光的光纤芯径 300—400 μm、外径 1.2 cm、数值孔径 0.25 mm。

（2）治疗效果

黄英才、郑文尧等治疗 10 名胃癌患者，从治疗后临床症状变化、病灶大小的改变和病理组织学癌细胞被杀伤情况 3 方面来评定的结果是：显效的 1 例，有效的 8 例，无效的 1 例。这里的“显效”是指肿瘤体积缩小 60%以上的；“有效”是指肿瘤体积缩小 60%以下的；“无效”是肿瘤完全没有变化。治疗后无明显副作用，对癌瘤邻近的正常组织无明显损害（即使有也是很轻微的），在治疗中及治疗后均无全身不良反应。

赵树德、李竣亨等治疗 21 名经气管镜活检确诊肺癌患者，其中 19 名以往未经任何治疗、1 名右全肺做了切除术、1 名曾接受放疗加化疗，多为中、晚期癌病患者。21 名肺癌患者在支气管镜检查中，共发现 24 个病灶。以气管镜所见及摘取组织病理检查为依据，得到的治疗结果是：1 例病灶完全消失，6 例病灶显效，11 例病灶有效，无效的 4 例。这里的“完全消失”是指凸入支气管腔内的肿瘤完全脱落，基底部组织学检查癌细胞消失的；“显效”是指肿瘤坏死、脱落超过 2/3，但残留部分活检仍有癌细胞的；“有效”是指肿瘤坏死小于 1/2 的。

3. 血卟啉光敏剂

血卟啉光敏剂除了要具有一般药物的安全性外，还有 3 项要求：一是能够人工合成，最好是化学纯制剂；二是无延迟性的光毒性，不需要避光；三是有明确的效果，要有很好的光敏性，同时也应当有非常理想的肿瘤选择特异性。具体而言，首先要求该光敏剂有良好的、特定波长的吸收峰，该峰值最好在 650 nm 以上。因为波长在 650 nm 以上的激光对于皮肤的穿透率就小，少有或者没有光敏性皮炎。在有效率为 60%的前提下，635 nm 波长的激光显然优于 630 nm 波长的激光。光敏剂与肿瘤细胞的结合应当是特异性或者高选择性的，这样才能确保 PDT 治疗过程中在损伤肿瘤细胞时，不损伤或者尽量少损伤周围的正常组织，以减少并发症的发生并增强疗效。

1983 年，第二军医大学许德余、殷祥生等研究成功制备血卟啉光敏剂新方法。①

（1）制备实验

① 氯化血红素制备。将 1 L 新鲜抗凝去血清猪血或牛血与 3 L 氯化钠饱和的 90％工业醋酸，在温度 100—106℃的条件下共热半小时，然后在温度 60—50℃滤集氯化血红素，并用 50％醋酸、水、95％乙醇及乙醚各洗涤两次，干燥后制得氯化血红素成品，所得氯化血红素成品为钢蓝色结晶。

② 血卟啉光敏剂制备。将制备的氯化血红素与高比度的溴化氢冰醋酸（比重＞1.41）密闭搅拌反应，制得血卟啉光敏剂。

（2）实验结果

与制备氯化血红素的经典方法相比，减少了试剂用量，简化了操作，并使成品量由每升血 3—4 g 提高到 7 g。其纯度经元素分析和紫外吸收光谱测定，显示与文献报道的值一致。

制备血卟啉光敏剂量一次可达 80 g 或更多。成品经溶剂提纯后为紫红色结晶性粉末，提纯的回收率为 73％—81％。经元素分析无卤素；经原子吸收光谱法测定，含铁量为 22 ppm，对比测定低于美国 HpD 的含铁量。甲醇溶液的紫外吸收光谱、红外吸收光谱以及钠盐水溶液的激发和发射荧光光谱，均与文献一致。

六、激光诊断

治疗和诊断是临床医学的两个基本任务，而诊断的主要任务是查明疾病的病理形态改变，了解病理状态下的机能变化，以及找出致病因素。显然，治疗疾病的成功率与诊断准确性有密切关系。

---

① 许德余，殷祥生等，肿瘤光敏诊治药物的研究 1. 血卟啉光敏剂的研究[J]，第二军医大学学报，1983，4(3)：161—165。

病状总是在组织或体液分子成分发生变化之后发生的，生物组织的光谱特征与其分子构成直接相关，因此利用光学手段鉴别和诊断组织，有可能更早、更精确地诊断各种疾病。激光诊断技术主要有组织激光光谱诊断和组织激光成像诊断两类。

1. 激光荧光光谱

激光荧光光谱技术灵敏、快速，具有特征性等，在物理、化学、医学、环境保护、公安侦破等许多方面得到了广泛的应用。1980 年，复旦大学物理系**叶衍铭**、**杨远龙**等，以及上海市口腔医学研究所口腔颌面外科研究室**马宝章**、**缪锦生**等，开展激光荧光光谱诊断癌症研究，并研制出一台以氙离子激光为光源、用光纤采样的激光荧光光谱诊断装置。[①] 采用光纤传输激光，适用范围可扩展到一般难于测及的部位，已用于各种肿瘤样品及体表肿瘤的诊断，并且在口腔部肿瘤的临床研究中取得了较为满意的效果。

（1）装置结构

图 4-4-8 所示是装置结构示意图，包括激光器、传输采样光纤及荧光检测记录系统 3 部分。

脉冲氙离子激光器输出波长为 365 nm，这个波长很接近癌组织吸收峰值位置。传输采样光纤是连接激光器、病灶测量点及荧光分析系统的纽带，所用的光纤为石英单丝光纤；荧光采样光纤由多根玻璃光纤组成，外径为 4 mm，末端装有定位罩，以固定荧光采集的立体角，利于对不同位置测得结果对比，在其出口端将光纤排成长条状，使之与单色仪入射缝匹配，提高荧光接收效率。用焦距 $f=15$ mm 的单透镜将激光聚焦进入传输光纤（耦合角$<40°$），并用五维调节架把光纤定位在透镜的焦点上。

由光纤采集的荧光送至单色仪，由光电倍增管接收，该信号经 Boxcar 积分平均后送记录仪，显示荧光光谱。扫描及记录由控制系统自动完成，它是以一路输入、多路输出去控制激光的重复频率、单

① 叶衍铭，杨远龙等，激光荧光光谱测量技术在癌症诊断中的应用[J]，应用激光，1985，5(6)：134—140。

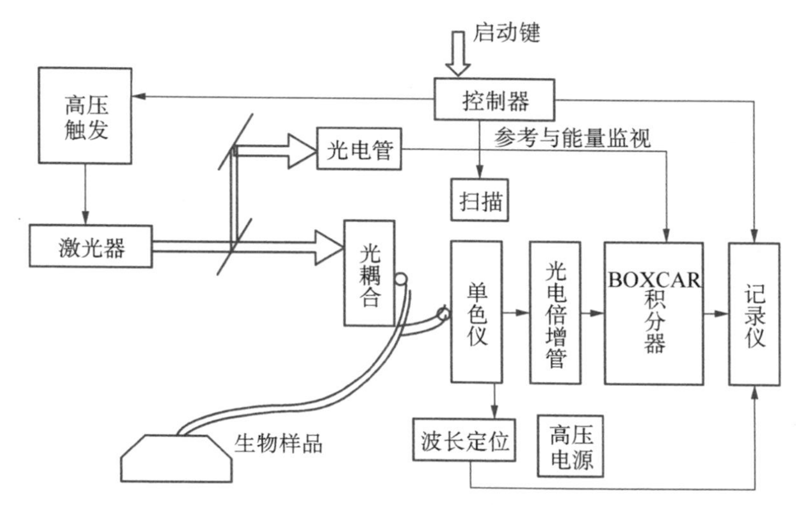

图 4-4-8　激光荧光光谱诊断仪结构

色仪扫描、记录仪的走纸和停机复位。

（2）临床实验和效果

癌肿病变区的荧光光谱中，出现正常组织所没有的、与癌细胞生长过程的物质代谢特性有关的波长在 630 和 690 mm 的荧光峰，离体恶性肿瘤样品的光谱也同样存在波长 630 或（和）690 nm 的荧光特征峰。据此可判定肿瘤是否为恶性。临床诊断近百例口腔肿瘤患者，符合率达 89%。检测 11 例皮肤肿瘤患者，有 10 例与病理切片报告结果相符合。

2. 激光多普勒微循环血流测量

微循环是指循环系统中微动脉和微静脉之间毛细血管中的血液循环。测量人体各部微循环状况，能为诊断末梢血管疾病、循环系统疾病提供重要依据；许多急性、慢性病的发生、发展和转变，通过对微循环变化的了解，能得到及早预防。在基础医学方面，通过对微循环变化的分析，能较全面地了解药物的疗效，判断药物作用的时间，研究疾病发生和治愈的机理。在临床医学上，了解微循环供血状况对护理休克病人、估计烧伤病人的严重程度、观察整形修复手术后组织的成活情况等都有极大的参考价值。

1990年，上海医用激光仪器厂陆伟国研制成功利用激光技术测量微循环血流的仪器。①

(1) 工作原理

一束激光照射到组织表面上，大部分进入组织内部，并被内部各组织结构层吸收、散射。其中，照射在运动红血球上的激光散射光产生多普勒频移，照射在静止结构上的激光散射光不发生频移。这两部分散射光多次与组织层作用后，穿出组织表面，一起被光纤采集，送入光电探测器进行光电转换。由于它们之间的差拍作用，在光电探测器上能得到与红血球运动有关的多普勒频移信号。光纤采集到的信号光包含了大量红血球多次散射后的散射光，因此，从光电探测器输出的信号并不是单一的多普勒频移，而是有一定频率分布。不同的微循环条件有不同的频率分布曲线，代表了一定范围内红血球运动的平均速度。对该信号采用功率谱加权均方根处理后，便可以获得与红血球运动速度相关的血流参数，它反映了微循环的动态特性，能够定性、定量分析。

(2) 仪器结构

如图4-4-9所示，He-Ne激光器输出的激光经透镜聚焦后，耦合到传输光纤中，在另一端输出，照射被测组织。经组织散射后的散射光被另两路光纤收集，并送到各自的光电探测器上，得到两路多普勒频移信号输出，送入处理电路放大和运算后，得到血流参数输出，结果由显示电路平均后给出数据。光电平电路监测两通道的工作情况，并指示光强。为提高信噪比，抑制各种干扰，在光信号的拾取和光电转换的设计上，采用了双通道差动系统，并用线性度和灵敏度极佳的光电倍增管进行光电信号转换。

(3) 临床实验疗效

3台样机先后在北京微循环研究中心、上海中山医院、合肥解放军105医院和上海医科大学等单位进行了120多例临床实验，其中

---

① 陆伟国，LDF—1型激光多普勒微循环血流仪的研制[J]，中国医疗器械杂志，1991，15(6)：257—261。

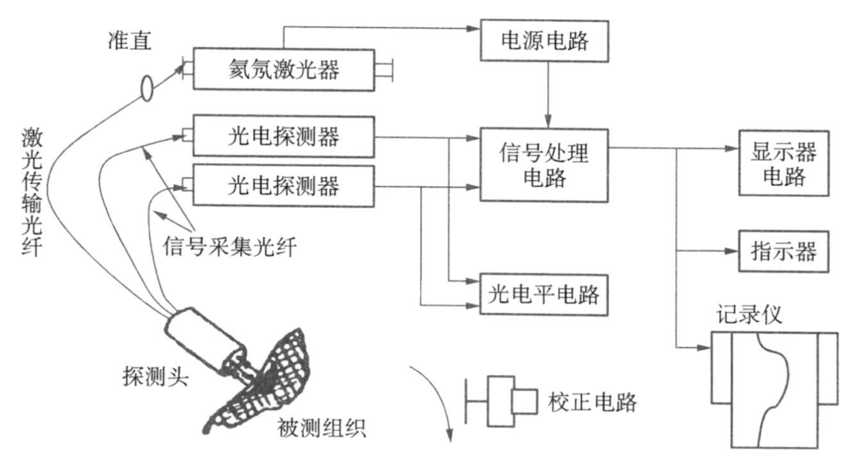

图 4－4－9　激光多普勒微循环血流仪结构

17 例为体外循环状态下头部微循环血流监测，11 例为灼伤等的微循环供血变化和组织坏死的测量，50 例正常人及病人的手部微循环受冷刺激后的变化情况测量，10 余例为健康者下肢用抗休克裤加压时微循环的变化测量。

临床使用结果显示，能够迅速判断灼伤病人一度与二度、深二度或者浅二度灼伤，正确率高于肉眼观察判断。

用注射高分子右旋糖酐的方法，使大白鼠微循环发生障碍时，用该仪器分别测量静脉注射肝素治疗和盐水治疗后，动物脏器在 5 min、20 min、1 h、2 h、3 h 时的微循环灌流量变化。测量结果表明，一定剂量的肝素作静脉注射，具有增加肾脏微循环血液灌流量的作用，其作用高峰在用药后 2 h 左右，3 h 后药力逐渐减退。

3. 激光动力学诊断

1983 年，上海第二医学院附属第三人民医院肖树东、张德中等，以及激光室朱箐、朱耀珍等采用激光动力学诊断胃癌。[①]

---

① 肖树东，张德中等，内窥镜血卟啉荧光诊断胃癌的研究[J]，上海第二医学院学报，1984，(5)：366—368。

(1) 基本原理

用特定波长的激光照射某种化学物质使其产生一系列反应，这种过程叫做光激活作用，其被激活的化学物质称为光敏物质。将光敏物质，如激光血卟啉衍生物(简称 HPD)进入人体使之激活，利用所产生的荧光及高度毒性的中产物以诊断癌症。HPD 与癌细胞有较强的亲和力，在癌组织中的含量高于正常组织(除肝、脾、肾外)大约 10 倍，而且滞留时间长。在静脉滴注 HPD 后 24 h 用 405 nm 波长的激光照射，如果某部位有癌变成癌前病变，则在这个部位将发射出桔红色荧光，以此可以诊断发生癌变及定位癌变部位。

(2) 临床实验和疗效

诊断前先做光敏剂 HPD 皮肤划痕实验，阴性后按 5 mg/kg 体重计算，加入 5%葡萄糖液 250 mL，静脉点滴，每分钟 60 滴左右，给药后 24—72 h 内进行荧光检测。氩离子激光器输出波长为 488 nm 和 514.5 nm 蓝绿光，由石英导光纤经活检孔进入胃内，照射可疑病变处。病变处将发出橙红色荧光，根据荧光的有无和强弱分为阴性、阳性和强阳性 3 种。早期胃癌发出的荧光较弱，给肉眼观察带来一定困难。影像增强仪可以将微弱的荧光强度增强 3—7 倍，便于荧光观察。对 19 位有胃病的病人进行了检测。观察结果显示，4 例良性胃溃疡患者荧光均为阴性，未见有假阳性者；其余 15 例上消化道癌肿者中，1 例食管癌的血卟啉荧光十分清晰，8 例进展期胃癌和 2 例早期胃癌亦见到程度不等的荧光，有 2 例进展期胃癌和 2 例早期胃癌则未能见到荧光。

4. 激光流式细胞技术

激光流式细胞技术是一种在功能水平上对单细胞或其他生物粒子进行定量分析和分选的检测手段，它可以高速分析上万个细胞，并能同时从一个细胞中测得多个参数，是诊断各种血液病、肿瘤和遗传疾病，以及了解、评估人体细胞免疫功能的重要技术。

1981 年，上海第二医学院**于金荣**、**许松林**等研制成功激光流式细胞计，并用该仪器进行了腹水癌细胞诊断、血细胞分析、培养细胞药物效果分析等实验，取得了较为满意的结果。[①]

该激光流式细胞计由激光器、细胞流动室及气压流速控制系统和光路系统，以及信号检测和处理系统 3 大部分组成。细胞流动室及气压流速控制系统使待测量的样品沿着固定的路径依次恒速地通过检测区。在流动室的侧壁装有两对石英小窗，其中一对是激光束的入口和出口；另外一对中的一栅窗为细胞荧光的收集口，另一栅窗供工作人员调试时观察用。待测样品流过流动室后与激光束垂直相交，被激发而发射荧光。收集这些荧光信号，经光电转换、积分放大及计算机处理，便得到单细胞定量分析结果。

氩离子激光器输出波长 488.0 nm，激发样品发荧光。激光功率大约 100 mW。用焦距为 20 cm 的球面透镜和焦距为 2.3 cm 的柱面透镜组成的光学系统，将激光束聚焦成 200 μm×23 μm 的椭圆形光斑，其长轴与细胞流和激光光束垂直，短轴和细胞流重合。用两只光电倍增管分别接收红色和绿色荧光信号。

样品细胞不仅仅是荧光发射中心，也是激光的散射中心，光电倍增管在接收荧光信号的时候，也将接收到激光的散射光信号。因此，在收集光路中安置干涉滤波片等滤去散射光。

4－5　检测计量应用

一、激光测距

高亮度激光能够准确地传到远距离的目标靶上，窄的光谱线宽度使其能够使用窄光谱滤光器来消除不需要的光辐射，如太阳光的干扰，因而白天也能够利用激光束测量距离。

激光测距机除了军事应用外，在科学研究和生产建设中也有广阔应用空间。比如，在地面上放置几台激光测距机，采用三角测量法可以测定卫星的位置；安装在卫星上的激光测距机测定卫星至地面

---

① 于金荣，许松林等，激光流式细胞计的设计[J]，医疗器械，1985，9(1)：21—26。

各点的距离，便可以精确地确定大陆漂移、地极偏移和重力常数的变化等。

1. 工作原理

利用激光测量距离的工作方式基本上有 3 种：脉冲激光测距、调频连续波激光测距和激光相位测距。

（1）脉冲激光测距

这是测定激光测距机从发射激光到激光从目标反射回来的时间，用其计量与目标的距离，这是最先研制成功的激光测距机。假定激光测距机在时刻 T_1 发射出一个激光脉冲，在距离 R 处遇到目标并反射回来，在时刻 T_2 接收到从目标反射回来的激光脉冲。此激光脉冲以光速在距离 $2R$ 来回的时间 $\Delta T = T_2 - T_1$，则

$$R = c\Delta T/2, \qquad (4-5-1)$$

式中，c 是光速。例如，向月球发射激光束，激光从开始发射到从月球反射回来的时间是 2.56 s，激光的传播速度是每秒 30 万千米，由此便可知月球离地球的距离为 38.4 万千米。

（2）调频连续波激光测距

这是利用时间与调制频率的关系，以测量频率差代替测量时间差的测距方法。在时刻 t_0，用频率 f_m 对激光频率 ν_0 做连续调制。激光束遇到目标后反射，反射信号在时刻 t_1 到达发射激光处的探测器，其调制频率变为 f_1，经历时间为 τ。原发调制信号与从目标来的反射信号在探测器上混频，产生差频 f_c；如果在半个调制周期内最大频偏的一半是 Δf，那么目标的距离为

$$R = cf_c/(8f_m\Delta f)。 \qquad (4-5-2)$$

混频后的差频中包括多普勒频移的成分。如果线性调制频率采用三角波方式，正反两个方向的调制频率分别可得到差频 f_+ 和 f_-，此时（4－5－2）式中的 f_c 用下面的式子替代，即

$$f_c = (f_+ + f_-)/2。 \qquad (4-5-3)$$

(3) 激光相位测距

这是通过测量激光信号往返目标后的相位变化，替代直接测量时间的测距方法。以频率 f_{m} 对激光器连续输出的激光束调制，激光信号在距离 R 间往返一次产生的相位延迟为 ϕ，则对应的往返时间 t 可表示为

$$t = \phi/2\pi。 \tag{4-5-4}$$

则距离 R 可表示为

$$R = ct/2 = c/(4\pi f_{\mathrm{m}})(N\pi + \Delta\phi), \tag{4-5-5}$$

式中，N 是调制半波长个数；$\Delta\phi$ 是激光信号往返目标一次产生的相位延迟不足 π 的部分。

在给定调制器和标准大气条件下，频率 $c/(4\pi f_{\mathrm{m}})$ 是一个常数，测量距离就是要测量所包含半波长个数和不足半波长的小数部分。不足 π 的相角 $\Delta\phi$，可以通过不同的方法测量，通常应用最多的是延迟测相和数字测相。短程激光测距仪大多数采用数字测相原理来求得 $\Delta\phi$。

因为相位的最大值不超过 2π，当目标的距离进一步增大时相位值又重新回到零，这就有多个不同距离对应一个相位差，这可采用两个以上的调制频率。其中，较高的调制频率对应于精距离测量，决定测距机的分辨率；较低调制频率对应粗距离测量。

相位式激光测距仪测量精度高，一般为毫米量级。为了能够更有效地反射激光信号，并使测定的目标限制在与仪器精度相称的某一特定点上，这种测距仪配置了称为合作目标的反射镜。

2. 激光测距机

(1) 红宝石脉冲激光测距机

中国科学院上海光学精密机械研究所顾去吾、范果健等，以及第五机械工业部第五研究所徐鸿桢、华喆年等，在1963年开始研制激光测距机，1965年制造出可以实用的红宝石脉冲激光测距机，附有测角机构，可同时测出目标的方位角和高低角，采用半导体电路的数字频率计作距离显示。测距范围从0.5—10 km，测量精度10 m，测

图 4－5－1 红宝石脉冲激光测距机

量角度范围，水平±360°、俯仰±30°，如图4－5－1所示。①

顾去吾，原名顾惠祥，1922年生于广西，1998年11月在上海病逝。中国著名光学家、高级工程师，为我国光学领域尤其是激光领域作出巨大贡献。1946年考入浙江大学物理系。大学毕业后即参加了新中国科研基地的建设，先在东北科学院研究所物理室工作，1952年进入中科院长春光机所工作，1986年调入上海机械学院（现上海理工大学）工作。在光学研究的尖端领域多次提出大胆的设想，促进了我国光学理论研究的发展。多次承担国家重点科研项目，获多项科技进步奖，是“激光外差共路干涉方法及其光学系统”专利发明人之一。

（2）YAG激光测距机

1967年，西南技术物理所**韩凯**、**屈乾华**等研制成功YAG激光测距机。② 整台仪器总重25 kg，由YAG：Nd激光器、光电倍增管、光学系统、数据处理、显示系统及电池、逆变器等部分组成，用电缆连接。激光器利用Q开关输出单脉冲激光，每个脉冲能量15 mJ。激光束通过口径60 mm的发射天线（凹面反射镜）向目标发射。目标产生的漫反射激光由口径80 mm的接收天线（也是凹面反射镜）会聚到光电倍增管上，将脉冲光信号转变为脉冲电信号，再经数据处理，由显

---

① 顾去吾，范果健等，红宝石脉冲激光漫反射测距机，中国激光史概要[M]，邓锡铭主编，北京科学出版社，1991，34。

② 韩凯，屈乾华等，YAG激光测距机，中国激光史概要，邓锡铭主编[M]，科学出版社，1991，41。

示器显示距离数值。在天气良好的条件下，最大测量距离 5 km±5 m。

（3）GaAs 半导体激光测距机

1971 年，**中国科学院上海光学精密机械研究所**研制成功 GaAs 半导体激光测距机。光源是单异质结 GaAs 半导体激光器，波长 0.91 μm，激光脉冲宽度 200 ps，空间积分脉冲功率大约 50 W，接收元件是雪崩型硅光电二极管，仪器重量为 5 kg，最大测量距离 1 000 m，测量精度为±6 m。[①]

3. 激光测距实验

（1）人造地球卫星测量

精确测量人造地球卫星距离就可以得出卫星的精确轨道，并根据轨道的微小变化，研究地球动力学的许多课题（如地球引力场、地极移动、板块运动等），还可以进行卫星大地联测，测定长达几千公里的基线以及测站的地心坐标。因此，在天文学、地球物理、大地测量、地震预报以及国防上均有着重大意义。

用激光测量地面站至卫星（需要装有逆向反射器）的距离，这是 20 世纪 60 年代中期出现的一种新技术，是目前观测人卫最精确的手段，可以获得很高的精度。第一代人卫激光测距精度达到米量级，第二代达到厘米量级，现已研制出毫米量级的人卫激光测距机。[②]

1972 年，**电子工业部十一研究所**和**北京天文台**协作开展人卫激光测距工作，测量的距离在 1 000—1 500 km。调 Q 红宝石激光器输出的激光束经伽里略式望远镜向探险者- 27 号卫星发射。由牛顿式折反射望远镜接收，光电倍增管将接收到的光信号转换成电信号，由示波器显示电脉冲，并由信号处理装置计算出距离。进行了 12 次跟踪测距实验，10 次实验全部收到回波，测得卫星的斜距，与无线电预报的距离数据在误差范围内相符，测量精度 3 km。在此基础上，与总参测绘局所属单位协作，1973 年开展研制第一代人卫激光测量

① 中国科学院上海光学精密机械研究所八室，GaAs 激光测距机[J]，中国科学院上海光学精密机械研究所研究报告集[C]，第五集：中小功率激光器及其应用，1977。

② 万宝荣，第一代人卫激光测距仪的研制[J]，激光与红外，1979，(12)：22—29。

仪，并分别在1977年10月和1978年4月、12月对探险者-27和探险者-29卫星进行了多次测距实验，取得了成功。[①]

1973年，**中国科学院上海光学精密机械研究所**和**上海天文台**合作开展研制红宝石激光人造地球卫星测距机，并于1975年在上海佘山进行人造地球卫星测距工作，测量了Geos-1、Geos-2、Geos-3和BE-C等4颗卫星的距离，获得良好结果。

① 测量原理。激光器通过发射望远镜向卫星发射一束激光脉冲，同时对这个脉冲取样，并通过光电二极管转变成电信号，使距离计数器中的石英振荡器所产生的脉冲计数。卫星上装有逆向反射器，激光回波由一个望远镜接收，用光电倍增管把它变成电信号，然后由宽带放大器放大，使距离计数器停止计数。这时计数器上显示的数字，即为被测卫星的距离。

② 测量系统。整个测量系统由激光器及发射部分、接收部分、瞄准镜与跟踪机架、数据记录部分等组成。

十一所的测量系统使用的红宝石激光器，激光脉冲半宽度15—20 ps，其峰值功率50—100 MW，激光脉冲重复频率为每秒1次或者0.5次，激光波长为694.3 nm，激光束发散角为1 mrad(经8倍发散望远镜压缩后的数值)。接收望远镜是牛顿式望远镜，有效接收口径为500 mm，焦距 $f \leqslant 1\,250$ mm，接收视场角从 $4'$—$16'$ 连续可调，遮拦口径比为1/4。为了提高信噪比，增加测距能力，光电倍增管采用了较为先进的半导体致冷技术。基准频率为150 MHz的十进制计数器，直接显示出距离数字，其分辨率 $\leqslant \pm 1$ m，基准频率的稳定度 $< 5\times10^{-7}$。在计数器上置有0.4、1、4、10、40、100、1 000 kM的盲区选择，可以消除近距离范围的干扰计数。计数器除了以7位数码管直接显示外，还可以8、4、2、1码实时输出，供打印机同步打印。跟踪转台为地平式结构，除中间有一个接收望远镜外，两边还有两只有效口径为150 mm、视场为 $3.5'$ 的跟踪望远镜，两个操作手分别进行方位及俯仰跟踪。该转台除有手动跟踪外，还有半自动跟踪。

---

① 人造卫星测距小组，激光对人造卫星的测距[J]，激光与红外，1973，(2)：1—8.

上海光机所的测量系统使用的红宝石激光器输出的脉冲激光能量为 2.5—3 J，激光脉冲半宽度为 25 ps，脉冲激光功率 100—120 MW，激光束发散角 8—10 mrad，激光脉冲重复频率为每分钟 12—30 次。发射望远镜为伽利略时，口径 120 mm，放大倍数为 8 倍，激光束经发射望远镜之后发散角为 1—1.2 mrad。接收望远镜是卡氏系统，口径 300 mm，焦距 2 100 mm，视场光阑 10′，干涉滤光片带宽大约 6 nm，透光率 75%，采用光电倍增管做接收器。

用自行研制的数字钟记录每次激光发射的准确时刻，分辨率为 ±10 μs，每发射一次激光，数字钟瞬时取样并显示。用微波通信设备把上海天文台徐家汇部分钟房的时间讯号发送到佘山站，校准数字钟。跟踪机架由两位观测者分别控制，图 4-5-2 所示是测量装置外形。

图 4-5-2　上海天文台人造卫星激光测距系统

③ 实验结果。中国科学院上海光学精密机械研究所和上海天文台于 12 月 1 日凌晨对 Geos-1 进行了第一次测距实验，获得成功。在两分钟内，共发射激光 17 次，其中记下 3 次距离值，与预报距离相符。12 月 26 日，对 BE-C 进行了成功的测距。1976 年 1 月，又对 Geos-1 进行了多次测距，均获成功。1976 年、1977 年先后对 Geos-2、Geos-3 测距。最远测距达到 2 752 km，单次测距精度约 ±1.5 m。[①②]

---

① 邱万兴，叶霖等，红宝石激光人造卫星测距，中国激光史概要[M]，邓锡铭主编，北京：科学出版社，1991，66。

② 杨福民，肖炽焜等，上海天文台人造卫星激光测距系统[J]，中国科学院上海天文台年刊，1979，(1)：83—87。

电子工业部第十一研究所和北京天文台分别在1977年10月和1978年4月、12月对探险者-27和探险者-29卫星进行了多次测距实验，取得了成功。对探险者-27可以测到2 000 km左右，对于探险者-29可以测到3 000 km左右，测距精度为±1—2 m。

(2) 云层高度激光测量

用激光探测低、中云的云底高度，具有快速、准确、简便等优点，有时可以测出云的层次，为飞机的起飞降落、有云天气的航行等快速提供有价值的云高资料。

① 测量原理。激光测云原理和微波雷达测云原理相同。当激光器向云层发射出一束窄而强的激光脉冲，经过时间 t 后，接收到云层对激光的后向散射光，那么云层斜距 r 为

$$r \approx ct/2, \qquad (4-5-6)$$

式中，c 为光速。再由激光束出射的仰角 θ，利用简单的三角函数即可算出云底高度为

$$H = r\sin\theta + h。 \qquad (4-5-7)$$

图 4-5-3　激光测云仪

式中，h 是激光器离开地面高度。

② 激光测云仪。1973年，山东电讯七厂研制出激光测云仪，如图4-5-3所示。仪器由主机部分、电源箱和三脚架组成。[①] 主机部分包括光学系统和距离计数器两部分，光学系统包括瞄准系统、发射系统和接收系统等3部分。其中，瞄准系统是一个望远镜，用来瞄准目标；发射系统由发射望远镜和激光器组成，转镜调Q钕玻璃激光器输出激光波长1.06 μm；接收部分由会聚透镜和硅光二极管组成。

利用这台仪器可以测量任何结构的

① 山东电讯七厂，J-G2激光测云仪[J]，物理，1974，3(5)：340—341。

低云、中云，作用距离为 120—5 000 m，在能见度比较好的情况下，作用距离为 120—15 000 m，测量精度为±5 m。

二、激光准直

机械零件的直线性测量，部件的直线性安装，在加工和机械总装时都有各种不同程度的要求，它们的测量精度和安装的精度都与选作参考的直线有密切关系。随着工业的发展，要求测量和安装大而精密的部件。万吨轮船的主轴安装和定位、巨型飞机的型架安装、大型发电机中转动机械的安装、重型机床导轨的安装等都提出越来越长的准直距离和越来越高的准直精度。激光准直技术，既有通常的拉钢丝法的直观性和简单性，又有光学准直的高精度。

1. 激光准直仪

用光电转换、电量显示直线性偏差，读数更准，并且这个偏差电量可与自动控制相配合实现自动标准定位，避免人为测量误差，提高了测量精度，也提高了测量效率，且节省人力。

有两种准直方法：准线(准直)和自准直。前者在于约束 3 个平动自由度，常采用一准线靶。通过望远镜，把叉丝投射到一个参考靶上，这个靶子的中心与望远镜叉丝的中心所确定的直线即为参考直线，这条参考直线也就是仪器的光轴。经过调焦可沿此直线测量中间靶的偏差，从而确定出中间各点与参考直线的偏差。后者在于约束 3 个转动自由度，用自准直望远镜观察由目标反射回来的叉丝像，由反射回来的叉丝像与望远镜原来叉丝的重合程度来测量角度的偏差。

(1) 对称法激光准直仪

1971 年，上海第二光学仪器厂吴存恺、孔祥林等研制成功这种激光准直仪，它由氦-氖激光器、接收靶和方位显示器等组成。①② 激

---

① 吴存恺，孔祥林，激光准直仪，中国激光史概要[M]，邓锡铭主编，北京科学出版社，1991，52。

② 吴存恺，孔祥林，激光准直仪[J]，中国激光，1975，2(2)：55—62。

光器输出功率大约 1 mW，TEM_{00}模。接收靶有两种，一种是四象限硅光电池，另外一种是由锥形反射器和 4 块硒光电池组成。方位显示器是积分型差分放大器，放大倍数为 30 倍，积分时间 3 s。当激光束的光轴与四象限探测器分割中心（或者锥形反射器锥尖）重合时，4 个光电池接收到相同的激光强度，于是方位显示器的指示为零。否则，在 4 个光电池上接收到的激光强度出现差别，并产生相应的信号。它经放大器放大，在方位显示器上显示出与光轴垂直平面上两个方位的偏差值。

激光束本身的直线性与准直精度直接相关，激光束在大气中传播时会受大气扰动的影响，如大气湍流会引起光束转向、扩散和闪烁；当激光束从一个温度区传播到另一个温度区时，在波前上就附加了一线性位相项，改变了光波的行进方向。这个效应等效于在光束中插入光楔。仪器内安排的积分型放大器是用来消除大气扰动的影响。仪器还配有五角棱镜系统，用于与激光轴垂直平面内的准直。仪器最大准直距离为 100 m，在 40 m 处的准直精度为 0.1 mm。

（2）振幅型波带板激光准直仪

对称法有一个缺点，准直精度受到激光束本身的特性限制。要提高准直精度，需要使用有高度稳定的激光束，在激光束任意截面上的光强分布有稳定的中心。在测量光路上放置波带板，可以降低对激光束稳定性的要求，同时在接收端形成一个清晰的亮点或者十字线，可以提高光电探测器的对准精度，相应地提高了准直精度。特别是对于长距离准直测量，这个做法显示出优越性。1973 年，复旦大学**单灵淇**以及**武汉测绘学院**、**湖北综合勘察院**分析研究了振幅型波带板，并成功研制了振幅型波带板激光准直仪。[①②]

① 仪器结构。激光准直系统由 3 个部分组成，即激光器、波带板装置和光电探测器。氦-氖激光器输出波长 632.8 nm、功率 1—

① 单灵淇，激光衍射十字线准直仪[J]，复旦学报（自然科学版），1973，(1)：49—55。

② 武汉测绘学院，湖北综合勘察院激光准直仪科研组，波带板激光准直系统[J]，测绘通报，1976，(2)：14—16。

2 mW的激光，在激光器输出端装有简单的光学透镜，将激光聚焦成近似点光源后再发射出去。发射的激光束具有足够大的发射角，以便完全照明最近的一块波带板。为了保证波带板被均匀照明，激光束在最近一块波带板处的光斑大小应是波带板大小的2—5倍。

波带板是一种特殊设计的屏，图4－5－4所示是方形波带板。当激光均匀地照射在整个波带板上时，通过不同透光孔的衍射光波之间相互干涉，就会在光源和波带板中心连线的某一位置形成一个亮点或十字线。用氦-氖激光作为光源，则可以看到清晰的红色亮点或十字线，亮线的中心光强最大，并向两边对称下降。探测亮线的中心位置就可达到高精度准直的要求。实验使用的波带板是薄铜板(厚度0.3—0.5 mm)，通过照相制板、电镀和腐蚀等工序，形成透光图案。波带板面积10 cm×10 cm，最小透光孔的宽度为0.3 mm，透光孔的边缘公差为±0.03 mm。

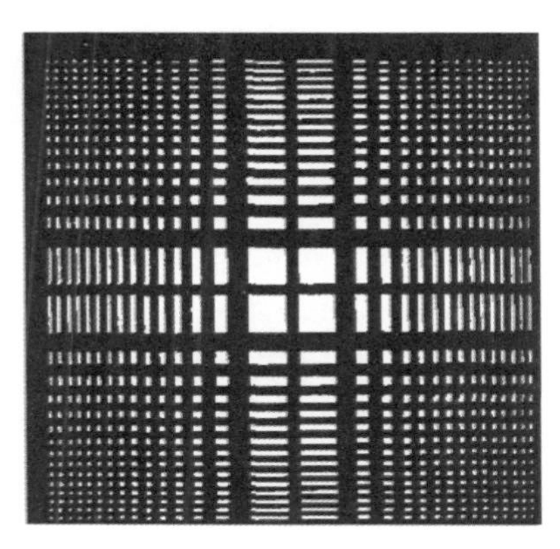

图4－5－4　方形波带板

光电探测器采用小孔光电探头，安置在可移动的支架上。探头由光电倍增管把光信号变成电信号，再用电压表读数。左右移动的距离可用测微尺读出，最小读数为0.01 mm。观测时移动小孔探头，读出小孔在亮线不同位置时的电压读数，即可求出亮线的中心位置。

② 实验结果。白天在距离为80 m的教学楼走廊内，亮点清晰可见，直径小于2 mm。用光电探测器测定亮点中心位置，精度可达±0.05 mm。在室外336 m距离测试，阴天和晚上，十字亮线清晰可见，线宽为2 mm。图4－5－5所示是用照相机拍摄的十字线图案。用光电探测器测定亮线的中心位置，在良好的大气条件下，精度在±0.1 mm以内。在336 m的距离上准直测试，准直精度达到10^{-6}—10^{-7}。进一步完善仪器设备后，在1 km左右的距离，选择良好的大

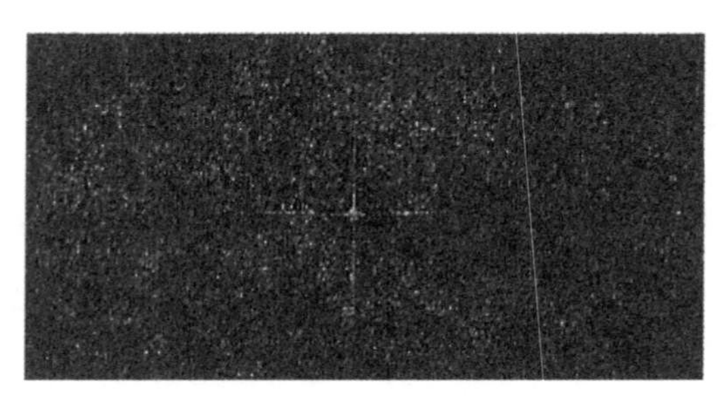

图 4-5-5　十字线波带板的十字像

气条件，准直精度预计可达到 10^{-6} 以上。

(3) 相位型波带板激光准直仪

这是使用相位型波带板的激光准直仪，其工作原理和仪器结构与振幅型波带板激光准直仪相同，只是需要将振幅型波带板换成相位型波带板。

使用波带板的激光准直仪的准直精度除和大气自然因素有关外，还与波带板所成的十字像或者像点的亮度和宽度有关。而十字像的亮度与波带板的衍射效率有关，一般的振幅型波带板的衍射效率只有 10%左右。从理论上来说，纯相位型波带板的衍射效率可以比前者高 4 倍。1978 年，复旦大学**赵焕卿**、**章志鸣**等研制了这种相位型波带板。①

纯相位型波带板是将振幅型波带板中的不通光部分，比其相邻的通光部分再增加 π 位相，使原来不通光的波带变成通光的波带，提高了十字像的亮度。这可以应用真空镀介质膜和光刻工艺制得。研制了多种不同焦距的相位型波带板，并测量了其十字像功率半宽度和衍射效率，研究了十字像功率半宽度与波带数以及离焦量的关系。

氦-氖激光经扩束和滤波后，由准直物镜成为平行光。将待测波带板放在平行光路中，在波带板的主焦面上得到一个明亮而线条很细的十字像。功率半宽度的理论值为 0.053 mm，实验值相对误差为

① 赵焕卿，章志鸣等，纯相位矩孔型波带板的研制及其特性测量[J]，复旦学报(自然科学版)，1982，21(2)：220—226。

4%，其衍射效率为振幅型波带板的 3.6 倍。

2. 实验测试

激光准直技术在造船、大型设备安装，以及水坝安全监测等的实验中使用获得了满意结果。

（1）船舶轴系安置应用实验

船舶建造中，主机、中间轴和尾轴的定位找正是一项很重要的工作，需要根据设计要求，先将主机定位后，再确定尾轴筒的两点，或者是先根据尾轴筒的两点，再确定主机的位置。无论怎样定位，其目的都是使尾轴筒两点和主机中心线成一条直线。修船时，也要检验轴系中心线的曲线和偏移量。1973 年，**武昌造船厂**、**天津大学**和**新港船舶修造厂**等将激光准直用于船舶轴系安置，不用撬动曲轴旋转实现定位，而且定位准确性提高了，10 m 长的数道轴壳的直线性可以调到 0.05 mm 内，30 m 长轴系的直线性可以控制在 0.2 mm 内。[①②] 利用激光准直仪和准直光管在机床导轨上测量比较，证明激光准直仪在船舶轴系安装找正中是适用的，精度符合要求，重复精度为 0.04 mm。而且，操作简便、节省劳动力、提高工效；白天、晚上都能工作，船内外的联系工作可减少；在修船中，利用反射镜，可根据主机曲轴法兰端面，直接找出垂直中心线。

（2）大型设备安装应用实验

在大型建筑施工和机械设备的装配中，需要完成很多长距离、高精度的定向、定位工作，如多轴系汽轮发电机组装配和安装时的找平与对中等。1978 年，**北京电力建设公司**与**上海电力建设公司一处**、**上海第二光学仪器厂**等单位联合，在北京第二热电站的两台 5 万千瓦汽轮机安装上实验采用激光准直技术。[③] 结果显示，采用激光准直

---

① 武昌造船厂，应用激光导向准直找正船舶主机轴系中心[J]，武汉造船，1974，(1)：6—13。

② 天津大学，新港船舶修造厂，激光准直仪在船舶轴线找正中的应用[J]，造船技术，1975，(1)：40—45。

③ 孙云裳，激光准直技术在汽轮机安装中初步应用[J]，电力建设，1980，(2)：91—98。

技术能够准确、快速地完成安装工作。在气缸就位前，用激光准直仪能够迅速而简便地把各台板下的垫铁调整到所需要的高度。这台5万千瓦机采用斜垫铁作永久垫铁，只用15 min就找完了6块台板下的全部垫铁。气缸就位后，气缸的纵向中心位置和标高工作，使用激光准直仪测量一次记录就行，完成隔板和汽封套找中心这一操作仅用28 min。用激光准直仪找正通流部件，能满足部件与转子同心度的要求。

（3）观测水坝水平位移

水电站大坝的外界条件（如水位、温度等）变化，坝体内部的温度场、应力、自身体积等也在逐步改变，大坝容易变形。为确保大坝的绝对安全，需要长时期观测，准确地找到其变化规律，发现不安全因素，及时采取有效措施，防患于未然。水库堤坝建成后，在自重、水荷载等影响下也会发生变形，观测水坝变形和发展规律，是水库管理工作中重要课题之一。

1973年，**杭州大学、富春江水电厂**试用氦-氖激光准直仪，观测富春江水电厂大坝的水平位移。一年多的实验证实，利用激光准直仪观测大坝位移是可行的，可以作为正常观测项目，正式投入测定。测定精度比通常的观测方法提高大约5倍。原来用视准线法测一次约4 h，而用激光准直法大约只需要2 h。[①]

1978年12—1979年5月，武汉水利电力学院**叶泽荣、崔国范**利用激光准直仪对湖北省徐家河水库土坝进行水平位移观测实验，测量的坝长800 m，[②]一次观测位移值中的误差都在±0.5 mm以内。相比之下，用T_3经纬仪观测是在±2 mm左右。因此，用激光准直观测的精度比用高精度的T_3经纬仪观测，精度可提高约3倍。

---

① 杭州大学，富春江水电厂，应用激光准直法观测大坝水平位移的尝试[J]，1975，(10)：31—41。

② 叶泽荣，崔国范，波带板激光衍射法在土坝水平位移观测中的应用[J]，武汉水利电力学院学报，1980，(2)：70—76。

(4) 大型船闸变形观测

葛洲坝水利枢纽二号船闸全长 407 m,闸室有效长 280 m,净宽 34 m,是世界上大型船闸之一。在船闸的基础廊道和闸顶布设有精密水准线,用以测定船闸的沉陷;在左、右闸墙的 65.5 m 高程的管线廊道以及闸首 25.19 m 高程的基础横向廊道内设置有引张线,用以测定船闸的水平位移,每条引张线的两端均安装有倒垂线作为引张线的基准点。通过倒垂线在基础廊道和管线廊道的观测值,可分析闸墙的倾斜。

1980 年,三三〇工程局测量队、长办勘测总队利用激光准直技术实验观测,在右闸墙 65.5 m 高程管线廊道内 4# 倒垂线与 6# 倒垂线之间的引张线处,并行地建立了一条激光波带板衍射准直系统,使用激光准直仪测定闸墙的水平位移。① 所测结果可与引张线结果比较,较为客观地评定激光准直测定船闸水平位移的精度。

5 个月的观测结果显示,激光准直测定水平位移中的误差为 ±0.14 mm,而《水工建筑物观测工作手册》规定,测定混凝土建筑物上的位移标点的容许误差应不大于 2 mm,而实际误差应为 1 mm。

4-6 信息存贮应用

一、激光全息信息存贮技术

这是 20 世纪 60 年代随着激光全息技术的出现,而发展起来的一种大容量、高密度数据存贮技术。

1. 工作原理

基于激光全息的基本原理,进行二值化页面形式的激光信息存贮技术。将信息数字化编码后,通过空间光调制器(SLM)调制成二维数据页,其中数字 0 和 1 分别对应 SLM 像素阵列上的亮点和暗点,在 SLM 的像素阵列上组成二值化光学信息页。将二值化

① 姚楚光,激光准直在大型船闸变形观测中的应用[J],人民长江,1983,(1):1—9。

光学信息页作为激光全息技术中的物，透过或反射的相干光束作为物光束和参考光束，在信息记录介质的表面或体积中相互干涉，形成全息图。采用不同角度的参考光，可以在同一存贮材料的同一位置，存贮另外一幅完全不同的全息图，这就是全息光存贮的一个重要技术特征——复用技术。信息的读出，即为激光全息的再现过程。用与原参考光波相似的光波(称为再现光)照射全息图，则可获得位相光栅的衍射图样。衍射光束经过空间调制，可再现写入过程中与此参考光相干涉的数据光束的波面，然后使用光信号探测器件(比如 CCD)将读出的图像输入到计算机，恢复成原始的数字化信息。

2. 全息信息存贮系统

该系统主要由激光器、空间光调制器(SLM)、探测器阵列，以及变换透镜和相应的光学元件等组成，如图 4-6-1 所示。不过，这只是全息信息存贮系统的部分组件，另外还有复杂的光学系统，包括机械部件、控制系统的电子设备和实现编解码处理的存贮通道等。

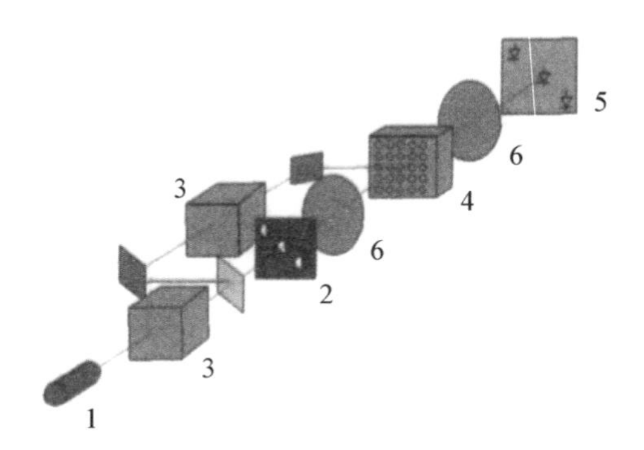

1-激光器；2-SLM；3-光学整形元件；4-信息存贮介质；5-探测器列阵；6-光学变换透镜

图 4-6-1 激光全息信息存贮系统结构示意图

3. 主要特点

① 有很高的信息存贮容量和很快的存取速度。存贮的信息密度理论上可达 $1/\lambda^2$(面存贮)或 $1/\lambda^3$(体存贮)数量级。采用复用技术

还可以充分利用其存贮能力，获得更高信息存贮容量。

② 数据传输速率高、寻址速度快。存贮的信息以页为单位，可实现并行读写，从而达到极高的数据传输率。全息数据库可用电光偏转、声光偏转等无惯性的光束偏转或波长选择等手段寻址，无需磁盘和光盘存贮中的机电式读写头。目前，采用多通道并行探测阵列的全息存贮系统的数据传输率将有望达到每秒 1 Gb，数据访问时间可降至纳秒范围或者更低。

③ 数据冗余度低。与传统磁盘和光盘的按位存贮方式不同，全息记录是分布式的，存贮介质的缺陷和损伤只会减低信号强度，而不至于引起信息丢失，冗余度低。

4. 信息存贮实验

1974 年，**中国科学院上海硅酸盐化学与工学研究所玻璃半导体小组**进行了激光全息信息存贮实验。①

(1) 记录介质

记录信息的介质是硫砷玻璃，写入信息后不需要显影和定影，即能实时显示；分辨率高，大于 2 000 条/mm；可以反复写入信息和擦除信息。

以一定配比的硫砷原料粉末(纯度为 SN)，在干燥氮气氛中精确称量，装入石英安瓿，在真空度 10^{-4} mmHg 的条件下封口。然后把安瓿放人水平转炉中熔制，700℃保温 24 h。出炉时用水或空气冷却，即成块状玻璃。然后以此为原料，采用热压法或者真空沉积法制成硫砷玻璃记录介质膜。前者是将硫砷玻璃块样品放在两片显微镜载玻片中，首先进行 150℃的低温预热，然后再升温加压成薄片，厚度约为 100 μm、面积为 2—3 cm^2。后者是把块状硫砷玻璃研磨成粉末，装在特制的钼舟内，在真空度度 2×10^{-5} mmHg 的条件下蒸发，在载玻片上沉积成薄膜，膜厚度为 10—15 μm，面积可达十几平方厘米。

---

① 中国科学院上海硅酸盐化学与工学研究所玻璃半导体小组，硫砷玻璃光存贮记录材料[J]，物理学报，1975，24(5)：366—370。

(2) 信息写入、读出和擦除

氩离子激光器输出波长 488.0 nm 的激光，利用分束器分成两束，一束为物光束，另外一束为参考光束。它们在硫砷玻璃记录介质上会合产生干涉，生成的干涉图即为写入记录的信息。在参考光束一侧用氦-氖激光照射干涉图，实时显示记录的信息。借助导电玻璃，通电加热记录介质到温度 200℃左右，即可把已记录的信息全部擦除。

(3) 实验结果

图 4-6-2(a)所示是在直径约 1 mm 的点内存贮了《在社会主义大道上前进》一页文字的信息图，(b)是再现后的图形，文字清晰、黑白分明。信息写入超过半年没有发现有什么明显变化。

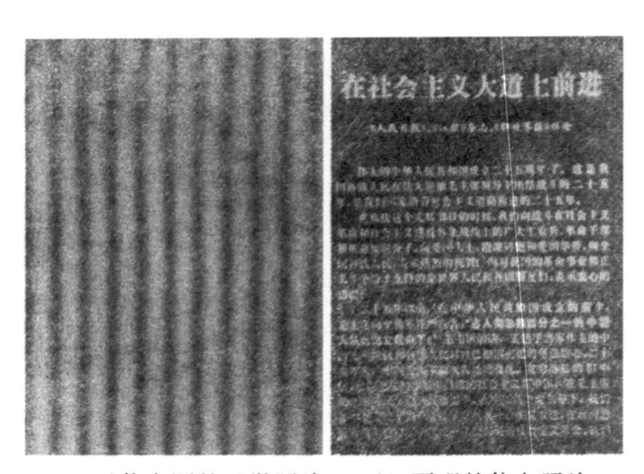
在社会主义大道上前进

(a) 记录信息图的显微照片　(b) 再现的信息照片

图 4-6-2　激光全息信息记录的信息和再现信息照片

二、光盘信息存贮

这是利用激光与材料相互作用，引起材料发生某种物理变化实施信息存贮。因为激光的相干性非常好，用光学系统可以汇聚成尺寸非常小的光斑(大约 0.1 μm)，在光盘上 1 bit 信息占的空间面积极小，理论上只占大约 1.6×10^{-10} cm^2，信息存贮密度可高达每平方厘米 100 亿比特，比磁盘还高万倍。此外，光盘是利用激光束读出信息的，与表面不存在摩擦，长时间使用也不会对光盘贮存的信息造成损伤。只要制造光盘的材料性能稳定，存贮在光盘的信息就能够长久保存。

1. 工作原理

电脑将数据、文字等转换成二进制数字 0 和 1，它们在光盘上的表达方式有好几种。其中，直观和最先使用的方式是由电脑控制驱动直径小于 1 μm 的激光斑点，在旋转着的光盘记录介质上烧蚀出长度不一的小凹坑，宽度为 0.6 μm、深大约为 0.12 μm。随着激光束沿光盘半径方向移动，在记录介质上将烧蚀出一系列由凹坑和凹坑之间的平面（凸面）组成的、由里向外的螺旋轨迹坑道，称为信息光道，如图 4-6-3 所示。信息就是由这些沿着盘面由内向外螺旋形排布的一系列凹坑的形式存贮起来。

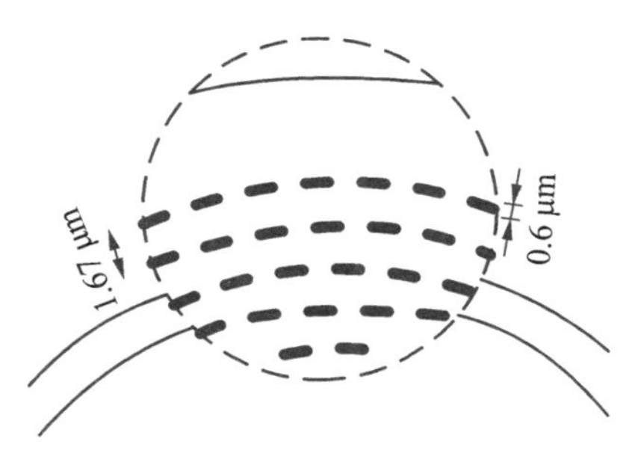

图 4-6-3　光盘上记录信息的光道

另外一种方式叫起泡法，是利用激光在照射点引起材料温度上升并发生气化，形成一个亚微米量级的凸起。与前面的情况类似，如果把凸起的部分作 1，没有突起的部分作 0，便可把信息写进光盘。

也可利用磁膜矫顽力随温度变化的性质，或者铁磁-顺磁转变的性质写人信息。在写入信息前用强度一定的磁场作初始磁化介质，使各磁畴单元具有相同的磁化方向。然后电脑将数据、文字转换成二进制的 0 和 1，并控制驱动直径小于 1 μm 的激光斑点在旋转着的、涂有记录介质的光盘上运动，激光斑点照射的微斑区因温度升高而迅速退磁。读写头的线圈施加一反偏磁场，使微斑反向磁化，与无光照区产生反差，便可以实现二进制 0 和 1 的写入。与写入同样的过程中，加相反方向的磁场，即可以擦除先前记录的信息。

最新的一种方式是利用激光与材料相互作用引起材料相变实现记录。有一些材料（称相变材料）在不同功率密度和脉宽的激光（直径一般小于或等于 1 μm)作用下，会发生晶相与非晶相或晶相与Ⅰ晶相Ⅱ的可逆相变，导致该材料的某些物理性能(如反射率、折射率、电阻率)也发生相应的可逆变化。如果以晶态时的低阻和非晶态时的高阻分别代表数据值的 1 和 0，同样地也就实现了信息记录。

2. 光盘信息存贮实验

1981 年，由**上海市激光研究所**负责，上海光学仪器厂、上无二厂、中国唱片厂及上海钢铁研究所等十多个单位联合攻关，解决了多个关键技术问题，在 1984 年实验成功光盘写入信息存贮。

(1) 信息写入实验装置

图 4-6-4 所示是光盘写入信息的实验装置。为使记录信息在再现时不失真，需要有一系列的技术保证，如记录或读出光斑的调焦伺服、读出光斑对光盘上信息轨道的径向和切向跟踪技术、高灵敏度低缺陷密度的记录介质膜层等，还要求载有光盘的转台的转速有 10^{-4} 以上的稳定精度。

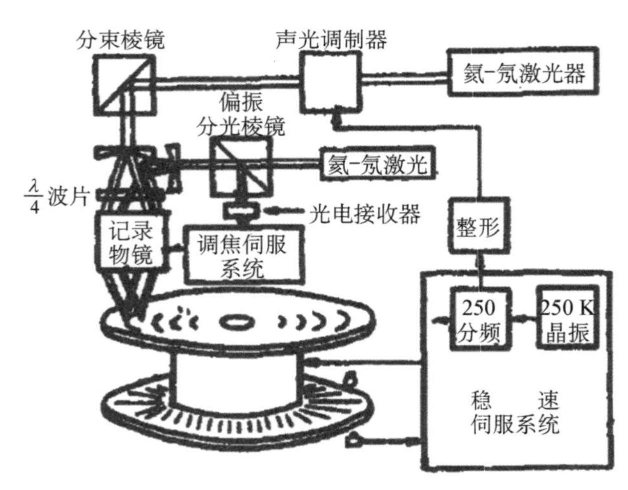

图 4-6-4 光盘写入信息的实验装置

(2) 确定最佳调焦位置

1982 年，上海激光技术研究所**沈冠群**、**陈垦**等实验采用小孔滤波器确定光盘录刻的最佳调焦位置。[①]

光盘的信息载体是凹坑，面积在 1 μm 左右，相邻信息轨道间距约 1.67 μm。要求记录及读出光学头的物镜有足够高的分辨率，或者一定的焦深。用氦-氖激光写入信息，要求显微物镜的焦深大约为 2—0.7 μm。然而，光盘在记录或读出的转动过程中，转台电机的轴向串动和圆盘平面的跳动量却只有 0.5 mm 左右。因此，使光盘始终保持在物镜焦平面的高精度调焦伺服技术便成为光信息记录和读出的关键，小孔滤波器法可以简便而精确地确定最佳聚焦位置。小孔滤波器（直径 40 μm 圆孔）置于扩束物镜的后焦面处，当光盘反射面处于聚焦物镜焦平面或离焦状态时，通过小孔光阑到达光电接收器的光强将有所不同。当光盘处于正确聚焦位置时，反射光束将几乎全部通过小孔光阑；当光盘处于离焦位置时，则部分反射光束被小孔光阑挡住。在正确聚焦位置附近变化±0.25 μm，通过小孔的反射光强变小 6%，这样的光强变化对光检测器是不难分辨的。因此，用小孔滤波器法可以方便地确定最佳聚焦位置，对焦精度可达±0.25 μm 以内。因而，用这个办法能够确定光盘录刻装置中调焦伺服平衡位置，使光盘在转动过程中偏离物镜焦平面的范围伺服在±0.6 μm 以内。

（3）稳速转台伺服系统和位置跟随精度测量

转台系统要有很高的位置跟随精度，即转台在每一时刻相对激光记录（读出）头有一确定的位置，转台转过一圈后相应的起点应落在同一径向线上。转台的实际位置偏离理想位置的最大相对偏离量，称为转台的位置精度。1982 年，上海激光技术研究所陈垦、沈冠群等设计和安装一台稳速转台，并尝试直接利用光盘录刻实验装置测量转台位置精度的光学方法。[②] 图 4-6-5 所示是稳速转台伺服系统方块图。

---

① 沈冠群，陈垦，用小孔滤波器确定光盘录刻的最佳调焦位置[J]，应用激光，1982，2(5)：25—26。

② 陈垦，沈冠群，稳速转台位置精度的光学测量[J]，应用激光，1982，2(5)：23—24。

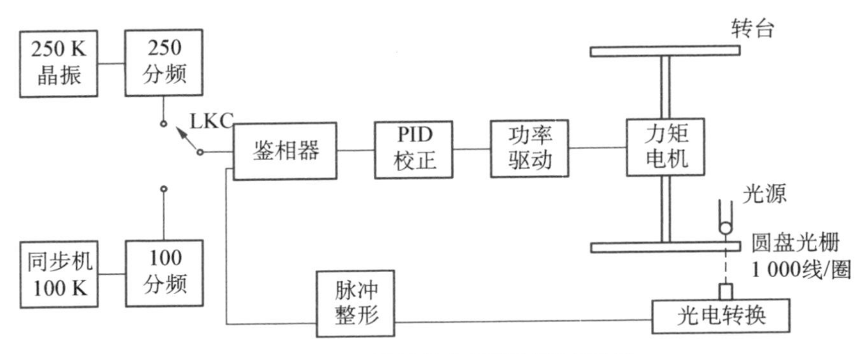

图 4-6-5 稳速转台伺服系统方块图

伺服系统由晶体振荡器(晶振频率 250 kHz,稳定度 10^{-6} 以上)、分频器(250 分频)、与转台同轴的圆盘光栅(1 000 线/圈,刻线精度 10^{-5}),以及鉴相器等部分组成。晶体振荡器输出的脉冲作为标准时钟信号,对以理想的每秒 1 转稳定速度旋转的转台,可看作 1 kHz 晶振脉冲把转台圆周划分为 1 000 个相等的间隔。与转台同轴旋转的圆盘光栅,使光电接收器输出光栅脉冲,经整形后变成方波,1 000 线/圈的圆盘光栅也将实际转台圆周划分成 1 000 个等分。转台实际转速的波动使光栅脉冲的脉宽有时大、时小的波动,将光栅脉冲与晶振脉冲同时送入鉴相器比较,鉴相器输出的脉冲宽度为这两脉冲前沿之间的时间差,经 PID 校正和功放后加到电机上,控制转台的速度。当实际转速偏离理想值时,鉴相器输出的脉冲宽度也随之变化,将转台转速偏离理想值的误差控制在一个很小的范围内。

稳速伺服系统中,晶振输出脉冲经分频整形后得到频率为 1 kHz、占空度为 1/4 的脉冲信号,加到声光调制器上,使通过调制器的氦-氖激光束形成脉宽为 200 μs 的激光脉冲。在转台上放置镀有记录介质膜层的光盘,光盘以每秒 1 转的转速随转台同轴旋转。由于光盘记录介质的间歇曝光,聚焦激光束在光盘上刻蚀出空间频率为 1 kHz、占空度为 1/4 的等长度、等间隔(对同一圆周)的刻痕。在理想的位置跟随情况下,随激光记录(读出)头沿径向的进动,在不同圆周上所得的刻痕端点应在同一径向线上。当转台实际位置偏离理想位置时，不同轨道上录刻线迹端点将有离散，计算端点的最大离散量与圆周长的相对偏离值便可以得到转台的位置跟随精度，用这个方法测得转台的位置跟随精度优于$\pm 1.8\times 10^{-5}$。

（4）精密光学平面制作

1980 年，上海激光技术研究所**钟信存**使用 F_{46} 抛光盘加工制作精密光学平面，提供制作光盘需要的基板。[①]

F_{46}抛光盘的基体是微晶玻璃，热膨胀系数小，热稳定性好。涂层用的材料为 F_{46}－D－1 有机分散液，烧结成膜后十分耐磨。

用制作的抛光盘对 ϕ40 mm×5 mm 的工件进行精抛加工，经双光束和多光束干涉检测，平面精度约为$\lambda/60$，图 4－6－6 所示是用菲索平面干涉仪拍摄的工件干涉条纹。

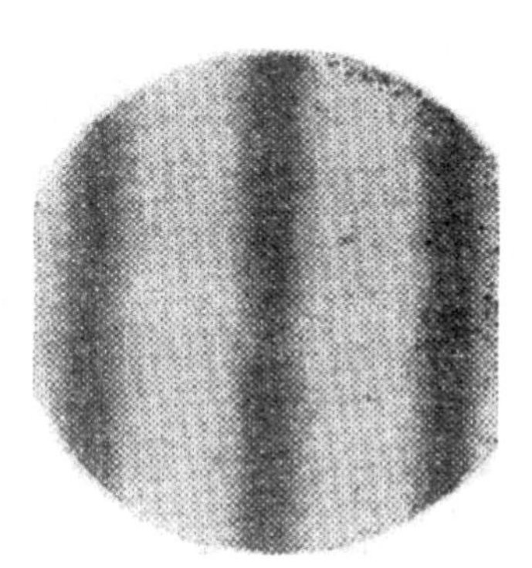

图 4－6－6　用菲索平面干涉仪拍摄工件的干涉条纹

① 制作基体盘。把微晶玻璃作粗加工，表面用 280 号金刚砂磨平，平行度控制在 0.1 mm 以内，再用 1 mm 厚的金刚石刀片在玻璃切割机上铣槽。槽的宽度约 1.3 mm、深度为 2 mm，每个小方格的单元面积为 4 mm^2。开槽后的微晶玻璃基体用较平的模盘研磨，磨去由于开槽所形成的微小碎边，倒去槽口边缘的锐角。

② 制作 F_{46}膜层。用羊毛制成的印刷板刷，把 F_{46} 涂液涂敷在微晶玻璃基片上。涂刷好的膜层干燥，去除层中的水分，以免在烧结过程中鼓泡，干燥的温度一般控制 100℃以内。干燥后的膜层没有黏结能力，经过高温烧结后的膜层才具有较强的黏结强度。所谓烧结，是将膜层加温到晶体融点以上的温度，保温一定时间后再行冷却，得到具有一定结构强度的连续膜层。烧结温度通常控制

① 钟信存，使用 F_{46} 抛光盘加工精密光学平面[J]，应用激光，1984，4(5)：76—78。

在 360—380℃。

③ 整平膜层。由于膜层是用手工涂刷的，表面不可能很平、很均匀，需要修整膜层。将一个或几个与抛光盘直径大致相同的、经过 320 号金刚砂研磨的磨砂玻璃板，轮流放在抛光盘上研磨修整。修磨后，抛光盘膜层的表面将会十分光洁，用干涉法对膜层检查，当表面达到 $\lambda/2$ 的平面精度为止。

(5) 实验结果

直径为 300 mm 光盘上刻录 16 开 1 200 多页文件，共 3 万多圈信息光道。

4-7 开创学科新领域

一、激光惯性约束核反应

核聚合反应是星体发光的主要能源。比如，太阳能够长期发光和发热，靠的就是核聚变反应。地球上，氘和氚的贮存量非常巨大，海水中就蕴含着大量的氘元素，1 升海水含有 0.03 克氘元素。锂元素的贮量虽比氘少得多，但估计也有 2 000 多亿吨。氘元素、氚元素和锂元素作为原子核聚合反应堆的核燃料，产生的能量将比全世界现有能源总量还大千万倍，按目前世界能源消费的水平计算，足够供人类使用上千亿年。

1. 实现核聚合反应的条件

原子核之间的距离缩小到 10^{-13} cm 时，相互作用力会从相互排斥转变为相互吸引，将能够发生聚合反应。而要原子核彼此靠近到这么近的距离，就得先给它们足够高的推动力，克服彼此之间的排斥力。高能加速器可以给原子核施加足够的推动力，但只能让很少量的原子核发生核反应，对获得核能没有实际应用价值。把原子核加热到 1 亿摄氏度左右，便可以让它们在相互碰撞中克服静电排斥力，发生核聚变反应。因为这是在极高的温度下实现核反应的，所以称为热核反应。在通常条件下，没有办法产生高达亿度高温度，只有在原子弹爆炸瞬间才会出现这种高温，但这是没有实际应用价值的。

热核反应持续进行还需要满足点火条件，即由热核反应释放出来的能量超过或者等于核燃料形成的等离子体损失的能量。在数值上点火条件可以用下面的式子表示，即

$$n\tau \geqslant A(T)。 \quad (4-7-1)$$

式中，τ 代表约束时间，它的含义是核燃料的等离子体在没有外界提供能量时，从高温冷却下来的延续的时间；n 是等离子体密度；$A(T)$ 是与等离子体温度 T 有关的常数。比如，对于 D 核和 D 核的反应，能量为 20 keV 时，$A(T)$ 的值大约为 2×10^{15} s/cm^3。上面的式子是英国物理学家劳逊(John D. Lawson)在 1955 年首先得到的，因此它也称劳逊条件或者劳逊判据。

从劳逊条件可以看出，要获得核聚变反应的能量，不仅需要把核燃料加热到亿度高温，还要求等离子体密度具有一定数量，并且保持足够长时间。但是，在这么高的温度下，等离子体内的粒子运动速度非常高，如果不采取措施约束，等离子体内的粒子就会因往外飞散，温度也同时冷却下来，而等离子体的密度也随之降下来。

1964 年，中国核物理学家王淦昌认为，具有极高光子简并度的激光能够被透镜等光学元件聚集成很细的光点，有望在极短的时间内集中极高能量，足以把核燃料加热到上亿度高温，引发聚合反应，并提出了具体方案。

王淦昌，1907 年 5 月出生于江苏常熟。核物理学家、中国核科学的奠基人和开拓者之一、中国科学院院士、两弹一星功勋奖章获得者。1929 年毕业于清华大学物理系，1933 年获柏林大学博士学位。1934 年 4 月回国，先后在山东大学、浙江大学物理系任教授。1956 年 9 月，他作为中国的代表，到前苏联杜布纳联合原子核研究所任研究员，从事基本粒子研究，并被选为副所长。1964 年，独立提出了用激光打靶实现核聚变的设想，是世界激光惯性约束核聚变理论和研究的创始人之一。1978 年，王淦昌

调回北京，任核工业部副部长，兼任原子能研究所所长。1982年，因发现反西格马负超子和研制、实验核武器方面的工作，荣获两项国家自然科学奖一等奖。1998年6月，王淦昌被授予中国科学院首批“资深院士”称号。1998年12月10日21时48分，王淦昌因病在北京逝世，享年91岁。

2. 激光惯性约束核反应原理

把能量10^5 J的激光全部聚集到直径1 μm的小球上，在这个小球内含的原子核数目大约为10^{12}个，注入的能量配给每个原子核的激光能量大约为2×10^{-14} J。粒子温度将升高，温度T可以由它获取的能量E算出来，即

$$E=(3/2)kT, \tag{4-7-2}$$

式中，k是玻尔兹曼常数，数值是1.6×10^{-23} J·K。把能量数值代进这个公式，可求出粒子温度大约是10^8℃。

但是，把核燃料加热到很高温度时，产生的等离子体的体积会发生热膨胀，导致粒子密度迅速降低，本来已经达到的点火条件，又不满足了。因此，起初加热温度达到要求还是不够的，需要满足另外一个条件，核反应才能真正持续进行。核燃料在发生核反应时，一方面释放大量核能，高温状态的核燃料同时往外辐射大量能量。如果由核反应产生的能量抵不上辐射掉的能量，即使核燃料已经发生了核反应最后还是要被终止。

核反应实际要求的激光能量会因此比预计的高，甚至会超出了激光技术所能得到的激光能量。若压缩等离子体的体积，提高核燃料等离子体密度，就有望降低对激光能量的要求。假定核燃料起初的密度是n_0，加热后产生的等离子体温度是T，等离子体粒子的密度为n，那么保持等离子体持续核反应需要的激光能量E为

$$E=A(n_0/n)^2T, \tag{4-7-3}$$

式中，A是比例常数。假如能够让温度为T的等离子体密度n升高，达到原先固体核燃料密度n_0的1 000倍，那么，让离子体满足劳逊条

件需要的激光能量就可以降低 100 万倍。

3. 激光惯性约束核反应实验

1965 年，中国科学院上海光学精密机械研究所开始激光核聚变的研究工作，组建了一台四级钕玻璃行波放大器，终端孔径为 40 mm，并在这一年的年底进行实验性激光打靶。鉴于大孔径打靶镜头设计和制备上的困难，以及提高激光器总输出激光功率的困难等，提出使用 12 束和 96 束同步打靶方案，并在 1968 年建造了 5 束小型激光器原型装置。1970 年后，围绕激光辐照靶球，轰击出中子实验的需要，把注意力集中在提高激光束质量和靶面上的激光功率密度。1973 年初，建成两台 10^{10} W 级的激光系统，用于激光惯性约束核聚变实验研究，图 4-7-1 所示是该实验装置照片。邓锡铭、余文炎等在 4—5 月间用其输出的激光束辐照由液氦冻结的冰氘靶及其他氘材料，观察到中子发射，每次 10^3 个中子，图 4-7-2 所示是产生的中子信号。其中，图(a)包含干扰信号；图(b)是排除干扰信号后的中子信号。不过，其后证明所产生的中子是由强激光电场加速产生的超高速粒子核反应产生的，并非热核聚合反应的结果。[①]

图 4-7-1 用于激光惯性约束核聚变实验研究的万兆瓦激光系统

① 邓锡铭，沃新能等，激光核聚变国内外概况(下)[J]，兵器激光，1982，(4)：1—6。

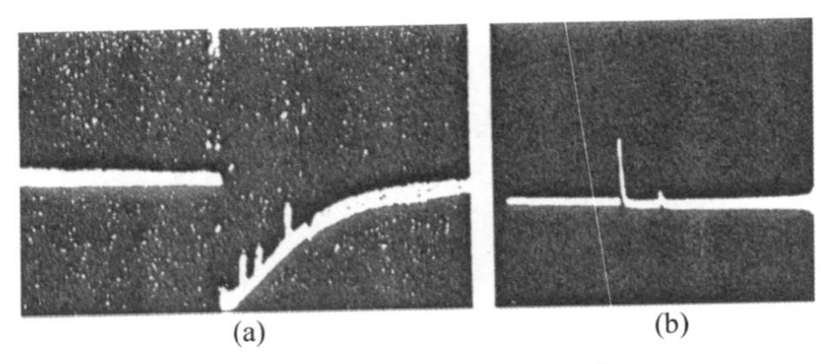

图 4-7-2 产生的中子信号

1973 年 11 月，中国科学院上海光学精密机械研究所徐至展、李安民等在国内首次利用高功率激光照射氘化聚乙烯获得中子发射，照射在靶面的激光功率密度为 10^{14} W/cm^2，中子产额为每个激光脉冲大约 10^3 个。①②

1976 年，中国科学院上海光学精密机械研究所又建成激光脉冲宽度 ps 量级、总输出功率 1—2×10^{11} W 级的 6 束钕玻璃激光装置；1977 年 4 月，对 $(CD_2)_n$ 球靶和玻璃球壳靶进行辐照实验。图 4-7-3 所示是用 4 束激光对直径 110 μm、壁厚 3.6 μm 的二氧化硅玻璃空心靶丸作二维打靶得到的图像，在照片中心有一个圆斑，具有弱聚爆的特征。从照片的黑度描迹，通过胶片乳剂特性标定，玻璃空心靶丸获得体压缩大约 100 倍。③

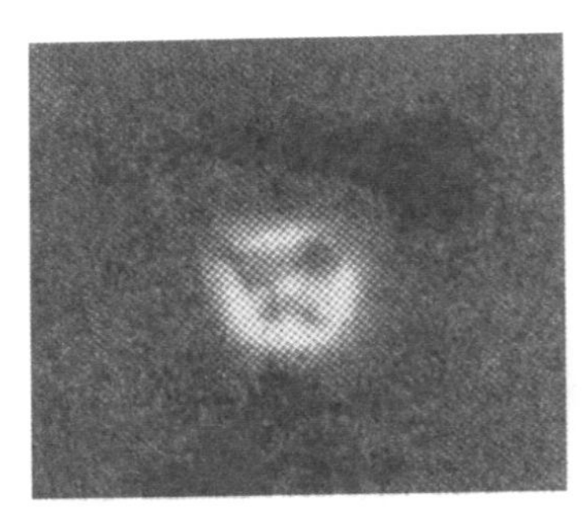

图 4-7-3 玻璃空心靶丸二维打靶得到的图像

---

① 徐至展，李安民等，激光辐照氘化聚乙烯产生中子，邓锡铭主编，中国激光发展史概要[M]，北京：科学出版社，1991，62。

② 中国科学院上海光机所中子鉴定会报告，用 10^{10} W 大功率激光器照射含氘材料获得中子[R]，1973。

③ 茅建华，激光核聚变研究中对靶丸进行 X 射线针孔照相[J]，物理，1979，8(4)：289—291。

二、激光深冷原子

原子气体温度是原子平均运动速度的量度，减低原子运动速度，也就是降低气体的温度。传统的制冷是通过不断抽走气体内的热能，让其温度降低。在降温的过程中，气体的体积相应减少，气体密度增加，原子之间的距离不断减少，密集到一定程度时会改变气体的状态，变成液体或者固体状态。比如，氮气温度降到 77 K 就变成液体，氦气降低到 4 K 也变成了液体。这时原子之间有强烈的相互作用，其结构和基本性能都将发生显著变化。其次，操纵和控制单个原子一直是物理学家追求的目标，固体和液体中的原子处于密集状态之中，难以割断它们之间的联系。使用某种手段将原子深冷，迫使它“安静”下来，又避免发生凝聚和冻结，激光恰是理想手段。

1. 深冷原子的意义

在通常条件下，原子总是不停地运动，给内部状态和结构研究带来干扰。如果能够让原子“安静”下来，将给我们探测原子内部状态带来极大便利。比如，原子的结构、分子的运动状态，是通过原子、分子的光谱来了解的。然而，实际接收的辐射频率或者吸收频率就不是完全由原子、分子本身的结构性质所决定，还随原子、分子的运动速度大小变化，妨碍了研究其内部结构和运动状态的细节。如果让原子“安静”下来，原子钟计量其辐射频率的精确度将得到进一步提高，计时稳定度和计时精度将得到重大提高。让原子“安静”下来，还会使它们凝聚到爱因斯坦预言的玻色-爱因斯坦凝聚态，这是一种新的物质状态，称为第四种物质，对它的研究将出现新的、重大的技术突破。

2. 激光深冷原子的原理

一束激光可以看作一束光子流，光子有能量和动量。当原子吸收一个光子时，它同时也获得了一份动量，驱动原子沿光子前进的方向移动。设原子的共振吸收频率为 ν，在频率 ν 的激光照射下，原子将吸收数量为 $h\nu$ 的能量，同时被激发到高能态，与此同时原子在激光传播的方向上也获得数量为 $h\nu/c$ 的动量。这里的 h 是普朗克常数，c 为光在真空中的传播速度。经过时间 t 之后（t 是原子在激发态的平均寿命），原子将通过自发辐射返回基态或者能量较低的能态，并发射频率为 ν_0 的光子，同时原子也获得数量为 $h\nu_0/c$ 的反冲动量。因为原子自发辐射光子的行为没有受到任何约束，朝任何方向发射光子的几率都一样，因此，在激光持续的照射下，平均起来原子往各个方向发射的光子数量都一样。也就是说，原子发生的反冲动量平均数值是零。但是，原子因为吸收光子获得的动量并不为零，故获得了沿激光传播方向的推动力。如果用几束相向传播的激光同时照射原子，它将受到来自各个方向的激光作用力，最终将被控制静止在原位上，即把原子冷却到极低的温度。

3. 冷却实验

1979 年，中国科学院上海光学精密机械研究所**王育竹**提出，利用交流斯塔克效应激光冷却气体原子。[①]

王育竹，1932 年 2 月生于河北正定。1955 年毕业于清华大学无线电工程系，1960 年于前苏联科学院电子学研究所研究生毕业获博士学位。为中国科学院上海光学精密机械所研究员，1997 年当选为中国科学院院士。建立了中国第一个量子光学开放实验室，率先开展激光冷却气体原子的研究，首次提出将光频移效应用于激光冷却气体原子。获全国科学大会重大成果奖、中科院和上海市科学大会重大成果奖、首届中国物理学会饶毓泰物理奖、国家自然科学三等奖、国家科技进步特等奖，以及中科院和部委级二等、三等、四等奖共 10 项。发表论文百余篇。

原子在光辐射的作用下能级会发生移动，称为光频移效应，或称交流斯塔克效应。当照射的光频率高于原子两个能级的共振吸收频率时，这两个能级将靠拢；当照射光频率低于两个能级的共振吸收频率时，这两个能级背离。其中，发生移动的数量与照射的光强度有

---

① 王育竹，利用光频移效应实现激光冷却气体原子[J]，中国激光，1981，8(10)：10—12。

关。普通光源发射的光强度不高，所以，通常注意不到这种光致能级移动现象。用激光照射时，引起原子能级发生的移动就很明显，可达几千兆赫，利用这个现象可以冷却原子，如图 4-7-4 所示。用两束激光同时照射气体原子，其中一束是功率比较低的连续激光，其光频率接近原子的两个能级的共振吸收频率。因为这束激光的功率低，引起能级的移动可以忽略不计。另外一束是功率比较高的脉冲激光，光频率接近原子的另外两个能级的共振吸收频率，所选的这对能级的下能级与前者选的那对能级是近邻，下能级是前者的上能级。在这束脉冲激光作用下，原子的能级 E_b 向下移动，向能级 E_a 靠拢，使这束连续激光能满足发生光学吸收的频率条件，于是原子便从能级 E_a 跃迁到能级 E_b；切断脉冲激光束，原子能级 E_b 恢复到原来的位置，发射的光频率将高于原先吸收的光频率，即吸收的光能量低于发射的光能量，相差的能量只好由原子热运动能量来补足，于是原子运动速度便降下来，相应地原子温度也降低了。

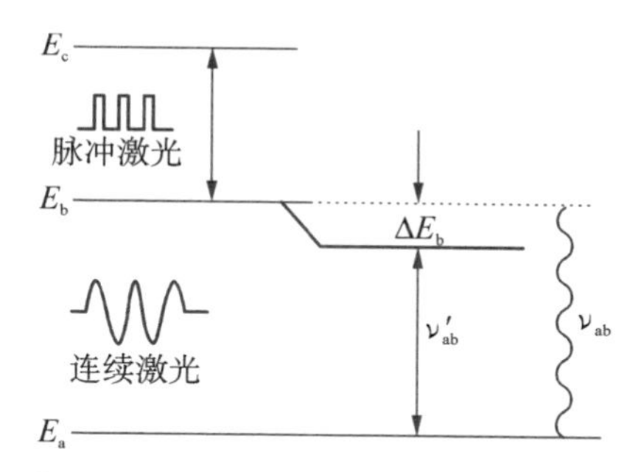

图 4-7-4　利用交流斯塔克效应激光冷却气体原子

1984 年，**王育竹**、**蔡维泉**等建成激光冷却气体原子的原子束真空装置，1987 年进行了钠原子束一维激光冷却实验。[①] 钠原子束垂

① Wang Y Z, Cai WQ, Oberservation of Slow Atoms in a Standing Wave [C]. In IQEC 88-Asia branch meeting, Topical meeting on Material and Laser Spectroscopy, Shangh, China, 1998. 351.

直通过一维圆偏振激光驻波场。沿驻波场轴线加直流磁场，用一维CCD照相机探测原子束荧光的空间分布。改变激光频率对原子共振的失谐量时，观察到了激光对原子束横向一维冷却现象。原子束的一维横向冷却温度低于多普勒冷却极限，等效温度达到66 μK。

2002年3月19日，中国科学院上海光机所量子光学重点实验室**周蜀渝**、**龙全**等利用激光冷却技术，在稀薄87Rb原子气体中观察到玻色-爱因斯坦凝聚，[①]图4-7-5所示是实现铷原子气体玻色-爱因斯坦凝聚实验装置照片。

图4-7-5　铷原子气体玻色-爱因斯坦凝聚实验装置

该装置是一个双磁光阱系统，在上磁光阱中收集到6×10^8原子，原子气体的温度为210 μK。利用辐射压力将冷原子从上磁光阱传输到下磁光阱中，并进行偏振梯度冷却。这时，原子气体的温度为20 μK，原子数为3×10^8。切断激光束后约30%的原子被导入四极矩静磁阱。然后，增大磁场幅度，压缩原子气体，原子气体温度增大到150 μK，并绝热地导入到Ioffe型磁阱中(QUIC)，大约1×10^8原子留在Ioffe磁阱中，寿命约为50 s。这时，用射频场蒸发冷却铷原子云约19 s后，原子云的温度显著降低，原子的相密度显著增加。用

① 周蜀渝，龙全等，玻色-爱因斯坦凝聚在中国科学院上海光机所实现[J]，物理，2002，31(8)：481—482。

探测光对原子云拍照，由于凝聚体的体积小于照相系统的衍射极限，因而可观察到原子云对探测光的衍射光环。原子云对探测光束的衍射表明，原子云密度在空间的分布发生了显著的变化，这是凝聚体存在的灵敏指示。降低磁势阱的磁场强度，原子云和凝聚体绝热膨胀，体积增大。这时，可清晰地观察到原子云速度的双高斯分布，如图 4－7－6 所示（rf 为射频频率）。

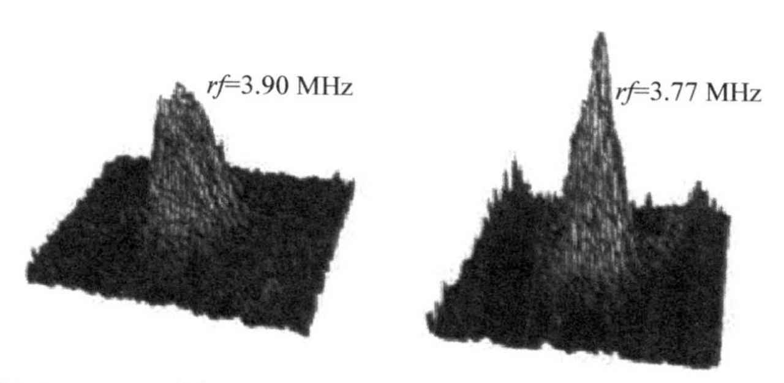

图 4－7－6　玻色-爱因斯坦凝聚相变前与相变后的原子云分布

三、激光推进

1. 激光推进的优越性

激光推进技术有多方面的优越性。

① 比冲很高，可以获得很大的推力。化学燃料运载火箭的比冲与其推进室的温度成正比，温度越高，得到的比冲也越大。化学反应仅仅是蕴藏在原子最外壳层电子的能量释放，依靠化学燃料燃烧不可能获得很高的温度，最高也就在 3 500 K 左右，能够获得的比冲不会超过 500 s，激光推进能量几乎全部是由外界提供。激光加热气体推进剂或者固体推进剂产生的高温等离子体温度非常高，可以高达 1 万—3 万度，很容易获得 1 000—2 000 s 的比冲，目前最高已经获得 7 500 s。

② 能够获得很高有效载荷比（有效载荷与起飞质量之比）。激光运载火箭的推进剂与能源、工质是完全分离的，使推进剂发出推动

能力的能量由外来激光引发，火箭只需要少量，甚至就不需要化学燃料推进剂，这就大大减轻了火箭的自身重量，提高了火箭运载的能力。传统的化学燃料火箭有效载荷比很小，一般在2%以下。而激光运载火箭的有效载荷可以达到10%—30%。

③ 能够大幅度降低发射费用。激光运载火箭的有效载荷比高，又能够重复多次使用，因此可以大幅度地降低发射费用。目前的技术估算，用激光运载火箭发射微卫星(10—100 kg)进入近地轨道的发射费用大约每千克只需要500美元，还有可能进一步减少到100美元。

④ 发射安全可靠性高。使用激光运载火箭的推进系统与能源分离，极大地简化了推进系统结构和火箭控制系统，大大提高火箭发射的安全性。传统的化学燃料运载火箭的推进系统复杂，而且自身携带大量高能推进剂，容易发生故障。

⑤ 缩短发射前的检测周期，有利于应急发射，不需要像传统的化学燃料运载火箭那样的复杂准备工作。传统的化学燃料运载火箭发射准备时间比较长，地面操作复杂，用户往往需要提前18—20个月提出申请，发射场地面操作时间一般需要20个工作日。发射准备时间过长限制了发射场的年发射能力。

⑥ 减少火箭推进剂加注时产生的废气污染以及发射后的环境污染。化学推进剂中除了液氧、液氢和液氧、煤油推进剂是无毒之外，大部分的固体推进剂和液体推进剂(比如四氧化二氮/偏二甲肼)是有毒的。运载火箭第一级分离后将掉到地面，残余的有毒物质会对环境造成一定程度的污染，如果火箭发生事故将会造成更严重的环境污染。

2. 激光推进力的产生

产生推进力的工作模式基本上有两种：激光大气吸气模式、激光烧蚀模式。激光大气吸气模式主要是以空气作为工质。激光束照射安放在火箭尾部反射率很高的反射镜，汇聚起来使焦点处的空气形成高温、高压空气等离子体团。在后续激光能量的支持下，等离子体团迅速膨胀，产生强度更高的激波，给反射面产生持续冲击压力，整体表现为向上的推力。激光束烧蚀工作模式是火箭本身携带一些工质，它在激光作用下形成的等离子体气团产生反冲力，获得飞行推动力。这种模式也是靠激光能量获得推动力，不是靠火箭燃料燃烧获得推动力。采用大气吸气模式的激光运载火箭只能在大气层内使用，大气上层(30 km以上)或外空间使用，则需要采用激光烧蚀模式。

3. 激光推进实验

1999年，中国科学院电子学研究所**柯常军**、**万重怡**等采用重复率为300 Hz、脉冲激光能量为3 J的TEA CO_2激光器进行了激光水平推进实验，将一直径为22 mm、质量为500 mg的圆锥状模型推进3 m的距离。[①] 2000年，中国科技大学**郭大浩**、**吴鸿兴**等建造了一套专用的10^9 W级调Q高功率单次脉冲钕玻璃激光冲击推进装置，利用该装置辐照模拟子弹的底部。[②] 该子弹置于被固定的模拟枪管中，单个激光脉冲即可使模拟子弹沿水平方向或垂直向上射出。模拟子弹直径为15 mm，长19 mm，重量为5.87 g。测得子弹垂直向上的飞行速度为5.38 m/s，垂直向上推进高度为1.48 m。使用重复率100 Hz的闪光光源照亮飞行的模拟子弹，在黑暗环境中近距离拍摄了模拟子弹飞行的照片，如图4-7-7所示，模拟子弹离开枪管被向上推进飞行俨然是一种激光脉冲火箭。由于光源每隔0.01 s发射一个光脉冲，照相机快门打开时间较长时，照片上就有多个子弹的影像。

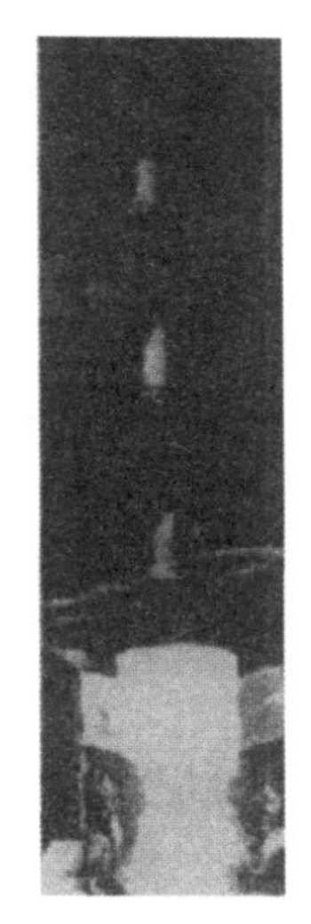

图4-7-7　激光垂直推进模拟子弹飞行

2004年，中国科学院电子学研究所**郑义军**、**谭荣清**等进行激光

① 柯常军，万重怡，激光推进飞行器技术[J]，激光与光电子学进展，2003，40(8)：18—21。

② 郭大浩，吴鸿兴等，用激光推进轻型飞行器的初步实验探索[J]，中国激光，2002，29(suppl)：549—551。

推进自由飞行实验。[1] 设计了旋转发射平台装置，在飞行器起飞前给其施加一定的转速。硬铝抛物面型飞行罩，表面口径为 50 mm，抛物面焦距为 10 mm，整体质量为 4.2 g，内表面光学抛光，反射率可达 90%以上，如图 4-7-8(a)所示。发射转台主体由直流电机、传动带和转动平台 3 部分构成，调整电机驱动电压可以控制转台的转速，最大转速为 6 000 r/m。转动平台为中空结构，顶部放置飞行器。重复脉冲频率 TEA CO_2 激光器输出单脉冲能量为 13 J，半极大值处全脉冲宽度小于 200 ns，激光脉冲重复频率设定为 50 Hz。将转台转速调整到 400 r/min 时，飞行器稳定飞行的高度提高到 1.6 m；进一步提高转台转速到 550 r/min 时，飞行器稳定飞行的高度达到了 2.4 m；当转速为 700 r/min 时，飞行器稳定飞行的高度超过了 2.6 m，触及实验室屋顶。图 4-7-8(b)所示是飞行器飞行的轨迹图。

(a) 飞行器

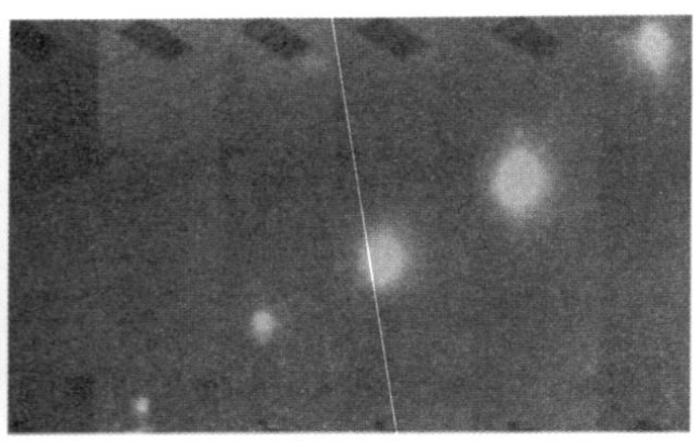

(b) 飞行轨迹图

图 4-7-8　飞行器及轨迹

通过初始旋转能够稳定飞行器竖直飞行，飞行的稳定性与初始转速有关，转速高飞行器飞行的稳定性也好；自由竖直飞行的高度，也在一定范围内得到了提高。

四、激光加速粒子

粒子加速器是挑战微观世界的得力工具，借助它发现了许多基

---

① 郑义军，谭荣清等，激光推进自由飞行实验[J]，中国激光，2006，33(2)：171—174。

本粒子，包括重子、介子、轻子和各种共振态粒子，绝大部分新超铀元素也是靠粒子加速器发现的。利用粒子加速器，还合成了上千种人工放射性核素。

利用一定形式和强度的电磁场，可对诸如电子、质子或者重离子等带电粒子施加作用力，使它们获得加速度，运动速度可高达每秒几千米、几万米，甚至接近光速，从而获得千电子伏、百万电子伏、10 亿电子伏的高能量粒子。加速器是一个庞然大物，以现有的典型加速梯度（大约 20 MeV/m）来计算，要粒子能量达到 100 GeV，需要建造长度50 km，甚至更长的直线加速器；环形的加速器虽然能节省空间，但是要让带电粒子在环形轨道高速运动，必须给予很大的向心加速度。电子作向心加速度运动时，会发出辐射而损失能量，因此愈来愈难加速。

利用激光的力学原理可以制造粒子加速器，而且加速器的尺寸可以大幅度缩少；还可以加速中性粒子，如原子。利用激光加速粒子的基本方式有两种，一种是利用激光在物质内产生的尾场施行加速粒子，另外一种是基于粒子在聚焦光场中运动的不对称性直接加速粒子。

1. 激光尾场加速

激光产生的尾场电场强度非常大，具有很强的粒子加速潜力。如形成的等离子体的密度是 $10^{18}/cm^3$（这是一个相当平常的数字），那么峰值电场强度达 10×10^9 V/cm，与传统加速器所获得的加速场梯度相比，整整高出 1 000 倍以上。

（1）工作原理

强度很高的激光束与物质相互作用，会在物质中产生极强的等离子体，等离子体可以支撑以接近光速传播的大振幅静电波（等离子体波）。等离子体包含的负电荷（电子）和正电荷（离子）数量基本上相当，因此就整体来说是，正、负电荷互相抵消，呈电中性。光波是高频率的电磁波，任何高频电场在等离子体中都会产生作用力，即激光在等离子体内将产生纵向和横向有质动力。激光脉冲在低于临界密度等离子体中传播时，由于电子质量小，光脉冲前沿的纵向有质动力会推动等离子体中的电子向前运动，使其偏离原来位置；而等离子体中的离子质量较大，则几乎保持不动。当激光脉冲超越电子后，由于等离子体内正、负电荷分离而产生的静电力会将电子往平衡位置拉，造成电子在空间纵向振荡，形成所谓等离子体波。由于等离子体波是由激光脉冲激发并且存在于激光脉冲后方，所以称为激光尾波。

纵向尾波场在空间上沿着传播方向呈现正向和反向交替状态。由于电子带负电荷，正向尾波场对电子起减速作用，是减速场；反向的尾波场对电子起加速作用，是加速场。如果尾波场为一个静止的电场，从简谐振荡可以知道，大量电子会聚集在波节处；当尾波场具有很高相速度时，空间中的电子被激光脉冲所激发的尾波场"捕获"，留在反向的尾波场中，跟随等离子体波以等离子体波的相速度一起运动。由于等离子体波的相速度很高，并且尾波场有很高的加速梯度，一旦粒子被尾波场俘获就能获很高的能量。基于尾波场加速粒子的加速器，称为尾场加速器，其工作原理如图 4-7-9 所示。

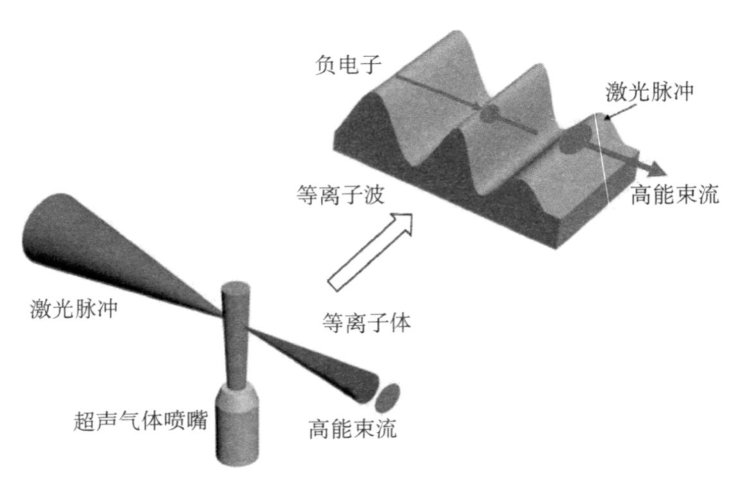

图 4-7-9　激光尾场加速粒子原理

(2) 加速实验

2005 年，清华大学**华剑飞**、**安维明**等在中国工程物理研究院激光聚变研究中心的 SILEX-1 装置上，进行了激光等离子体加速电子的实验探索，并初步得到了一系列电子信号。[①]

① 实验装置。实验是在该装置第三级输出端——100 TW 靶室内进行，主激光采用离轴抛物镜聚焦，聚焦光斑尺寸为 28 μm(FWHM)，激光脉冲半宽度为 26.7 fs，激光功率最大为 117 TW。使用的介质是氦气体，喷嘴形状为尺寸 1 mm×10 mm 的狭缝，喷嘴长边和激光传输方向平行，用多层 IP 板(imagingplate)叠加记录加速电子信号。

② 实验结果。为了获得加速电子束的能量信息，用 0.58 T 的永久磁铁偏转电子束，并用 IP 板记录电子的偏转位置。实验显示，激光能量 3.1 J、氦气压在 4 MPa 条件下，加速电子的发散度(FWHM)约为 7°，其加速能量约为 20 MeV。

2. 激光束直接加速粒子

相比于等离子体尾场加速，这种加速方法避免了许多由介质引起的问题，如等离子体的不稳定性、激光的非线性传播等造成的限制。

(1) 工作原理

由于自由空间传播的激光场的周期性和大于光速的传播相速度，电子与光场之间出现相滑移，电子在加速相和减速相之间振荡，因而难以获得很大的净能增益。电子在一个激光脉冲中运动时，在脉冲前沿的时候将经历一个加速过程，能量上升；电子滑移越过脉冲中心，到达脉冲后沿时，经历减速过程。如果加速与减速过程不对称，就可以获得净能量增益。所以，直接利用激光加速粒子的关键就在于，打破真空中激光场加速相和减速相的对称性。有几种办法可以做到，相应地研究出现几种加速机制，主要有有质动力加速机制、俘获加速机制和啁啾脉冲激光加速机制。有质动力加速机制是利用聚焦激光脉冲中，加速与减速过程光场的不对称性，使电子在激光到达聚焦平面附近的时候加速，在激光远离聚焦平面的时候减速，由于激光强度在聚焦平面处达到最大值，而在远离聚焦平面处迅速减弱，

---

① 华剑飞，安维明等，SILEX-1 装置上等离子体尾场加速电子初步实验[J]，高能物理与核物理，2006，30(Supp. I)：108—110。

于是电子在强场区获得的能量将远远大于它在弱场区损失的能量，从而实现电子加速。一般来说，有质动力加速方案中的粒子初始速度较低，初始位置在光脉冲前方。

俘获加速机制是一种电场力加速，其基本原理是，注入光场低相速度区（小于光速 c）的快电子（接近光速），被很快加速到与光场的相速度准同步，而获得持续加速。一般来说，俘获加速方案中的粒子初始速度很高，侧入射进入光场。

这两种真空激光加速机制采用的激光场频率都是固定的，啁啾脉冲激光加速机制采用的激光场频率本身是变化的，因而带电粒子被加速和减速的对称性受到了破坏。粒子在加速相中相当长的时间持续被加速直至很高的能量，当粒子进入减速相时已经进入光场的弱场区，减速失去的能量微不足道。

（2）实验研究

1981 年，中国科学院物理研究所**童碧珍**、**郑师海**等进行了激光加速器的调相实验。[①] 注人到激光加速器的粒子速度尽管达到光速的 99%以上，但仍然小于光速，所以粒子只能在一小段距离内得到加速，接着粒子将落入减速区和非稳定区。为了使粒子获得持续稳定的加速，必须在粒子每移到一定距离时，及时地调整人射激光的初始相位。可以采用调相板调整激光初始相位。

为了保证粒子在激光场中获得持续稳定的加速，需要设计调相板，使得在轴上的激光场每经过一段距离后能够调整光场相位 $\pi/2$。本实验用来调整人射激光相位的调相板用一种胶片漂白技术制作，曝光后的全息干板，经显影、定影处理后是一种振幅型（即吸收型）的光学元件，再经漂白处理后，则转换成为相位型（即无损耗型）的光学元件。实验结果显示，设计制作的调相板能够满足调相聚焦激光加速器的调相要求。

---

① 童碧珍，郑师海等，调相聚焦激光加速器的调相模拟实验[J]，物理学报，1982，31(7)：895—903。

五、激光光谱学

根据物质的光谱，能够分析鉴别物质，包括在宇宙空间和各个星体的物质化学组成和含量，而且分析速度快，分析灵敏度高。利用原子、分子的光谱，能够获得有关原子、分子内部结构和运动状态的信息。历史上利用光谱技术还发现了许多新元素，如铷、铯、氦等。利用激光做光源，使经典光谱技术获得新发展，形成了一门新光谱技术，称为激光光谱学，其光谱分辨率和分析灵敏度获得大幅度提高。

1. 激光微量光谱分析

1966 年，第四机械工业部第十一所钟声远、陈盐贤等采用激光作为光谱分析的光源，进行了显微瞄准分析、微量薄膜分析、测量扩散层厚度以及有关灵敏度的实验等。①

(1) 实验装置

激光光谱分析装置由脉冲红宝石激光器、聚光器、辅助放电激励和摄谱仪等部分组成。红宝石激光器输出波长 694.3 nm，激光能量大约 3 J，脉冲持续时间 0.4—0.8 ms，脉冲重复频率为每分钟 4 次。增加辅助放电激励是为了对蒸气进一步加热和激发发光，可使分析灵敏度提高几个量级。

激光经棱镜折射，通过短焦距透镜聚焦于样品待分析部位，激光能量使样品产生等离子体蒸气。当蒸气进入处于临界击穿状态的辅助电极隙时产生气体放电，使样品进一步加热和激发，由摄谱仪记录其光谱。

(2) 实验结果

将单个元素掺入碳粉中，对 31 种元素进行分析，实验结果显示，浓度灵敏度为 0.003%—0.000 03%，绝对灵敏度一般在 10^{-10}—10^{-11} g。

激光光谱分析只需微量样品(微克量级)，比普通光谱分析需要的样品量(最低几毫克)少得多；不需要预先制备样品，对样品的物理

① 钟声远，陈盐贤等，激光用于光谱分析[J]，激光与红外，1973，(1)：1—8。

性质不作要求，能很好地保存样品，同时消除了处理样品过程中引进的干扰。

2. 激光光声光谱

这是基于气体的光声效应的激光光谱技术。一束调制的单色光照射密闭的光声池，池中气体分子如果吸收了这一波长的光能量，则将被激发到某个能级，再经过无辐射跃迁把能量转换为气体分子的热运动，使气体分子的平均动能增加，池内的气体温度也将按入射光的调制频率作周期波动，气压也将周期性变化。安装于池壁的微音器便接收此信号(即声信号)，再通过锁定放大器检测出埋在噪声中的有用光声信号，然后将光声信号的幅度作为入射激光波长的函数加以记录处理，即可得到物质激光光声谱图。

这种光谱技术有极高的吸收测量灵敏度。气体分子共振吸收光辐射能量之后，以很大的几率转变为气体分子的动能。当气体的吸收系数与吸收程长的乘积比小得多时，被调制的激光束在气体中产生的声波振幅正比于入射的激光强度与光学吸收系数的乘积。因此，利用高强度的激光，便能够测量物质极弱的光学吸收系数，可测出 10^{-6}—$10^{-8}\,cm^{-1}$ 量级的微弱光学吸收系数；有极高的探测灵敏度，检测灵敏度在 ppb 级；测量动态范围大，在 10^5 以上；应用范围广，不仅可测透明或半透明介质，亦可测量不透明样品。

1979 年，中国科学院长春应用化学研究所**陈传文**、**明长江**等开展了激光光声光谱实验研究。①

(1) 实验装置

如图 4－7－10 所示，装置由激光器、光声池和光声信号检测及记录系统等组成。连续波调谐 CO_2 激光器，腔长 1.1 m，放电管内径 6 mm；共振腔一端是镀金全反射镜，曲率半径 3 m，共振腔的另一端是镀铝原刻光栅(66 线/mm)。采用光栅零级输出，最强谱线输出激光功率约为 5 W。光声池采用镀增透膜的红外窗口，微音器为国产驻极体微音器。光声池 A 为样品池，内充入空气作为填充气体；光

① 陈传文，明长江等，气体的激光光声光谱及其应用[J]，1980，7(9)：48—51。

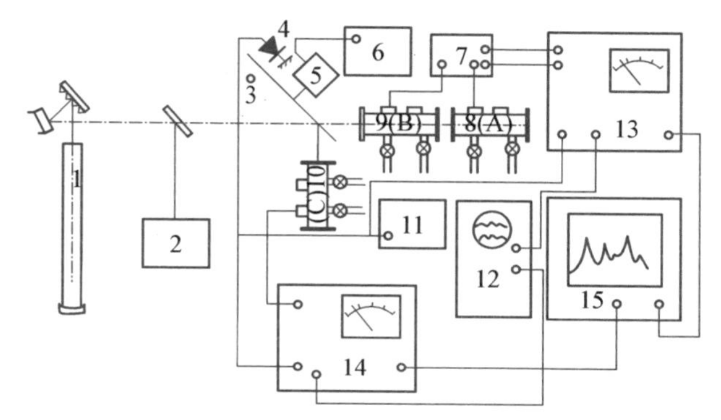

1-可调谐 CO_2 激光器；2-红外光谱仪；3-参考信号灯；4-硅光电池；5-带动光盘的步进电机；6-石英晶体稳频器；7-光声信号衰减器；8、9、10-光声池(A)、(B)、(C)；11-数字频率计；12-示波器；13、14-锁定放大器；15-x、y 函数记录仪

图 4-7-10　激光光声光谱装置

声池B为充有空气的本底池，并附有输出信号衰减器；光声池 C 也充有空气。当 A 池有样品时，将 A 池与 B 池微音器输出的光声信号引入锁定放大器自动进行 A-B 差分放大，其结果送入 x、y 记录仪 y_2 记录，即得出样品的未归一化光声光谱图；C 池的光声信号单独送入另一台锁定放大器，用记录仪 y_1 记录，得出激光的光强分布谱图。各池微音器输出的光声信号分别送入 FS-J1 型锁定放大器放大。

(2) 实验结果

对乙烯、三氯乙烯、丁二烯、苯、氨、甲醇及偏二甲肼等气体进行了测量，得出了它们在 CO_2 激光谱线范围内的光声光谱图，得到满意的结果。现在，利用这种光谱技术测定大气中的气态污染物，达到了非常高的测量灵敏度(ppb 级)。

3. 激光光电流光谱

用可调谐激光照射电离气体样品，当激光波长调谐到样品原子跃迁的波长时，放电等离子气体阻抗会发生变化，得到的电流-波长关系图便是样品的光电流光谱。这种光谱技术的特点之一是，用纯电学的方法代替了传统的光学吸收方法，避免了背景光噪声、激光器噪声和光散射噪声的影响。其次，除了能够研究与基态和亚稳态有关的各种跃迁外，还可能研究从激发态之间的各种跃迁以及等离子态。第三，高光谱分辨率、高测量灵敏度和大动态范围，光谱分辨率可达到与饱和吸收光谱相同的水平。由激光辐照引起的气体放电电压变化非常明显(可为工作电压的百分之几到百分之几十)，因此可测量的电信号动态变化范围非常大(可高达 10^8 量级)。另一方面，由于不存在散射光和杂散光等背底干扰影响，因此测量灵敏度和信噪比非常高，估计可比饱和吸收光谱术高两个数量级以上。

1980 年，中国科学院安徽光学精密机械研究所**季汉庭**、**蔡继业**等进行了激光光电流光谱实验。[①] 实验采用氮分子激光器泵浦的可调谐染料激光器输出的激光激发样品，激光调谐范围在 580—610 nm，激光谱线宽度为 0.006 nm，脉冲宽度 10 ps，重复率为每秒 5 次，单脉冲激光能量大约 20—30 μJ。实验用的 Na - Ne 样品为商用空心阴极灯。实验检测到 9 条较强的 Ne 和 Na 原子光电流谱线。

1982 年，中国科学院长春应用化学研究所**金巨广**、**王松岳**等利用光电流光谱技术，测量了氖原子跃迁的的精细结构。[②]

4. 皮秒荧光光谱

这种光谱技术主要应用于研究激发能在原子、分子中和原子、分子间的能量传递过程，以及研究影响这种能量传递过程的各种因素及其作用本质。荧光是指分子从激发态通过自发辐射跃迁到较低能级时发射的光辐射。原子、分子被激发到高能态后，将以各种弛豫途径返回较低能级，如自发辐射、受激辐射、内转换、系间交叉等过程，在高能态的粒子数变化取决于这些过程速率大小。因此，测量荧光衰变的时间过程，有助于了解和分析各种弛豫机制。

---

① 季汉庭，蔡继业等，在 Na - Ne 放电管中的光电流光谱学实验[J]，中国激光，1981，8(9)：53—54。

② 金巨广，王松岳等，应用光电流光谱法测定氖原子的高分辨光谱[J]，中国激光，1984，11(5)：302—304。

（1）测量原理

时间分辨荧光光谱测量的基本原理大多是基于所谓泵浦-探测技术，即用一束激光泵浦激发样品发射荧光，用另一束激光监视荧光衰变过程。具体的泵浦和探测的方式多种，最主要的区别是，探测技术和数据处理方法不同。通常采用3种工作方式。一种是以另一超短脉冲激光作为选取皮秒荧光信号的手段。例如，利用这一脉冲激光“开启”超快速光克尔盒开关，用摄谱法记录此瞬间透过的荧光信号。光克尔盒开关时间分辨率高，可达1 ps，但灵敏度低，精确度低，动态范围为10。另一种方法是用条纹照相机直接记录荧光信号(用另一超短脉冲激光触发)。条纹相机最高时间分辨率已达0.5 ps，动态范围可达2 000；而同步条纹相机与连续锁模染料激光器配合，动态范围可达10^6，每秒可以探测5 600个光子。还有一种是时间相关单光子计数技术，它与同步泵浦染料激光器配合，并采用具有微通道板的光电倍增管，时间分辨率可达10 ps，动态范围超过10^4，可以探测10^9—10^{11}光子/脉冲。

（2）测量实验

1987年，中国科学院安徽光学精密机械研究所**刘文清**等进行皮秒激光荧光光谱测量实验。①

① 实验测量装置。如图4-7-11所示，激发光源由锁模氩离子激光器或者同步泵浦染料激光器和脉冲选择器组成。脉冲选择器的作用是把锁模脉冲的重复率降低至合适的速率，激发波长根据需要调整。待测样品溶液放在1 cm×1 cm截面的样品池中，使激发光束与样品荧光相垂直以得到最小的散射误差。时间幅度转换仪的作用是精确地测量荧光脉冲和激发光脉冲之间的时间间隔，并转换成与时间间隔成正比的电压脉冲输出。该转换仪在起始和终止脉冲之间有很高的时间精度，其转换时间为20 ps。

时间幅度转换仪的输出分为4路。一路连接多通道脉冲高度分

---

① 刘文清等，微微秒时间分辨激光荧光光谱的测量[J]，量子电子学，1998，5(4)：317—325。

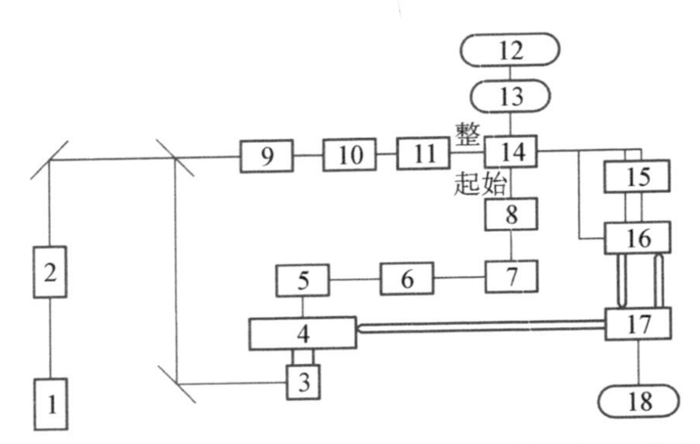

1-锁模氩离子激光器；2-脉冲选择器；3-样品池；4-单色仪；5-微通道光电倍增管；6-放大器；7-鉴别器；8-延迟器；9-雪崩光二极管；10-鉴别器；11-延迟器；12-HP-9816计算机；13-多道脉冲高度分析仪；14-时间幅度转换仪(TAC)；15-时间门选择仪；16-多道计数器；17-计算机接口；18-HP-9807计算机

图4-7-11 皮秒激光荧光光谱测量装置

析仪(MCPHA)，它把时间幅度转换仪的输出再转换成相应的荧光衰减曲线。该分析仪的数字输出送到HP-9B16计算机，用非线性最小二乘法解析出所测样品的荧光寿命和相应的荧光峰值强度。另一路输出送入多道计数器，每个测量周期后，多道计数器的输出送入HP-9807计算机，单色仪同步扫描，便得到时间积分光谱。其他两路送入门选择仪的A、B端。A、B通道分别由两块脉冲选择板组成，为时间幅度转换仪的输出提供了一个时间门，相当于时间门的上界和下界，时间幅度转换仪的输出脉冲只有在时间门内才能通过脉冲选择板。门选择仪的输出分别送入多道计数器A、B端，每个测量周期后A、B端的输出也送入HP-9807计算机。单色仪由计算机控制的步进电机带动在一定波长范围同步扫描，得到时间门光谱。为了提高测量精度，荧光衰减曲线的峰值由计算机根据脉冲幅度转换仪的输出自动寻找，峰值位置确定后，其他参量如采集时间、扫描波长范围、两个时间门的位置和宽度再由计算机键输入即可。

② 实验测量和结果。分别测量了两种染料Flvrol、DCM及其

混合物的荧光寿命、相应的荧光峰值强度、时间分辨光谱、时间门光谱，以及各种光谱参量。实验测量结果显示，Flvoral 染料的荧光寿命为 8.22 ns，DCM 染料为 1.28 ns，混合物中的染料荧光寿命基本不变，Flvorol 染料和 DCM 染料的荧光峰值比为 0.2。

附录　激光技术和应用交流

光量子放大第一次会议

1962 年 1 月，中国科学院技术科学部在长春市召开光量子放大会议，这是在我国第一台红宝石激光器问世后召开的第一次激光学术会议，大约 40 人出席这次会议。提出报告 15 篇，主要是国际激光技术发展情况综述，以及从理论和实验论证激光器。这次会议标志着我国开展激光技术研究已经具备了条件。

全国量子电子学专业学术会议

1964 年 3 月 30 日—4 月 4 日，中国电子学会在北京召开量子电子学专业学术会议，到会的有 40 多个单位的代表大约 140 人。会议收到量子频率标准、微波受激发射及微波波谱、受激光发射等各方面的论文共 54 篇，会上宣读了 34 篇。在受激光发射方面，主要报告了关于工作物质的理论计算和实验工作。例如，红宝石受激光发射器的特性分析，固体（$CaF_2:Dy^{2+}$）、半导体（砷化镓）、气体（氦、氖和钝氙）等受激光发射器，红宝石光激射器克尔盒 Q 调制实验，以及应用的初步方案等。其中 $CaF_2:Dy^{2+}$ 和砷化镓受激发射器都掌握了从材料到器件的整个过程的研制工作。阻挡层式脉冲氙灯的报告引起了与会者极大的重视，它具有结构简单、紫外和红外光谱成分少、效率高、成本低等特点，代表们认为值得在国内迅速推广。

激光科普、元器件及应用展览会

1972 年 7 月，在上海工业展览馆举办激光科普、各种激光器以及激光应用展览会。展览占地面积 400 多平方米，展出激光实物样品

130多件，激光科普展板近百块。展出时间长达3个月，参观人次10多万，上海的文汇报、解放日报、广播电台以及新华社作了报道，对普及激光技术知识和推广激光技术应用起了积极作用。此次展览会由上海市科协激光交流队组织，中国科学院上海光学精密机械研究所、上海激光所、上海科技情报所、上海钟表元件厂、上海无线电七厂以及复旦大学等单位共同筹备，激光交流队邵兰星担任筹备组组长。

全国激光农业应用座谈会

1974年12月15日—21日，中国科学院委托中国科技情报所及有关部门，在广东省佛山市组织召开激光农业应用座谈会。参加这次会议的代表103名，来自18个省、市、自治区的81个单位和部门。会议介绍了下乡知识青年在激光农业应用的先进经验，会议报告显示，我国在激光对农作物及蚕类的刺激生长、控制发育以及诱发突变遗传变异等方面的研究已经有了良好的开端。

全国激光科技成果展览会

1975年10月中旬，全国激光科技协调组（第一机械工业部、第四机械工业部、第五机械工业部、国防科委、中国人民解放军总后勤部、国家计委和中国科学院）负责组织举办的“全国激光科技成果展览会”，在北京中国人民革命军事博物馆开幕。展览会展出了近200项激光科技成果，全国各省、市、自治区几乎都有成果送展，包括了激光技术在微型加工、精密计量、准直、测距、医疗卫生、农业育种、纺织、建筑、造船、地质、矿山、通信、激光雷达和全息照相等方面的成果。

全国激光机械加工技术交流会

1976年11月25日—30日，中国科学院科技办公室委托中国科技情报所在柳州召开全国激光机械加工技术交流会，参加这次交流会的有来自全国19个省、市、自治区共134个单位的155名代表。会议上，天津纺织工学院、上海市激光站、吉林工业大学、太原工业学院、北京无线电仪器厂等的科技人员介绍了激光打孔的情况。激光打孔已经在生产中取得实际使用，并已研制成功一些激光加工样机和实验装置。有些地方是用激光加工作为第一道工序，再精加工；加工精度要求较低、批量较大的零件的激光打孔机，全国已有多家采用;一些难度大、生产上急需、批量又大的激光加工机械正在积极研制,并已经取得了阶段成果。

中科院长春光机所,北京七一八厂、七〇六厂,中科院上海光机所等的科技人员介绍了激光切割、划片的经验。长春第一汽车制造厂轿车分厂研制的数控激光切割机当时已用于生产,效果很好;北京皮革二厂进行了激光切割泡沫皮革的实验,初步为激光切割皮革摸索了一些经验。

沈阳机电研究设计院、西北大学、华中工学院、南京电子管厂、上海无线电二十三厂等的科技人员介绍了激光焊接的经验。当时全国已有10多个单位开展了脉冲激光焊接工作,初步掌握了一些规律,已用在计算机的穿针引线、仪表游丝、表盘字块等焊接上,取得了较好的效果。

全国激光医学应用和激光医疗器械技术交流会

1977年6月22日—30日,中国科学技术情报所筹备主持的"全国激光医学应用和激光医疗器械技术交流会"在武汉市召开,来自23个省、市、自治区的科技领导部门、卫生部门、情报,以及医院和科研试制单位的工人、干部、科技和医务工作者,还有中国人民解放军总医院、军区医院和各军医大学的代表共300多人出席会议,交流了激光技术在医学上应用的临床经验和医疗器械试制状况。除了近一百篇书面报告外,还有16个医院和医疗器械研制单位的代表在大会上作了学术报告,介绍了激光在眼科、皮外科、耳鼻喉科、妇科、内科等临床经验以及有关激光生物机理的初步探索。

会议报告资料显示,全国已有20多个单位开展了激光医学临床实验,50多家医疗器械研制工厂,科研单位有40多个,治疗的病种达130种之多。特别是激光在眼科治疗方面,不但技术比较成熟,而且在虹膜切除术方面已居世界前列。已应用于医疗的各类型激光器中,除二氧化碳激光器外,还有氦-氖激光器、氮分子激光器、掺钕镱铝石榴石激光器、氩离子激光器和脉冲钕玻璃激光器等,治疗方法大体是对病灶进行照射、烧灼、气化、切割等。在中西医结合发展祖国医学遗产方面,开展了穴位照射光针治疗。

80 国际激光会议

由中国光学学会、北京光学学会、上海激光学会等主办的1980年国际激光会议5月5日—8日在上海、19日—22日在北京，分两个阶段召开，来自奥地利、法国、意大利、日本、瑞士、美国、西德的科学家和我国的科学家出席会议。会议的正式代表80余人，列席代表60余人。会议期间，国际技术公司与中国科学器材公司合作组织了一个小型激光仪器展览会，展出10家外国厂商以及国内科研单位激光产品近百件，展期4天，接待了来自各地观众3 000多人次。

会议上，宣读的论文涉及激光的理论及应用。其中，有关激光核聚变装置、器件，激光与等离子体相互作用，聚变反应机制及球靶设计，诊断技术方面的报告14篇；有关激光光谱学进展、高分辨率光谱技术、非线性光学、激光光化学、红外多光子效应方面21篇；有关各种类型的激光装置、可调频激光器、气体放电激光器、准分子激光器、化学激光器以及单元技术等方面29篇，与光纤通信及集成光学有关理论、装置及光波导元件等方面19篇；有关医学诊断和治疗的19篇；激光在固体材料、光信息处理、测距、全息技术等各种类型应用的报告16篇。

1980年5月在上海召开国际激光会议的会场

上海光机所所长、上海激光学会理事长、中科院院士干福熹教授(前排右四)与参加80国际激光学术会议的专家在上海光机所进行技术交流后的合影

会议期间中央有关领导,国家科委,北京市、上海市有关领导接见了会议代表。

激光产品展览会

1980年8月1日—9月20日,上海激光学会在上海市工人文化宫举办激光产品展览会。展览会分科普知识,激光器、激光元件,激光应用(主要是医疗、工业、农业及科学实验等)3部分,达到科普教育、技术交流及业务洽谈的效果。

北京、天津、湖南、吉林、贵州、四川和上海等8个省市32个单位参展,展出了激光器、元件、应用整机等120余种。

展览会期间,全国29个省市中除西藏自治区和台湾地区外,都派代表前来参观,开展了技术交流,进一步推广激光技术应用。研究部门、生产单位和用户三者展开业务洽谈,成交产品价值达26万元之多,正在酝酿中的销售额可望达一百余万元。展览会的服务台承接了25项攻关项目,由学会分别组织协作,为用户解决技术问题,为生产厂家找业务对象。

展览会是采取展出单位集体筹资办法,改变了过去办展览会由上级拨款的做法。

建立激光设备研发生产和激光技术工程应用的科技型企业

丁宇军继承和发扬了中科院上光所雷鸥激光的高功率激光技

术，与中科院上海光机所、上海材料研究所、中科院上海硅酸盐研究所，以及上海交通大学等多所院校合作，于 2005 年创办上海翰鹏光电科技有限公司，致力打造中国激光制造业的一流品牌。开发生产的高功率 CO_2 激光成套设备和光纤激光智能装备，适用性、可靠性强，可广泛应用于金属材料的切割、焊接、表面处理，熔覆等领域。在激光制造与激光再制造方面取得了重大成就。

作者介绍

雷仕湛(见书 85 页)

邵兰星,男,1934 年 12 月出生于上海市,中共党员,高级工程师。1971 年前在上海市自行车二厂工作,厂级先进工作者。1971 年调到上海市激光学会从事学会工作,前后 3 次获上海市人民政府记功奖励,被评为中国科协先进工作者、中国光学学会先进工作者、第三届上海市科协先进者、上海市科学系统先进工作者、上海市第二届大众科学提名奖。在由上海市科普出版社出版的《图说高新技术应用》一书中担任编写激光技术应用(该书获得上海市中小学生优秀读物一等奖、中宣部"科学文明建设五个奖")。2013 年聘为上海市高强激光加工产学研联盟秘书处主任。

闫海生,男,1963 年 7 月出生于湖北省武汉市。1985 年毕业于重庆市中国人民解放军后勤工程学院油料工程系,获工学学士学位。随后服役于中国人民解放军海军东海舰队,期间先后在上海外国语大学夜大学习中级日语和德语结业,在上海复旦大学进修工商管理硕士(MBA)。

2001 年步入激光行业,在军工、冶金、电力、石化、船舶等行业大力推介激光技术应用,积累了丰富的激光工程经验,尤其是不锈钢、汽车薄板、船板及有色金属焊接工艺上有较丰富经验,并成功地将激光熔覆技术引入海军重大项目工程。

2015 年接手上海翰鹏光电科技有限公司，从事高功率半导体、光纤激光的开发应用；在结合机器人在工业智能制造领域的开发应用，取得了突破性的成果。在激光增材制造领域，开发并领军宝钢轧辊再制造项目；直接参与了大功率二氧化碳气体激光器的研制工作，并正着手承担国家级超万瓦气体激光器的开发。

在海军服役期间被评为“全军优秀四会教练员”“封岛作战的战役后勤保障体系建设”等多篇学术论文获得海军优秀学术论文奖。

薛慧彬，男，1966 年出生，1988 年毕业于武汉大学图书情报专业，同年进入中国科学院上海光学精密机械研究所工作，长期从事光学文献情报、科学信息、数据库研究与服务工作，主持完成国家级、省市级情报信息研究课题多项。

图书在版编目(CIP)数据

中国激光史录/雷仕湛、邵兰星、闫海生、薛慧彬编著. —上海:复旦大学出版社,2016.10(2021.11 重印)
ISBN 978-7-309-12548-1

Ⅰ. 中… Ⅱ. ①雷…②邵…③闫…④薛… Ⅲ. 激光技术-技术史-中国 Ⅳ. TN24-092

中国版本图书馆 CIP 数据核字(2016)第 214179 号

中国激光史录
雷仕湛 邵兰星 闫海生 薛慧彬 编著
责任编辑/张志军

复旦大学出版社有限公司出版发行
上海市国权路 579 号 邮编:200433
网址:fupnet@fudanpress.com http://www.fudanpress.com
门市零售:86-21-65102580 团体订购:86-21-65104505
出版部电话:86-21-65642845
上海崇明裕安印刷厂

开本 890×1240 1/32 印张 14.625 字数 386 千
2021 年 11 月第 1 版第 2 次印刷

ISBN 978-7-309-12548-1/T · 584
定价:38.00 元